泵站
工程技术与应用

《泵站工程技术与应用》编纂委员会　编

Technology and Application of Pumping Station Engineering

江苏大学出版社
JIANGSU UNIVERSITY PRESS
镇　江

图书在版编目(CIP)数据

泵站工程技术与应用 / 《泵站工程技术与应用》编纂委员会编. -- 镇江 : 江苏大学出版社, 2025. 12.
ISBN 978-7-5684-2390-8

Ⅰ. TV675

中国国家版本馆 CIP 数据核字第 2024FF5064 号

泵站工程技术与应用

Bengzhan Gongcheng Jishu Yu Yingyong

编　　者/《泵站工程技术与应用》编纂委员会
责任编辑/孙文婷
出版发行/江苏大学出版社
地　　址/江苏省镇江市京口区学府路 301 号（邮编：212013）
电　　话/0511-84446464（传真）
网　　址/http://press.ujs.edu.cn
排　　版/镇江市江东印刷有限责任公司
印　　刷/江苏凤凰光彩印务有限公司
开　　本/787 mm×1 092 mm　1/16
印　　张/20.5
字　　数/477 千字
版　　次/2025 年 12 月第 1 版
印　　次/2025 年 12 月第 1 次印刷
书　　号/ISBN 978-7-5684-2390-8
定　　价/168.00 元

《泵站工程技术与应用》编纂委员会

主编简介

戴启璠，男，1964 年 4 月生，江苏淮安人，中共党员，工学硕士，研究员级高级工程师。1983 年毕业于华东水利学院河川系水电站动力设备专业，获工学学士学位。1983 年 8 月至 1986 年 8 月在水电部西北勘测设计院工作，参与黄河上游龙羊峡水电站施工设计、拉西瓦水电站可行性研究设计、李家峡水电站初步设计。1989 年毕业于中国科学院水利水电科学研究院机电所水力发电专业，获工学硕士学位，参与云南漫湾水电站水轮机密封装置研究。1989 年至今，在江苏省灌溉总渠管理处工作，1998 年获淮安市“五一建功奖章”。为主参与淮河入海水道一期工程通讯设施建设、南水北调东线一期工程淮阴三站建设、淮安一站加固改造工程建设、淮安二站加固改造工程建设、淮安三站加固改造工程建设、淮安站变电所加固改造工程建设、总渠小水电增效扩容工程建设和淮阴抽水站加固改造工程建设，长期从事大型低扬程泵站运行管理和技术改造工作。发表学术论文 37 篇，其中核心期刊收录 23 篇。出版著作《大型泵站运行与维护》和《大型低扬程泵站理论与实践》2 部。获授权发明专利 3 件，获授权实用新型专利 3 件。主持江苏省水利厅科技项目 10 余项，获江苏省科技进步三等奖 1 项，江苏省力学学会科学技术奖特等奖 1 项，江苏省水利科技进步二等奖 1 项，江苏省水利科技进步三等奖 8 项。

前　言

江苏襟江临海，地处长江、淮河下游，10.72 万 km^2 的土地要承泄上中游 200 万 km^2 的来水。江、淮、沂、沭、泗五大河流横穿腹部，京杭运河纵贯南北。洪泽湖、骆马湖、太湖、高宝湖、邵伯湖、微山湖等湖泊错落全省。全省地势低洼，气候多变，水资源分布不均，年平均降雨量由北向南为 800～1100 mm，降雨量时空分布不均，淮、沂丰水年降雨量 1400 mm，枯水年降雨量 400 mm，经常先旱后涝，旱涝交错，历史上多次发生江、淮洪水并涨，淮、沂洪水并发，大旱之年淮、沂断流，湖库干涸。江苏既蕴藏丰富的水资源，又是洪水、雨涝、干旱、海潮、渍害、台风等水旱灾害频繁发生之地。

泵站工程是将电(热)能转化为水能进行灌排或供水的水利工程，是多种治水工程措施中重要的组成部分。自 1961 年起，江苏根据“蓄、引、提、调”并举的方针，建设了一大批大中型泵站，具备在全省范围内蓄、引、控、跨流域调水的能力，这些泵站在国民经济发展中发挥了重要的作用。自 20 世纪 90 年代以来，江苏泵站工程又经历了世行泵改项目、大型泵站改造、南水北调东线一期工程、城市防洪等建设，工程实践中泵站的功能、土建结构、机组型式等都不相同，极大地丰富了大型泵站技术。总结、提炼泵站建设和管理中的新技术对于进一步提高泵站建设和管理水平具有重要的意义。本书旨在总结大型低扬程泵站工程技术及其应用，为今后泵站工程建设和管理提供参考。

本书可作为从事泵站设计、运行、管理和科研工作的人员的参考书，也可作为有关院校水泵和泵站学科的教学参考书。

本书成果汇集的时间跨度较长，引用的技术标准、规程和规范的相关条款与现行有效版本可能存在一定差异。

本书的编撰与统稿分工如下：第 1 章、第 2 章和第 3 章由戴启璠编撰，第 4 章由陈树华、戴启璠编撰，第 5 章由杨威编撰，第 6 章由梁豪杰编撰，第 7 章和第 8 章由戴启璠、仲子夜、袁聪编撰，第 9 章由戴启璠、盛维高、戴景、谢昌原、刘雪芹、孟小敏、王宇、李治逊编撰，书中插图由杨燕、万景红绘制。全书由戴启璠统稿。

在本书的编写过程中，参考和引用了有关同志的文献和试验结果，在此向他们表示衷心的感谢。同时，向参与本书审稿的专家表示真诚的感谢。

由于作者水平所限，本书难免存在不足之处，热忱欢迎广大读者批评指正。

2025 年 11 月

目录

第1章　江苏泵站工程概况

在治理水旱灾害的实践中，经常遇到水多和水少的问题。水多了就有可能发生洪涝灾害，水少了就有可能发生旱情。在无法依靠自流引排水措施达到治理要求的情况下，就需要采用动力提水实现水多了排出去、水少了引进来的目的。因此，泵站工程是治理水旱灾害的重要工程措施。泵站工程与河道、堤防、水闸、水库工程共同构成人们可以控制的灌溉排水工程体系，泵站工程布局、供水水源或排水出路、供排水区划分和供排水系统组成、供排水范围、泵站工程规模和治理目标也必然与当地流域的自然条件密切相关。

1.1　江苏流域概况

江苏省位于中国东部沿海，地处长江、淮河下游，总面积 10.72 万 km^2，其中平原圩区面积 7.54 万 km^2，水面积 1.66 万 km^2，丘陵山区面积 1.52 万 km^2。全省多年平均降水量 983 mm，降水量年际变幅较大，丰枯不均，年内分配和南北分配也不均。降水分布特征是南多北少、沿海多内陆少、丘陵地区多平原地区少，年降水量最多的地区在江苏最南部的宜溧山区，最少的地区在西北部的丰县，南北降水量差距高达 400 mm 以上。江苏省全年降水量季节分布特征明显，降水主要集中在夏季(6—9 月)，占全年的 70%～80%。

江苏省分属淮河、长江两大流域，沿仪征、六合丘陵地区经江都归江六闸至如泰运河一线是两大流域的分水岭，共有淮河、沂沭泗、长江和太湖四大水系。通扬运河及仪六丘陵山区以南属长江水系，总面积 3.73 万 km^2；长江南岸高地以南、茅山山脉以东、宜溧山地以北属太湖水系，面积 1.92 万 km^2；通扬运河及仪六丘陵山区以北属淮河下游水系，面积 6.99 万 km^2；废黄河以北属沂沭泗水系，面积 2.56 万 km^2。全省大部分河道水系互相沟通，京杭大运河自北向南纵贯全省，沟通了微山湖、骆马湖、洪泽湖、高宝湖、邵伯湖和太湖。长江流域面积 180 万 km^2，江苏省境内 3.86 万 km^2。太湖流域面积 3.66 万 km^2，跨苏、浙、沪两省一市，其中江苏省境内 1.92 万 km^2。淮河流域面积 27 万 km^2，以废黄河为界，分为淮河和沂沭泗两大水系，淮河水系集水面积 18.9 万 km^2，其中江苏省境内 3.97 万 km^2。沂沭泗水系位于废黄河以北，南接淮河下游水系，北以沂蒙山脉与黄河流域分界，流域面积 7.8 万 km^2，其中江苏省境内 2.56 万 km^2。

1.2　江苏泵站工程概况

江苏独特的自然条件决定了江苏泵站工程的特点，除了少数丘陵山区泵站选用离心泵，大部分地区由于地势平缓，高差不大，泵站一般选用低扬程泵，因此，江苏泵站大多数是低扬程泵站。按照泵站功能划分，主要是区域排灌泵站和流域调水泵站，部分流域调水泵站兼有地方排涝的功能。

秦淮河武定门泵站建成于 1969 年，主要承担秦淮河流域的灌溉、排涝和南京城南地区的排涝任务。为了解决苏南沿江地区供水、排涝和水环境问题，沿长江先后建成了谏壁泵站、九曲河泵站、魏村泵站、新夏港泵站、白屈港泵站、常熟泵站，这些泵站多数具有双向功能，既可以从长江提水，也可以将区域涝水排入长江。界牌水利枢纽是新孟河延伸拓浚工程中的入江口门控制性枢纽，泵站为立式双向运行泵站，有排涝、排水和引水 3 种运行工况。瓜洲泵站是扬州市城市防洪工程，是江苏省城市圈内容量和规模最大的城市排涝泵站。南通市九圩港泵站在自流引江不能满足区域用水需求时抽引长江水，以满足南通地区生产生活和沿海滩涂开发用水需要；提高内河通航保证率；促进水体流动，改善区域水环境，满足区域生态环境用水需求。为了解决沿海垦区用水问题，兴建了东台安丰站、富安站和海安贲家集站，洪泽湖周边地区从洪泽湖提水的有睢宁凌城站、沙集站，骆马湖周边地区从骆马湖提水的有睢宁古邳站。1952 年，苏北灌溉总渠建成后，在苏北灌溉总渠排洪期间，渠北地区失去排涝出路，1979 年建成淮安茭陵泵站和滨海大套泵站，向废黄河抽排渠北地区涝水。2003 年淮河入海水道一期工程建成后，为解决入海水道行洪期间淮安城区排水出路问题，2004 年 10 月建成楚州城区泵站。为了解决新沭河行洪期间蔷薇河地区失去排涝出路问题，1970 年开工建设的新沭河扩大工程规划建设了临洪东站和临洪西站两座大型排涝泵站。

1957 年 5 月，江苏省水利厅编制完成《淮水北调、分淮入沂规划意见》和《淮水北调、分淮入沂工程规划设计任务书》报水利部。1958 年 1 月水利部批复同意，并于是年冬开始实施。1958 年，随着国民经济的发展及淮河上中游工情、水情的变化，上游来水日趋减少，苏北地区缺水问题更加突出。淮水可用不可靠，提高洪泽湖蓄水位一时又难以实现，而丰富的长江水却未充分利用。因此，1958 年江苏省水利厅在《江苏省水利规划提纲》中提出了“扎根长江，江水北调，引江济淮”的规划。1959 年春、夏，淮河流域降水量减少，7 月至 10 月流域降水量比常年降低 50%以上，出现多年少有的夏、秋连旱现象。连续的高温烘烤，导致流域蒸发量极大，当年汛期淮河干支流几乎全部断流。8 月，淮河干流淮滨站月平均流量为 6.26 m^3/s，9 月和 10 月只有 0.57 m^3/s，淮干断流 108 天，洪泽湖水位降到死水位以下，淮河下游 400 多万亩水稻严重减产，许多地方出现人畜饮水困难。严重的旱情使江苏充分认识到淮河水可用不可靠，更加促使江苏集中力量，加快步伐，用扩大抽引江水的办法解决苏北地区的灌溉水源问题。1963 年 12 月兴建江都一站，至 1969 年 10 月，江都三站竣工。至此，江都排灌站具备 260 m^3/s 的抽排能力，既能够为里下河地区和淮安地区提供水源，又可以抽排里下河地区涝水。为了扩大江水北调的水源，20 世纪 70 年代，兴建江都四站和淮安一站、二站，为淮阴地区(今淮安市和宿迁市)和盐城地区提供灌溉水源，淮安一站、二站也可以抽排白马湖地区涝水。20 世纪 80 年代，徐州电厂扩建、京杭大运河徐州至扬州段续建，这 2 项工程增加了徐淮地区的用水量，徐淮地区 900 万亩水稻也需要稳定的水源，水的供需矛盾问题突出。为满足电厂、航运用水，提高农田灌溉保证率，需要进一步扩大江水北调能力，遂于 1987 年建成淮阴抽水站。从 1961 年开始，江苏经过 30 多年的规划和建设，建成江都、淮安、淮阴、泗阳、刘老涧、皂河、刘山、解台、蔺家坝 9 个调水梯级泵站，沿京杭运河苏北段逐级提水北送，总扬程 46 m，利用洪泽湖、骆马湖调蓄，建成了比较完善的江水北调工程。丰县、沛县是江苏水资源最缺乏的地区，长江水经刘山、解台两级泵站提水沿不牢河西送，经郑集泵站、范楼泵站、梁寨泵站接力送入大沙河，为丰、沛地区提供水源。2003 年南水北调东线一期工程开工，在江苏江水北调工程的基础上扩大规模、向北延伸，从长江到黄河东平湖共设置 13 个泵站梯级，江苏境内仍然维持 9 个梯级，利用已建 16 座泵站、改建 6 座泵站、增建 17 座泵站，经过 10 年努力，2013 年全部建成，比江水北调多年平均抽江能力增加 39.31 亿 m^3。

参考文献

[1] 江苏省防汛防旱指挥部办公室. 江苏省防汛防旱手册[R]. 2000.

[2] 赵筱侠. 苏北地区重大水利建设研究(1949—1966)[M]. 合肥：合肥工业大学出版社，2016.

[3]《江都水利枢纽志》编纂委员会. 江都水利枢纽志[M]. 南京：河海大学出版社，2004.

第 2 章　水泵调节技术

水泵在运行中，由于扬程和流量的变化，其运行工况将发生变化。为保证水泵在不同的工况下保持较优的运行性能，需要进行工况调节。对于叶片泵，目前广泛采用的工况调节方式是调节叶片角度和调节水泵转速。离心泵还有节流调节、变径调节，以及前导叶调节、后导叶调节和液力耦合调节等其他调节方式。本章重点介绍调节叶片角度和调节水泵转速 2 种调节方式。

2.1　叶片角度调节

叶片角度调节主要用于轴流泵和导叶式混流泵，通过调节叶片安放角度实现水泵运行工况的改变。调节水泵叶片角度有 3 个作用：一是在水泵启动时调小角度，使水泵容易启动。大型水泵启动扬程较大，特别是采用虹吸式出水流道的泵站，启动扬程超过设计扬程较多，在启动过程中水泵有可能进入马鞍区，引起振动。全调节水泵在启动前将叶片角度调小，使马鞍区缩小，可以避免启动时水泵振动。另外，叶片角度调小后，流量较小，虹吸式出水流道内水面上升较慢，机组在扬程较小时就能进入亚同步转速，有利于机组牵入同步。二是在运行中通过调节叶片安放角度调节流量。泵站在排涝时，为了尽快排除涝水，在电机不超功率的前提下，可以通过调节叶片安放角度增大排涝流量。三是在运行中通过调节叶片安放角度实现经济运行。年运行时间较长的调水泵站，扬程随时间变化较大，为了尽可能地维持较高的运行效率，提高经济效益，全调节水泵应该以提高泵站平均装置效率为目标及时地调节叶片安放角度以实现经济运行。水泵调节方式可进一步分为半调节、停机全调节和不停机全调节。叶轮直径在 0.8 m 以下的水泵轮毂和轴颈较小，设置调节机构比较困难，一般采用半调节方式。半调节方式结构简单、成本低，可靠性好，如果泵站对叶片调节功能要求不高，大泵也可以采用半调节方式，比如改造后的临洪西站。停机全调节一般由人工调节，调节力小，一般用于叶轮直径在 1.0 m 左右的水泵。随着控制技术的发展和成熟，停机调节方式已逐步被淘汰，目前以在机组运行过程中根据运行工况对叶片安放角度动态调节为主要形式。

半调节水泵叶轮叶片轴插入轮毂的配合孔内，在叶片轴的根部刻有基准线，而在轮毂上刻有安装角度的位置线，如 $+4°$、$+2°$、$0°$、$-2°$、$-4°$ 等，叶片的安装角度不同，其性能曲线将不同，使用时根据需要调节叶片的安装角度，依靠螺母和定位销将叶片轴固定在轮毂上。调节时卸下叶轮，将螺母松开转动叶片，使叶片的基准线对准轮毂上的某个角度线，然后拧紧螺母，装好叶轮即可。叶片半调节的工况调节方式需要停机并拆卸叶轮之后才能进行调节，拆卸叶轮前需要排水、拆开叶轮外壳，时间长，费用大，一般情况下，水泵安装好后叶片角度不再调节，因此这种调节方式仅适用于中、小型轴流泵。

叶片全调节根据不同的扬程与流量要求，在不停机或只停机而不拆卸叶轮的情况下，通过机械或液压调节机构来改变叶片的安放角度，从而改变水泵性能以满足运行工况的要求。叶片全调节主要分为电动机械全调节和液压全调节 2 种类型。电动机械式调节机构主要由调节电动机、减速器、分离装置、拉杆及叶片转动装置等构成，叶片角度调节是由电动机的双向高速旋转运动，通过减速器、分离器带动操作杆做上下运动，再经转叶机构转动叶片角度实现的；而液压式调节机构主要由油压控制机构、受油装置(接力器)及油压装置等构成，叶片角度调节是由油压装置供给压力油，控制机构控制压力油进入接力器的上或下油腔，油压推动接力器的活塞和轴芯操作杆上下运动，再经转叶机构带动叶片转动实现的。

电动机械式调节机构相对来说辅助设备较少，维护保养简便，但是，如果泵叶调节力过大，就会使得电动机功率、体积及减速机构等增大，制造成本增加；液压式调节机构辅助设备较多，但是具有调节力适应范围广、运行可靠、操作方便等优势。对大型叶片调节式水泵来说，调节机构是选用电动机械式还是选用液压式，主要由水泵叶片调节力的大小决定，而调节力的大小与水泵直径、运行扬程、运行方式及叶片系统的重量等因素有关，需通过具体计算决定。选型时常按水泵的轴功率来选，如果水泵的轴功率大，那么叶片调节操作所需要的力矩也相应地增加，电动机械式调节机构往往受传动功率和结构尺寸的限制，而液压式调节机构可通过调整液压系统的压力和接力器活塞的大小来调节操作力。一般情况下，水泵轴功率大于 2000 kW 时多采用液压式。

2.1.1 电动机械全调节

电动机械全调节的工作原理是由调节电动机做正、反向高速运转，经减速器产生扭矩，并通过分离器上的调节丝杆使分离器做上、下轴向运动，经拉杆系统作用于叶片转角机构，驱动叶片做正、负向转动，从而达到调节叶片角度的目的。

机械式叶片调节机构按驱动操作机构的布置位置不同，分为上部操作型、中部操作型和下部操作型 3 种型式：① 上部操作型(上置式)，将调节装置布置在电机顶部，电机主轴需要打孔，以便布置操作。② 中部操作型，将调节装置布置在主电机轴和主水泵轴的联轴器之间，电机主轴无须打孔。③ 下部操作型，将调节装置布置在泵进口喇叭的固定导叶处，对密封和防蚀有较高要求，由于调节器位于水下，操作不方便，目前已很少采用。

机械式叶片调节机构按驱动操作杆往复运动的驱动机构的工作方式不同，可分为螺杆调节式、涡轮涡杆式和杠杆调节式 3 种型式：① 螺杆调节式，调节装置的原理是由一台电动操纵器通过特制的螺母和螺杆将驱动电机的旋转运动转变为螺杆的往复运动，螺杆又通过推力轴承盒带动操纵杆。这种设计适合于上部操作型以及主电机轴与主水泵轴刚性联接的情况。② 涡轮涡杆式，调节装置的原理是通过涡杆和带有特殊螺母的涡轮把驱动电机的旋转运动转变为移动式推力轴承盒的往复运动，然后再传递给操纵杆。这种设计使用于上部和中部操作型 2 种布置，但布置在电机顶部不如螺杆调节式优越，所以多用于中部操作型。叶片角度的控制、显示、限位和反馈等机构需要另行设计和配置，调节机构的加工精度和质量控制要求较高。③ 杠杆调节式，调节装置中杠杆的往复运动可由电机伺服调制器、阀门电动装置或小口径往复式油缸来提供，然后通过推力轴承盒传递给操作杆。这种设计适合于中部操作型。

近年来在大型立式泵上采用较多的一种调节装置(上部操作型，也称上置式)如图 2-1-1 所示。该调节装置安装于主电机的顶部，调节机构由摆线针轮减速器、传动螺纹副、轴承箱组成。在不停机调节轴流泵的叶片角度时，通过调节驱动电机、摆线针轮减速器使传动螺纹副的螺母产生轴向运动，并带动与螺母连接装于主机组空心轴内的操作杆一起产生轴向运动，从而达到调节叶片的目的。

机械全调节附属设备少，同等情况下设备投资比液压全调节节省，又可避免液压全调节水泵叶片密封漏油污染问题，在中型水泵中比液压全调节有优势。但是，使用机械全调节有可能出现抬机现象，因而它的使用受到了限制。比如，2021 年徐州郑集东泵站 6 台 1850KP-CV11-5.4 机械全调节立式轴流泵在试运行中发生抬机现象，不得不更换为内置式液压全调节。

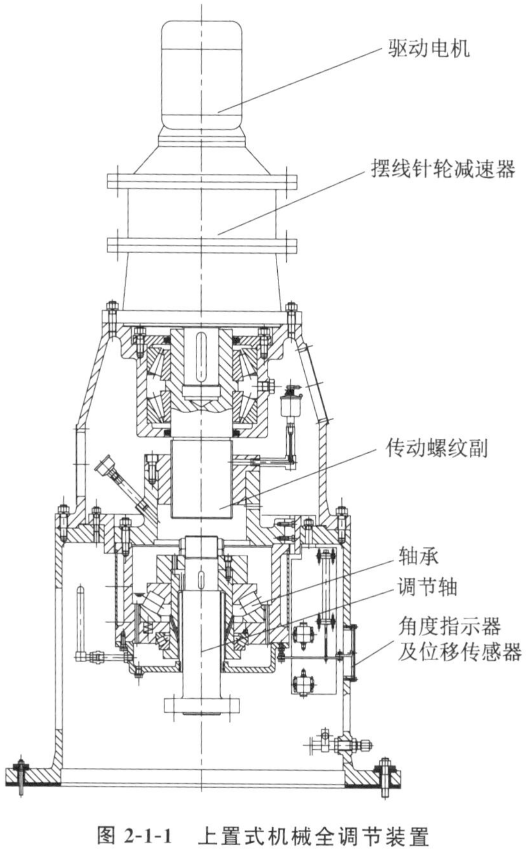

图 2-1-1　上置式机械全调节装置

2.1.2　液压全调节

液压全调节机构通过置于中空的电动机和水泵大轴内的油管按需要将高压油输送到置于叶轮体内的活塞的上方或下方，使活塞上移或下移，带动操作架上升或下降，再通过曲柄连杆机构带动叶片沿叶片轴心线旋转，从而改变叶片的安装角度，以调节叶片角度。控制压力油流量大小的受油器安装在主电动机的顶部，方便控制和调节。对于特大型水泵，调节力巨大，使用操作架有困难，可在每个叶片的拐臂上安装活塞用于调节叶片角度。这种机构是从水轮机中移用的，由于已有较长时间的使用经验，因此其结构可靠，使用安全。但是，受油器的加工和安装工艺要求较高，容易漏油。

传统的液压调节机构是通过受油器将油压装置的压力油自固定油管引入到转动着的操作油管内，并将其传送至叶轮体内活塞的上方或下方，从而及时、有效地调整叶片角度的。由于上操作油管的轴向位置随叶片角度改变而上下移动，故安装调节器时，需注意调整受油器与上操作油管间的轴向间距，保证叶片在最大安装角度时，上操作油管法兰螺栓不碰到受油器底部。由于操作油管较长，安装时要测定操作油管的垂直度比较困难，但是如果摆度过大，超过浮动轴瓦的总间隙，将会引起烧瓦事故。传统的液压调节机构的受油器由于结构上的原因，在调节器全部安装完成后进行充油试验时，其配压阀、操作油管铜套不可避免地会有少量漏油。漏油不但会造成操作系统油压降低，导致叶片调节困难，而且会造成水质污染。在使用中为了保证高压油的供应和维持油压不变，需要一套油压装置。因此，这种机构结构复杂，安装困难，维护成本较高。

为解决上述问题，制造厂商对液压机构进行了改进，研制了不同型式的液压调节系统。中置式液压调节系统将活塞布置在水泵轴和电动机轴连接处，叶片调节机构采用与机械调节系统类似的拉杆系统，叶片枢轴密封结构采用无油润滑，较好地解决了漏油问题。这种结构的缺点是增加了中间轴，提高了生产加工成本，增大了安装调试的难度。下置式液压调节系统是将接力器下移至轮毂上方，在其下部增设一道密封，防止漏油进入轮毂，取消了调节系统活塞需要的中间轴，使拉杆长度缩短到 1.0 m 以内，提高了操作系统的可靠性，降低了安装维护的难度。

内置式叶片液压调节系统吸取了液压式调节和机械式调节的长处，该系统采用液压内置式，结构简单、体积小，主要由上面油箱、中间油缸和下面底座 3 部分组成。它们彼此用法兰连接，并通过调节器底盘安装在电机主轴的顶端，调节器主体运行时与主电机同步旋转，以滑环供电方式，采用内供油液压系统，省去了外供油系统，同时采用上置式安装。该系统外观类似于机械式调节系统，但高度降低了。该系统的结构示意图如图 2-1-2 所示。

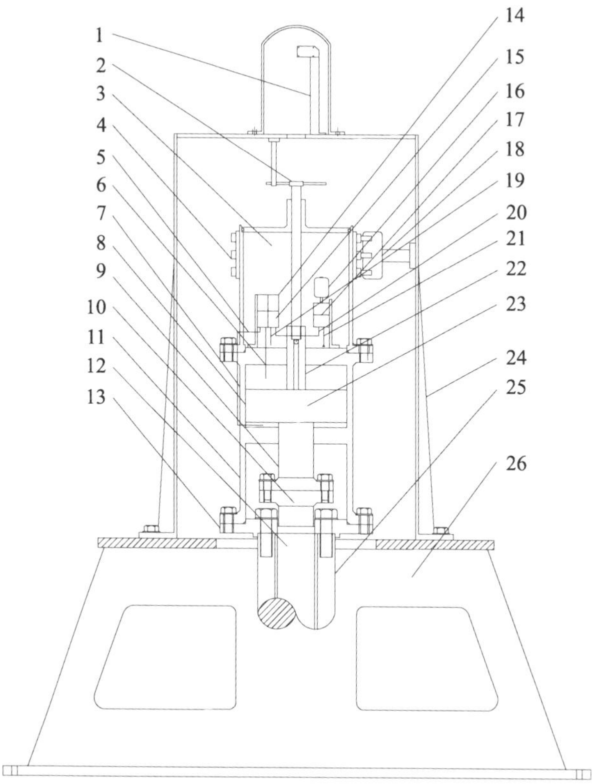

1—激光传感器;2—角度传感器;3—储油箱;4—集电环;5—上高压油管;6—下高压油管;7—油缸;8—密封件;9—活塞杆;10—联轴器;11—底座;12—调节杆;13—连接底板;14—电磁换向阀;15—液控单向阀;16—电机;17—液压站;18—碳刷;19—回油管;20—高压油管;21—进油管;22—导向轴;23—活塞;24—外罩;25—转子主轴;26—主电机上盖。

图 2-1-2 内置式叶片液压调节系统

2.2 水泵转速调节

2.2.1 变频调节

泵装置是根据设计流量与设计扬程设计的,要保证设计工况点在效率最高点(即最优工况点)附近。在运行期间,随着上、下游水位变化,扬程出现变化,根据泵及装置的流量-扬程关系,如果水泵转速恒定,泵装置的流量会随着扬程的变化而增大或减小,功率也会随之变化,此时泵装置的工况可能偏离高效区。这时,要通过变频装置调整水泵转速,在保证扬程相同、流量满足要求的情况下,将水泵调整至高效区工况运行。由于现代大中型水泵基本都是由同步或异步电动机拖动的,所以调整电动机的转速就能调节水泵的转速。不论是同步电动机还是异步电动机,在磁极对数固定的情况下,其转速都是与电流的频率成正比的，因此，改变电流的频率就能实现水泵转速调节的功能。这就是变频调节的基本原理。

按照电压等级划分，水泵调速用的变频器有低压和中压 2 类。低压变频器的输出电压小于 1 kV，容量在 2 MVA 以下，一般用于泵站辅助设备的调速。中压变频器的输出电压为 1～10 kV，容量在 0.3 MVA 至几十兆伏安。因此，泵站大多数采用中压变频器调节主水泵的转速。按照变流的次数划分，调速用的变频器有交—直—交间接变频器和交—交直接变频器 2 大类。交—直—交间接变频器是通过交—直变换器（整流器）把固定频率和电压的电网交流电变换成直流电，再通过直—交变换器（逆变器）把直流电变换成频率和电压都可调的交流电，是两次变流。交—交直接变频器不经过变换成直流电，直接把固定频率和电压的电网交流电变换成频率和电压都可调的交流电，是一次变流。

交—直—交间接变频器根据直流电路中滤波方式的不同，分为电压型和电流型 2 种。直流电路采用电容器滤波，直流电路是一个电压源，则称为电压型。直流电路采用电抗器滤波，直流电路是一个电流源，则称为电流型。

2.2.2　变频调节的控制方式

根据电磁理论，电动机定子绕组的反电动势

$$E=4.44kwf\Phi$$

式中：k 为短矩系数；w 为线圈匝数；f 为频率；Φ 为定子主磁通。

由于 k 和 w 均为常数，所以，$E\propto f\Phi$。因此，在变频调速时，当频率 f 变小时，电动机的磁通 Φ 将增大，在磁通接近饱和时，如果其继续增大，将使励磁电流急剧升高，导致定子电流和定子铁芯损耗急剧增加，电动机过流保护将动作于跳闸。为了维持主磁通基本不变，在调整频率 f 的同时，必须相应地调整 E。由于 E 不易检测和控制，常用电动机电压 U 来代替 E，$U=E+\Delta U$，ΔU 是电动机定子绕组的阻抗压降。在接近额定频率时，ΔU 很小，可以近似认为 $U\approx E$。但是，在低频时，由于 ΔU 基本不变，而 U 值减小，ΔU 在 U 中的比重越来越大，E 在 U 中的比重越来越小，如果仍保持 U/f 不变，那么 E 的值将不断减小，主磁通将相应减小，从而引起电磁转矩减小，影响电动机在低速时带负载的能力。因此，在低速时可以适当提高电压 U，以维持主磁通不变，这种方法称为电压补偿或 V/F 控制。这种控制方式不宜用于大功率同步电动机，因为大功率同步电动机及其负载的转动惯量大，如果设置的频率与电动机转速不匹配，转速不能很快修正，一旦功角超过 90°，电动机便会失步，造成事故。

在直流电动机中存在 2 个相互独立的旋转磁场，一个是由励磁电流 $\boldsymbol{i}_f$ 产生的磁场 $\boldsymbol{F}_f$，一个是由电枢电流 $\boldsymbol{i}_a$ 产生的磁场 $\boldsymbol{F}_a$。这 2 个磁场产生的电动力与这 2 个磁场的磁动势的乘积成正比。如果忽略电枢反应对磁路饱和的影响，单独改变 $\boldsymbol{F}_f$ 或 $\boldsymbol{F}_a$，可以做到互不影响，这样就可以通过改变其中的任意一个磁场来调节转速使直流电动机具有良好的调节性能，这种互不影响的特性称为 $\boldsymbol{F}_f$ 和 $\boldsymbol{F}_a$ 之间具有解耦控制，这种控制方法称为矢量控制方法。

交流电动机具有多变量、强耦合和非线性的特点，与直流电动机特性不同。交流电动机矢量控制的基本思想是将在三相交流电动机上模拟直流电动机的转矩控制规律。在磁场定向的坐标系中，将电流矢量分解成产生磁通的励磁分量和产生转矩的转矩分量，并使两分量相互垂直，彼此独立，完全解耦，然后分别进行调节。

如图 2-2-1 所示，在同步电机转子磁极中线上放置坐标 d 轴，与 d 轴正交的轴称为 q 轴，励磁电流 $\boldsymbol{i}_{\mathrm{f}}$ 以及所产生的磁动势 $\boldsymbol{F}_{\mathrm{f}}$ 都落在 d 轴上，电枢电流 $\boldsymbol{i}_{\mathrm{a}}$ 以及所产生的磁动势 $\boldsymbol{F}_{\mathrm{a}}$ 也画在图中。$\boldsymbol{F}_{\mathrm{f}}$ 与 $\boldsymbol{F}_{\mathrm{a}}$ 的矢量和 $\boldsymbol{F}_{\delta}$ 称为合成磁动势。

$$\boldsymbol{F}_{\delta}=\boldsymbol{F}_{\mathrm{f}}+\boldsymbol{F}_{\mathrm{a}} \tag{2-1}$$

把式(2-1)用电流表示：

$$\boldsymbol{i}_{\delta}=\boldsymbol{i}_{\mathrm{f}}+\boldsymbol{i}_{\mathrm{a}}$$

式中：$\boldsymbol{i}_{\mathrm{f}}$、$\boldsymbol{i}_{\mathrm{a}}$、$\boldsymbol{i}_{\delta}$ 分别代表相应磁动势的电流，即励磁电流、电枢电流和合成定子电流，它们分别与自己产生的磁动势方向相同，并具有空间矢量的性质。

将 $\boldsymbol{i}_{\mathrm{a}}$ 分别在 M、T 坐标轴上投影，得到 $\boldsymbol{i}_M$ 和 $\boldsymbol{i}_T$，$\boldsymbol{i}_M$ 称为磁场电流分量，$\boldsymbol{i}_T$ 称为转矩电流分量。

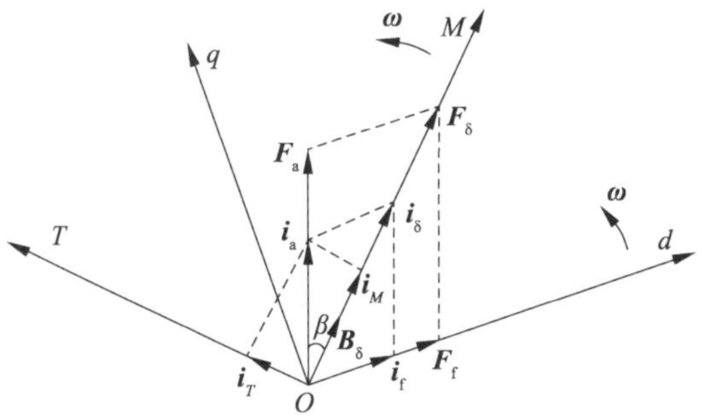

图 2-2-1　同步电机电流、磁场矢量示意图

同步电机电磁转矩 T 的表达式为

$$T=CF_{\delta}F_{\mathrm{a}}\sin\beta=C'\psi_{\delta}i_{\mathrm{a}}\sin\beta=C'\psi_{\delta}i_{T} \tag{2-2}$$

式中：ψ_{δ} 是气隙磁密 B_{δ} 产生的每极气隙磁链；C 和 C' 是系数。

由式(2-2)可见，如果能够维持气隙磁链 ψ_{δ} 不变，调节转矩电流分量 $\boldsymbol{i}_T$，就能获得与调节直流电机电枢电流同样的调速效果，这就是矢量控制的基本原理。至于如何确定气隙磁链 ψ_{δ}，如何确定转矩电流分量，如何制定控制策略，因为过于专业，不再详述。

比较 V/F 控制和矢量控制的差别，在 V/F 控制中，根据负载情况预先选定一种 U/f 曲线，变频器在工作时就根据输出频率的变化，按照曲线关系调整其输出电压。由于 V/F 控制是使变频器按照事先定好的 U/f 关系工作，而没有根据负载的变化及时调整变频器的输出，因此这种控制方式的补偿程度不能随负载变化，主要用于对速度精度要求不高的场合，这种变频器的性价比优越。矢量控制中存在电流和速度的反馈：电流反馈反映负载状态，使 $\boldsymbol{i}_T$ 能随负载变化；速度反馈反映电机实际转速和给定值之间的差异，从而以最快的速度进行校正，以提高系统的动态性能。电流和速度的反馈不是来自传感器，而是 CPU

通过对电机的各种参数进行计算得到的计算值。矢量控制使得变频器可以根据负载情况实时地改变输出频率和电压，具有完美的动态性能，调速范围广，对转矩控制精确，系统响应快，加速性能好。

2.2.3　变频调节的工程应用

淮安三站建成于 1997 年，安装有 2 台套可逆后置定桨式灯泡贯流泵，配套电机功率 1700 kW，叶轮直径 3.19 m。该站自投运以来，一直存在启动困难和超功率问题。2013 年进行加固改造，为了改善机组的启动性能，除了将配套电机功率增大到 2180 kW，还增加了水泵的调节功能。由于是改造泵站，卧式机组，并且淮安三站流道进出口距离较短，如果采用调节叶片角度的方式，则调节机构布置困难，经比较采用变频调节方式。变频器选用 HAR3000-2875-0606F 型高压变频器，额定容量为 2875 kVA，输出频率为 0～50 Hz，额定电流为 260 A，采用多级正弦 PWM 控制方式，具有开环运行、闭环运行、软启动、正常停机、急停等多种运行模式。为了保证在变频器故障的情况下，水泵也能在工频状态下启动，设置了旁路柜，旁路柜只能在停电状态下投入和切出。2 台变频器费用 401 万元，每台旁路柜费用 3.3 万元。

淮安三站水泵变频调节性能曲线如图 2-2-2 所示。

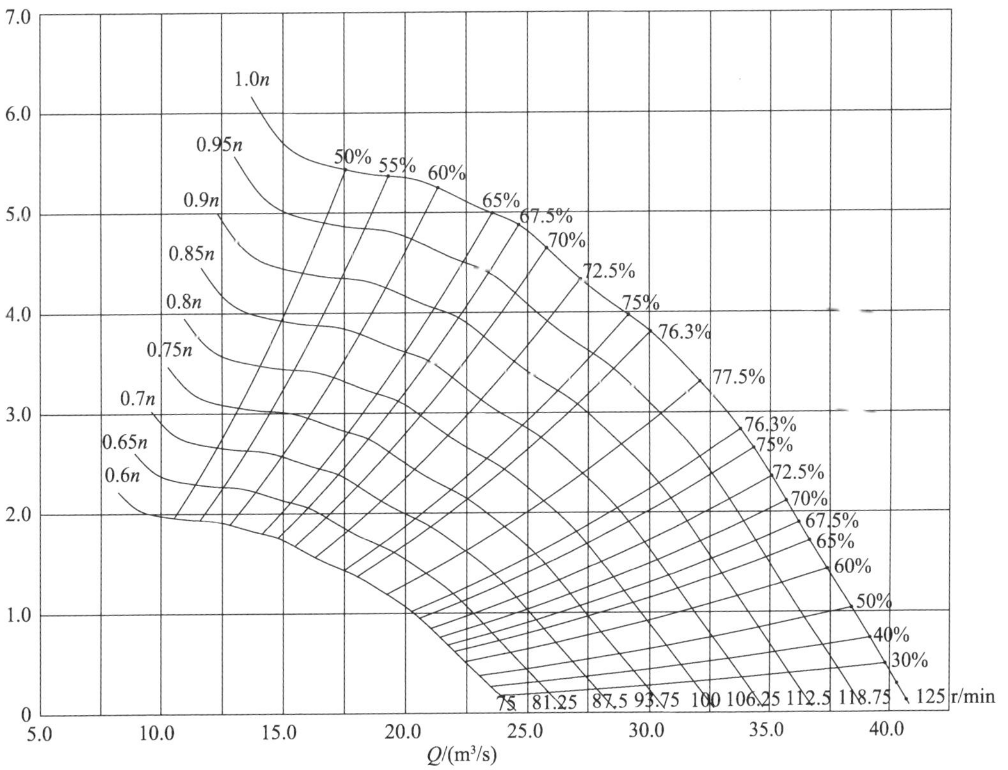

图 2-2-2　淮安三站水泵变频调节性能曲线

2016 年 6 月 10 日，淮安三站 2 号变频器试运行，变频器系统内部设置 0～15 Hz 启动时间为 150 s，15～40 Hz 启动时间为 200 s，启动时间过长导致水泵长时间在马鞍区不稳定工况下运行，进而导致水泵振动幅值过大，机组启动失败。2016 年 7 月 7 日，将 2 号变频器内部设置修改为 0～20 Hz 启动时间 60 s，20～40 Hz 启动时间 30 s，40～50 Hz 启动时间 40 s，机组启动成功。

从变频器在淮安三站应用的情况来看，尽管变频器具有从 0 到 50 Hz 调节的能力，但是，为了使水泵尽快通过不稳定区，变频器的启动时间不宜太长。在扬程合适的情况下，脱开变频器，采用工频方式运行，可以减少变频器带来的损耗。由于淮安三站的水泵是可逆后置定桨式灯泡贯流泵，具有反向发电的功能，有了四象限变频器，在发电时，通过降低水泵转速，可以大大提高水泵效率。因此，变频器在淮安三站中最显著的作用是：抽水时改善启动性能，发电时提高效率。

2.3 液压调节和变频调节的比较

液压调节的优点在于价格低，维修费也比较低。以一台比转速 1000 左右、直径 3.1 m 的立式轴流泵为例，液压调节装置的价格在 100 万元人民币左右，而采用变频器的价格在 200 多万元人民币。国产变频器的价格一般为 1000～1300 元/kW，国外变频器价格更高，相应的维修成本也比较高，而且变频器对环境的要求也比较高。变频器运行时其本身需要消耗能量，一般情况下变频器效率为 98%左右。

变频调节的优点也是十分明显的：变频调速范围广，转速可连续调节，调速精度高，节电效果好；可实现软启动，水泵在启动时对电网的冲击小，停机时可实现软停机，防止出现水锤现象。采用变频调节，可以设计出比采用叶片角度调节性能更为优良的水泵。如果采用叶片角度调节，由于在轮毂体内要布置操作机构，因此轮毂比不能太小，叶片数也受到限制。轮毂比和叶片数是影响水泵性能的 2 个重要参数，采用变频调节，可以缩小轮毂比、增加叶片数，大大提高水泵的性能。

参考文献

[1] 石秋洁. 变频器应用基础[M]. 2 版. 北京：机械工业出版社，2013.
[2] 李发海，朱东起. 电机学[M]. 5 版. 北京：科学出版社，2013.

第3章　泵站更新改造技术

江苏省自1963年建成第一座大型电力抽水站——江都一站以来，为满足沿江引排、洼地排涝、山丘提水、跨流域调水、城市水环境的需要，陆续兴建了一大批大型电力抽水站。这些泵站经过几十年的运行，工程老化，故障增多，性能下降。为了恢复泵站功能，发挥其效益，自1994年开始，江苏省开始更新改造大中型泵站，目的在于通过更新改造，消除泵站在设计、建设、运行过程中积累的缺陷，运用现代新材料、新工艺、新设备、新技术，恢复和提高泵站工程性能，提高泵站主机组和辅助设备的运行可靠性、稳定性和安全性；运用信息技术，实现泵站运行自动化、信息化，全面提高泵站安全运行的可靠性；改善和提升泵站工程面貌，继承和弘扬中国传统的水文化，构建人水和谐的水环境。

3.1　泵站存在的问题

江苏省的大中型泵站系多年分阶段建设而成，经过多年运行，存在的问题有：① 机电设备经长期运行，老化严重，通过常规的大修不能恢复原有的性能。变压器等电气设备多数属淘汰产品，能耗高，不满足安全运行要求；主电机普遍采用的是早期的沥青云母绝缘，绝缘水平低。水泵实际运行工况长期偏离高效区，装置效率低；水泵过流部件采用普通碳钢甚至铸铁材料，抗空蚀性能差。比如淮安一站、淮安二站建成于20世纪70年代，水泵叶片材料是铸钢，叶轮外壳材料是铸铁，抗空蚀能力差，经长期运行，叶片穿孔、变形，效率严重下降；电机主绝缘材料是沥青云母带，介质损耗增加率和第二电流增加率明显超过规范容许值。淮安一站原设计扬程7 m，然而根据1974年至2018年的上下游水位统计，淮安一站多年实际平均净扬程只有3.93 m，水泵长期处于偏工况运行。② 泵站站身不满足抗滑、抗渗稳定要求；站身主要建筑物混凝土碳化、裂缝、沉陷变形。③ 金属结构锈蚀；缺少拦污栅及清污装置。④ 缺少计算机监控、视频监视等自动化控制系统。⑤ 少数泵站设计存在缺陷，机电设备质量差，工程存在先天性缺陷。秦淮新河泵站、江都二站下游设计水位偏高，造成在长江枯水期抽水困难，电机超功率。江都三站、刘老涧泵站、常熟泵站流道设计不合理，造成机组运行中振动大。20世纪90年代世行项目淮安三站、泗阳二站存在设备制造质量问题，影响安全运行。高港泵站叶轮直径3.0 m，单泵流量34 m^3/s，水泵选用的参数过高，造成水泵运行中振动大。

3.2 泵站现状调查和安全鉴定

为了做好泵站更新改造工作，必须充分掌握泵站工程状况，查清工程存在的问题，以便有针对性地开展泵站更新改造工作。因此，首先要开展泵站现状调查，对泵站工程的建筑物、金属结构、机电设备进行检测，按照国家现行规范进行复核计算。其目的是通过检测了解工程状况，包括混凝土破损与碳化、钢筋锈蚀、伸缩缝止水损坏、渗流、流道淤积、泵房上部结构、水泵效率、水泵部件空蚀和磨损、主轴和水导轴承磨损、振动和噪声、电动机绝缘、主变压器等电气设备性能、辅助设备，以及金属结构主要部件的锈蚀、变形、缺损和止水情况。复核计算的内容有：① 泵房和进出水侧翼墙的整体稳定性。② 泵房抗渗稳定性。③ 结构强度。④ 抗震能力。复核计算的目的是验证泵站工程是否满足现行规范要求，特别是 20 世纪 70 年代前兴建的泵站，大多未进行抗震设计。虽然后期部分大中型泵站进行过抗震验算并陆续实施过一些抗震加固工程，但是仍有许多泵站尚未能按设防的地震烈度进行验算。通过现状调查和复核计算可以比较准确地评价工程安全等级，在此基础上对泵站进行安全鉴定，确定泵站的安全等级和更新改造的内容。

3.3 合理确定泵站的特征扬程和设计流量

特征扬程和设计流量是泵站最重要的 2 个参数，是泵站设计的基础。特征扬程和设计流量的选择是否符合实际，对泵站的性能有很大的影响。如果特征扬程和设计流量与实际不符合，将会造成泵站长期偏离最优工况运行，轻则影响泵站效率、影响工程效益，重则造成泵站产生严重振动，危及泵站工程安全，严重影响工程效益。淮安三站原设计下游最低水位 6.0 m，见表 3-3-1。根据《泵站设计规范》(GB 50265—2010)，泵站站下最低运行水位应取历年运行期水源保证率为 95%～97%的最低日平均水位。根据 1980—2011 年淮安三站站下水位系列分析成果，运行期 95%水源保证率的最低日平均水位为 4.9 m。淮安三站 1999—2012 年运行水位系列实测资料显示，运行期站下最低水位为 4.91 m，见表 3-3-2。因此，淮安三站经常出现由于下游水位过低无法运行的情况。这就造成了一个非常尴尬的局面，淮安三站作为一个调水的泵站，在抗旱紧张用水的时候，不能正常开机抽水，关键时刻不能发挥效益。2013 年淮安三站更新改造，从保证泵站安全运行的角度考虑，淮安三站站下最低运行水位取 5.0 m。淮安三站改造后特征水位见表 3-3-3。

表 3-3-1　淮安三站原设计水位组合

组合情况	设计水位/m		运用情况	备注
	上游	下游		
完建期	无水	无水		墙后地下水位 7.0 m
正常抽水运行	9.7	6.0	抽水，$Q=60\ m^3/s$	

续表

组合情况	设计水位/m		运用情况	备注
	上游	下游		
正常发电运行	10.0	7.0	发电，$Q \leqslant 50\ m^3/s$	
正常挡水	9.5	7.0	不运行	
洪水期	11.2	7.0	不运行	
检修	10.0	7.0	站内抽空	墙后地下水位 8.5 m

表 3-3-2　淮安三站抽水运行站下水位统计

年份	抽水天数	6.0 m 以下天数	5.8 m 以下天数	5.5 m 以下天数	最低水位/m	最低水位出现时间
1999 年	148	120	88	46	5.04	4 月 30 日
2000 年	72	62	49	11	5.25	6 月 12 日
2001 年	190	119	90	40	4.91	6 月 13 日
2002 年	208	45	15	2	5.31	6 月 15 日
2003 年	0	1	1	0	5.66	10 月 10 日
2004 年	41	73	20	5	5.29	6 月 18 日
2005 年	22	18	13	6	5.08	7 月 4 日
2006 年	13	28	16	9	5.24	6 月 14 日
2007 年	11	120	29	16	5.13	6 月 14 日
2008 年	2	13	2	0	5.75	6 月 28 日
2009 年	6	27	13	2	5.31	7 月 3 日
2010 年	31	5	3	0	5.53	7 月 7 日
2011 年	110	37	29	13	5.18	6 月 13 日
2012 年	31	20	9	1	5.84	6 月 11 日

表 3-3-3　淮安三站改造后特征水位

组合情况	水位/m	
	站下	站上
设计水位	5.8	9.13
最低水位	5.0	8.50
最高水位	7.4	9.58
平均水位	5.8	9.05
设计挡洪水位	8.7	10.80
设计校核水位	9.0	11.20

位于镇江句容市下蜀镇境内的长江提水一级站进水池设计水位 4.32 m，当长江水位低于 4.32 m 时，需在长江引河上筑坝翻水，供长江一级站补水用。为此，句容市于 2014 年建设了长江站补水工程（长江负一级站），选用 800QZ-130 潜水泵，配 110 kW 电动机 3 台套，设计补水流量 6 m^3/s。当长江水位较低时，架设机组向长江一级站补水。

从节约能源、扩大效益方面考虑，人们希望泵站有更高的效率和更大的流量，特别是改造泵站，增加流量不仅可以增加效益，而且项目更容易获得审批。但是，流量的增加是有限度的。在进水流道和泵房底板高程难以改变的情况下，增加流量将不可避免地增大流速，增加流道损失。另外，流量增加还会降低泵站的装置空化余量。水泵的安装高程 H_g 计算公式如下：

$$H_g=\frac{p_a}{\rho g}-\frac{p_v}{\rho g}-h_{吸}-\Delta h_r$$

式中：p_a 为大气压力；p_v 为汽化压力；ρ 为水的密度；g 为重力加速度；$h_{吸}$ 为水泵进水管路（或流道）的阻力损失；Δh_r 为水泵的必需空化余量。

p_a 和 p_v 都与流量无关，对于某地区而言是固定值；$h_{吸}$ 和 Δh_r 都与流量有关，它们的值都随着流量的增加而增大。也就是说，对于改造泵站，由于水泵的安装高程难以降低，随着流量的增加，水泵发生空化的可能性会增加，从而引起水泵振动。

淮安一站建成于 1974 年，原单泵设计流量 8 m^3/s，设计工况下出水流道出口流速为 1.61 m/s，采用拍门断流，另有快速闸门作为事故门断流。2001 年加固改造时，将单泵设计流量增加到 11.2 m^3/s，流道出口流速达到 2.42 m/s，不能满足规范要求，为此，将出水流道接长。由于出水流道采用快速闸门断流方式，并在断流闸门上设溢流小拍门，故设计时将出水流道接长同设置快速工作门结合起来考虑。为便于流道混凝土施工及工作门上小拍门的设置，工作门与原事故门间距设为 1.40 m，出水流道按现有平面扩散角接长 2.20 m。为减小出口流速，中间隔墩不接长，仅做端部处理，水泵改造后的流道出口流速降到 1.33 m/s，满足规范要求。尽管通过接长流道的方式降低了流道出口流速，但是流道内部的流速增大了，因此淮安一站水泵的振动明显比改造前大，尽管后来根据淮安一站的多年平均扬程优化了水泵的水力模型，降低了水泵最优工况点的扬程，提高了水泵的平均效率，但是没有从根本上解决问题。江都四站原设计流量 30.0 m^3/s，叶轮直径 3.1 m。2008 年江都四站改造，在流量不变的前提下，将叶轮直径缩小为 2.9 m，造成水泵内部流速增大，水泵振动比改造前明显增大。淮安三站原规划设计流量 60 m^3/s，实际装机流量为 66 m^3/s。2013 年淮安三站更新改造，改造后泵站设计流量 60 m^3/s，单泵设计流量 30.0 m^3/s，降低了水泵中的水流速度。

3.4 合理确定更新改造方案

每个泵站存在的问题是不一样的，因此，每个泵站的更新改造方案也是不一样的，要有针对性地解决泵站存在的问题，保留原来泵站合理的部分，在绝大多数情况下，没有必要把整个泵站拆除重建。淮安二站建成于 1978 年，原来的设计、施工都是比较成功的，运行 30 多年，主机组没有发生大的结构性问题，建筑物沉降在设计范围内，之所以需要改造，是因为多年运行老化。所以更新改造没有对主机泵的结构做大的改变，泵站设计流量维持不变，进、出水流道仅做防碳化处理，型线没有改变，设计扬程与淮安一站一致，根据江苏省水利厅的批复，由原来的 7 m 降为 4.89 m，为此，重新选择了水力模型。对原来局部不合理的地方进行了改进：① 原来上油缸油冷却器是整圆式，在上导瓦下面，如果更换上油缸油冷却器，就要动上导瓦，重新定大轴中心，调整瓦间隙。这次改造成插入式，由 4 个独立部分组装而成，不仅缩短了管道距离，而且能够在不拆装上导瓦的情况下方便地拆装。② 原有水泵是没有进水伸缩管的，而是在导叶体和叶轮外壳中间有一块 20 mm 厚的配制金属垫板，利用导叶体和叶轮外壳法兰的金属弹性，实现泵的连接和密封。这种连接方式存在一定的缺陷：a. 配制金属垫板塞进导叶体和叶轮外壳法兰后，还是会有一定的间隙存在，而且它们之间的接触都是刚性接触，当用螺栓拧紧金属法兰后，在螺栓的作用力下，导叶体和叶轮外壳法兰需要承受很大的预应力。同样，水泵层和底板层也会有很大的预应力。b. 这种结构主要是轴向连接，对径向的压缩力作用不大，所以对导叶体和叶轮外壳之间的密封不是很有效，在导叶体和叶轮外壳之间还有漏水现象。在泵改过程中，在水泵的叶轮外壳和进水锥管之间增加了一节伸缩管，将伸缩节的位置设计在叶轮室的下面，以便于机组大修。③ 导叶体内的导轴承的润滑进水管的改进设计：原有水泵的润滑水进水系统是通过一个外加的单独进水管接到橡胶轴瓦的，进水管置于 2 个导叶片中间，会影响导叶体内进水的流畅性，甚至会影响水泵的装置效率(在模型泵装置试验时没有该进水管装置)。该进水管装好后，由于水泵常年运行出水的强烈冲击和本身的锈蚀，进水管有可能受到损坏，从而影响泵的正常使用。改造时，在导叶片的表面预置一条进水沟，该沟在铸造时就铸成，在机加工时将铸件的进水沟打磨光滑，然后在进水沟的上面焊接一块盖板，焊接好后，再将焊接表面清理干净。改进后的润滑水进水管路的优点是：导叶片表面型线光顺，对水泵的出水流没有任何影响，也避免了水流对润滑水管的冲击，产品的外观也比较好。该方案在铸造生产中，没有任何麻烦，比在导叶片中预埋金属管更容易实现。

淮安一站于 1974 年 3 月建成投运，安装有 8 台上海水泵厂生产的 64ZLB-50 型立式半调节轴流泵，单泵设计流量为 8 m^3/s，设计扬程 7 m。工程于 2000 年 5 月进行改造，2005 年 5 月竣工。改造后的泵站设计扬程 4.89 m，安装有 8 台无锡水泵厂生产的 1750ZLQ-11.2-5.3 型立式全调节轴流泵，单泵流量为 11.2 m^3/s。中标单位无锡水泵厂选用了华中理工大学的 ZMB-70 型水力模型，根据扬州大学机电排灌工程研究所完成的淮安一站泵改工程水泵装置模型试验研究成果换算出的淮安一站改造原型装置性能曲线如图 3-4-1 所示。

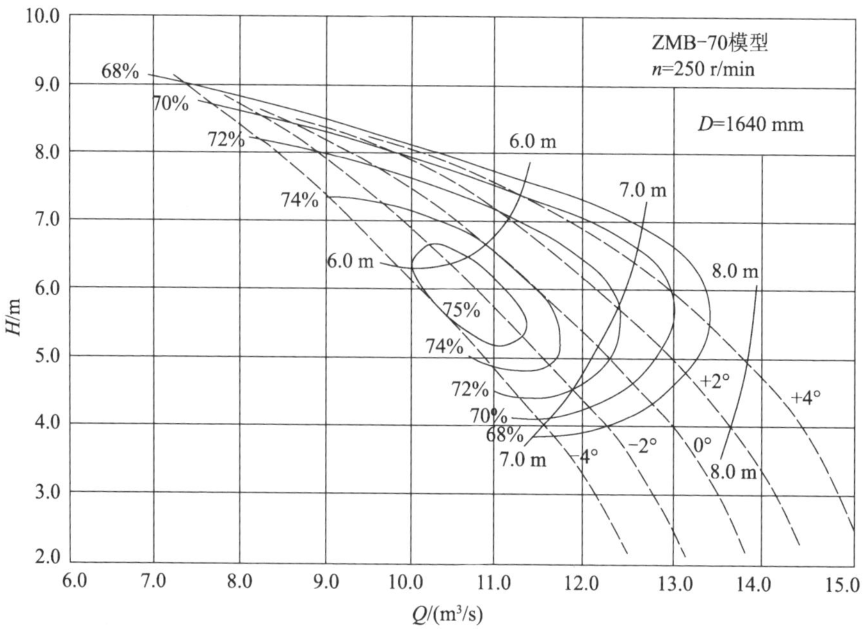

图 3-4-1　采用 ZMB-70 型水力模型的原型装置性能曲线

根据淮安一站的特征参数，从图 3-4-1 可以看出，水泵的设计工况点在叶片角度－4°，效率 74％，而该水力模型装置的最优工况点应该在叶片角度－2°，扬程 5.9 m，两者相差较大。分析水流速度三角形可知，在设计工况下，水泵实际是在低扬程下运行，水流将对叶片进口边背面产生冲击，在正面产生脱流。

从图 3-4-1 还可以看出，在泵站最低扬程工况下，在 ZMB－70 型水力模型的性能曲线图上查不到相关的参数，但是可以预测其效率已经相当低了。尽管 ZMB－70 型水力模型在当时还是比较优秀的，但是用于淮安一站，其扬程偏高，并不适合。一个不适合的水力模型装置必然会带来效率低、振动大等问题。

2018 年，江苏省灌溉总渠管理处和河海大学合作，应用 CFD 技术，在进、出水流道不变的条件下(由于改造进、出水流道的成本太高，且优化的余地不大，故没有进行进、出水流道优化设计)，对叶轮叶片翼型、轮毂比、叶片数、导叶数量、导叶高度、导叶翼型进行多目标优化与选择设计，确定出最优水力模型装置。

随后，根据 CFD 计算结果制作水力模型装置，在河海大学水利水电学院水力机械多功能试验台上进行了能量、空化、飞逸、压力脉动的试验研究。原型泵叶轮直径 1.64 m，模型泵叶轮直径 0.30 m，模型比 5.47。模型泵装置由进水流道、叶轮、后导叶和出水流道装配而成。进、出水流道用钢板焊接制作；为使粗糙度相似，钢制流道内壁加涂层。模型零部件和试验装置分别如图 3-4-2 和图 3-4-3 所示。

图 3-4-2　淮安一站水泵模型零部件

图 3-4-3　淮安一站水泵模型试验装置

根据模型试验结果绘制的泵装置原型综合特性曲线如图 3-4-4 所示。

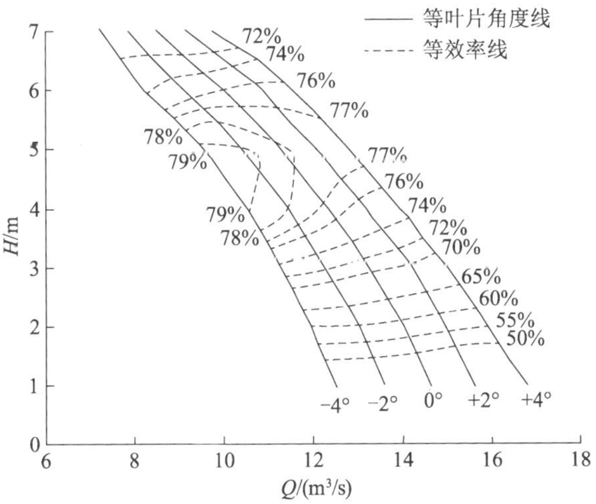

图 3-4-4　泵装置原型综合特性曲线（$D=1640$ mm，$n=250$ r/min）

对比图 3-4-1 和图 3-4-4，新设计的水力模型装置降低了效率区的扬程，提高了泵站的平均效率，在最大扬程时没有进入马鞍区，泵站可以稳定运行。

淮安三站建成于 1996 年，是当时国内最大的灯泡贯流泵站，自建成之日起就存在启动困难、超功率、振动大等现象，不仅导致该站不能正常运行，而且影响了贯流泵在南水北调工程中的应用。2013年更新改造，为了解决淮安三站存在的问题，先后开展了多项研究，主要包括：机组稳定性测试与诊断研究；现场综合测试；采用CFD数值模拟方法对机组内部的水流状态进行分析，研究贯流泵装置中各部件对其性能的影响；3套水力模型同台比选。经研究分析，认为导致淮安三站存在问题的原因有：① 真机效率修正值过大，电机配套功率偏小，导致机组启动困难，运行中超功率。② 设计参数偏高。③ 存在结构方面的缺陷，没有考虑水泵水轮机双向运行的特殊性。④ 转子鼠笼条是按发电机设计的，没有考虑电动机异步启动的特点。⑤ 用于轴承冷却润滑的油系统没有封闭，空气中的水通过热胀冷缩的作用进入油系统，另外，水泵导轴承前没有检修密封装置，流道中的水通过水泵填料进入油系统，使得油迅速劣化，不得不经常滤油或者更换新油。⑥ 灯泡体结构不合理。

在对淮安三站存在的问题进行充分分析和研究的基础上确定了7条更新改造措施：① 将原来的电机、水泵共用一根主轴，改为电机、水泵各用一根轴，每根轴各有两点支撑，既提高了机组的稳定性，也便于检修。② 水泵进人孔布置在下部，这样避免了水流连续绕过水泵进人孔和电机进人孔，形成“8”字形绕流，并在电机进人孔前后增加导流板，以改善电机进人孔前后的水流流态。③ 在电机尾部增加导流锥，以改善出口水流流态。④ 研发新的水力模型装置。⑤ 在上游工作门上设置8块小拍门，将原来的绳股式启闭机更换为启闭速度更快的油压启闭机，以减小启动过程中的水流阻力。⑥ 增加变频调速装置，用于调节流量和改善启动性能。⑦ 水泵配套电动机额定功率由原来的1700 kW增加到2180 kW，最大功率2300 kW。2018年淮安三站更新改造通过竣工验收，2019年和2022年长时间的抗旱运行结果证明，改造后的淮安三站性能优良，满足运行要求。

3.5 泵站更新改造关键技术

大多数泵站都是长期偏离设计工况运行的，对水泵的运行产生了不利的影响。泵站安全鉴定时经常会有这样的说法：该泵站长期偏离设计工况运行，造成气蚀、振动。在泵站验收时，也经常会有这样的建议：建议在设计扬程下进一步测量水泵的性能。这说明，验收时泵站没有达到设计水位。如果只有个别泵站由于水情原因出现上述现象可以理解，但是为什么很多泵站都存在这个问题呢？这是由2个方面的原因造成的：一是泵站上下游长期达不到规划水位；二是一些泵站有不同的运行工况，不同的运行工况对应的设计扬程相差较大，而轴流泵的高效区范围又比较窄，对扬程变化的适应性较差。

泵站上下游河道的水位是与河道中的流量相对应的。泵站在运行中，泵站进出水河道中的水流是运动的，河道的水位是依靠流量维持的。如果泵站抽水流量不变，下游河道的流量变小了，下游河道的水位就要下降。如果泵站抽水流量增大，上游河道的水位就要上升。河道的流量是规划流量，根据规划流量推算出河道的水位，但是规划的目标可能需要几十年才能实现，也就是说对应的水位要等几十年才能出现。江苏省江水北调工程规划的是以江都排灌站为源头，以京杭运河苏北段为输水干线，利用洪泽湖、骆马湖、微山湖

3湖调节，分设8个梯级，按“六、四、三、二、一”(即抽江600 m^3/s，进洪泽湖400 m^3/s，出洪泽湖300 m^3/s，进骆马湖200 m^3/s，到徐州市100 m^3/s)的规模调水，干线全长400余公里，总提水扬程30余米。然而，江都排灌站建成40余年(以江都四站建成为标志)，江水北调工程规划的“六、四、三、二、一”也没有完全实现，即使后来高港泵站、宝应站建成，增大了抽江规模，但由于大用水时期上游计划用水没有实施到位，时至今日，也没实现进洪泽湖400 m^3/s的目标。淮安三站6.0 m的水位是按河道流量200 m^3/s推算出来的，但是，在大用水时期，即使江都站满负荷抽水500 m^3/s，到淮安三站下游也没有200 m^3/s，当然，淮安三站下游水位也达不到6.0 m，而淮安三站配套电机功率又偏小，所以必然会出现启动困难和超功率现象。

轴流泵普遍存在高效区较窄的缺点，这是由2个方面的原因造成的：一是轴流泵叶片数少，对扬程变化的适应性差；二是设计者在设计阶段片面追求轴流泵最高效率点的数值而忽略了如何提高轴流泵的平均效率。遇到扬程变幅较大的泵站，或者既要排涝又要调水的泵站，而排涝扬程与调水扬程又相差较大时，设计者就要面临两难的选择，即是把最高效率点放在排涝扬程还是放在调水扬程。通常是把最高效率点放在运行时间长的工况点而牺牲运行时间较短的工况点的效率。现在人们可以用调节水泵叶片角度或水泵转速的办法来尽可能地增大水泵高效区范围，或者采用双速电机，通过改变电机极对数来改变水泵转速从而扩大水泵高效区范围。安徽省庐江县圣石排灌站的排涝与灌溉净扬程分别为4 m和8 m，选用650HW-50泵配Y-12-75kW/-10-115kW单绕组双速电机，通过改变电机极对数，转速从485 r/min变为590 r/min，使水泵在两种工况下都能获得较高的效率。新沟河江边枢纽泵站有排涝、排水和引水3种工况，排涝工况设计净扬程3.03 m，排水工况设计净扬程1.35 m，引水工况设计净扬程1.55 m，选用的是南水北调天津同台对比的TJ04-ZL-07水力模型。由于不同工况的设计扬程相差较大，而TJ04-ZL-07水力模型高效区范围相对较窄，所以江边枢纽泵站不可能在3种工况下都保持高效运行。即使选用全调节水泵，也不可能使水泵在3种工况的设计扬程下工况点都能落在高效区。根据工程规划，江边枢纽泵站的排涝工况为工程主要工况，设计时应当保证排涝工况在设计扬程下能获得较高效率，这样就牺牲了排水和引水工况设计扬程下的效率(在3种工况的设计扬程下效率分别是71.1%，52% 和51.3%)。为保证江边枢纽泵站在3种工况下都能保持较高的运行效率，采用变极双速凸极同步电机，极数从48变至56，对应的转速从125 r/min变至107 r/min。根据模型试验结果，引、排设计工况下水泵装置效率可分别提高8.1%和9%。通过采用变速电机或变频调节，可以较好地解决扬程变幅大带来的效率问题，代价是增大了投资。如果我们能够设计出能适应宽变幅扬程的轴流泵水力模型，就能弥补现有轴流泵的缺点。

淮阴抽水站建成于1978年，2018年更新改造，是江苏省水利厅直属泵站中最后一个改造的泵站。该站最高扬程4.78 m，设计扬程4.28 m，最低扬程1.28 m，规划平均扬程3.06 m。但是，根据1987年至2016年30年间的水文数据统计，淮阴抽水站30年抽水运行时多年平均净扬程为2.05 m。根据淮阴抽水站现在的特征扬程，在现有的水力模型中，最适合淮阴抽水站的是南水北调天津同台对比的TJ04-ZL-06模型。如果选用TJ04-ZL-06模型,淮阴抽水站在设计扬程4.28 m时装置效率可以达到71.92%,在规划平均扬程3.06 m时装置效率为73.2%,而在多年平均净扬程2.05 m时装置效率只有64.21%,加权平均效率为70.05%(按照设计扬程效率权重系数0.3、规划平均扬程效率权重系数0.3、多年平均净扬程效率权重系数0.3、最高扬程效率权重系数0.1计算加权平均效率)。因此,如何保证水泵在设计扬程4.28 m至多年平均净扬程2.05 m之间都保持较高的效率是淮阴抽水站更新改造要解决的问题。因此,开发一种能适应淮阴抽水站这种宽扬程变幅且具高稳定性的水力模型是非常必要的。为此,江苏省灌溉总渠管理处和河海大学合作,用定制式设计方法为淮阴抽水站开发了一种能适应宽扬程变幅且具高稳定性的SA6 BlockⅡ水力模型,该水力模型叶轮叶片数为5,导叶体叶片数为7,具有高效区范围宽广、运行稳定的特点。采用该水力模型,在多年平均净扬程2.05 m时装置效率为70.5%,在规划平均扬程3.06 m时装置效率为75%,在设计扬程4.28 m时装置效率为74.5%,在最高扬程4.78 m时装置效率为73%,加权平均效率为73.3%,且流量均能满足要求。2021年9月,淮阴抽水站通过机组试运行验收,投入使用。2022年淮阴抽水站安全运行156天,抽水15亿m^3。2023年淮阴抽水站安全运行123天,抽水11.3亿m^3。经江苏省水利工程质量监督中心站检测,水泵层噪声为78.1~81.4 dB(A)。

综上,特征扬程和设计流量是泵站最重要的2个参数,特征扬程和设计流量的选择是否符合实际,对泵站的性能有很大的影响,更新改造的泵站应当根据泵站多年积累的水文数据复核泵站扬程和流量。如果设计流量偏大,将会造成水泵内部的流速变大,空化性能下降,可能产生空蚀振动。如果特征扬程与实际不符合,将会造成泵站长期偏离最优工况运行,轻则影响泵站效率、影响工程效益,重则造成泵站产生严重振动。对于扬程变幅较大的泵站,应当采用定制式设计方法为泵站专门开发高效区宽广的水力模型,提高泵站的平均效率。

参考文献

[1] 沈日迈. 江都排灌站[M]. 3版. 北京:水利电力出版社,1974.

[2] 甘卫国. 安徽省泵站技术改造的措施[J]. 中国农村水利水电,2003(3):41-42.

[3] 何勇. 新沟河江边枢纽工程科技创新研究与实践[J]. 江苏水利,2020(S2):1-4,7.

[4] 戴启璠,盛维高,仲子夜,等. 低扬程泵站更新改造关键技术[J]. 江苏水利,2023(5):13-16.

第 4 章　水泵制造技术

4.1　概述

大型低扬程泵站主要有立式轴流泵、导叶式混流泵和贯流泵等泵型，按叶片调节功能可分为半调节和全调节 2 种型式。水泵机组主要零部件包括：叶轮、泵轴、导轴承、泵壳体件（叶轮室、导叶体、伸缩节、进出水管等）、主轴密封、推力径向组合轴承（斜、卧式水泵）、叶片调节系统（全调节水泵）及附属设备等。本章以立式轴流泵、导叶式混流泵、竖井贯流泵为例阐述水泵制造技术，包括水泵结构及主关件坯料选择、毛坯制作、金加工、热处理、装配（厂内套装）等工艺过程。

4.2　立式轴流泵的典型结构及制造技术

4.2.1　典型结构

立式轴流泵的典型结构见图 4-2-1 至图 4-2-4。

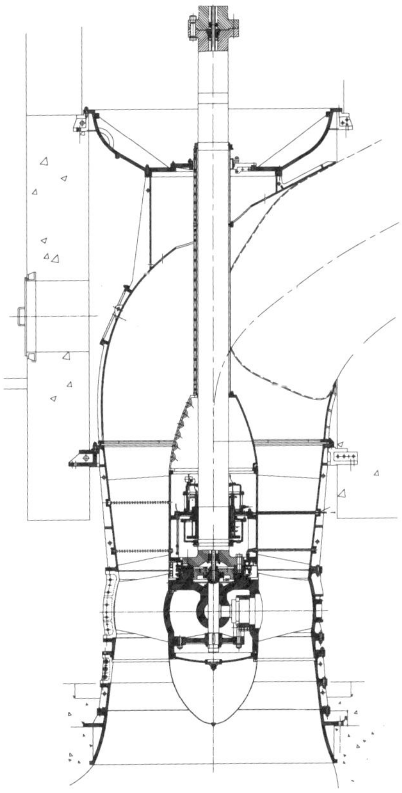

图 4-2-1　江都四站立式轴流泵结构图

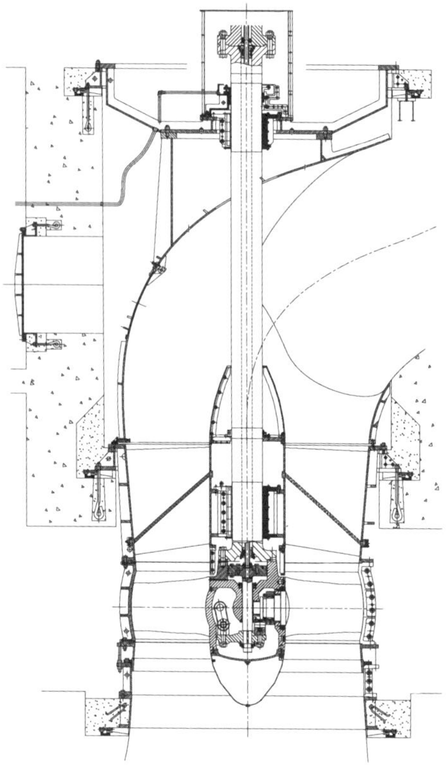

图 4-2-2　扬州瓜洲泵站立式轴流泵结构图

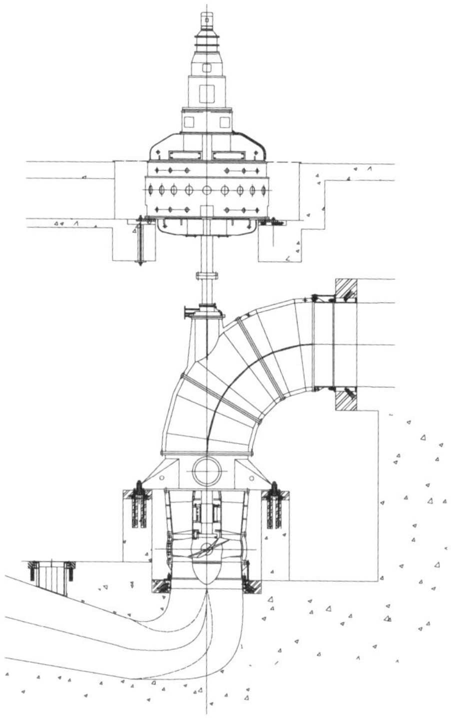

图 4-2-3　淮安杨庙南站立式轴流泵结构图

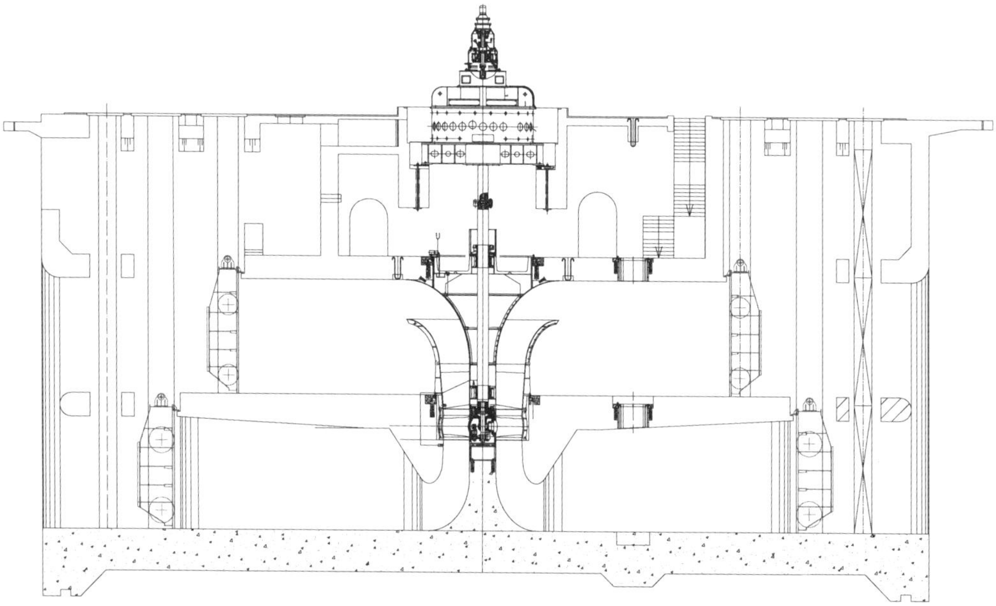

图 4-2-4　新沟河江边枢纽泵站立式开敞式轴流泵结构图

从以上列举的图例可以看出，图 4-2-1、图 4-2-2 是立轴井筒式轴流泵的典型结构，图 4-2-3 是立轴双基础轴流泵的典型结构，图 4-2-4 是双向 X 形流道立轴开敞式轴流泵的典型结构。这 3 种立式轴流泵泵型各有特点，结构特点见表 4-2-1。

表 4-2-1　立式轴流泵结构特点

泵型	结构特点
立轴井筒式轴流泵	① 整个泵体置于井筒内。零部件吊装从电机层和顶盖层的孔进出；维护时从井筒进人孔进入拆装导轴承。 ② 进水流道采用肘形，出水流道型式有虹吸式、低驼峰式和平直管式。 ③ 适用于大型泵站。
立轴双基础轴流泵	① 泵与电机分置于两个基础上。安装时从电机层的孔吊入零部件，维护时从中间接管进人孔进入拆装导轴承。 ② 进水流道采用肘形或簸箕形，出水流道采用弯管连接平直管型式。 ③ 适用于 2 m 以下口径的立轴泵。
立轴开敞式轴流泵	① 水泵机组安装检修方便。检修时，只要拆分出水喇叭管，即可将后导叶体拆出，并从进人孔吊出；前导叶体在填料密封盒拆除后即可拆出。 ② 进水流道采用 X 形或钟形，开敞式出水。 ③ 采用单向叶轮，实现双向抽水。

4.2.2　主要关键部件制造技术

立式轴流泵由叶轮部件、导轴承部件、泵轴部件、主轴密封、泵体部件等组成。

4.2.2.1　叶轮部件

叶轮部件是水泵的核心，是实现能量转换的执行部件，其设计制造质量对泵站高效稳定运行有直接影响。半调节叶轮部件由轮毂、叶片和叶片紧固件等组成。水泵轮毂体内腔结构简单，泵叶片柄部结构简单，长度短，仅有一道档与轮毂体配合。轮毂体内腔与外界不需要密封，但不允许泥沙进入轮毂体内腔，以免产生不平衡现象，因此，导水锥与轮毂体法兰联接螺栓扳手孔设计成非贯通式的。全调节叶轮部件由轮毂、叶片、叶片密封组件、轴承、叶片调角操作机构等组成。水泵轮毂体内腔结构较复杂，且密封性能要求高，结构设计中由下盖保证对外密封。全调节叶轮需设置叶片密封组件，叶片轴密封通常采用“λ”型或“X”型密封，密封圈材料为耐油橡胶。全调节水泵由于叶片轴较长，结构较复杂，上有两道滑动轴承档，与转臂配合档。全调节水泵叶轮含叶片调角操作机构，叶片调角操作机构由转臂、连杆、耳柄、操作架及联接件等组成。调节杆与调节机构联接，调节机构带动调节杆上下移动，调节杆带动操作架上下移动，再通过连杆转臂机构转化成叶片转动，达到调节叶片角度的目的。调节杆上移，叶片向正角度方向调节；调节杆下移，叶片向负角度方向调节。半调节叶轮典型结构见图 4-2-5，机械全调节叶轮典型结构见图 4-2-6，下置式液压全调节叶轮典型结构见图 4-2-7。

叶轮的工厂检验和试验：叶轮在工厂组装好后，在厂内进行静平衡试验，要求不低于ISO1940 标准 G6.3 级，残留不平衡重量产生的离心力不大于叶轮重量的 0.2%。全调节水泵叶轮还需按要求的压力做密封性能试验，一般保压 30 min，保证无渗漏、冒汗等现象。

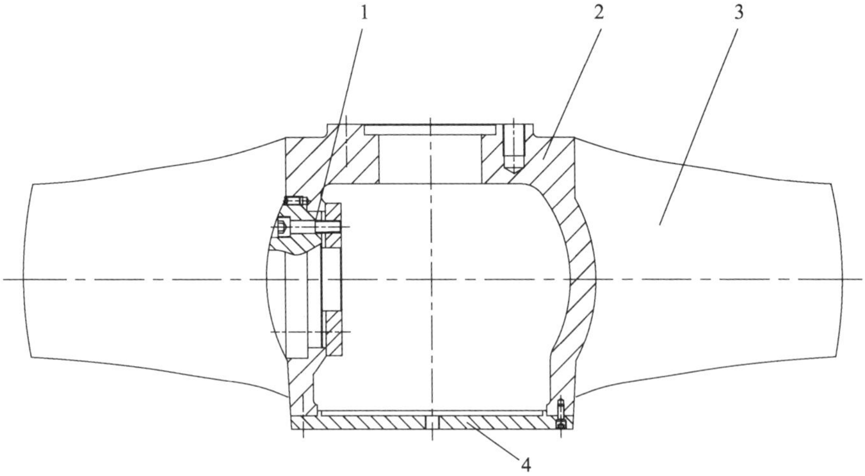

1—叶片紧固组件；2—轮毂；3—叶片；4—下盖。

图 4-2-5 半调节叶轮典型结构图

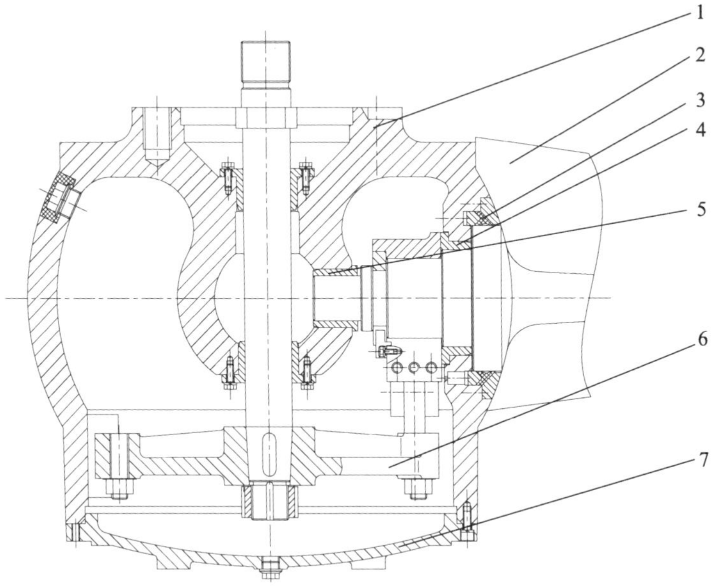

1—轮毂；2—叶片；3—叶片密封组件；4—叶片外轴承；5—叶片内轴承；6—操作机构；7—下盖。

图 4-2-6 机械全调节叶轮典型结构图

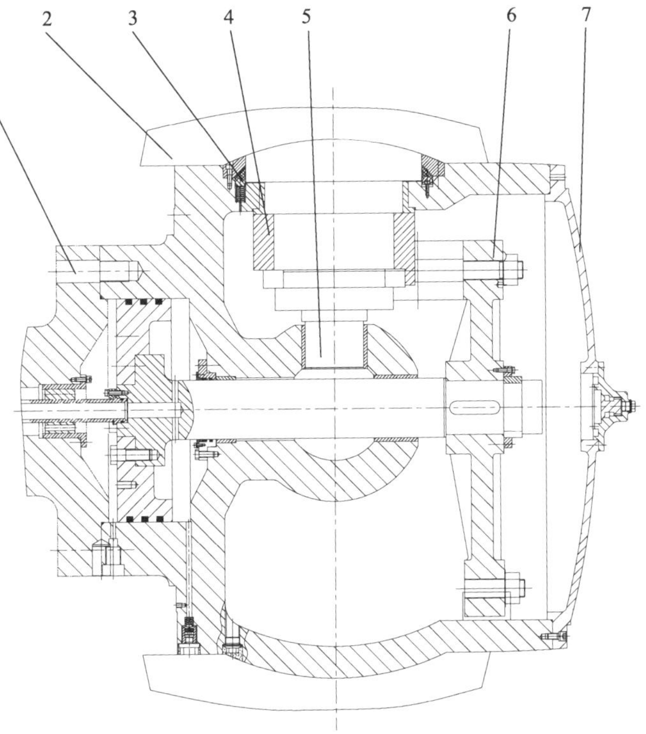

1—轮毂；2—叶片；3—叶片密封组件；4—叶片外轴承；5—叶片内轴承；6—操作机构；7—下盖。

图 4-2-7　下置式液压全调节叶轮典型结构图

(1) 轮毂

轮毂是水泵叶轮的支承件，叶片安装于轮毂之上，结构设计必须考虑使轮毂具有足够的强度和刚度。轮毂总体结构是一个回转体，与泵轴连接的一端呈圆柱或圆锥体，如采用下置式液压全调节结构，则此端为接力器油缸与轮毂合为一体，一般要求承受 4～6 MPa 压力；与下盖连接的一端也呈圆柱或圆锥体；中间为球台，其上设置叶片安装孔，内腔装有叶片操作机构和润滑脂，要求密封，水不能进入内腔。根据轮毂结构和设计要求，轮毂体为整铸结构，不得有砂眼、缩孔、缩松、裂纹等铸造缺陷。铸造材料有灰铁、球铁、铸钢等，常用材料为 ZG270-500 或 ZG310-570，其强度、刚度、可焊性较好。铸造时采用树脂砂造型，保证非加工内腔表面光滑。铸件要保证化学成分和机械性能符合相关标准要求。

轮毂制造工艺过程：

① 铸坯退火处理。

② 表面喷丸处理。

③ 划线，确定叶片安装孔中心线及各端面加工位置线。

④ 粗加工后进行探伤检查，确认无缺陷。

⑤ 车加工除外球以外的其余各部。

⑥ 以基准面为基准上夹具，用镗床对各叶片安装孔进行分度加工，保证各叶片安装孔

中心线在同一平面上，符合图纸要求。

⑦与叶片密封压环组装，以基准面上夹具，在数控立车上进行球面加工，球形用数控程序控制。

⑧ 钻孔，配钻铰与泵轴之间的销孔。

⑨ 校静平衡，不平衡量应满足设计要求(不低于 G6.3 级)。

(2) 叶片

叶片是水泵最关键的水力部件，必须确保叶片具有可靠的物理、机械性能。叶片形状应与设计图纸高度吻合。为保证叶片材质成分的可靠性，叶片需要进行理化分析检测，以确保其成分满足标准。早期水泵叶片材料是铸钢甚至铸铁，现在大型水泵的叶片普遍采用 ZG0Cr13Ni4Mo 不锈钢，并采用单片整体铸造。叶片必须承受自重、水压力、离心力等，需要有足够的强度和刚度，尤其是叶片根部强度，必须进行校核。为了控制叶片的变形量，需要采用双向流固耦合进行应变量的计算。叶片与转子体装配后应具有良好的运转平稳性。叶片型面为空间曲面，所以叶片通常采用铸件。由于铸造出来的毛坯型面尺寸与图纸有一定的偏差，需要进一步加工。叶片的精加工由早期的随形打磨加工或仿形铣加工完成，现在大中型水泵叶片的精加工都是在三轴或五轴联动数控机床上完成的。由数控机床加工的叶片型面的几何形状精度越来越高，表面粗糙度也越来越小。

叶片型线检测是水泵叶片质量控制的重要环节。早期是用模板检查，即将制作好叶片型线的模板与叶片型面贴合，检查模板与叶片型面之间的间隙。后来用三坐标激光测量仪，测量叶片型面的三坐标，与设计坐标对比。现在普遍采用自动激光扫描测量仪，对叶片型面进行逐点激光扫描，空间任意位置无死角，采集叶片型面数据，在电脑里自动生成测量物体的三维全数据图像，与设计三维图进行全自动比对，实现检测实物与设计坐标误差三维可视化，确保叶片型面的准确性。

五轴联动数控机床加工叶片制造工艺过程：

① 铸坯退火处理。

② 叶片表面随形打磨后超声波探伤，按 GB/T 7233.1—2023《铸钢件　超声检测　第 1 部分：一般用途铸钢件》2 级要求。

③ 将工件按坐标位置找正，用五轴联动数控机床钻两端中心孔，对叶片工作面、背面、进出水边进行数控加工。

④ 以两端中心孔为基准，车柄部各级台阶及球面至设计尺寸。

⑤ 用 3D 扫描仪对叶片进行各点检测，保证叶片的几何形状符合设计要求。

⑥ 叶片称重分组，保证同台水泵叶片重量差符合要求。

(3)叶轮

叶轮制造工艺过程：

① 选择重量差、厚度偏差符合要求的一组叶片装于同一个叶轮轮毂上。

② 将叶片转至最大安放角度，验证叶片与轮毂之间的间隙是否符合要求。

③ 将叶片、转臂等装入叶轮轮毂，上车叶片工装，用夹具定位，在数控立车上进行叶片

外球的精加工，保证符合设计要求，并确保叶片与叶轮室之间的间隙符合要求。

④ 校静平衡，不平衡量应满足设计要求。

⑤ 全调节叶轮做动作试验，保证叶片在全角度范围内能灵活转动，无卡阻现象。

⑥ 全调节叶轮做油压试验，轮毂体内下腔充油，在 0.36 MPa 压力下历时 30 min 应无渗漏、冒汗等现象。若有，油缸腔做 1.5 倍工作压力的油压试验，直至满足设计要求。

4.2.2.2　导轴承部件

导轴承主要承受叶轮转动产生的径向载荷，是保证水泵平稳运行的关键部件之一。水泵运行中大部分故障都源于导轴承，因此，导轴承种类选择、结构设计及质量控制是影响水泵可靠性和寿命的重要因素。立式轴流泵一般采用水润滑导轴承，它由轴承体、轴瓦、封水板、压板等组成。导轴承一般为分半结构，便于安装维护。

按轴瓦材料种类，水润滑导轴承常用的有橡胶轴承、赛龙(研龙)轴承、弹性金属塑料瓦轴承等。导轴承采用分半结构，轴承体、瓦衬为圆柱回转体，轴承体采用碳钢或不锈钢铸件制造，瓦衬材料采用碳钢、不锈钢铸件或球铁等。图 4-2-8 为水润滑橡胶导轴承典型结构图。

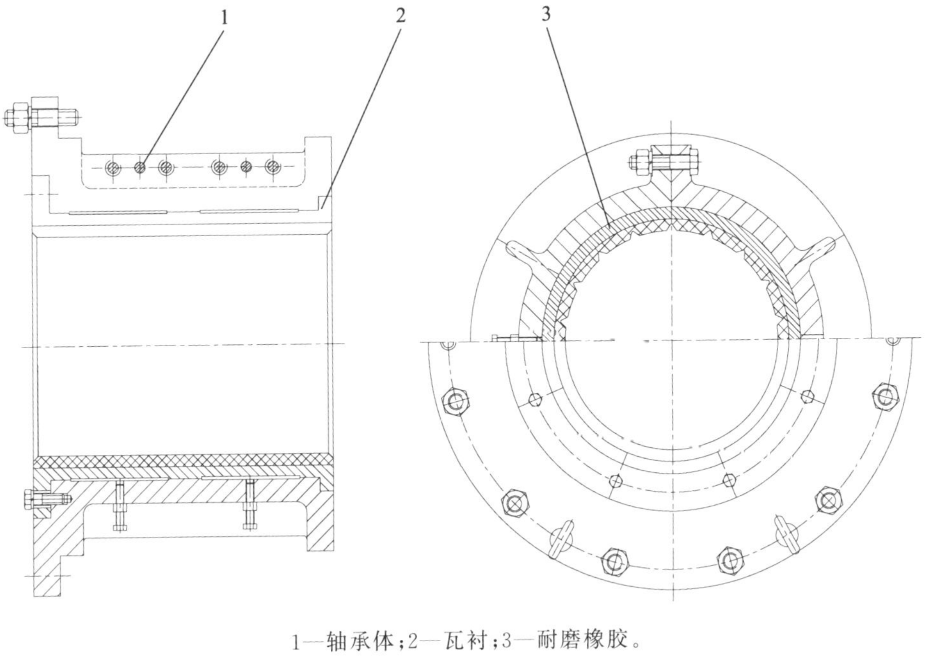

1—轴承体；2—瓦衬；3—耐磨橡胶。

图 4-2-8　水润滑橡胶导轴承典型结构图

下面以橡胶轴承为例，阐述其制造工艺过程。

(1) 轴承体

① 毛坯退火处理。

② 加工哈夫面。

③ 钻哈夫面连接孔，配作定位销孔。

④ 粗加工后探伤检查，确认无缺陷。

⑤ 精铣哈夫面。

⑥ 组合，半精车外圆、止口、平面，精车内孔至要求。

⑦ 钻孔、攻丝。

(2) 轴瓦

① 轴瓦衬整体加工至要求。

② 钻周向连接孔。

③ 剖分两半。

④ 压铸耐油橡胶。

(3) 导轴承

① 轴瓦与轴承体组装。

② 按环境温度对应尺寸车轴瓦内圆至要求，精车轴承体定位止口、外圆、平面至要求，保证内外圆同轴度要求。

赛龙、研龙、弹性金属塑料瓦等导轴承，除轴瓦加工工艺有不同外，总体工艺路线与橡胶轴承制造工艺类似，在此不再详述。

4.2.2.3 泵轴部件

泵轴是实现将电机扭矩传递给叶轮的中心部件，其一端与电机轴相连，一端与叶轮连接，还装有主轴密封和导轴承，支承叶轮做旋转运动。泵轴与电机轴采用刚性直接联接，与叶轮一般采用法兰刚性联接，以卡缝销传递扭矩；也有采用轴孔联接方式的，用圆螺母或卡环固定，以键传递扭矩。

全调节轴流泵泵轴设计成空心轴，中间孔部位装配叶片操作管，要保证操作管能无卡阻灵活操作。泵轴要承受由多种工况条件产生的扭矩、径向力、轴向力，应具有足够的强度和刚度。泵轴材料一般为中碳钢和合金钢锻件，并应进行正火或调质处理，以有效提高材料的综合机械性能。为了保证轴颈和填料档的耐磨性，需要处理轴颈部位。处理方法包括热套不锈钢轴套、镶焊不锈钢套、堆焊不锈钢层等，目的是提高轴颈表面的耐磨性，延长轴颈部位的使用寿命。热套不锈钢轴套相对来说比较简单，只要控制好轴套与轴之间的过盈量，将轴套加热后套装即可。镶焊不锈钢套也比较简单，在不锈钢板上开若干孔，卷制成半圆形，合抱到轴上，在孔的位置用焊接方法将套与轴固定即可。此方法要求焊接牢靠，否则易出现脱落现象。堆焊不锈钢层一般用于轴径较大(150 mm 以上)的轴，采用比较先进的技术工艺，在轴承档和填料档部位堆焊 3Cr13 不锈钢，使表面硬度不低于 HRC45，在轴颈处也堆焊 3Cr13 不锈钢。其主要优点是：表面硬度均匀；表面硬度高(不低于 HRC45)，耐磨性好；虽然制造成本增加了，但延长了泵轴的使用寿命。在轴承档和填料档部位堆焊 3Cr13 不锈钢，使表面硬度不低于 HRC45，大大提升了轴颈的耐磨性和抗锈蚀能力。图 4-2-9 为泵轴部件结构图。

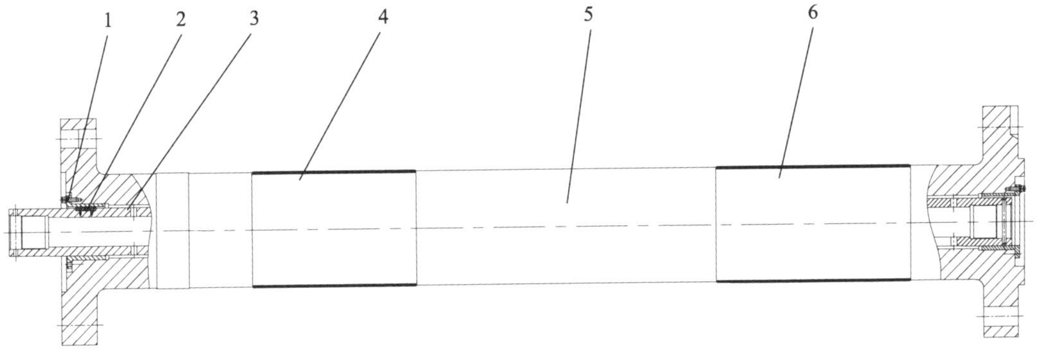

1—铜套;2—导向键;3—操作管;4—填料档;5—泵轴;6—轴承档。

图 4-2-9　泵轴部件结构图

泵轴制造工艺过程:

① 锻件毛坯制作,正火处理。

② 粗加工,而后进行超声波探伤检查,应符合 GB/T 6402—2008 标准质量等级 3 级要求。

③ 调质处理。

④ 以两端中心孔为基准,车堆焊部位至堆焊前尺寸要求;车其余各尺寸,保留精加工余量。

⑤ 在轴颈和填料档部位堆焊不锈钢,保证表面硬度不低于 HRC45,控制焊接变形。

⑥ 以两端中心孔为基准,精车各尺寸至图纸要求;抛磨轴档外圆以及测量摆度档,保证尺寸和形位精度符合要求。

⑦ 钻两端法兰螺栓孔,配钻铰与叶轮轮毂之间的销孔。

4.2.2.4　主轴密封

主轴密封通常采用填料密封的形式,填料密封装置装于顶盖出轴处,由填料盒、填料压盖、填料及填料环等组成,结构设计上考虑便于调整与更换,并有互换性。采用两瓣结构,装拆方便。填料采用碳纤维材料或油浸石棉盘根。填料压盖可通过调整螺母在双头螺栓上的位置来调整其压填料的松紧度,以保证在水泵运行过程中有滴状水漏出为宜。在填料盒侧面设有引水管和漏水排出管,以防止启动时发生干摩擦和在运行过程中排除漏水。填料可以方便地更换,填料密封装置各件具有互换性。

填料盒一般采用 HT200 材质制作,压盖、填料环采用不锈钢材料制成。

图 4-2-10 为主轴密封结构图。

填料盒制造工艺过程:

① 毛坯退火处理。

② 加工哈夫面。

③ 钻哈夫面连接孔,配作定位销孔。

④ 组合,粗精车各部。

⑤ 钻孔、攻丝。

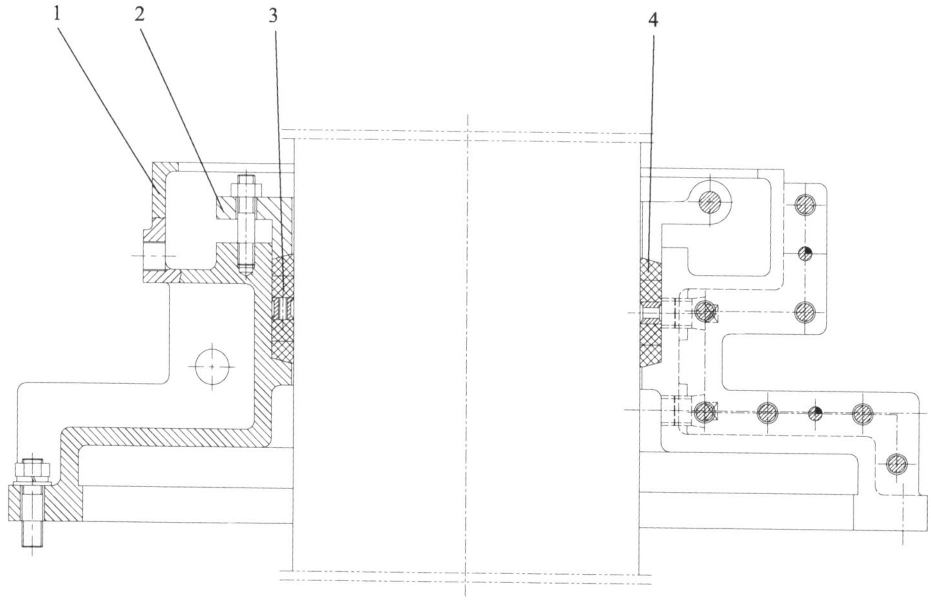

1—填料盒；2—填料压盖；3—填料环；4—填料。

图 4-2-10 主轴密封结构图

4.2.2.5 泵体部件

泵体部件由进水伸缩节、叶轮室、导叶体、出水弯管、顶盖等组成，这些泵体零件多采用结构件和铸钢件或铸焊结构件。

(1) 叶轮室

叶轮室一般采用整铸结构，采用的材料有灰铸铁、球墨铸铁和铸钢。定桨式水泵，叶轮室内表面可设计成柱面；全调节或半调节水泵，叶轮室内表面需设计成球面，有分半式结构和整体式结构 2 种型式。叶轮室与叶片之间的间隙应均匀，间隙大小需控制在标准规定的范围内(单边间隙为叶轮直径的 0.1%)。为保证运行时叶片与叶轮室之间不产生碰擦现象，叶轮室的变形量必须得到有效控制，要从设计和工艺两方面采取措施：设计方面需保证叶轮室满足强度、刚度要求；工艺方面需保证铸件毛坯尺寸满足要求，热处理消除内应力应彻底，在安装、拆卸、运输过程中要采取防变形的措施等。

叶轮室内表面是容易发生空化破坏的区域，需要提高其抗空化性能。不锈钢材料具有良好的抗空化性能，淮安一站、二站、三站和淮阴抽水站均采用全不锈钢叶轮室。采用铸钢母体，内衬不锈钢层，也可以提高抗空化性能。不锈钢层可以镶焊到母体上，也可以堆焊到母体上。镶焊工艺简单，但不锈钢层脱落风险较大；堆焊工艺复杂，但不锈钢层不易脱落。不锈钢堆焊层加工后的厚度一般为 3～6 mm 比较好，厚度太薄，易露底；厚度太厚，影响叶轮室的刚度和强度，且焊接变形大。叶轮室亦可采用热模压不锈钢结构件。大型水泵叶轮室一般为轴向剖分结构，鉴于这四种设计制造方案各有特点，泵站可根据需要选择。图 4-2-11 为铸钢件＋堆焊不锈钢层叶轮室结构图。

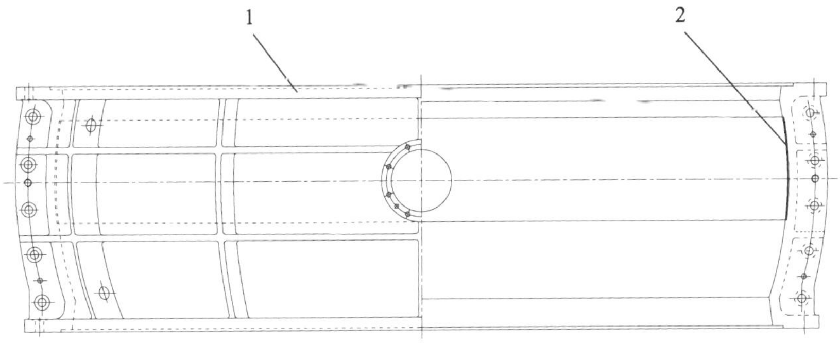

1—铸钢件本体;2—不锈钢抗空化层。

图 4-2-11　铸钢件＋堆焊不锈钢层叶轮室结构图

现以铸钢件＋堆焊不锈钢层叶轮室为例,阐述叶轮室制造工艺过程:

① 铸坯退火处理。

② 外表面喷丸处理。

③ 精铣哈夫面,粗镗手孔盖孔。

④ 配对,钻孔、攻丝,用螺栓连接组合,焊接定位搭块,装手孔盖。

⑤ 在数控立车上车堆焊不锈钢部位至堆焊前尺寸要求;粗车其余各尺寸,保留精加工余量。

⑥ 堆焊不锈钢,焊后退火处理。

⑦ 重新精铣哈夫面,精镗手孔盖孔。

⑧ 组合,装手孔盖,打定位销孔,用定位销定位。

⑨ 在数控立车上半精车法兰、止口及内球面。

⑩ 松开连接螺栓螺母,时效处理不少于 72 h。

⑪ 精车法兰、止口及内球面至图纸尺寸要求。

⑫ 钻孔。

⑬ 水压试验,在 0.2 MPa 下,历时 30 min,保证无渗漏、冒汗等现象。

(2) 导叶体

大中型水泵导叶体采用铸焊结构,质量容易控制。导叶体由外壳、内毂、导叶片组成(见图 4-2-12),外壳和内毂采用结构件,导叶片采用铸钢件,表面随形打磨,或采用数控加工,最后组焊,以保证具有足够的强度和刚度。立式水泵导叶体采用整体结构,斜、卧式水泵导叶体因安装检修的需要而采用轴向剖分结构。整铸结构导叶体材料一般为 HT200,铸焊结构导叶片材料一般采用铸钢(ZG270-500),单片铸造,进行探伤检查;法兰、壳体和内毂采用 Q235 钢板制作。导叶片焊接时应准确定位,确保尺寸和形位合格。

导叶体是重要的水力部件,水导轴承安装在其内,承受径向载荷。导叶体需具有足够的强度和刚度,能抑制水泵运行中的摆动,承受任何工况下水导轴承传来的载荷;对于斜、卧式水泵的导叶体，底部需设支撑脚，用地脚螺栓与混凝土基础固定，并用调整垫铁进行调整；导叶体过流表面常采用喷砂打磨处理，以保证光滑，使水流顺畅。

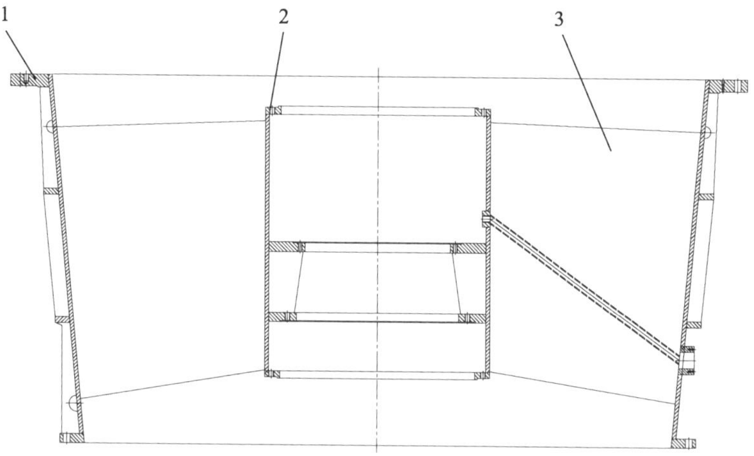

1—外壳；2—内毂；3—导叶片。

图 4-2-12　导叶体结构图

导叶体制造工艺过程：

① 导叶片铸造成型，表面打磨光滑或数控加工。

② 用钢板放样、卷制、成型，组焊法兰、壳体、轮毂及筋板等。

③ 将导叶片按导叶木模图要求，定位于导叶体壳体与内毂之间，保证进、出水边安放角度，保证各叶片周向均布，组焊。

④ 退火处理，消除焊接内应力。

⑤ 喷丸处理，并打磨光滑。

⑥ 车一端内外圆、止口、平面及密封槽至尺寸，调面、找正、压紧，车另一端内外圆、止口、平面及密封槽至尺寸。

⑦ 钻孔。

⑧ 与导轴承配钻铰定位销孔；与叶轮室配钻铰定位销孔。

4.3　导叶式混流泵的典型结构及制造技术

4.3.1　典型结构

导叶式混流泵的典型结构见图 4-3-1。

图 4-3-1 是导叶式全调节混流泵的典型结构，其采用立轴井筒式，除叶轮部件、叶轮室结构与轴流泵不同外，其余零部件结构类似。下面重点介绍叶轮部件和叶轮室的结构及制造工艺过程。

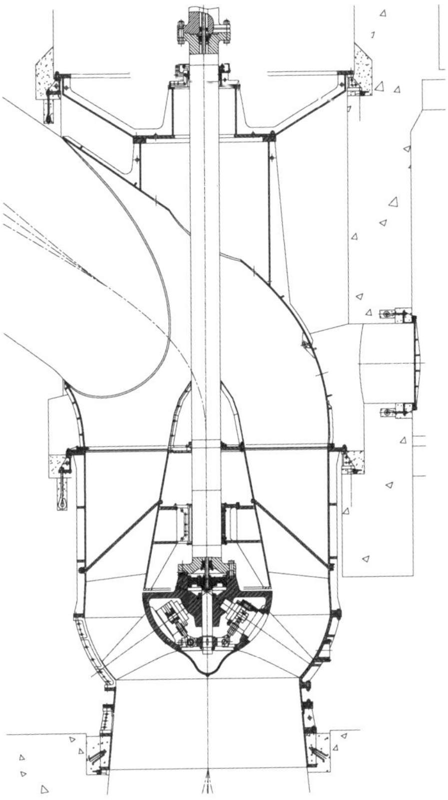

图 4-3-1　洪泽站导叶式全调节混流泵结构图

4.3.2　叶轮部件制造技术

按调节方式，混流泵叶轮部件分为半调节和全调节 2 种型式，半调节叶轮结构见图 4-3-2，活塞式液压全调节叶轮结构见图 4-3-3，转叶式液压全调节叶轮结构见图 4-3-4。

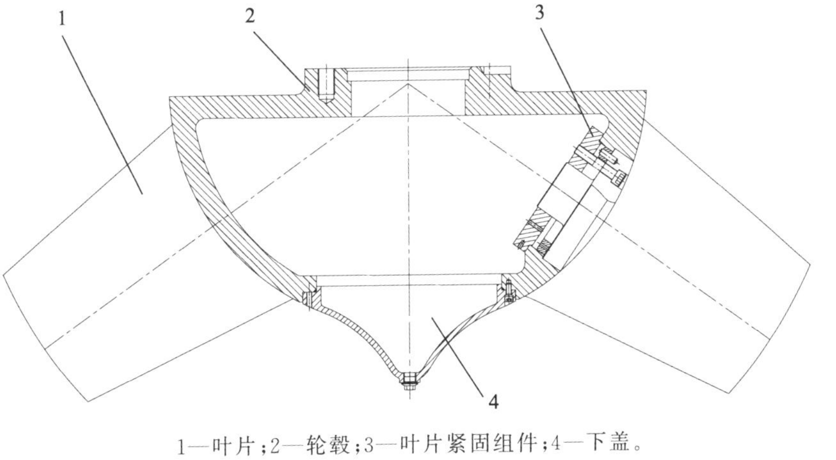

1—叶片；2—轮毂；3—叶片紧固组件；4—下盖。

图 4-3-2　半调节混流泵叶轮结构图

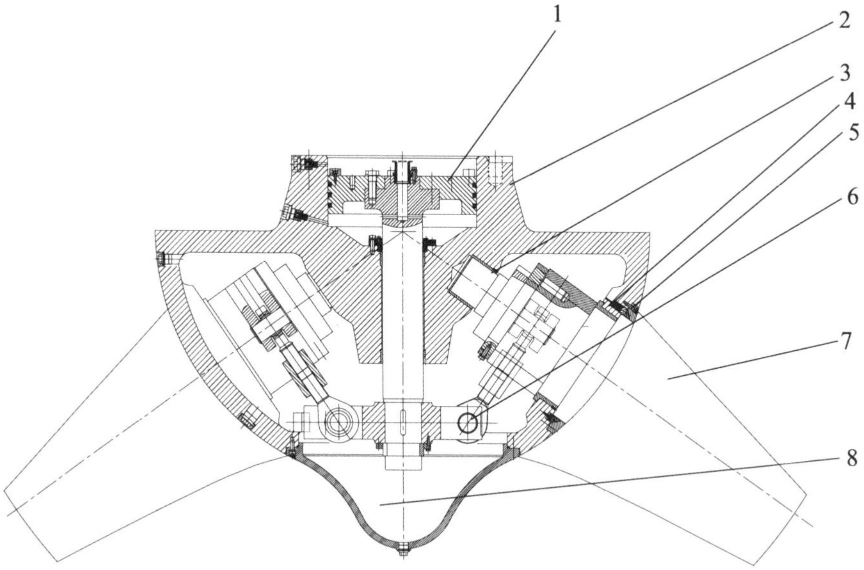

1—活塞式油缸;2—轮毂;3—叶片内轴承;4—叶片外轴承;5—叶片密封组件;
6—操作机构;7—叶片;8—下盖。

图 4-3-3　活塞式液压全调节混流泵叶轮结构图

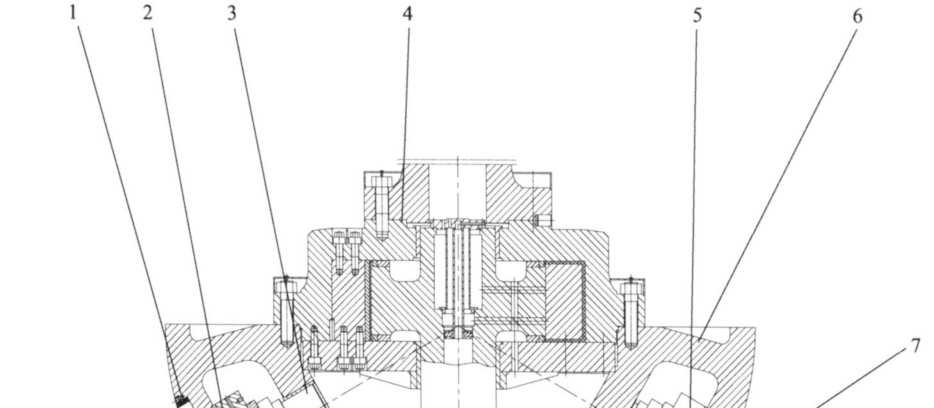

1—叶片密封组件;2—叶片外轴承;3—叶片内轴承;4—转叶式油缸;5—操作机构;
6—轮毂;7—叶片;8—下盖。

图 4-3-4　转叶式液压全调节混流泵叶轮结构图

上述图例中图 4-3-2、图 4-3-3 分别是导叶式混流泵叶轮半调节和液压全调节的常用结构，应用较广。图 4-3-4 所示结构采用转叶式油缸，适合大型全调节泵，被誉为“亚洲第一泵”的皂河一站 6 m 口径全调节混流泵叶轮就是采用的这种结构型式，该型式因密封结构较复杂，应用不多。

叶轮制造工艺过程：

① 选择重量差、厚度偏差符合要求的一组叶片装于同一个叶轮轮毂上。

② 将叶片转至最大安放角度，验证叶片与轮毂、导水锥之间的间隙是否符合要求。

③ 将叶片、转臂等与叶轮轮毂组装，并安装车叶片工装，在数控立车上进行叶片外球的精加工，保证符合设计要求，并确保叶片与叶轮室之间的间隙符合要求。

④ 校静平衡，不平衡量应满足设计要求。

⑤ 全调节叶轮做动作试验，保证叶片在全角度范围内能灵活转动，无卡阻现象。

⑥ 全调节叶轮做油压试验，轮毂体下腔充油，在 0.36 MPa 压力下历时 30 min 应无渗漏、冒汗等现象。若有，油缸腔做 1.5 倍工作压力的油压试验，直至满足设计要求。

4.3.3 叶轮室制造技术

混流泵叶轮室呈半球形结构，见图 4-3-5，其制造工艺同轴流泵叶轮室类似。大型叶轮室可采用热模压成型焊接工艺制作，材料为 06Cr18Ni9 或 06Cr13Ni4Mo 不锈钢板，法兰拼焊成型，球体分段下料，热模压成型，并做固溶或正火处理，组焊，焊缝无损探伤检查。此工艺在水电行业应用较多，优点是制造的叶轮室内在质量可靠，抗空化性能好，材料利用率高，制造变形易控制，外形美观。缺点是压模成本较高，数量少时，代价大。江苏界牌泵站、刘老涧泵站成功应用热模压成型焊接工艺制作叶轮室，效果较好。

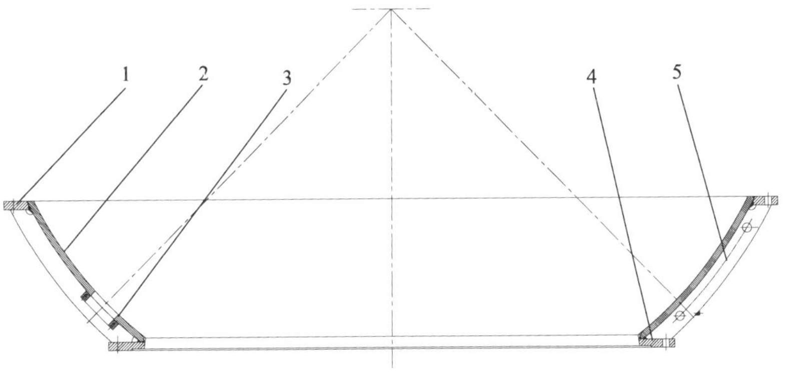

1—出水法兰；2—球体；3—观察窗法兰；4—进水法兰；5—筋板。

图 4-3-5 混流泵热模压焊接叶轮室结构图

4.4 竖井贯流泵的典型结构及制造技术

4.4.1 典型结构

竖井贯流泵的典型结构见图 4-4-1 和图 4-4-2。

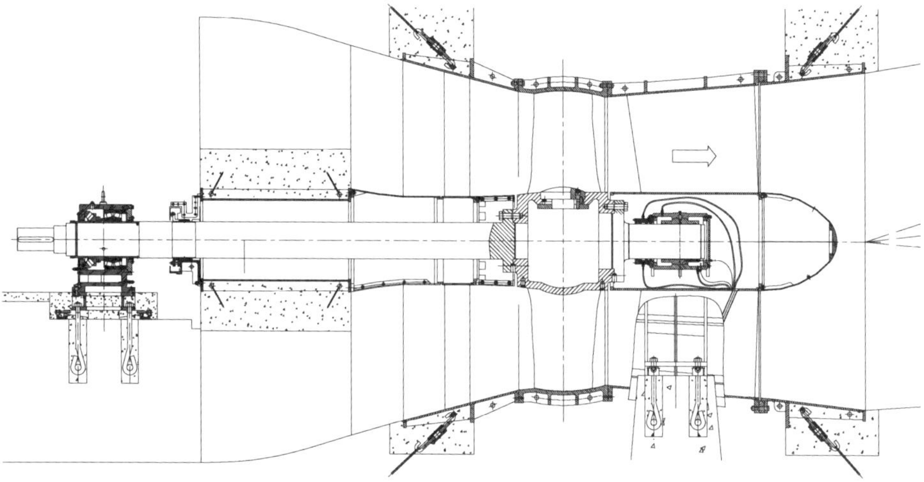

图 4-4-1 通吕河水利枢纽竖井贯流泵结构图

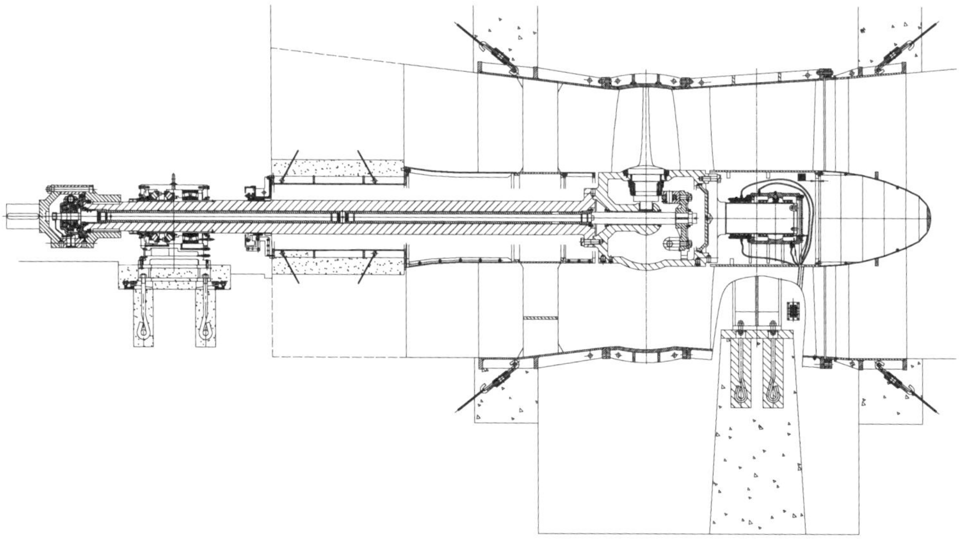

图 4-4-2 定波水利枢纽竖井贯流泵结构图

竖井贯流泵是大型低扬程泵站常用泵型之一，具有较好的水力性能。流道从进口至出口呈直线形，流道平顺，水流流态平稳，流道水力损失小，过流能力大，能量指标高，在特低扬程工况下，竖井贯流泵的装置效率比其他泵型的优势更加明显；流道形状简单，土建工程便于施工，经济性好；采用卧式高速电机驱动、齿轮箱减速传动，电机、齿轮箱均安装在流道开敞的竖井内，电机的通风散热、检修、维护比较方便，机组的安装、维修、运行管理以及电气部分的可靠性与其他泵型相比都有较大的改善。总体来讲，竖井贯流泵结构相对简单，便于安装和维护。

竖井贯流泵结构特点如下：

① 叶轮室和导叶体均为上下分半结构，方便水泵安装及检修，同时底部设有安装支座，保证机组整体稳定性。

② 导轴承和推力径向组合轴承部件采用上下分半结构，方便安装及检修。

③ 泵轴系采用两端支撑的简支梁结构，比悬臂结构具有更可靠的稳定性。

④ 导轴承采用稀油润滑的巴氏合金滑动轴承，自带高位油箱稀油润滑，具有承载能力大、耐磨性强、导热性能好的优点，使用寿命长。

⑤ 推力径向组合轴承采用油浴润滑，外加循环水冷却，保证使用寿命。

⑥ 填料盒外部设有集水箱，通过水管向外引出，保证泵站内干燥、整洁。

竖井贯流泵的叶轮部件、叶轮室等零部件与立式轴流泵的具有相同结构，制造工艺不再重复介绍。

4.4.2　油润滑导轴承制造技术

导轴承由轴承壳、轴瓦、密封组件等组成。导轴承采用分半结构，轴瓦中部设计成球形，自动调心，便于轴系对中性误差调节，保证轴瓦受力均匀。轴承壳采用碳钢、不锈钢铸件，轴瓦一般采用碳钢锻件＋巴氏合金瓦，密封组件采用四道骨架油封密封，其中两道封油、两道封水，外侧设置一道阻挡泥沙的密封圈。图 4-4-3 为油润滑巴氏合金导轴承结构图。

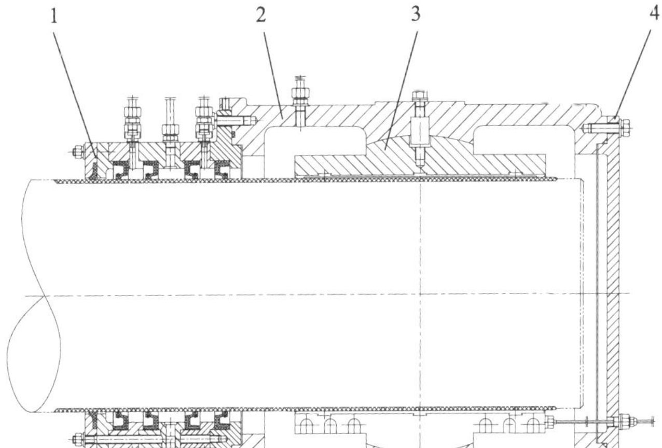

1—密封组件；2—轴承壳；3—轴瓦；4—右端盖。

图 4-4-3　油润滑巴氏合金导轴承结构图

油润滑巴氏合金导轴承制造工艺过程：

(1) 轴承壳

① 毛坯退火处理。

② 加工哈夫面。

③ 钻哈夫面连接孔,配作定位销孔。

④ 组合,粗加工后探伤检查,确认无缺陷。

⑤ 精铣哈夫面。

⑥ 组合,精车各部至要求。

⑦ 钻孔、攻丝。

⑧ 内腔做 0.2 MPa 油压试验,应无渗漏、冒汗现象。

(2) 轴瓦

① 毛坯退火处理。

② 加工哈夫面。

③ 钻哈夫面连接孔。

④ 组合,粗车外圆、外球各部,内圆车至要求。

⑤ 浇铸轴承合金。

⑥ 精铣哈夫面。

⑦ 组合,精车各部至要求。

(3) 导轴承

① 轴承壳内部进行彻底清理,确保清洁度满足要求。

② 轴承壳、轴瓦、密封组件、右端盖等进行组装。

③ 组合做 0.2 MPa 油压试验,应满足要求。

参考文献

[1] 关醒凡. 大中型低扬程泵选型手册[M]. 北京:机械工业出版社,2019.

第 5 章　泵站工程电气技术

电气技术在现代泵站工程中得到了广泛的应用。驱动水泵的电动机、为电动机提供电能的变压器、控制泵站电机启停的高低压开关设备以及对站内电气设备进行监测、控制、保护的计算机监控系统和继电保护系统都须运用电气技术，现代化的泵站工程一定离不开先进的电气技术。

下面将简要地介绍一些与泵站内主要电气设备（电动机、站用变压器、高低压开关设备等）相关的实用技术。

5.1　电动机变频启动技术

电力排灌泵站通常采用电动机驱动水泵的运行方式，电动机按使用的电源性质可分为交流电动机和直流电动机，按结构尺寸可分为大型电动机、中型电动机和小型电动机，按工作原理又可分为异步电动机和同步电动机。电动机将电能转化为机械能，驱动水泵实现引水和排水的功能。

随着近年来泵站规模的扩大，泵站的电动机容量越来越大，电动机如何更加平稳地启动，如何在启动时尽量减少对电网的冲击，逐渐成为泵站工程设计重点关注的问题。

电动机的启动方式主要分为两类，一类是直接启动，另一类是非直接启动。其中非直接启动方式又分为变频启动、星三角启动、软启动器启动和自耦降压启动等，在这几种非直接启动方式中，目前较为常用的是变频启动方式。

南水北调东线工程建设过程中就开始在有关泵站中探索应用变频技术。淮阴三站是南水北调东线工程中第一个应用变频技术的泵站，该泵站装设了 4 台 178ZG-4.78 型灯泡贯流泵，单机流量 33.4 m^3/s。淮阴三站贯流泵与电动机直接相连，且电动机布置在水泵内部。来自淮安电网的 110 kV 交流电经变压器、变频器送至电动机。淮阴三站配备的电动机为 TBP 2200-48/3000 同步电动机，额定功率 2200 kW，功率因数 0.9，额定电流约 214 A。该电动机如果采取直接启动，启动电流可达到额定电流的 5～7 倍（即 1070～1498 A），对电网的冲击很大；同时由于启动转矩大，造成的机械冲击也大。而采取变频启动时，该电动机的启动电流只有额定电流的 1.2～1.5 倍，大大减小了对电网的冲击；同时由于启动转矩变小了，也减小了对水泵的机械冲击。

鉴于本书前面部分章节已对变频调速技术进行了详细的介绍，这里不再赘述。

5.2 高效节能变压器技术

节约能源是我国的基本国策，1997 年 11 月 1 日第八届全国人民代表大会常务委员会第二十八次会议通过《中华人民共和国节约能源法》(简称《节约能源法》)，从此将节约能源由倡导提升到法律规定层面。《节约能源法》中的能源是指煤炭、石油、天然气、生物质能和电力、热力以及其他直接或者通过加工、转换而取得有用能的各种资源。就泵站而言，节约能源主要体现在降低电动机和变压器这两种主要电气设备的能耗上。

变压器是输配电的基础设备，广泛应用于工业、农业、交通等领域。截至 2020 年 12 月末，我国在网运行的变压器约 1700 万台，总容量约 110 亿 kVA。泵站内一般安装有给高压电动机供电的主变压器及供辅助设备、检修用的站用变压器。据统计，变压器损耗约占输配电电力损耗的 40%，经过测算，变压器年电能损耗约 2500 亿 kW·h。"十三五"以来，国家工业和信息化部积极推进变压器能效持续提升，会同原国家质检总局、国家发展改革委制定实施《配电变压器能效提升计划(2015—2017 年)》，提升高效变压器原材料供应能力、加大推广力度，发布多批《国家工业节能技术装备推荐目录》和《"能效之星"产品目录》，向社会推荐了 437 种高效变压器。2021 年 6 月 1 日，《电力变压器能效限定值及能效等级》(GB 20052—2020)正式实施，与 2013 版标准(GB 20052—2013)相比，新标准各类变压器损耗指标下降 10%至 45%不等。2021 年起，国家实施新一轮变压器能效提升计划，加快提升变压器能效，降低输配电电力损耗，提高用电能效，进一步推动绿色低碳和高质量发展。

在"碳达峰、碳中和"时代背景下，非晶合金铁芯变压器作为一种性能优良的节能变压器逐步在电力、交通等行业得到推广应用。

非晶合金是美国加利福尼亚大学于 1960 年首先从金和硅合金中发现的一种导磁合金材料，1974 年美国联信公司研制出铁基非晶合金，美国通用电气公司发现它的单位损耗较低，从此非晶合金作为配电变压器的铁芯材料得到了不断的发展和应用。1978 年美国首先研制出 10 kVA 非晶合金铁芯变压器，1982 年第一台非晶合金铁芯配电变压器在美国挂网运行，1989 年美国联信公司在南卡罗来纳州康威市建立了工厂，在世界上首次商业化批量生产非晶合金配电变压器铁芯。

我国非晶合金铁芯配电变压器的研制工作始于 20 世纪 80 年代中后期。1986 年，国内试制出第一台单相 3 kVA 非晶合金铁芯配电变压器；1988—1989 年，又研制出 30 kVA 和 100 kVA 两种容量的非晶合金铁芯配电变压器。但由于受到非晶合金材料的材质、带宽及产量等诸多因素的影响，非晶合金铁芯变压器并没有得到大规模推广。1995 年，根据国家计委、经贸委、科委、电力部、机械部、冶金部等三委三部"促进非晶配电变压器在中国应用"工作小组的决定，沈阳变压器研究所根据美国联信公司非晶合金带材性能，组织了天津、上海、北二变、佛山、辽阳和保定等 6 个变压器厂进行了非晶合金铁芯变压器统一设计，试制出 SH11-160，200，315，500 kVA 等 4 种规格共 6 台样机，并通过了相关单位组织的鉴定。1998 年,上海置信电气公司引进了美国通用电气公司和联信公司的设计、工艺、制造技术,专业生产非晶合金铁芯变压器,并开始逐渐在电力系统中应用。

非晶合金铁芯变压器是用非晶合金取代传统的硅钢片作为变压器的铁芯材料,非晶合金主要是以铁、镍、钴等金属为合金基,加入少量的硼、硅等元素所制成的合金,它在液态下以 10^6 K/s 的速度冷却,从钢液到金属薄片一次成型。这种固态合金没有晶格、晶界存在,所以被称为非晶合金。非晶合金材料具有良好的铁磁性,替代普通硅钢片作为变压器铁芯后可以大幅度降低空载和负载损耗,节能效果显著。

沈阳变压器研究所、沈阳变压器集团有限公司曾就 SH15 型非晶合金铁芯变压器与 S11 型配电变压器的空载损耗进行过比较,发现 SH15 型非晶合金铁芯变压器空载损耗较 S11 型配电变压器可降低 60%以上,年运行成本平均降低 22.7%。从投资回收期分析,SH15 型三相油浸式非晶合金铁芯变压器仅通过节约电费,就可以在 4 年多时间收回变压器采购时的费用差值,之后就可以长期享受节能产生的降费效益。针对泵站工程变压器空载或轻载运行时间长的特点,推广应用非晶合金铁芯变压器能取得更为明显的节能降费效益。江苏省淮海农场在 2000 年左右将 4 台泵站配套用变压器更换为非晶合金铁芯变压器,并估算出年节约电费金额,得出大约 5 年即可收回投资差价的结论。

5.3　电气设备温度监测技术

运行中的电气设备会产生热效应,通俗地说就是温度会升高,我们可以通过监测电气设备的温度,并结合其他一些特征、状态来判断电气设备的运行是否正常。

电气设备温度监测技术分为接触式测温和非接触式测温。采用接触式测温时感温元件需与被测设备有良好的接触,被测设备的温度不应超过感温元件能承受的上限温度,最为常见的就是在电气设备母排、接头部位粘贴示温蜡片(贴纸)。非接触式测温感温元件与被测设备不直接接触,最为常见的是红外非接触式测温,运行人员手持红外测温仪或热成像仪,不需接触运行中的电气设备即可完成温度检测工作。

目前,电气设备温度监测技术主要有热电偶测温、示温蜡片(贴纸)测温、红外测温、光纤光栅测温等,近年来无源无线在线测温技术也逐渐开始使用。

热电偶测温技术通过将 2 种不同材料的导体或半导体制作成热电偶(见图 5-3-1),然后将热电偶布置在需要测温的电气设备旁,通过监测测温回路中的电压或电流来检测电气设备的温度。热电偶测温技术的优点是热电偶构造简单、使用方便,测量范围广;缺点是热电偶无法直接指示温度的数值,需与变送器、仪表进行连接,才能完成温度数据的采集和显示。

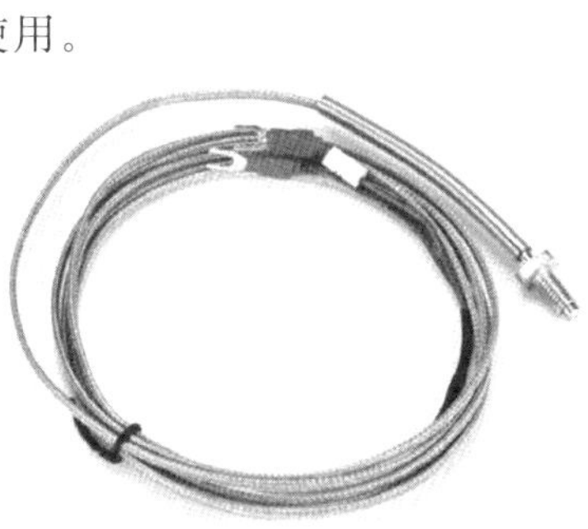

图 5-3-1　铠装式热电偶

固定粘贴式示温蜡片(贴纸)测温技术利用不同蜡片(贴纸)(见图 5-3-2)在不同熔点熔化或变色的特性来反映被测电气设备的大致温度。示温蜡片(贴纸)可以直接粘贴到被测电气设备上,随着被测电气设备的温度变化,其在不同熔点熔化或改变颜色,常见的有 60 ℃、70 ℃、80 ℃、90 ℃等几种。虽然其测温精度不高,但由于其价格便宜,安装方便,所以被大量用于电气设备接头或表面的温度监测。固定粘贴式示温蜡片(贴纸)的缺点是无法反映被测设备的准确温度,无法与其他监测设备联动,需要人工观察示温蜡片(贴纸)的状态,难以实现自动报警功能。

图 5-3-2　示温蜡片

红外测温技术是通过传感器感应被测电气设备辐射的红外线进行温度监测的一种新技术,其由于安全、方便的特性也得到了广泛应用。红外线是一种肉眼无法直接看到的电磁波,其光谱介于可见光和微波之间,波长从 0.76 μm 到 1000 μm。物理学家发现,凡是温度在绝对零度(−273.15 ℃)以上的物体都在以电磁波和粒子的形式时刻不停地向外传送热量,物体温度越高,其辐射出的红外线就越强。利用光学成像物镜、红外传感器等组成的红外监测系统将红外辐射能量转换为电信号,经处理即可在红外测温仪器显示屏上显示物体温度。红外测温技术可在电气设备带电运行的情况下进行测温,不影响设备的正常工作;监测的速度快,除了可以进行定点测温,还可以通过测温目标区与设备整体辐射红外线的差异显示局部与整体的温差。但是红外测温技术的使用也有一定的限制,譬如因为开关柜上的普通防爆玻璃具有反射性以及红外线穿透玻璃时能量会损耗,所以一般不透过玻璃进行红外测温;另外,被测设备辐射的红外线受太阳光等外界干扰,不能测得准确的温度值。因此,红外测温一般选择在早晨、傍晚、夜间等阳光不强烈或无阳光的情况下开展。常用的红外测温仪器有红外测温仪和红外热成像仪(见图 5-3-3)。

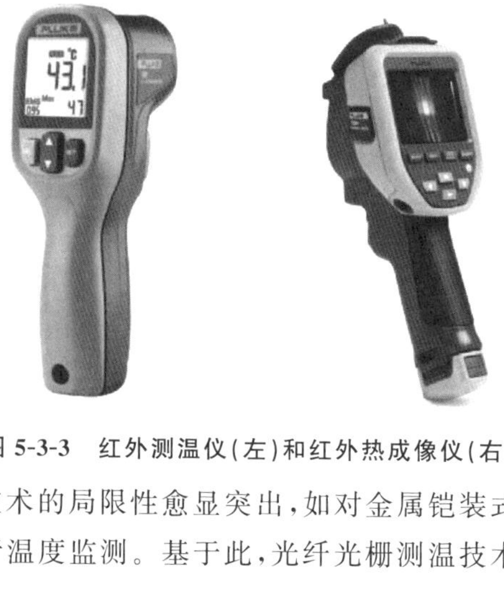

图 5-3-3　红外测温仪(左)和红外热成像仪(右)

随着封闭式电气设备的广泛应用,红外测温技术的局限性愈显突出,如对金属铠装式高压开关柜内电气设备,红外测温技术就难以进行温度监测。基于此,光纤光栅测温技术逐步发展起来。光纤光栅测温技术利用入射波长与反射波长的变化反映温度变化，由光纤光栅温度在线监测仪对传感器反射波长进行分析得出被测电气设备的温度值。光纤光栅温度传感器采用全陶瓷密封，体积小、抗腐蚀、耐高温，抗电磁干扰，可粘贴在开关柜触头、干式变压器、刀闸和母线接头等处，温度测量精度可达±1 ℃，测温范围从−50 ℃到300 ℃。

无源无线温度在线监测技术的特点是测温传感器无须连接电源，可将测得的温度数据以无线的方式传输。无源无线测温一般采用基于声表面波(Surface Acoustic Wave)技术的传感器。声表面波技术将声学和电子学相结合，利用压电晶体的特性，将其制作成温度传感器。基于声表面波原理的无源无线测温系统由测温传感器、信号读写装置、无线中继和后台监控系统组成。测温传感器无需供电，可以方便地安装在电气设备上的大部分位置。测温传感器的天线和信号读写装置的接收天线之间通过无线方式进行通信。信号读写装置将温度信号转换为数字信号并通过光纤传输至后台，每个信号读写装置可以同时接收多个声表面波温度传感器的信号，因此整个系统可同时在线监测几百个测点的温度。

泵站工程可从经济性、可靠性和实施难易度等方面综合考虑，选择经济适用的测温技术实现对电气设备温度的监测。

5.4 电气设备局部放电检测技术

国家标准GB/T 7354—2018《高电压试验技术　局部放电测量》中对局部放电的定义是："导体间绝缘仅被部分桥接的电气放电。这种放电可以在导体附近发生也可以不在导体附近发生。"在定义下的注释1中还提出"局部放电一般是由于绝缘体内部或绝缘表面局部电场过于集中而引起的"。注释3中指出"局部放电通常伴随着声、光、热和化学反应等现象"。

从上述描述中可以看出以下两点：一是局部放电不是贯穿性放电，短时间内不会对电气设备整体绝缘强度造成大的影响；二是局部放电伴随的热和化学反应等会对电气设备绝缘造成不良影响。虽然短时间内局部放电不会影响电气设备的整体绝缘强度，但其对电气设备绝缘的危害是会逐渐加大的，如果不能尽早通过一定的手段检测出来，任由其发展，加以时间的累积效应，电气设备绝缘的缺陷扩大，会加剧设备整体绝缘强度的下降，最终将影响电气设备绝缘性能，发生贯穿性放电。

泵站都是临水而建的，泵站内电气设备运行的环境一般都存在水汽重、湿度大的问题。尤其是在南方，进入雨季后，当你走进泵站高压开关室听见"嗤嗤"的声音，闻到一股特殊的臭氧气味时，一般来说就表明有电气设备发生局部放电了。

5.4.1 电气设备局部放电发生原因及危害

高压开关柜、变压器、GIS(气体绝缘金属封闭开关设备)和电力电缆等都是大中型泵站中常见的高压电气设备，绝缘的破坏对电气设备的安全运行有着非常严重的影响。下面以这些常见设备为例，简单介绍局部放电的发生原因和造成的具体危害。

(1) 高压开关柜局部放电

高压开关柜是大中型泵站内最常见的电气设备。高压开关柜通常由柜体、断路器、绝缘子、避雷器等部件组成。高压开关柜的局部放电通常发生在共箱母线尖端未倒角处、导体间隙过小处、母线与固定母线的套管间，以及触头盒等部位，电缆室的电缆制作工艺不良时也容易发生局部放电。高压开关柜发生局部放电会对开关柜的运行安全造成影响，如承载母线的绝缘子因长期局部放电最终导致击穿，发生接地短路，保护装置动作跳闸，就会造成运行中的水泵电机失电。

(2) 变压器局部放电

变压器的绝缘主要由变压器油、纸、纸板等构成，在变压器生产过程中，由于浸漆、干燥等处理过程中出现问题，在绝缘纸板内、绝缘纸层间等形成空腔，变压器油未能完全浸入这些空腔中，当空腔中的气隙承受不住外施电压时就会发生局部放电。在变压器内部某些金属部件的尖角、导线的毛刺等处，由于电场集中、场强过高，也会发生局部放电。变压器绝缘结构中的局部放电会对变压器的使用寿命造成影响，也会影响变压器在长期工作电压下的安全运行。

(3) GIS局部放电

GIS是由金属封闭的筒体、高压绝缘气体（六氟化硫）组成的，其导电部件与筒体（外壳）间的距离远小于敞开式电气设备。GIS可能会发生以下几种类型的局部放电：① 导电部件设计、制造过程中出现的尖角、毛刺引起的局部放电；② 由制造、安装或者操作导致的组部件松动引起的局部放电；③ 绝缘件与导体交接面上的气隙放电；④ 在制造、安装过程中进入的细小微粒引起的局部放电；⑤ 盆式绝缘子、支撑绝缘子在制造过程中出现的气泡、裂纹等内部缺陷引起的局部放电。

(4) 电力电缆局部放电

高压电缆是电力传输的重要组成部分，现在大多数泵站进线到主变压器、母线到高压电动机间都采用电缆连接，电缆产品质量缺陷、电缆终端加工制作工艺问题和电缆遭受外力破坏等都会导致发生局部放电。当电缆局部放电发生而未能及时发现并处理时，会导致电缆绝缘逐步降低，最终发生击穿，造成电缆烧毁、炸裂，给泵站运行造成严重影响。

5.4.2 电气设备常见局部放电形式

局部放电是造成高压电气设备最终发生绝缘击穿的重要原因，是电气设备绝缘劣化的表征。电气设备中常见的局部放电形式主要有气泡（气隙）放电、沿面放电、电晕放电和悬浮放电4种。

(1) 气泡（气隙）放电

气泡（气隙）放电主要是因为电气设备的绝缘介质内存在气隙和杂质，导致介质内部或介质与电极之间发生放电。绝缘件内部气隙放电的特征：放电次数少，周期重复性低；

幅值较分散，但相位稳定，无明显极性效应。

(2) 沿面放电

沿面放电是指电压沿着固体和气体的交界面发生气体放电的现象。当电极处于不均匀电场中时，若沿介质表面场强先达到击穿的条件，则介质表面先于介质被击穿，就形成了沿面放电。影响沿面放电的因素有电场形式、介质表面状态、大气条件和气体种类等。

(3) 电晕放电

电晕放电是极不均匀电场特有的一种局部自持放电现象。电晕放电形成的主要原因是尖端电极附近的场强集中效应。电极尖端的曲率半径很小，导致电场强度相对较大，当外加电压达到一定程度时，容易使尖端附近的气体发生电离，从而产生放电现象。电晕放电常伴随着光和声现象。电晕放电会产生电晕损耗，对绝缘材料也有氧化和腐蚀作用，并且会干扰无线电通信。

(4) 悬浮放电

悬浮放电是指电场中悬浮的金属物件之间或悬浮的金属物件与大地之间的绝缘被击穿的现象。电力设备中的某一金属部件，由于结构上的原因，在外力作用下可能发生断裂，从而失去接地，处于高压与低压之间，在这一金属部件上产生的对地电位被称为悬浮电位，当施加在电极上的电压达到一定强度时，在悬浮电位处会产生大量电荷，电荷与大地之间形成电位差，继而发生放电现象。

5.4.3　电气设备局部放电检测方法

在了解电气设备局部放电现象产生的原因后，更为实际的需要是对电气设备的局部放电进行检测。根据局部放电过程中会产生电磁波、声、热等现象，检测的方法主要有超声波法、暂态地电压(Transient Earth Voltage，TEV)法、脉冲电流法和超高频法等。

(1) 超声波法

超声波法是最早应用于电气设备局部放电检测的方法。20世纪70年代末，挪威电科院开始研究电气设备局部放电的超声检测技术。电介质击穿所产生的剧烈的分子运动会以机械振动的形式体现，所以局部放电在非真空的环境下必然伴随着声波信号，通过提取超声波信号检测局部放电的方法就称为超声波法。超声波法通过谐振式超声波传感器来提取传感器中心频率的超声波信号，通过检测超声波信号的幅值，观测超声波信号原始波形或包络线波形，判断局部放电情况。超声波法一般分为接触式超声和非接触式超声两种。接触式超声检测局部放电产生的振动发散到柜体表面以横波形式传播的振动，需要将传感器紧贴柜体外壁进行测量；非接触式超声则是检测空气中传播的纵波形式的声波。根据声波信号在空气介质中以纵波形式传播的特性，其机械振动的方向性可以被利用来实现对局部放电定向、定位的功能。超声波法原理较为简单，由于其出色的定向、定位功能，相当适合对站用变压器、开关柜等设备进行放电源定位，并且超声波信号不受现场的电磁干扰影响，具有一定的测量可靠性。将暂态地电压法和超声波法结合起来制作成的“二合一”测量设备能够对开关柜设备进行效果良好的局部放电在线检测和定位。超声波法的不足主要在于测量距离的限制。目前，性能良好、灵敏度较高的谐振式超声波传感器对于 5 m 开外的放电源，所检测到的超声波幅值已经衰减得比较明显，对于 10 m 开外的局部放电则几乎无法反映。对于电力电缆而言，在局部放电大致位置不确定的情况下，超声波到检测仪器的传播距离很远，几乎不可能通过超声波检测来确定电缆这种设备的局部放电位置，因此这种方法无法实现对电力电缆局部放电的在线检测。但在 GIS 设备的超声局部放电检测方面，这种方法得到了一定应用。

（2）暂态地电压法

暂态地电压（TEV）法是利用电气设备内部局部放电脉冲激发的电磁波在设备金属壳体上产生的一个瞬时的对地电压来进行检测的技术。暂态地电压是由英国的 Dr. John Reeves 在 1974 年首先发现并命名的。当电气设备的壳体内部发生局部放电时，将产生变化的电场和磁场，即向外辐射电磁波，壳体的内壁则会出现感应电流，由于电荷的集肤效应，感应电流将在壳体内部传播，无法传播到外壁。由于开关柜等电气设备存在如开孔、盖板、接缝处的空隙，感应电流得以传播到壳体外壁，经外壁流向大地，在金属壳体外壁形成暂态的对地电压，这个暂态电压的电压等级从毫伏到伏特不等，脉冲上升时间从几纳秒到几十纳秒不等。将耦合电容器作为 TEV 传感器，紧贴金属柜体外壁，通过检测外壁的对地电压来判断壳体内部的局部放电情况，这就是 TEV 法的主要机理。TEV 法也存在一定的不足，其检测信号容易受到现场电磁干扰的影响，检测到的 TEV 幅值与实际局部放电的放电量难以绝对地线性对应，而不同程度的干扰也会对局部放电信号造成不同程度的影响，因此难以通过绝对的定量分析来判断局部放电情况，需要通过不同时间、不同设备的横向和纵向对比来判断并得出结论。

（3）脉冲电流法

脉冲电流法作为国际标准（IEC 60270：2000）和国家标准（GB/T 7354—2018）中规定的局部放电检测方法，主要用在电气设备局部放电的离线检测中。其测量原理是在待测试品的两端施加一定电压，使试品、测量阻抗和耦合电容器形成耦合电路，从测量阻抗上采集经过试品的局部放电信号，从而获取放电脉冲波形、相位、幅值、持续时间等信息，以此判断待测试品的绝缘能力。脉冲电流法试验电路的搭建比较简单，并且在离线检测的条件下受现场干扰较小，通过合适的测量阻抗和耦合电容器组成的回路可以采集丰富的局部放电信息。脉冲电流法主要的不足是其必须满足离线测量条件。只有待测试品经过拆卸或在设备出厂时才能在搭建的测量电路中进行测量，设备投入运行后的实际情况复杂多变，现场的温度、湿度、高频干扰等因素不尽相同，随着电气设备工作时间增加，绝缘老化、外力作用等因素也会改变设备原来的绝缘性能，使得局部放电现象具有不确定性。因此，脉冲电流法通常用于设备出厂时的绝缘性能离线检测。

（4）超高频法

超高频法又称为特高频（Ultra-High Frequency，UHF）法，是通过提取空间中的特高频电磁波信号（500 MHz 到 1.5 GHz 之间）判断局部放电的检测方法。不同于脉冲电流法，超高频法局部放电信号不再通过电流传感器或电压传感器获取，而是通过安置在开关柜设备缝隙或开孔处的外置超高频传感器，或安置在设备外部的接收 UHF 信号的天线传感器来获取局部放电脉冲。根据研究，局部放电产生的电磁信号的频带分布广泛，在超高频范围内能够获取丰富的特征信息。因此，UHF 法一个显著的优势就是有效避开了设备现场频率范围集中在 300 MHz 以下的电磁干扰，虽然在超高频范围内存在移动通信、电视广播以及开关合闸形式的电火花干扰，但是可以通过带阻滤波和放电相位分布区别等方法鉴别开来。利用电磁波信号的衰减和时延特性，也可以对放电源进行空间上的定位。

5.4.4　电气设备局部放电检测实例

为更准确地定位电气设备的局部放电，科研人员还研究开发了综合利用多种检测方法的检测仪器，可用在高压开关柜的局部放电检测中。泵站工程中对于 GIS、变压器、高压开关柜等电气设备的局部放电检测或在线监测，可根据检测方法的不同特性进行选择使用。

2023 年 9 月，江苏省灌溉总渠管理处对淮安水利枢纽内某工程 35 kV 高压开关柜进行了局部放电检测，首先采用 SDT 270DU 超声波测试仪对高压开关柜前部和背部缝隙进行柔性扫描，接着使用磁力接触式超声波传感器检测开关柜前部、背部和顶部，均未测出局部放电。

图 5-4-1 为使用磁力接触式超声波传感器检测某开关柜的测点布置。

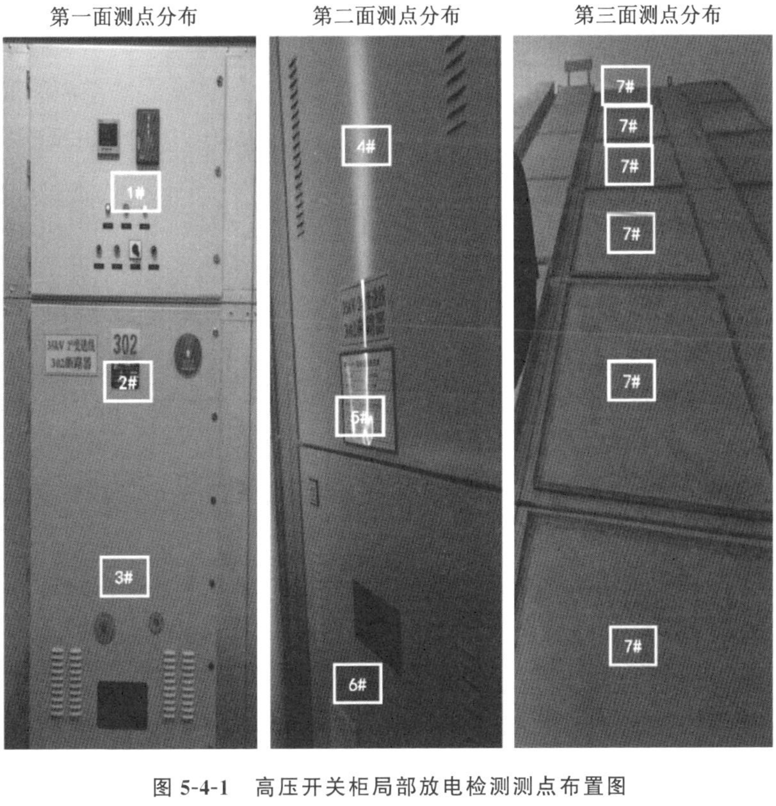

图 5-4-1　高压开关柜局部放电检测测点布置图

表 5-4-1 为 9 台 35 kV 高压开关柜采用磁力接触式超声波传感器检测得出的结果。

表 5-4-1　35 kV 高压开关柜局部放电检测结果

编号	设备名称	测点数值/dBμV						
		1#	2#	3#	4#	5#	6#	7#
1	变压器柜	0	0	0	0	0	0	0
2	所变进线柜	0	0	0	0	0	0	5.1
3	1#进线柜	0	0	0	0	0	0	0
4	计量用 PT 柜	0	0	0	0	0	0	7.9
5	翻三线出线柜	0	0	0	0	0	0	0
6	翻支张林线出线柜	0	0	0	0	0	0	3.9
7	母线 PT 柜	0	0	0	0	0	0	4.5
8	翻运线出线柜	0	0	0	0	0	0	14.3
9	2#进线柜	0	0	0	0	0	0	16.0

根据 SDT 270DU 超声波测试仪关于电气设备局部放电判断标准(见表 5-4-2),9 台 35 kV 高压开关柜中有 6 台从母线室顶部测出微弱放电现象,其余测点均未发现放电现象。

表 5-4-2　SDT 270DU 超声波测试仪局部放电检测参考标准

背景值/dBμV	检测值(P)/dBμV	判断结果	建议采取的措施
−10～0	$P=0$	未发现明显的放电现象	每 6 个月检测一次
	$0<P\leqslant 25$	检测到微弱的放电现象	缩短检测周期,每 3 个月检测一次
	$25<P\leqslant 40$	检测到较强的放电现象	建议与常规预试方法相比较,必要时停电进行检查
	$P>40$	检测到强烈的放电现象	建议停电进行检查

因 35 kV 高压开关柜处于运行状态,为进一步查清柜内(主要是母线室)局部放电情况,检测单位又使用 SDT 公司的 SonaVu 声学成像仪对开关柜母线室顶部进行检测,图 5-4-2 为 35 kV 2#进线开关柜检测结果。

从图 5-4-2 中可以清晰地看到,2#进线开关柜母线室存在超声波声源。工程管理单位对高压开关柜停电后,仔细检查了母线室相应部位,发现此处母线铜排热缩绝缘套管确实存在轻微放电,随即对此处的热缩绝缘套管进行了更换,从而消除了安全隐患。

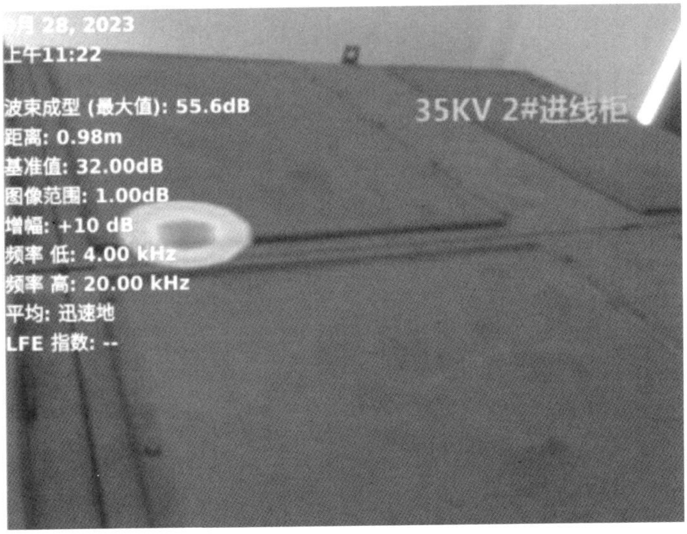

图 5-4-2　35 kV 2＃进线开关柜超声波检测声学成像图

5.5　变压器油中溶解气体在线监测技术

出于对干式变压器容量限制和成本因素的考虑，当前泵站内使用的变压器还是以油浸式变压器为主。当油浸式变压器内部发生电气故障、过热、绝缘材料老化等问题时，变压器油中会形成氢气（H_2）、一氧化碳（CO）、二氧化碳（CO_2），以及甲烷（CH_4）、乙烷（C_2H_6）、乙烯（C_2H_4）、乙炔（C_2H_2）等烃类气体。对变压器油中溶解的气体进行检测分析，可以掌握变压器的运行状况，发现变压器存在的潜伏性故障，避免变压器设备发生运行事故。传统的检测方式是定期从现场采集变压器油样，在专门的试验室内使用气相色谱仪对变压器油进行检测分析。但这种方式存在检测程序复杂、检测结果不能及时反映设备当前工作状况的问题。

为解决上述问题，一些能连续监测变压器油中溶解气体的在线监测装置被研究出来，其原理如图 5-5-1 所示。

使变压器本体的油经循环管路进入脱气装置，将变压器油中溶解的气体与变压器油分离；油气分离后，根据气体检测单元的功能配置需求进行气体分离；处理后的气体进入检测单元检测，检测结果转换为与气体含量成正比例的电信号，经数模转换后上传至后台计算机，由计算机分析并存储气体的组分、浓度等信息。根据变压器油中溶解气体在线监测装置检测气体组分的不同，可将在线监测装置分为单（少）组分在线监测和多组分在线监测 2 类，一般将能检测包括氢气、甲烷、乙烷、乙烯、乙炔、一氧化碳等 6 种气体的称为多组分在线监测装置，检测气体数量低于 6 种的称为单（少）组分在线监测装置。但即使采用的是少组分在线监测装置，也至少应能实现对氢气、乙炔 2 种气体的监测。

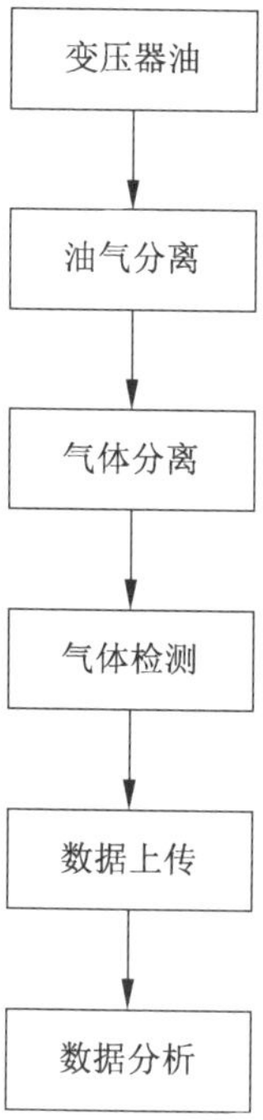

图 5-5-1　变压器油中溶解气体监测分析系统原理

淮安抽水站变电所负责为淮安水利枢纽内淮安一站、二站、三站和南水北调淮安四站供电。该变电所于 2023 年更新了 1 号主变压器(SS13－31500/110)，同时增设了一套 SE3000 型多组分变压器油色谱在线监测系统。系统接线示意图如图 5-5-2 所示。

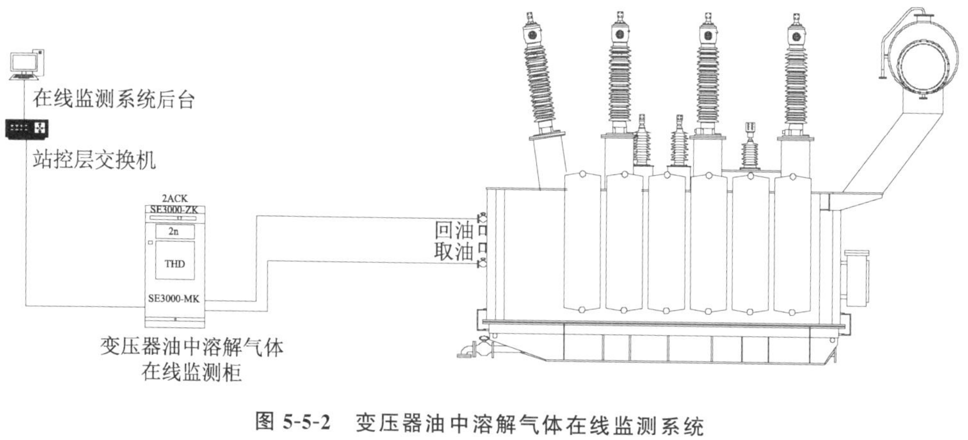

图 5-5-2　变压器油中溶解气体在线监测系统

SE3000 变压器油色谱在线监测系统采用模块化设计，由主控单元、脱气模块、色谱模块、载气和在线监测系统后台组成，主控单元、脱气模块、色谱模块和载气集中安装于在线监测柜(见图 5-5-3)中，在线监测柜一般就近安装于变压器附近。主控单元下发指令完成变压器油样采集、油气分离、样品组分分离、组分检测等一系列步骤，并将结果传回主控单元,再通过通信模块与在线监测系统后台进行交互。在线监测系统后台集成了自动分析、实时通信、专家诊断功能,能在现场复杂的运行工况中保证对一次设备的实时在线监测并及时反馈异常信息。

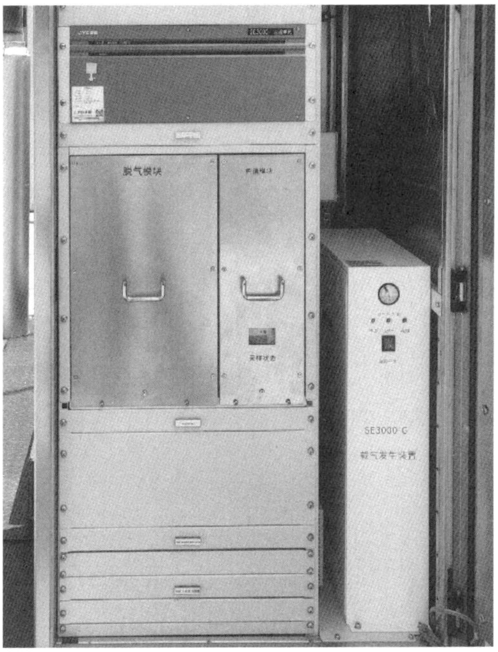

图 5-5-3 SE3000 变压器油色谱在线监测柜

SE3000 变压器油色谱在线监测系统具有免维护载气源,可自动加速监测(当检测出异常时)并且监测周期可调;具有油路异常报警功能、装置自我诊断功能、就地和远程启动功能等;具备完善的通信解决方案,支持 DL/T 860(IEC 61850)规范,可与泵站内综合应用服务器连接进线配置,实现报警与预报、分析等功能。

随着近年来变压器在线监测系统技术的发展和广泛应用,系统建设成本已逐渐趋于合理,对于由高压线路供电且配备了油浸式主变压器的泵站和新建智能化泵站,设置变压器油色谱在线监测系统将有利于尽早发现变压器潜伏性故障,提升变压器运行的安全性和可靠性。

5.6 数字式继电保护技术

泵站内运行着众多电气设备和电气线路,而电气设备和线路在运行中可能出现各种故障或不正常运行状态,最常见的故障就是发生各种形式的短路,短路故障会造成非常严重的后果,比如:① 通过故障点的很大的短路电流和因此燃起的电弧,使故障元件损坏;② 短路电流通过非故障元件,由于电动力的作用和发热,造成元件损坏或者导致其使用寿命缩短;③ 使得供电网络电压降低,引发电动机低电压保护动作,造成泵站机组停运。有时,电气设备虽然没有发生故障,但运行状态不正常,也会引发严重的问题。如电动机因超负荷运行而引起的电流升高(又称为过负荷)就是一种最常见的不正常运行状态。由于过负荷,电气设备载流元件和绝缘材料的温度不断升高,加速绝缘材料的老化,甚至导致损坏,严重的还会发展为故障。电气设备的故障和不正常运行状态如果不及时进行处理,都可能引发设备事故,甚至造成人身伤害。继电保护技术就是通过某种检测手段发现电气设备(线路)发生故障或出现不正常运行状态,迅速动作于断路器跳闸或发出信号的技术。

继电保护动作于跳闸时,在技术上一般应满足 4 个基本要求,分别是选择性、速动性、灵敏性和可靠性。选择性是指在继电保护装置动作时,仅将发生故障的电气设备(线路)

从供电系统中切除，使停电设备的范围尽量小，以保证系统中的无故障部分仍能继续工作。速动性是指继电保护装置能快速地切除发生故障的电气设备(线路)，减轻故障元件的损坏程度。灵敏性是指对于继电保护范围内发生的故障和出现的不正常运行状态都能敏锐觉察，正确地做出反应。可靠性是指在规定的保护范围内发生了应该动作的故障时，继电保护装置不能拒绝动作，而在任何其他不该动作的情况下，也不发生误动作。

继电保护技术对电气系统起着非常重要的作用，在泵站中不仅起到保护输变电设备的作用，对电动机的保护也起到非常重要的作用。

江苏省淮安二站使用PSM 691U数字式电动机差动保护装置对站内2台TL 5000-64型高压同步电动机进行监测与保护。

PSM 691U数字式电动机差动保护装置外观如图5-6-1所示。

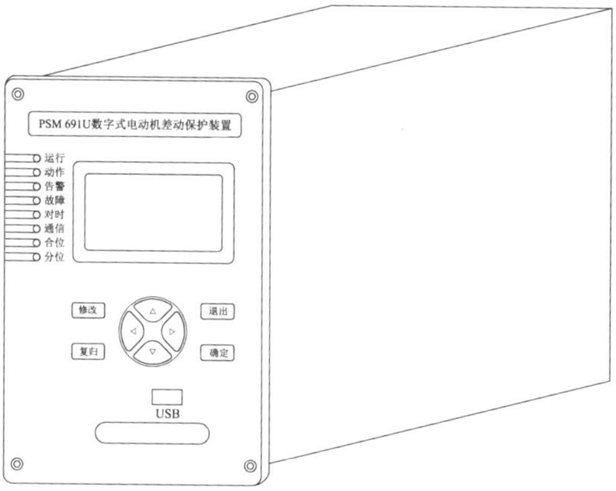

图5-6-1　PSM 691U数字式电动机差动保护装置外观图

PSM 691U数字式电动机差动保护装置面板如图5-6-2所示。

PSM 691U数字式电动机差动保护装置可针对电动机的相间故障、接地故障以及不正常运行提供全面保护，同时集成了测量和控制功能。PSM 691U数字式电动机差动保护装置可实现的保护功能有差动保护、差动速断保护、电流速断保护、过流保护、负序电流保护、过负荷保护、欠压保护、堵转保护等。

图5-6-3为PSM 691U数字式电动机差动保护装置典型接线图。

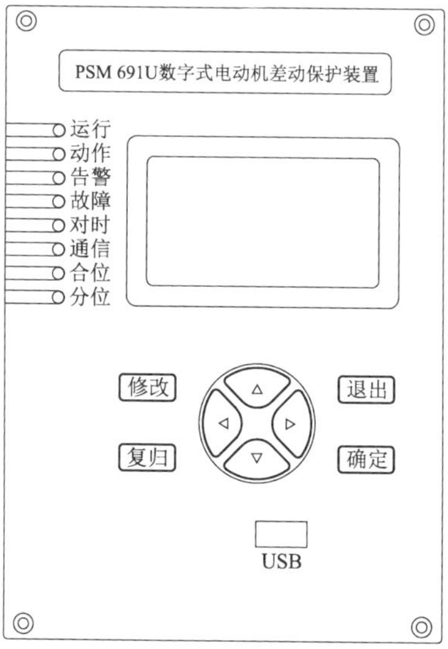

图5-6-2　PSM 691U数字式电动机差动保护装置面板图

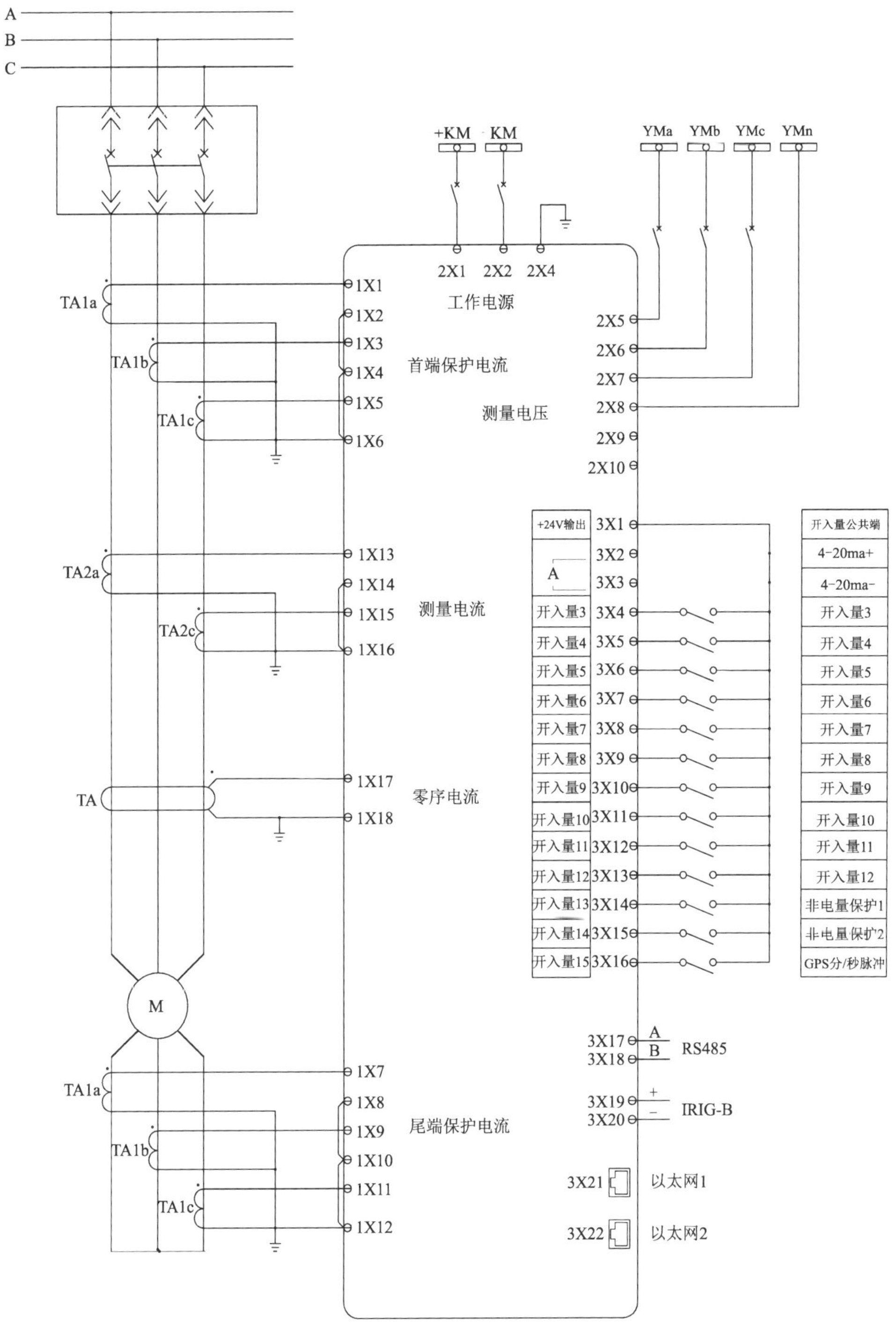

图 5-6-3　PSM 691U 数字式电动机差动保护装置典型接线图

在电动机首末端装设 2 组电流互感器，并接入 PSM 691U 数字式电动机差动保护装置，采集 A、B、C 各相两端电流，经模数转换后在装置内部 CPU 进行运算比较，实现电动机差动保护功能。

假设保护装置采集的 A、B、C 各相两端电流为 I_1、I_2，经运算得到制动电流 I_{zd} 和差电流 I_d：

$$I_{zd}=\max(I_1, I_2)$$

$$I_d=|I_1-I_2|$$

保护装置的比例制动曲线如图 5-6-4 所示。

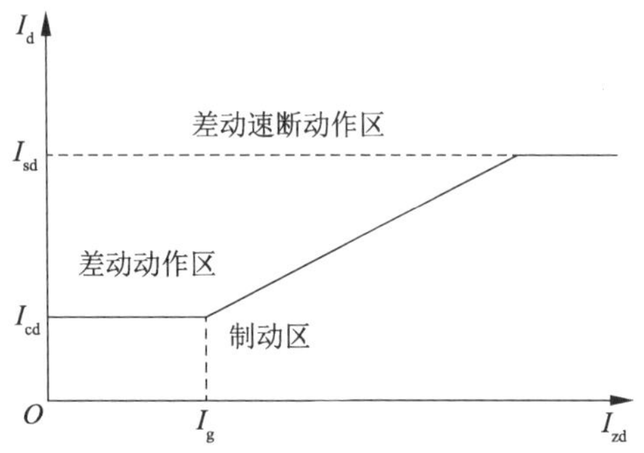

图 5-6-4　PSM 691U 数字式电动机差动保护装置比例制动曲线

当出现以下两种情形时保护装置差动保护将动作：

① 如果制动电流 I_{zd} 小于拐点电流 I_g，差电流 $I_d>I_{cd}$ 时保护装置动作；

② 如果制动电流 I_{zd} 大于拐点电流 I_g，差电流 $I_d>I_{cd}+K\times(I_{zd}-I_g)$时保护装置动作。

$$K=\frac{I_d-I_{cd}}{I_{zd}-I_g}$$

式中：I_{zd} 为制动电流，取最大相电流；I_d 为差电流；I_{cd} 为差动电流定值；I_g 为拐点电流（一般取 0.7 倍额定电流）。

差动速断保护一般用于电动机内部发生严重故障时快速切除故障。当保护装置检测到任一相差流大于差动速断保护的整定值时，保护装置将无延时出口。差动速断保护的整定值一般取电动机额定电流的 3～9 倍。

电动机在启动过程中电流很大，通常能达到 5～8 倍额定电流(I_e)，启动时间长达几十秒。针对电动机启动电流大的问题，PSM 691U 数字式电动机差动保护装置电流速断保护设计了 2 种速断定值，在电动机启动过程中采用“启动中速断定值”来躲过电动机的启动电流，待启动过程结束后自动转为“启动后速断定值”，以避免电动机启动过程中过大的启动电流引发保护装置误动作。

当电动机三相电流 I_A、I_B、I_C 大于过流保护的整定值时，经延时保护出口动作。过流保护的整定值可根据电动机的启动电流整定，一般为 1.2～2 倍 I_e。

PSM 691U 数字式电动机差动保护装置负序电流保护主要针对各种非接地性不对称故障。当电动机出现三相电压不平衡、断相、匝间短路时，会产生负序电流。当负序电流达到整定值时，保护装置发出报警或动作于跳闸，防止造成电动机损坏。

当电动机三相电流 I_A、I_B、I_C 大于过负荷保护的整定值时，经延时，保护装置发出信号或者出口动作（可由保护装置控制字设定）。过负荷保护的整定值应小于过流保护的整定值；另外，由于电动机在启动过程中电流较大，通常已大大超过过负荷保护设定的电流值，为防止过负荷保护误动作，设定过负荷保护延时时长应躲过电动机启动时间。

PSM 691U 数字式电动机差动保护装置还可以实现欠压保护功能。当电源侧电压消失或降低时，电动机的转速下降；电压恢复时，在电动机绕组内开始流过比额定电流大好几倍的自启动电流，这样大的自启动电流将使电网电压降加大，使电压恢复的过程延长，延长电动机达到正常转速的时间，造成电动机过热，严重时甚至不能自启动。泵站工程运行一般不允许自启动。欠压保护一般经过硬压板实现功能投退，如不需要此项功能，也可以将相关控制字置“0”。

电动机由于机械故障、负荷过大、电压过低等原因可能会使转子处于堵转状态。特别是在全电压下堵转的电动机，电流很大，容易造成电动机损坏。PSM 691U 数字式电动机差动保护装置可根据采集的各相电流计算出正序电流，当正序电流大于堵转电流定值时，保护经过延时跳闸。堵转保护在启动时不退出运行，所以堵转保护延时要大于电动机启动时间。

5.7　防止电气误操作技术

在电气设备倒闸操作时，容易发生的误操作主要有以下 5 种：① 误分、误合断路器；② 误入带电间隔；③ 带负荷拉、合隔离开关；④ 带接地刀闸或接地线合断路器（隔离开关）；⑤ 带电挂接地线或合接地刀闸。

为有效防止对运行中的电气设备操作时出现上述人为错误，避免误操作引起的人身和设备事故，早在 1990 年原能源部就提出了电气“五防”的要求，并且以能源部能源安保〔1990〕1110 号文《防止电气误操作装置管理规定》这一部门规章的形式出台了关于电气防误操作的制度规定。《防止电气误操作装置管理规定》中明确了电气防误系统设计应遵循“凡有可能引起误操作的高压电气设备，均应装设防误装置”的原则。

在倒闸操作时为防止上述误操作引发事故，应遵循以下 3 条基本规则。规则 1——为了防止带负荷拉、合隔离开关，在拉、合隔离开关时必须保证：① 与隔离开关某一侧直接相连的所有断路器都在断开位置。② 合负荷侧隔离开关时，应确认电源侧的隔离开关已经合好；拉电源侧隔离开关时，应确认负荷侧的隔离开关已经断开。③ 隔离开关在合上或断开时，如果能确认其两侧电压大小相等且相位相同，就可以操作（例如倒换母线的操作），不受其他条件限制。规则 2——为了防止带接地线合隔离开关，在合隔离开关时应保证：① 所有与隔离开关两侧相连的（经过变压器或断路器而未经隔离开关隔离的仍认为是相连的）临时接地线和接地刀闸都在断开位置。② 为满足在检修过程中断路器做拉、合闸试验的需要，在断路器的任何方向都有断开的隔离开关的情况下，允许试拉、合断路器。规则3——为了防止带电挂接地线或合接地刀闸，在挂接地线或合接地刀闸时，应保证接地点的任何方向都有断开的隔离开关。

理论上的操作规则并不能完全杜绝操作人员实际操作时的错误，因此人们研究出了防止电气设备误操作的专用设备，又称防误装置或防误系统。

传统方式下，防止电气设备误操作采用民用锁锁具，且一把钥匙只能开一把锁，当泵站内有数量较多的电气设备时，操作人员每次执行操作都需要携带大量的钥匙，否则一旦出现特殊情况就难以及时处理；但是，大量的钥匙很不方便携带，管理和使用也都存在问题。为解决上述弊端，人们研制开发了微机防误操作系统。

微机防误操作系统主要由“五防”主机、网络控制器、分布式控制器、网络设备、电脑钥匙、智能闭锁锁具等组成。系统具有有线网络和无线网络，双网互为备用，既可单网运行，也可交叉运行。

微机防误操作系统在调试时预先输入了电气主接线图及防误规则，并记忆保存了所有需要闭锁的设备状态。系统可以通过设备自检功能自动检测在线锁具的实际状态，自检可以定时自检，也可以手动立即自检；也可以通过计算机监控系统得到现场设备的实际状态。

当运行人员接到操作任务时，首先以合法的用户身份登录到系统，然后在系统接线图上以点击将要操作的设备的方式对操作过程进行模拟。如果被点击的设备的操作符合“五防”逻辑，系统则会将该操作加入到操作票中；如果被点击的设备的操作不符合“五防”逻辑，系统则会拒绝将该操作加入到操作票中，并给出拒绝加入的原因。如果安装有操作票专家系统，在模拟过程中系统还会自动或以手动选择、输入的方式插入二次操作及提示型操作。模拟结束后电脑主机通过网络将所模拟的操作票内容传输到电脑钥匙中，安装有专家系统的用户此时可以将操作票打印出来，然后退出登录（不是停止运行），运行人员就可以持操作票及电脑钥匙到现场进行倒闸操作。

操作时，运行人员按照操作票的顺序进行操作。当遇到需要手动操作的一次设备时，按照电脑钥匙的提示将电脑钥匙插入相应的编码锁内，通过其探头（有线或无线）检测操作的对象是否正确，若正确，电脑钥匙将向“五防”主机申请当前操作是否允许，若允许，则显示正确提示信息，同时开放其闭锁回路或机构，这时就可以进行倒闸操作。当遇到需要由监控系统操作时，应按电脑钥匙的提示按“确定”按钮，电脑钥匙将向“五防”主机申请当前操作是否允许，若允许，则向监控系统发解锁命令，监控操作结束并且设备实际变位后，电脑钥匙会自动上报操作结果，然后继续下一步操作；当遇到需要对智能锁具解锁的操作时，应按电脑钥匙的提示按“确定”按钮，电脑钥匙将向“五防”主机申请当前操作是否允许，若允许，则向智能锁具发解锁命令，待解锁成功后再进行操作（手动或电动）；若在操作过程中将电脑钥匙插入错误的编码锁内或现场设备状态改变，电脑钥匙申请操作时“五防”主机不允许操作，则不能进行开锁操作，同时电脑钥匙会发出持续的报警声以提醒操作人员，从而达到强制闭锁的目的。全部操作结束后，电脑钥匙会自动将操作结果回传至“五防”主机。

微机防误操作系统操作流程图如图 5-7-1 所示。

目前微机防误操作系统在电厂、变电站已得到了大量应用，随着水利行业智能化进程的加快和安全操作要求的提高，微机防误操作系统在各类泵站的应用将越来越多。

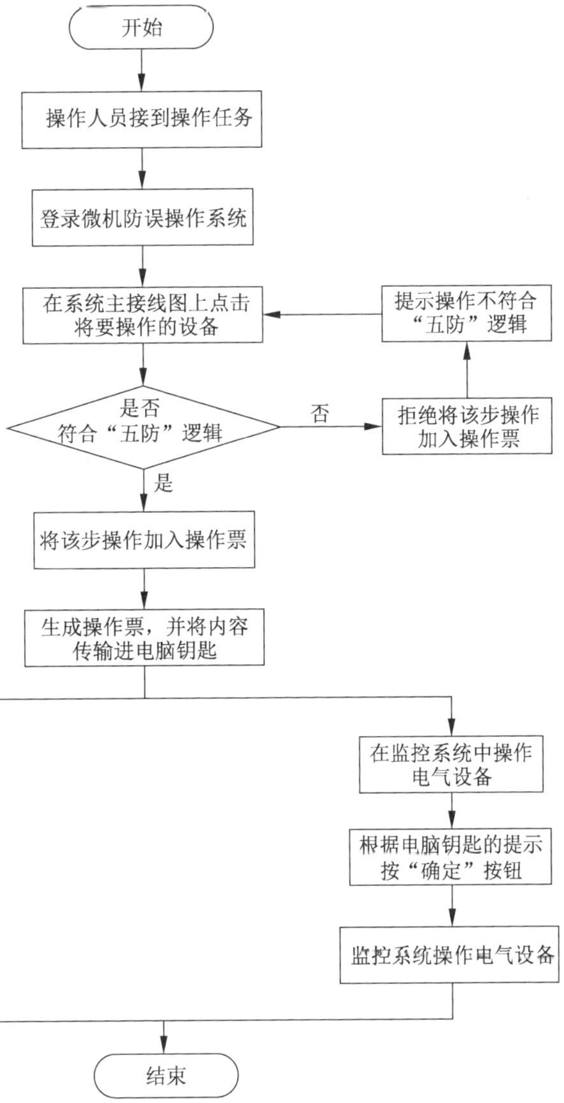

图 5-7-1　微机防误操作系统操作流程图

5.8　交直流一体化电源技术

泵站内的站用电源一般可分为交流电源系统、直流电源系统、UPS 电源系统、通信设备电源系统等，应用于高低压电气设备、继电保护装置、计算机监控系统及通信系统。由于各子电源系统多为分散设计，独立组屏，设备由不同供应商生产、安装、调试，因而造成站内电源规格不一，存在运行管理自动化程度不高、维护不便等问题。

交直流一体化电源的出现解决了上面提到的问题。这种智能交直流一体化电源系统是将站用交流电源、直流操作电源、专用UPS电源、逆变电源(INV)、通信用直流变换电源(DC/DC)等设备按模块化设计，共享直流电源的蓄电池组、共享直流动力母线，在后台实现统一监控和管理的电源系统。

PGD9智能交直流一体化电源系统以直流操作电源为核心，将直流操作电源与专用UPS、INV和通信电源中的任一种及一种以上电源构成组合体。智能交直流一体化电源系统通过将站用电源所有开关智能模块化，集中功能分散化，建立数字化电源硬件平台；一体化监控装置通过以太网接口、DL/T 860(IEC 61850)规约与上位机系统通信，使站用电源系统成为开放式系统。这种智能交直流一体化电源系统对各子电源系统实行统一管理，优化了作业流程，减少了设备重复配置，降低了设备投资及运行维护成本。该系统通过对各子电源系统实施智能控制，可实现高效管理，从而使运行和维护的效率大大提高。同时，由于减少了蓄电池使用量，降低了对环境的污染，更加符合新型智能化泵站建设的需求。

PGD9智能交直流一体化电源系统典型方案如图5-8-1所示。

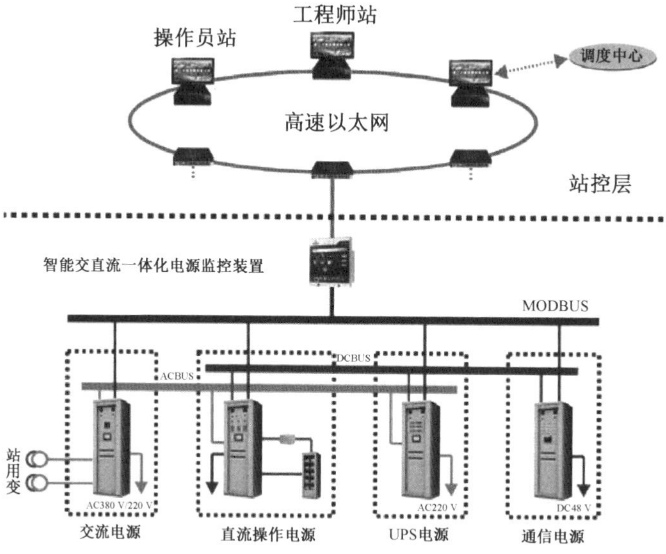

图5-8-1 PGD9智能交直流一体化电源系统

PGD9智能交直流一体化电源系统具有以下特点：

① 一体化设计技术：通过对新设备(一体化电源监控装置、智能化交直流负荷开关等)的开发应用，构筑电源智能一体化硬件平台；通过对基于IEC 61850的数字化网络技术的应用，实现信息共享和互操作，建立电源智能一体化软件平台，使站用交直流电源成为一体化、开放式智能系统。

② 智能化控制技术：采用基于现场总线技术的一体化电源监控，对交流电源、直流操

作电源、专用UPS电源、逆变电源和通信电源实施全方位的监控管理，全数字化控制，智能化程度高、可靠性好。采用支持现场总线技术的智能器件（如电池监测装置、绝缘检测装置等），实现数据传送的全数字化，提高了数据的准确性和产品的可靠性。

③ 网络化远程控制：充分利用网络技术实现对一体化电源系统的分散数据采集和集中管理，通过一体化监控装置提供的以太网通信接口，以IEC 61850（DL/T 860）等规约与泵站自动化系统进行信息交互，实现泵站电源系统“四遥”功能和智能化管理，提高电源系统的可靠性和安全性。

④ 人性化显示界面：一体化监控装置采用真彩触摸式液晶显示屏作为人机界面操作显示，全中文菜单，界面清晰直观，操作简单可靠；采用多级操作权限管理方式，有效防止误操作，确保系统安全可靠运行。

⑤ 标准化硬件结构：采用GGD柜体骨架，拼装式组合结构，模数孔安装，零部件通用性强，适用性好，具有结构紧凑、强度高、性能高、隔离可靠的特点。智能化硬件采用集成化、标准化、模块化的硬件结构，安装方便，便于检修维护。

PGD9智能交直流一体化电源系统已应用于发电厂、变电站等领域，也适合在泵站工程中使用，作为泵站自动化系统、通信系统、高压断路器、事故照明、继电保护、自动装置、信号装置等使用的交流、直流不间断电源，为泵站内电力设备提供稳定、高质量的电源，成为泵站安全可靠运行的保障；更可以为实现无人值守泵站、智能泵站进行网络化远程管理并实现电源系统全参数在线检测功能。

5.9 无功补偿技术

在泵站中，同步电动机和异步电动机的使用都十分广泛。同步电动机具有稳态运行时转子转速与负载大小无关而始终保持为同步转速，以及功率因数可调节的特点，但价格较贵，控制设备复杂，多用于大中型泵站。异步电动机由于具有体积小、投资少，且运行维护简单等特点，在中小型泵站中被广泛应用。异步电动机作为一种感性元器件，自然功率因数偏低（一般为0.6～0.8）。《国家电网公司电力系统电压质量和无功电力管理规定》第二十四条规定：“电力用户应根据其负荷的无功需求，设计和安装无功补偿装置，并应具备防止向电网反送无功电力的措施。……（二）100 kVA及以上10 kV供电的电力用户，其功率因数宜达到0.95以上。（三）其他电力用户，其功率因数宜达到0.90以上。”《泵站设计规范》（GB/T 50265—1997）中规定了泵站主电动机的单机额定容量在630 kW及以上时，宜采用同步电动机进行无功补偿，单机额定容量在630 kW以下宜采用电容器进行无功补偿。《泵站设计标准》（GB 50265—2022）中不再强调采用哪种方法进行无功补偿，但仍明确无功功率补偿及补偿容量应符合电网的要求。

下面简单介绍无功功率和功率因数的概念。

在正弦电路中，假设负载是线性的，电路中的电压和电流都是以正弦波的形式存在的。

电压：
$$u=\sqrt{2}U\sin \omega t$$
电流：
$$i=\sqrt{2}I\sin(\omega t-\varphi)$$
式中：φ 为电流滞后电压的相位角。

电流 i 可以分解为与电压同相位的分量 i_p 和滞后电压 90°的分量 i_q。

$$i_p=\sqrt{2}I\cos\varphi\sin\omega t$$

$$i_q=\sqrt{2}I\sin\varphi\cos\omega t$$

有功功率即为

$$P=\frac{1}{2\pi}\int_0^{2\pi}(ui_p+ui_q)\mathrm{d}(\omega t)=UI\cos\varphi$$

无功功率为

$$Q=UI\sin\varphi$$

在工程实际中，人们将电压、电流有效值的乘积作为电气设备功率设计的限值，也就是电气设备最大可利用容量，即视在功率。

$$S=UI$$

由上面的式子可知，有功功率 P 越接近视在功率 S，电气设备的容量越能得到充分的利用。为了反映 P 接近 S 的程度，定义有功功率与视在功率的比值为功率因数 λ。

$$\lambda=\frac{P}{S}$$

无功功率会对供电系统造成一定的影响，主要体现在：① 导致电流增大和视在功率增大；② 导致用电设备及线路的损耗增加；③导致线路和变压器的电压降增大。

特别是泵站内的异步电动机，其作为一种感性负荷，在正常运行时需要消耗一定的感性无功功率，导致电网的供电质量下降，损耗增加。如达不到供电部门对功率因数的考核要求，还会被收取一定金额的力调电费，增加泵站的运行成本。

水泵机组异步电动机无功补偿容量一般按以下公式计算确定：

$$Q_C=KP_{\max}(\tan\varphi_1-\tan\varphi_2)/\eta$$

式中：Q_C 为无功补偿容量，kVA；K 为防过补偿系数，一般取 0.75～0.85；$P_{\max}$ 为有功功率的最大值，kW；η 为电动机效率；$\tan\varphi_1$、$\tan\varphi_2$ 为补偿前后功率因数角的正切值。

水泵电机的功率由水泵运行的轴功率与传动装置的效率决定，计算无功补偿所需的容量时，需要的功率最大值一般取电机的额定功率，补偿前的功率因数一般取电机的额定功率因数。

根据补偿方式的不同，无功补偿可以分为集中补偿、分散补偿和就地补偿，泵站内对电动机的无功补偿一般采用站内装设无功补偿装置的就地补偿。

电动机就地无功补偿就是将由电容器、控制器组成的无功补偿装置并联在电动机一次回路上，电动机所需的无功功率由无功补偿电容器供给。无功补偿电容器投入的多少由无功补偿柜上的控制器根据运行需要进行投切。采用电容器进行无功补偿的优点是结构简单、便于安装、费用低，与同步电动机补偿相比没有旋转部分；但缺点也很明显，如因电容器制造、安装或维护的问题，电容器在运行过程中可能出现渗漏油、鼓胀，甚至爆炸、起火，另外，电容器切除后有残留电荷等。

除了传统的同步电动机和电容器补偿的无功补偿设备，近年来，随着电力电子元器件的发展，一些新型的无功补偿装置陆续投入应用，如静止无功补偿器(SVC)、静止无功发生器(SVG)。

静止无功补偿器(Static Var Compensator)近年来被广泛应用于输电系统的分段补偿，同时也被大量用于负载端无功补偿，其典型配置方式为晶闸管控制电抗器加上固定电容器。静止无功补偿装置的重要特性是它能够连续调节补偿装置的无功功率，且响应时间短，因此可以对无功功率进行动态补偿，使补偿点的电压基本维持不变。

在静止无功补偿器发展的基础上，出现了更为先进的静止无功发生器(Static Var Generator)。静止无功发生器也是一种电力电子装置，其基本电路仍是三相桥式电压型或电流型变流电路。所不同的是，静止无功补偿器需要大容量的电抗器、电容器等储能元件，而静止无功发生器只在其直流侧需要较小容量的电容器维持电压即可。静止无功发生器通过控制既可发出无功功率，也可吸收无功功率。

泵站工程可结合实际选择合适的无功补偿方式和装置，降低电气设备运行损耗，减少工程运行的成本。

5.10 泵站中的智能控制技术

水利部《"十四五"智慧水利建设规划》中指出水利工程存在"设计、施工和管理数字化、智能化应用水平不高"的问题，"十四五"期间，水利行业要实现高质量发展，智慧水利建设是必不可少的重要组成部分。2021年，水利部发布了《关于大力推进智慧水利建设的指导意见》，指出要"结合国家水网建设推进已建水利工程智能化改造和在建水利工程智能化建设"。

建设智能化的泵站工程是智慧水利建设全局中一个重要的环节。智能泵站是指采用可靠、经济、集成的智能设备，通过合理地设计，使泵站一次设备智能化、二次设备网络化、数据传输信息化等，实现最优化的运行决策、工程设备状态在线实时分析和检修建议。

智能泵站是一个全面而系统的工程，涵盖设计、施工、运行、管理和维护等方面，本书仅就泵站智能控制方面的内容进行探讨。

泵站的智能控制技术包括智能化主机组、智能化电气设备的应用，以及全面的数据感知技术的应用。泵站智能控制系统应具有对主辅机及相关设备的运行状态进行操作、监视、记录的功能，同时还应为上一级管理部门远程集中控制提供标准化接口。

智能主机组由主电动机、水泵、励磁装置等构成。智能主机组一般遵循高压同步电机、水泵设备相关技术标准，并满足以下全部或部分要求：① 可实现对主机组的电流、电压、功率、温度、振动、摆度、转速、间隙等参数的连续监测；② 可实现以上参数的越限报警、趋势预判；③ 具备机组状态分析和健康自评价功能；④ 能够按照设定的规则或模型实现自调节或最优化运行。

泵站智能化电气设备包括智能化变压器、智能配电装置、智能保护测控装置等。

智能化变压器是由变压器本体、内置或外置于变压器本体的传感器和智能组件组成，实现变压器或其组（部）件的智能化运行、状态监测和控制等功能的变压器。前文中已介绍了在变压器上安装油中溶解气体在线分析系统以实现连续不间断监测变压器内部油液状况，在此基础上对变压器的智能化还包括变压器局部放电在线监测、变压器铁芯（夹件）接地电流监测、绕组温度监测、电容式套管监测及变压器中性点避雷器泄漏电流数字化远传等。

在配电装置方面，智能 GIS、智能高压开关柜、智能断路器等产品纷纷面世。以 iVD4 智能中压开关为例，该智能型断路器是在 VD4 断路器的基础上通过加装智能监测单元、无线温度传感器、智能霍尔电流传感器、智能角度传感器等实现智能化的。例如：通过安装无线温度传感器监测断路器触臂实时温度；通过安装智能霍尔电流传感器实现分合闸线圈电流、储能电机电流监测；通过安装智能角度传感器对断路器分合闸速度、操作机构行程、弹跳等参数进行监测，实现断路器操作机构状态评估。上述智能传感器通过有线、无线方式将监测到的数据传送至智能监测单元，智能监测单元会对数据进行处理、存储和传送。

智能保护测控装置与常规测控保护装置相比，全面数字化是其最重要的特征。传统的保护测控装置采用电缆连接方式实现交流采样、开入、开出等功能，新一代的智能保护测控装置采用光纤连接方式实现 SV（Sampled Value）采样、GOOSE（Generic Object Oriented Substation Events）开入、GOOSE 开出等功能。智能保护测控装置可单独实现保护功能或将保护、测控功能集成于一体。

纵观以上智能主机组、智能化变压器、智能配电装置等，可以发现它们均由设备本体和智能化组件组成，从而使设备具有了测量数字化、通信网络化、状态可视化、功能一体化和信息互动化的特征。智能化组件由若干智能电子装置（Intelligent Electronic Device，IED）组成，智能电子装置带有处理器，能接收、发送和执行控制指令。智能电子装置应支持 IEC 61850 协议，实现设备与系统、设备与设备间的信息交互。

智能泵站应能实现顺序控制。顺序控制（Sequence Control）是指操作人员发出整批指令，由系统根据指令进行操作，并根据设备状态信息变化情况自动判断操作是否到位，确认到位后自动执行下一指令，直至执行完全部指令，包括但不限于现地级与远程级的一键开机、一键停机与紧急停机等。电气设备的顺序控制应经过“五防”逻辑的校核，“五防”功能可以通过专用“五防”主机实现，也可以由泵站计算机监控系统实现。顺序控制需要具备自动对操作合理性进行判断的功能，每一操作步骤需要有一定的时间间隔。顺序控制应该提供人工干涉的功能，以实现事故情况下的控制急停或暂停操作执行。无论是在泵站现场，还是在远程集中调度控制中心，执行顺序控制操作时均应进行身份验证，验证过程的记录应保存在数据库中。

近年来，人工智能（AI）、大数据等技术的发展日新月异，泵站智能控制技术也应及时吸纳其中适用的部分，跟上时代发展的步伐。人工智能系统（Artificial Intelligence System）是指能够针对人类定义的给定目标，产生诸如内容、预测、推荐或决策等输出的一类工程系统。对于泵站而言，根据给定的目标水位、流量等，人工智能系统能够通过对智能感知采集的各类信息，包括水文环境、泵站工况、主机组特性曲线等进行分析研判，并结合水泵运行模型，经过计算优化，产生实时运行参数及方案。人工智能、大数据等技术应用于泵站智能控制，可以大大提升泵站运行操作的自动化水平，减少人工操作执行过程中的疏漏、错误，提高泵站工程运行效率，降低运行成本。在可预见的不久的将来，泵站智能控制技术将随着控制工程技术、人工智能、大数据等技术的不断发展而更加优化。当某一天你在流域集中调度控制中心对着话筒说出"××泵站开机抽水，流量××立方米每秒"的指令后，远在千里之外的泵站机组立即启动，出水口水流喷涌而出，而你眼前呈现的是泵站上下游水位、流量、机组运行效率等实时数据的图表时，请不要惊讶，这就是智能控制技术带给泵站运行方式的变化。

参考文献

[1] 郭光荣. 电力系统继电保护[M]. 北京：高等教育出版社，2006.

[2] 龚贻文，谭冰，刘文. 声表面波无线无源温度传感系统[J]. 电气技术，2010(11)：101-104.

[3] 徐伟庭. 配电设备局部放电在线检测技术研究与实现[D]. 南京：东南大学，2018.

[4] 王兆安，刘进军，王跃，等. 谐波抑制和无功功率补偿[M]. 3版. 北京：机械工业出版社，2015.

[5] 袁志波，高兴，于洪亮. 大型水利枢纽泵站智能化技术研究[J]. 水利信息化，2021(2)：63-66，75.

第6章　泵站工程水工技术

6.1　水工建筑物的组成与布置型式

泵站工程的水工建筑物主要包括3部分：泵房，进水建筑物、出水建筑物及其配套的控制性涵、闸等。泵房（站房）是安装水泵及其辅助设备的建筑物，是泵站的主体工程。进水建筑物包括进水涵闸、引渠、前池、进水池和进水管（流）道等。出水建筑物包括出水管（流）道、出水池、分水闸等。

泵站水工建筑物按使用期限可划分为永久性水工建筑物和临时性水工建筑物。永久性水工建筑物是指在泵站运行期间需要长期使用的建筑物，根据其重要性又分为主要建筑物和次要建筑物。主要建筑物是指失事后会造成周边灾害或者严重影响泵站工程运行效益的建筑物，如泵房、引渠、进水池、出水池、进出水管（流）道等；次要建筑物是指失事后不会造成周边灾害或者对泵站工程运行效益影响不大，且易于恢复的建筑物，如挡土墙、进出水导墙、翼墙、护坡等。临时性建筑物主要是指泵站施工期间的建筑物。根据泵站工程所属的等别以及在泵站中的重要性，泵站水工建筑物划分为5级，具体级别划分情况见表6-1-1。

表6-1-1　泵站水工建筑物级别划分

泵站等别	永久性建筑物级别		临时性建筑物级别
	主要建筑物	次要建筑物	
Ⅰ	1	3	4
Ⅱ	2	3	4
Ⅲ	3	4	5
Ⅳ	4	5	5
Ⅴ	5	5	

水工建筑物的级别、布置型式及其尺寸设计对施工技术、水泵性能、装置效率、工程造价、运行管理等方面有很大的影响，其总体布置应根据站址位置及周边的水系、地形、地质、供电、交通、施工、环境等综合条件，并结合工程机组选型、综合需求等，达到布置合理、施工方便、运行高效、管理便捷、投资节省和美观协调等目标。不同类型的泵站，其布置型

式也不同,具体可根据取水处的岸边地形、地质、特征水位、泥沙淤积等情况,以及对取水水质、水量、水温等方面的要求,采用引水式或岸边式布置。

按建站任务不同,泵站分为灌溉泵站、排涝泵站和排灌结合泵站。在具有自排或自引条件的河道建排涝或灌溉泵站时,泵站与水闸可根据地形条件及用地规划采用合建或分建的方式。泵闸合建时,水闸宜布置在河道主流区,且水闸与泵站间应布置隔流墙以改善水流流态。具有引排双向功能的排灌结合泵站,当水位变化幅度不大或扬程较低时,宜采用双向流道的泵房布置型式;当水位变化幅度较大或扬程较高时,宜采用引、排水流道分别设置的泵房布置型式。对于地形条件和水流条件复杂的大中型泵站枢纽布置,应通过数值模拟计算分析比选,必要时通过整体水工模型试验验证后确定。引水式灌溉泵站水工建筑物布置如图 6-1-1 所示。

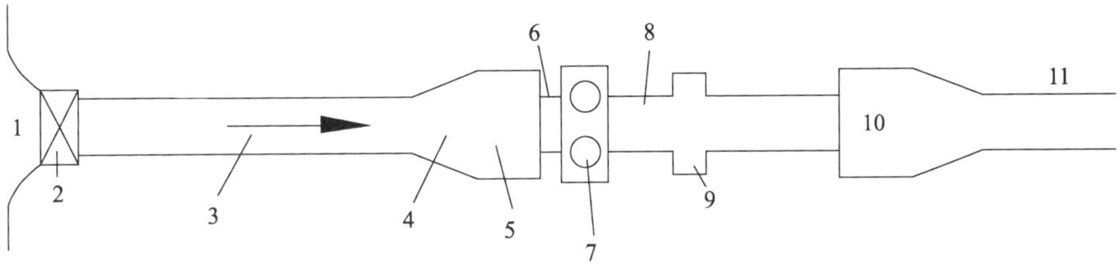

1—水源;2—进水闸;3—引渠;4—前池;5—进水池;6—进水管;
7—泵房;8—出水管;9—镇墩;10—出水池;11—出水渠。

图 6-1-1　引水式灌溉泵站水工建筑物布置示意图

6.2　泵房

泵站主要由泵房、进出水建筑物、辅机间、检修间、管理用房及其他管理设施等组成。泵房是泵站工程最主要的建筑物,其内部装设有水泵机组(包含电机)、起重机、辅机设备、机电控制设备等,以方便机组的安装、运行、维护和管理。

泵房在布置时,应考虑满足以下几方面要求:

① 方便机电设备安装、运行、维护和管理;

② 整体结构安全稳定,满足强度、刚度及耐久性要求;

③ 满足通风、采暖和采光要求,符合防火、节能、劳动安全与工业卫生等有关技术规定;

④ 水下结构部分满足防潮、抗裂及防渗要求;

⑤ 建筑整体造型实用美观,与周边环境、地域水文化相协调;

⑥ 方便内外交通运输。

6.2.1 泵房的结构型式

泵房结构型式的选取与泵站工程规模、泵站扬程、主机组的类型、站址地形地质条件等多种因素有关。一般情况下，泵房分为移动式泵房和固定式泵房 2 种。移动式泵房按是否可以在水面上进行移动式作业，又可分为浮船和泵车 2 种。浮船可随取水位的变化而工作，机动性较强，常用于水位变化幅度较大的河网或水库水上取水作业；泵车一般只固定在岸边作业，常用于在城市防洪中抽排区域涝水。固定式泵房按其基础的结构型式不同，分为分基型泵房、干室型泵房、湿室型泵房和块基型泵房 4 类。

（1）分基型泵房

分基型泵房是中小型泵站中常用的一种泵房结构型式，其基础采取机组基础与房屋基础分开布置，机组运行产生的振动对整个泵房的影响较小。通常情况下，泵房建在地面以上，其内部空间采光、通风等条件较好，一般适用于水源水位变幅较小、安装卧式机组的场合。

若水源水位变幅相差较大，为防止高水位时泵房受淹，可在站前修建防洪闸进行水位调控或在泵房前岸坡上修建挡水墙。如图 6-2-1 所示，淮安市金湖县戴楼泵站的泵房即为分基型结构，混流式水泵，开敞式进、出水池。

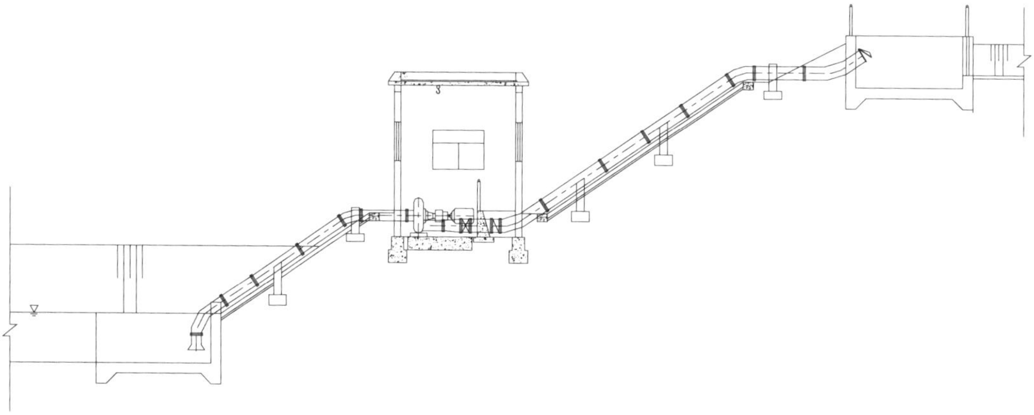

图 6-2-1 分基型泵房示意图

（2）干室型泵房

干室型泵房采取底板和侧墙整体浇筑，机房内布置整齐，安装、运行、检修及通风、采光条件均较好，平面形状多为矩形，适用于泵房埋深较小的场合。当水源水位变幅较大，使得泵房埋深较大、承受外部荷载较大时，平面形状常采用圆形。泵房高度较高，机组常分为 2 层，下层为水泵层，上层为电气层。如图 6-2-2 所示，连云港市东海县磨山站泵房即采用干室型结构，平面形状为矩形，混流式水泵，管道出水，开敞式进、出水池。

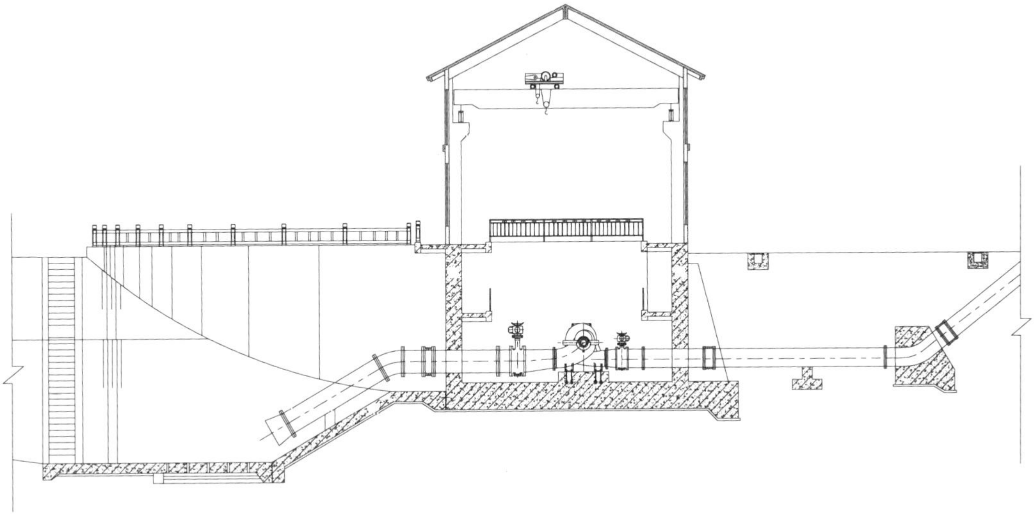

图 6-2-2　干室型泵房示意图

（3）湿室型泵房

湿室型泵房通常从进水池进水，水泵位于泵房下部的开敞式进水池内，一般适用于装设中小型立式轴流泵和导叶式混流泵机组的低扬程泵站。

湿室型泵房的水下结构按布置型式不同，分为墩墙式、排架式、圆筒式 3 种。墩墙式泵房适用于装设多台机组的泵站，每台机组各有单独的进水室，进水条件较好，室内可设闸门和拦污栅，方便检修，但因其自重较大，要求地基有较强的承载能力。排架式、圆筒式泵房通常为多台机组共用同一进水室。如图 6-2-3 所示，镇江市丹阳市小型泵站即采用墩墙式湿室型结构，立式轴流泵，开敞式进、出水池，拍门断流。

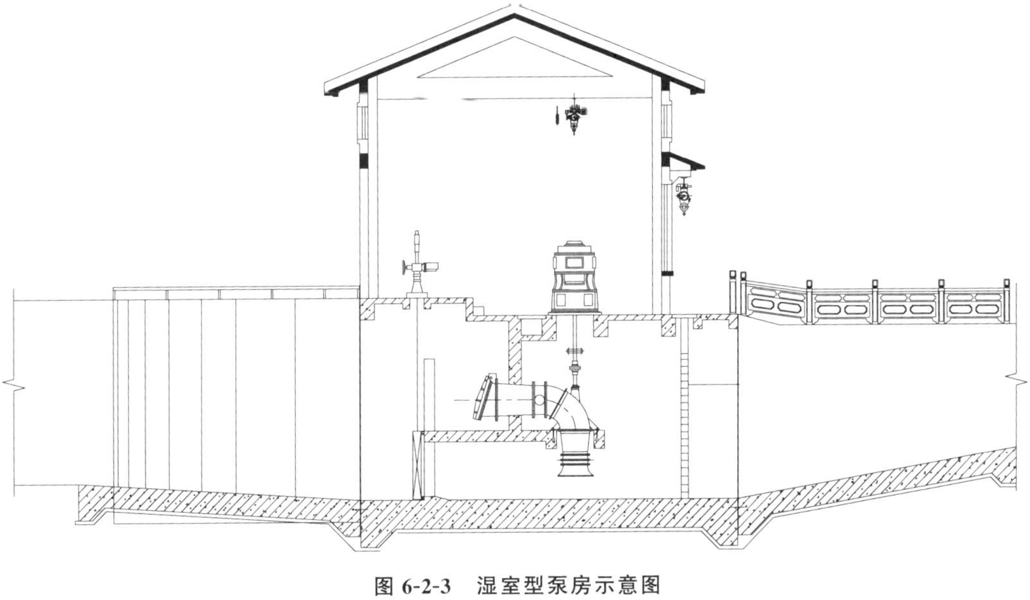

图 6-2-3　湿室型泵房示意图

(4) 块基型泵房

块基型泵房的基础结构呈整体块状分布，其进水流道与底板整体浇筑，泵房的整体稳定性较好，主要适用于直径大于 1200 mm 的大型轴流或混流泵机组，尤其适用于泵房直接挡水的枢纽泵站。其中，立式水泵机组的块基型泵房结构较为复杂，其结构自上至下通常分为 4 层：电机层、联轴层、水泵层和进水流道层。电机层用于安装电动机、叶片角度调节机构、电气设备及其他辅助设备；联轴层主要安装联轴器、电缆及油气水管路；水泵层主要安装主水泵和供、排水设备；进水流道层通常布置有进水流道、廊道等。

根据出水流道与泵房是否整体浇筑，块基型泵房又可分为整体式和分建式 2 种。整体式泵房又称堤身式泵房，站身直接挡水，适用于上下游水位差较小的泵站。图 6-2-4 为我国最早兴建的灯泡贯流式泵站——淮安三站，大(2)型泵站，其泵房结构型式即为块基型堤身式。分建式泵房又称堤后式泵房，挡水建筑与站身分设，站身不直接挡水，适用于上下游水位差较大的场合。图 6-2-5 为淮阴一站，大(2)型泵站，采用块基型堤后式泵房。

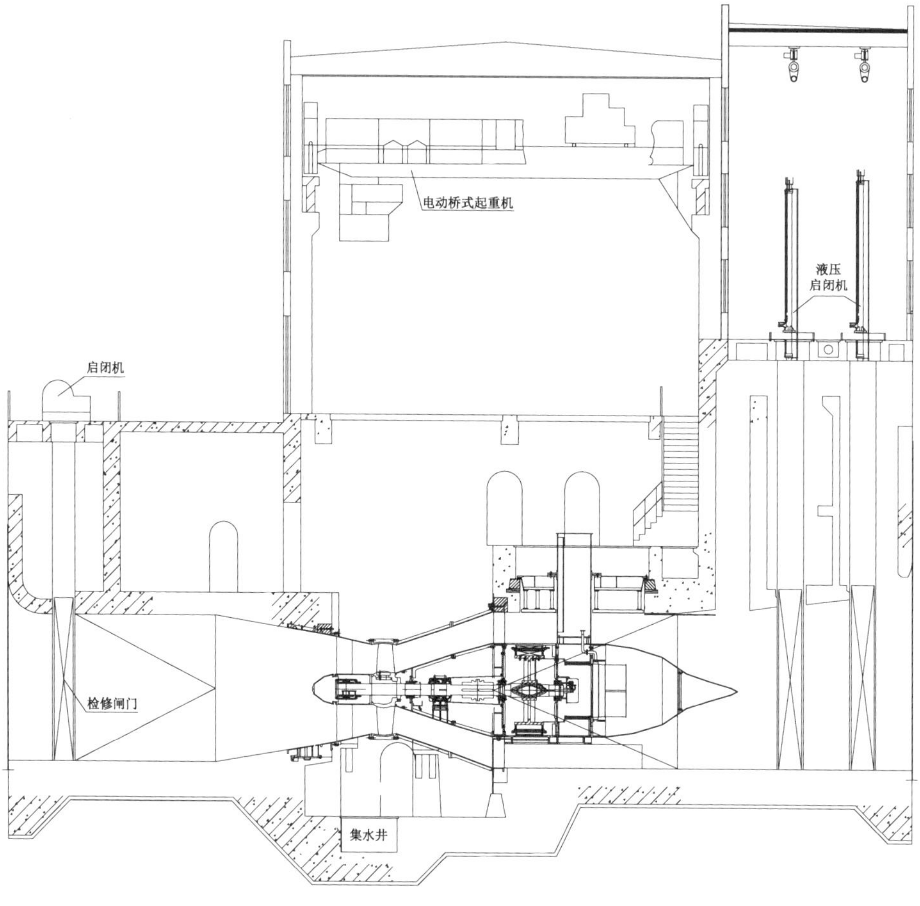

图 6-2-4　块基型堤身式泵房示意图

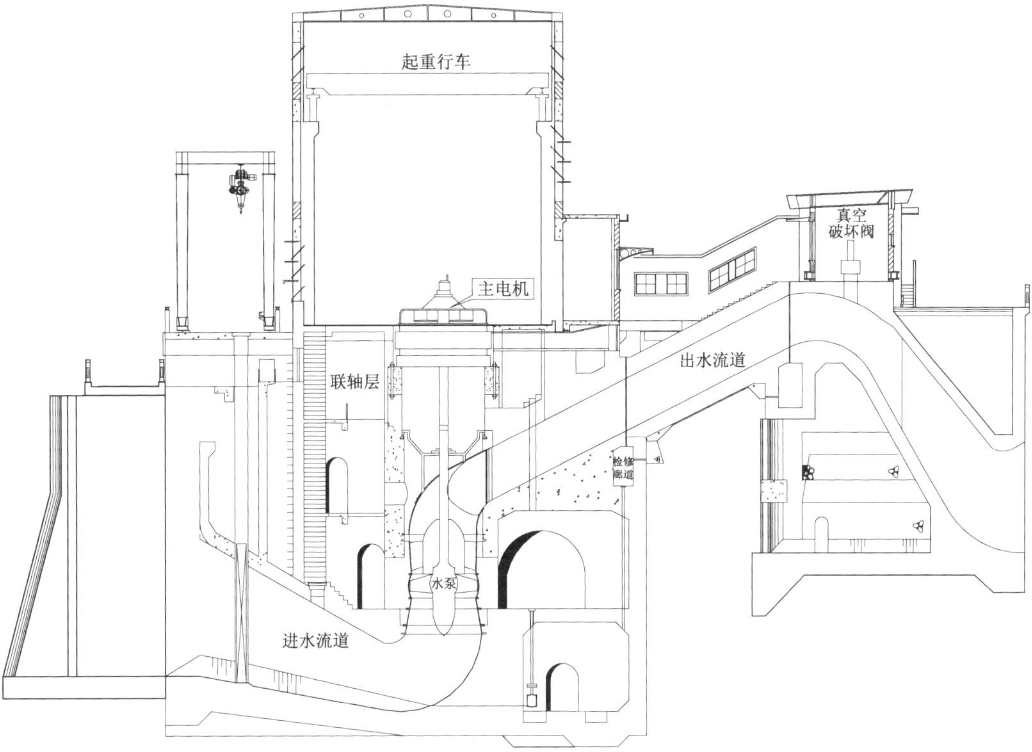

图 6-2-5　块基型堤后式泵房示意图

块基型泵房在大中型泵站中得到了广泛应用，其工程规模一般较大，结构相对复杂，结构型式的影响因素也较多，如水泵主机型式、进水流道型式、出水流道型式、泵房挡水型式等，设计中需综合考虑，进行方案比较后选定。

6.2.2　泵房稳定分析

泵房稳定分析荷载主要包括自重、水重、静水压力、扬压力、土压力、淤沙压力、浪压力、风压力、冰压力、土的冻胀力、地震荷载及其他荷载等。稳定分析时，一般取一个典型机组段作为计算单元，当机组台数较少时，可直接取一块底板作为计算单元。

6.2.2.1　荷载组合

泵房在施工、运行、检修等不同时期所受的外部作用力、内部荷载不同，必须选择最不利的情况进行计算校核。在工程实践中，往往很难断定哪一种情况最不利，需要对同时作用的各种荷载组合进行计算比较分析，荷载组合一般应按表 6-2-1 确定。

表 6-2-1　荷载组合

荷载组合	计算工况	荷载											
		自重	水重	静水压力	扬压力	土压力	淤沙压力	浪压力	风压力	冰压力	土的冻胀力	地震荷载	其他荷载
基本组合	完建	√	—	—	—	√	—	—	—	—	—	—	√
	设计运用	√	√	√	√	√	√	√	√	—	—	—	√
	冰冻	√	√	√	√	√	√	—	√	√	√	—	√
特殊组合	施工	√	—	—	—	√	—	—	—	—	—	—	√
	检修	√	—	√	√	√	√	√	√	—	—	—	√
	校核运用	√	√	√	√	√	√	√	√	—	—	—	—
	地震	√	√	√	√	√	√	√	√	—	—	√	—

注：表中“√”表示该工况需要考虑的荷载，“—”表示该工况无须考虑的荷载。

6.2.2.2　泵房稳定计算

泵房稳定计算通常需考虑以下 4 种计算工况：

① 完建工况。土建安装工程已完成，施工围堰未拆除，泵站前后无水。泵房主要承受建筑物自重及各种机电设备自重，还有侧向土压力、地下水压力等。

② 正常运行工况。泵房进出水侧均有水，除自重外，还承受水压力、土压力，底板上部的静水压力及下部的扬压力等。

③ 检修工况。检修一般在低水位时进行，视检修方式不同，分为抽空独立的进水池或进水流道进行逐台检修和将前池、进水池水全部抽空进行检修 2 种工况。

④ 校核运用工况。在泵站遭遇校核水位及地震、止水失效等非常情况时，需要进行校核验算，但地震荷载不应与校核运用水位组合。

根据泵房的地质条件，计算不同工况下的泵房抗滑稳定安全系数、抗浮稳定安全系数和基础底面应力，应符合现行标准《泵站设计标准》(GB 50265—2022)的相关规定。泵房抗浮稳定安全系数的允许值，一般不分泵站等别和地基类别，要求在基本荷载组合下安全系数不小于 1.10，在特殊荷载组合下安全系数不小于 1.05。

若抗滑稳定安全系数计算结果大于允许值甚多，则说明泵房断面尺寸设计值过大，应考虑减小设计值，以节约投资；若计算结果小于允许值，则说明泵房不稳定，应采取措施，直至满足规范要求。一般有如下措施：

① 改变泵房结构尺寸或上部结构及设备布置，必要时可改变泵房型式。

② 加长防渗铺盖，延长渗径，以减小底板渗透压力。

③ 降低墙后填土高度或控制回填土料或控制地下水位，以减小侧向压力。

④ 空箱内填土或填石，通过增加垂直荷重加大抗滑力。

⑤ 设置钢筋混凝土阻滑板，以增强泵房抗滑稳定性。

对于泵站的岸墙、翼墙、拦污栅桥等水工建筑物的稳定计算应符合现行行业标准《水工挡土墙设计规范》(SL 379)、《水闸设计规范》(SL 265)的相关规定。

对于泵站的防渗排水设计、主要结构计算、地基计算及处理等应符合《泵站设计标准》(GB 50265—2022)的相关规定。

6.3　进水建筑物

泵站进水建筑物主要包括引渠、前池和进水池(进水流道)等。由于进水建筑物的水力设计对水泵装置的能量性能和空化性能有较大影响,因此在泵站枢纽布置及站址选择时,应充分考虑进水建筑物的水力设计要求。在进行泵站进水建筑物设计时,需在满足常规水工设计、社会稳定、节省投资等要求的基础上,充分考虑减少泥沙淤积、避免回流(旋涡)不良流态、满足进水总体平顺稳定等水力设计方面的要求,以保障泵站在安全稳定的工况下高效运行。

6.3.1　引渠

泵站引渠是连通水源地与工程泵房的明渠,通常分为自动调节引渠和无自动调节引渠 2 种。当泵站建于水源附近确有困难时,需设置引渠。

6.3.1.1　引渠的作用

① 方便泵房更接近受水区,以减小输水渠道的长度。

② 保证水流平顺地进入泵房。

③ 在水源进入泵站前,提供必要的沉沙条件。

6.3.1.2　引渠路线的确定

引渠路线应根据取水口及泵房位置,结合地形地质条件、施工条件及挖填方平衡等多方面的因素,经技术经济比较后选定,并应符合下列要求:

① 渠线宜避开地质构造复杂、渗透性强和有崩塌可能的地段,也宜避开冻胀性、湿陷性、膨胀性、分散性、松散坡积物以及可溶盐土壤地段。无法避开时,应采取相应的工程措施。渠身宜坐落在挖方地基上,尽量少占耕地。

② 渠线宜顺直。如需设弯道,土渠弯道半径不宜小于渠道水面宽的 5 倍,石渠及衬砌渠道弯道半径不宜小于渠道水面宽的 3 倍;弯道终点与前池进口之间宜有直线段,长度不宜小于渠道水面宽的 8 倍。当受地形条件限制,不能完全满足上述要求时,大中型泵站可通过数学模型分析,必要时通过水工模型试验论证渠线布置的合理性;对渠线布置复杂的大型泵站、侧向进出水等进出水流复杂的泵站宜采用水工物理模型试验论证渠线布置的合理性,并根据试验结果采取相应的工程措施。

③ 应根据地形、地质、水力等条件,经计算确定引渠的纵坡和断面,同时应满足引水流量、行水安全等要求。

④ 其他应满足《泵站设计标准》的要求。

6.3.1.3　引渠与水泵的协调运行

当引渠较短时，渠道内水头损失较小，渠首、渠末水位差也很小，但是当引渠很长时，水头损失就较大，由此造成渠道末端（泵站前池）水位降低较多，直接影响水泵吸水管口淹没深度和水泵安装高程，可能对水泵运行产生较大的影响。因此，在渠道设计时，应同时考虑水泵工况点的确定问题。若渠中水面线下降，应当校核渠末水深能否满足水泵安全运行要求，如果不能满足则应调整渠道设计。当水源水位变幅较大，设置引渠不经济时，可改设引水管道。

6.3.2　前池

泵站前池位于引渠和进水池之间，其主要作用是使水流在从引渠流向进水池的过程中能够平顺地扩散，为水泵在良好的工况下运行提供良好的进水条件。图 6-3-1 为前池与引渠及进水池的连接示意图。

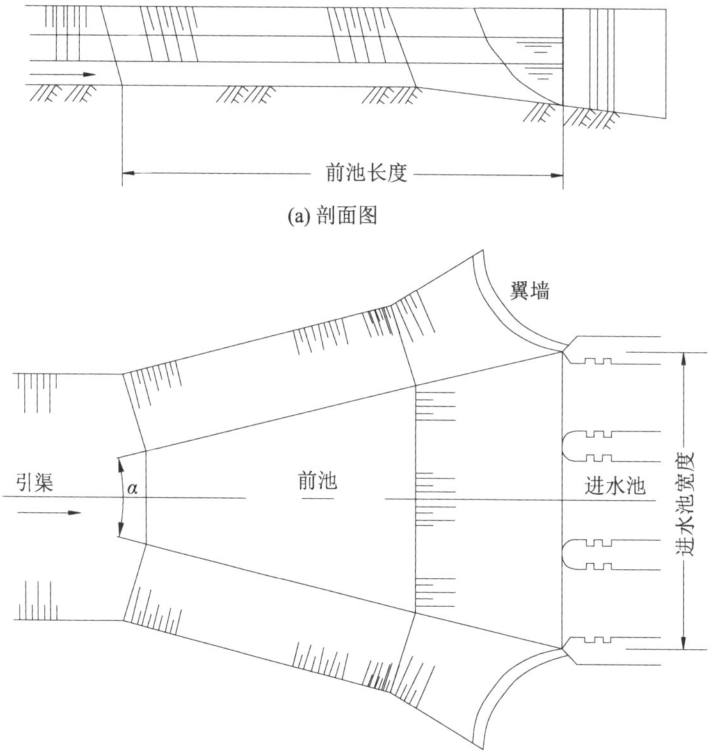

图 6-3-1　前池与引渠及进水池的连接

6.3.2.1　前池的作用和类型

泵站前池分为正向进水和侧向进水 2 种类型。前者为引渠内水流流向与进水池内水流方向一致，水流逐渐扩散，流态平顺；后者为引渠内水流流向与进水池内水流方向斜交或正交，水流较为紊乱，流态分布不均匀，易形成旋涡或回流，出现死水区和回流区，造成泥沙淤积，影响水泵正常运行。

泵站前池布置应满足水流顺畅、流速均匀、池内不得产生涡流的要求，宜采用正向进水方式。正向进水前池在平面上呈梯形，其短边等于引渠末端底宽、长边等于进水池总宽（见图 6-3 1）。前池扩散角 α 是影响前池流态及其投资大小的主要因素，若 α 值过大，则前池池长短，虽节省工程投资，但水流扩散太快，易形成回流或旋涡等不良流态；若 α 值过小，则水流扩散平缓，虽可得到理想的水流流态，但前池池长过长，造成工程投资增大。因此，前池扩散角 α 值必须设计在一定的合理范围内。通常情况下，正向进水的开敞式前池扩散角 α 值宜小于 15°，底部护底坡度不宜陡于 1∶4。

在地形、空间布局等规划条件受到限制，前池无法正向进水的情况下，一般采用侧向进水的布置型式。但是受惯性力的影响，侧向或偏离引渠方向的进水前池内水流很容易产生回流及旋涡，宜合理布设分水导流整流设施，以改善流态。在工程实际中，受地形、地质条件和空间规划布局等限制，临近江河渠道的引水泵站、闸站结合泵站及运行工况复杂的枢纽泵站，多采用侧向进水的布置型式，如江苏省新沟河江阴水利枢纽、江都水利枢纽等临近长江边的工程，均为通过引渠侧向向泵房进水。对距引渠近且为侧向进水的大中型泵站，还应采用数学模型分析进水池水流流态，必要时通过水工模型试验进行验证。

另外，前池翼墙有直立式、倾斜式及圆弧式等型式，翼墙的型式对前池流态也有一定影响。根据实际工程经验，与进水池中心线成 45°夹角的直立式翼墙可获得良好的流态，且便于施工，因而得到广泛的应用。

6.3.2.2　前池流态的改善

采取设置导流墩（墙、栅）及底坎、立柱等措施可以明显改善前池内的不良流态。正向进水的前池在机组全部投入运行或机组对称投入运行时，流态较好。当机组不对称运行时，池中水流偏斜，引起水流的不对称扩散，易形成较大的回流区，如图 6-3-2 所示。通常情况下，设置导流墩可以有效地避免不对称开机所引起的回流、旋涡等不良流态。

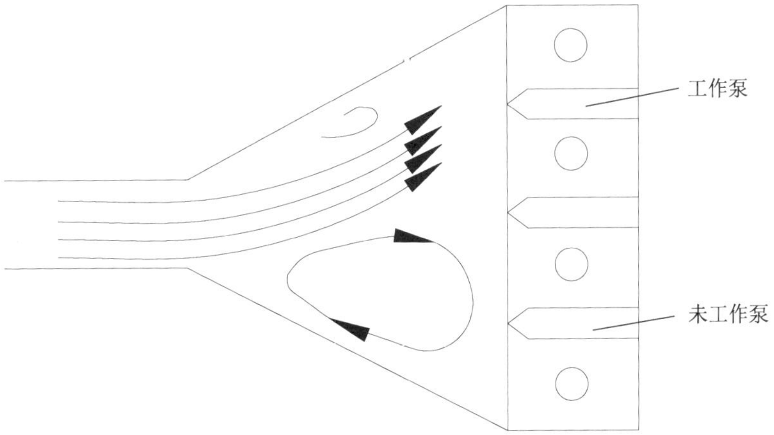

图 6-3-2　不对称开机时正向进水前池流态

侧向进水的前池一般均需设置适当的分水导流整流设施，通常在侧向进水前池中采用立柱和底坎结合的方式进行整流。立柱的作用是使引渠水流遇立柱后收缩，较为均匀地流向两侧，扩散到边壁，有利于稳流，并避免回流等不良流态。底坎的作用是使引渠水流过坎后，形成立面旋滚涡流，造成水流紊动扩散，有利于改善边壁回流和立柱后旋涡。大量试验结果表明，采用立柱及底坎等措施整流后所产生的水流紊动，使水泵的运行条件得到了很大改善。

6.3.3 进水池

6.3.3.1 进水池的作用与设计要求

进水池(亦称开敞式进水池)是水泵进水(管)流道直接吸水的构筑物，具有自由水面，通常用于中小型泵站，其主要作用是为水泵提供良好的进水条件。如果进水池内流速分布不均匀，甚至有旋涡，则不仅会降低水泵的能量性能和空化性能，而且还可能导致水泵机组产生振动，以致无法安全运行。

进水池的结构型式应在满足池内流态良好、便于运行管理维护的前提下，根据工程地质、进水流态、水泵型式及机组台数等影响因素，进行合理尺寸设计，经技术经济比较后确定。进水池进口通常需设置拦污门槽，以便安装拦污设施，在水泵运行时及时拦截漂浮的杂物。在进水池进口还应设置检修门槽，在水泵需要检修时，放下检修门进行检修。

在工程实际应用中，当进水池结构设计不合理或者水泵运行时吸水管淹没深度达不到设计要求时，进水池内易产生旋涡，影响水泵安全运行。根据旋涡发生的位置，池内旋涡分为水面涡、附壁涡和附底涡 3 种。不同旋涡对水泵的安全运行的影响程度不同，通常除在前池内采取设置立柱或底坎等整流设施外，还可以通过在进水池内设置隔板、导流锥等措施防止旋涡的发生。

6.3.3.2 进水池平面形状对流态的影响

进水池有多种边壁形状，应用较多的是矩形、多边形、半圆形及平面对称蜗壳形等，如图 6-3-3 所示。

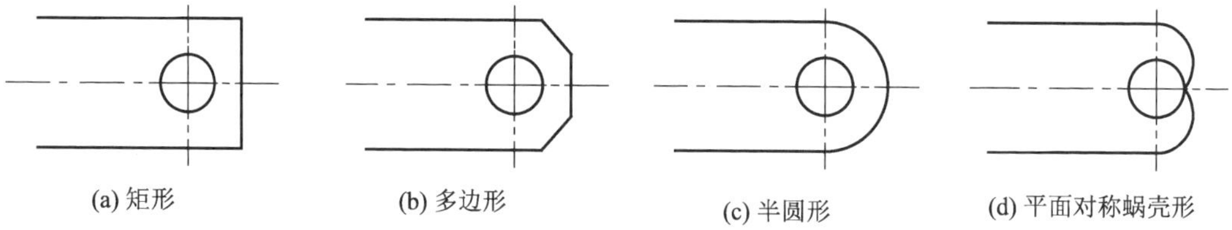

图 6-3-3 进水池平面形状

矩形进水池广泛应用于中小型泵站，其优点是结构简单、施工方便，缺点是在进水池的两角处易形成旋涡，导致池内水力损失增大。多边形进水池是在矩形进水池的基础上进行了优化改进，有利于消除两角的旋涡。半圆形进水池边壁形状与水流流线较接近，但如果安装位置不当或淹没深度较小，仍易产生旋涡。平面对称蜗壳形最符合水流流线要求,水力损失最小且不易产生旋涡,目前应用较广泛。大量试验结果表明,平面对称蜗壳形进水池的水力损失系数最小,水泵装置效率最高,宜优先采用,矩形进水池次之。

6.3.4 进水流道

开敞式进水池一般适用于中小型泵站,而大型泵站多采用进水流道,即将进水池和吸水管合二为一。进水流道位于泵站前池和水泵叶轮室之间,其作用是使水流在从前池进入水泵叶轮室的过程中更好地进行流线转向和流速加速,以满足水泵叶轮对叶轮室进口所要求的水力设计条件。

6.3.4.1 进水流道型式

泵站进出水流道型式应结合进出水池水位、泵站扬程、泵型、泵房布置和断流方式等因素,经技术经济比较确定。大中型泵站宜采用三维水流数值模拟计算进行流态分析和性能预测,可能的情况下进行全流道分析。对于大型泵站,还应通过装置模型试验检验进出水流道的水力性能。

进水流道按进水方向的不同,分为单向进水流道和双向进水流道,其中单向进水流道常见的型式有肘形进水流道、钟形进水流道和簸箕形进水流道。

(1) 肘形进水流道

肘形进水流道如图 6-3-4 所示,是大型泵站中应用最早且最为广泛的型式,一般适用于立式轴流泵或导叶式混流泵,如南水北调东线第二梯级泵站——淮安四站即采用肘形流道进水。其优点是流道内部高度较大而宽度较小,可得到很好的水力性能;缺点是施工地基开挖深度较大,工程造价较高,不适合特低扬程大型泵站。

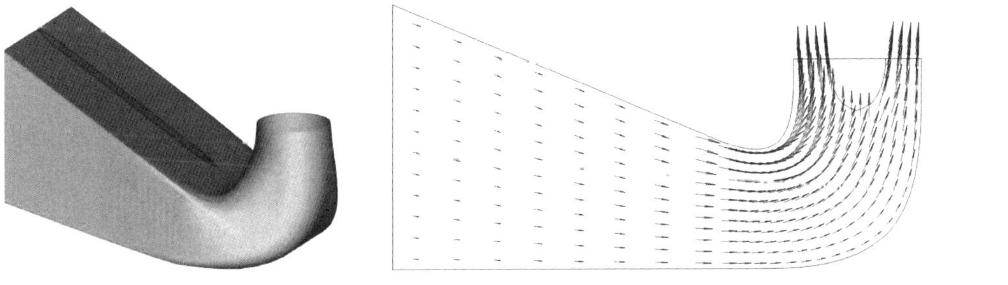

图 6-3-4 肘形进水流道及其流态示意图

(2) 钟形进水流道

钟形进水流道由进口段、吸水蜗室、导水锥喇叭管组成,由于水泵进口喇叭下悬如钟形,故称为钟形进水流道,如图 6-3-5 所示。其优点是流道内部高度较小,宽度较大,泵站底板可以适当抬高,适用于站址地质条件较差的泵站;缺点是形状较为复杂,施工难度大,且流道宽度若设计不当,流道内易产生涡带等不良流态,影响水泵安全运行。20 世纪 70 年代以来,钟形进水流道在我国的大型泵站建设中得到应用,如江苏省临洪西泵站和皂河一站等工程,都采用钟形流道进水。

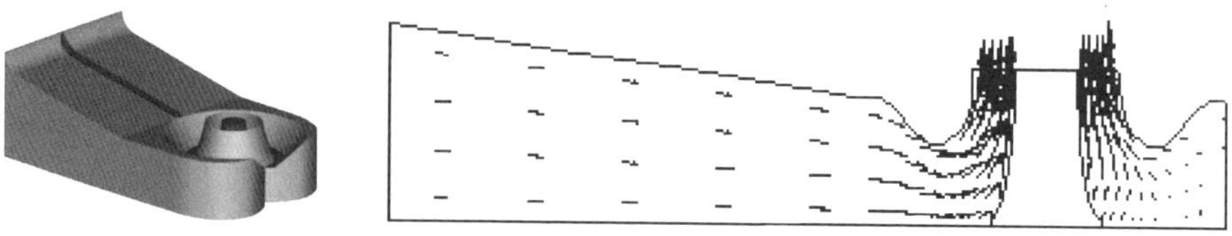

图 6-3-5 钟形进水流道及其流态示意图

(3) 簸箕形进水流道

簸箕形进水流道形状简单,如图 6-3-6 所示,流道形状介于肘形流道和钟形流道之间,对流道宽度设计没有钟形流道要求严格,不易产生涡带。该种型式流道于 20 世纪 90 年代从荷兰进入我国,上海市首次将其应用于小型泵站,江苏省刘老涧泵站首次将其应用于大型泵站。

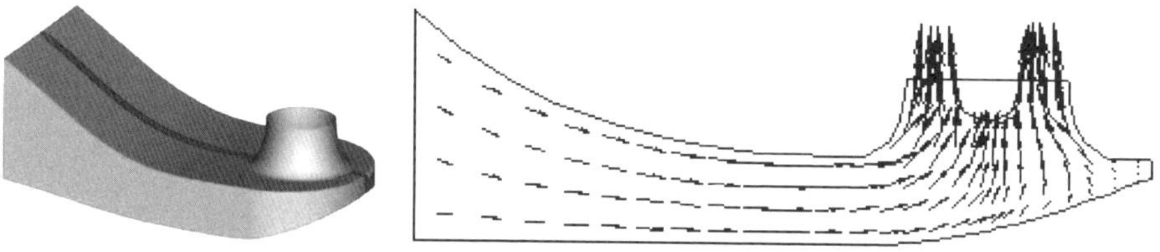

图 6-3-6 簸箕形进水流道及其流态示意图

双向进水流道型式大体可分为肘形对拼式双向进水流道、矩形双向进水流道及平面蜗壳式(钟形)双向进水流道。双向进水流道的泵装置应用于灌排结合的泵站,可以节省投资,节约土地。早期建成的双向流道泵站有江苏省南京秦淮河武定门抽水站、安徽省凤凰颈排灌站等,近年来,随着泵站工程在防洪、排涝、抗旱等方面的作用日益凸显,在江苏沿江和太湖流域有提灌与提排、自排与自引等综合功能要求的水利枢纽开始广泛采用双向流道泵站型式。例如,太湖流域的魏村、九曲河、澡港水利枢纽,以及沿江高港、江阴、七浦塘等水利枢纽的泵站工程均采用双向流道。图 6-3-7 为魏村泵站双向流道及其进水流态分布情况。

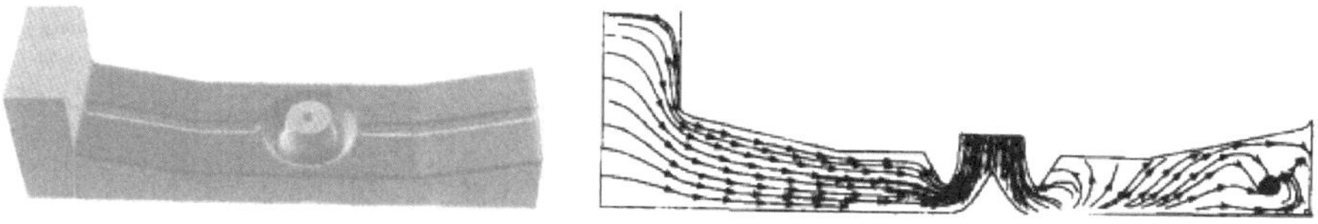

图 6-3-7 双向进水流道三维模型及进水流态示意图

6.3.4.2 进水流道的设计要求

进水流道是泵装置的重要组成部分,进水流道选型或设计不当,不仅可能减少水泵的流量、降低水泵的效率,还会引起水泵的空化和振动,严重时危及泵站的安全稳定运行。因此,为水泵进口提供良好的流态、保证水泵机组稳定高效运行是进水流道的首要任务。在设计上,泵站进水流道布置应满足如下要求:

① 流道的型线应平顺,各断面面积沿程变化应均匀合理。

② 出口断面处的流速和压力分布应比较均匀。

③ 进口断面处流速宜取 0.8～1.0 m/s。

④ 流道进口上缘应淹没在进水池最低运行水位以下至少 0.5 m。

⑤ 进口处应设置进水闸、检修门槽及拦污设施。

⑥ 应方便施工。

对于采用双向进水流道的泵站，其流道型线若设计不合理，易造成泵装置效率偏低、振动、空化等问题，难以确保在灌排两种运行状态下均有较好的流态和较高的泵装置效率。在结构设计时，宜在流道内设置导流锥、隔板等消涡设施，必要时应进行装置模型试验，以确定合理的型式和尺寸。

6.3.4.3　*进水流道主要尺寸推荐值*

根据《泵站设计标准》，各种进水流道的主要尺寸应根据水泵选型、外形尺寸，并结合泵房布置型式确定。肘形和钟形进水流道的进口段底面宜做成平底，或向水泵进口方向上翘，上翘角不宜大于 12°；进口段顶板仰角不宜大于 30°。簸箕形进水流道的进口段与肘形、钟形进水流道接近。平直管式进水流道宜沿水泵中心线轴对称布置。当进水流道的进口段宽度较大时，宜设置中隔墩。大量的数值计算和模型试验数据表明，进水流道的水力设计准则与流道内的基本流态密切相关，每个几何参数的选定决定进水流态的好坏。

(1) 单面进水流道主要尺寸推荐值

单面进水的进水流道内的基本流态较为简单。根据优化水力计算的结果，单面进水流道主要控制尺寸推荐值列于表 6-3-1。

表 6-3-1　单面进水流道主要控制尺寸推荐值

进水流道型式	叶轮中心高度 H_w/D_0	流道宽度 B/D_0	流道长度 L/D_0
肘形进水流道	1.6～1.8	2.3～2.5	3.5～4.0

(2)四面进水流道主要尺寸推荐值

根据优化水力计算的结果，四面进水流道主要控制尺寸推荐值列于表 6-3-2。

表 6-3-2　四面进水流道主要控制尺寸推荐值

进水流道型式	叶轮中心高度 H_w/D_0	流道宽度 B/D_0	流道长度 L/D_0	后壁距 X/D_0	喇叭管直径 D_L/D_0	喇叭管高度 H_L/D_0
钟形进水流道	1.3～1.4	2.8～3.0	3.5～4.0	1.2	1.40	0.5～0.6
簸箕形进水流道	1.5～1.6	2.5	3.5～4.0	1.0	1.47	0.6～0.7

6.4　出水建筑物

泵站出水建筑物主要包括出水池(或压力水箱)、出水流(管)道、输水渠道及断流设施等。出水管道输送水流，而出水池则汇集出水管道水流使之平顺地进入干渠。对于小型泵,出水压力管道多为铸铁管、钢管或预制钢筋混凝土管;大型泵出水压力管道则多为现场浇筑的钢筋混凝土结构,且与站房构成整体,称为出水流道。出水池多为开敞式,但为适应管道出口水位变化幅度过大的情况,可筑成封闭压力水箱。合理设计泵站出水建筑物,不仅可以获得良好的出水流态,最大限度地回收水泵出口的水流动能,减少对输水渠道的冲刷,而且能在很大程度上提高泵站建筑物的安全稳定性。本节主要介绍出水池和出水流道。

6.4.1 出水池

出水池是连接压力管道和灌排干渠的扩散型建筑物,主要作用是消能稳流,将水流平顺均匀地引入干渠,以免冲刷渠道。出水池的位置应根据地形、地质条件,结合站址、管线、断流方式及输水渠道等因素综合确定。出水池的布置应满足下列要求:

① 池内水流应平顺稳定,水力损失小。

② 建在不良地基上的出水池应进行地基处理。

③ 出水池与渠道之间应设渐变段,实现平顺连接。

④ 池中流速不应超过 2.0 m/s,且不应出现水跃。

出水池按出水流向分为正向、侧向和多向分流式 3 种类型。正向出水池管口水流顺直,水力性能好,目前应用较多。侧向出水池水流方向与干渠水流方向交叉,因其水流转弯,水力性能较差,一般只在正向出水无法布置的情况下采用。多向分流式出水池一般用于同时向多条干渠输水的情况,池中流态介于正向出水和侧向出水之间,通过采取适当的导流措施可以改善水力性能。按断流方式的不同,出水池可分为拍门式、闸门式、虹吸管式、溢流堰式、自由出流式等不同型式。按是否有自由水面,出水池又可分为开敞式出水池和压力水箱 2 种类型。

在出水池内,水流从出水管(流道)进入出水池时呈三维流态扩散,在主流上部易形成旋滚区,在两侧易形成回流区。旋滚区的形状和大小与出水流态、管口淹没深度及出水池的几何边界有密切关系。根据泵站多年出水池断面观测成果分析可知,若出水池内水流紊乱,则易导致水力损失增加和对出水池及渠道的冲刷,因此出水池尺寸的设计很重要。出水管出口直径、管口淹没深度、池底至管口距离、出水池墙顶高程和池底高程及出水池宽度等出水池几何参数在按设计规范初步选定后,需经数值计算和模型试验,对出水池内部的水流流态、流速、水位、水头损失及水头损失系数等进行综合比较分析后确定。对于已建泵站出水流态的改善,设置隔墩可取得较好的效果。

6.4.2 出水流道

6.4.2.1 出水流道的作用与设计要求

出水流道是连接水泵导叶出口与出水池的通道,多应用于扬程较低的大中型泵站。出水流道一般采用钢筋混凝土现浇,在结构上与泵房连成整体,具有长度较短、断面形状变化较大、水力损失较小的特点。

出水流道是水泵装置的一个重要组成部分，其作用是使水流在从水泵导叶出口流入出水池的过程中更好地转向和扩散，在不发生脱流或形成旋涡的条件下最大限度地回收动能。出水流道的水力损失大小取决于出水流道内的流态及动能回收情况。

对于低扬程泵站，出水流道的水力损失对泵装置的能量性能有较为明显的影响，出水流道的设计宜满足现行行业标准《泵站现场测试与安全检测规程》(SL 548)对流道测流断面的要求，且应符合下列要求：

① 出水流道型式应根据水泵选型和泵站总体布置确定。

② 流道型线变化应均匀，当量扩散角宜取 8°～12°。

③ 出口流速不宜大于 1.5 m/s，出口装有拍门时，出口流速不宜大于 2.0 m/s。

④ 流道出口上缘应淹没在出水池最低运行水位以下 0.3～0.5 m。

⑤ 应设置检查孔，其孔径不宜小于 0.7 m。

⑥ 应有合适的断流方式，出口宜设置检修门槽。

⑦ 当流道的宽度较大时，宜设置中隔墩。

⑧ 应方便施工。

6.4.2.2　出水流道型式与适用条件

泵站出水流道的型式应在综合分析泵站进出水池水位、泵站扬程、水泵选型、泵房布置和断流方式等因素的基础上，经技术经济比较后确定。大中型泵站宜采用三维水流数值模拟计算进行流态分析和性能预测，可能的情况下进行全流道分析。大型泵站还应通过装置模型试验检验进出水流道的水力性能。

出水流道分为单向出水流道和双向出水流道。单向出水流道有虹吸式出水流道、直管式出水流道等多种型式。

(1) 虹吸式出水流道

虹吸式出水流道通常由扩散段、弯管段、上升段、驼峰段、下降段、出口段等组成，如图 6-4-1 所示，适用于出水池水位变化不大的立式或斜式低扬程泵站。其优点是可使机组运行安全稳定，水泵停机时可通过真空破坏阀断流，方便运行管理。缺点是工程量较大、施工较为困难，在虹吸形成的过程中，流道驼峰段内的压力波动较大，设计不当易引起机组振动等问题。因此，在流道尺寸设计时，既要减少流道水力损失，又要保证启动过程中具有较强的挟气能力，以尽可能地缩短虹吸形成的时间。

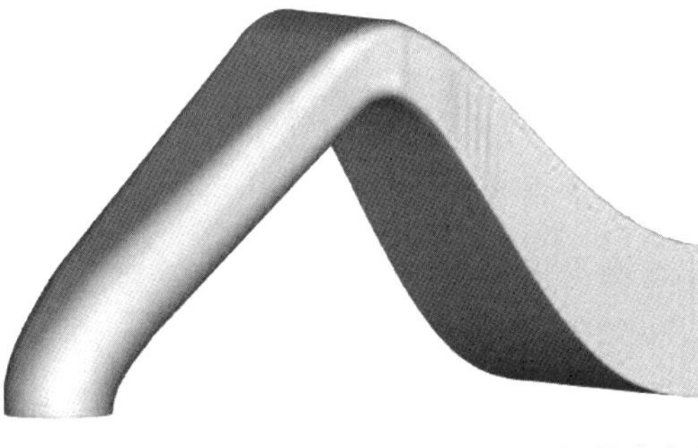

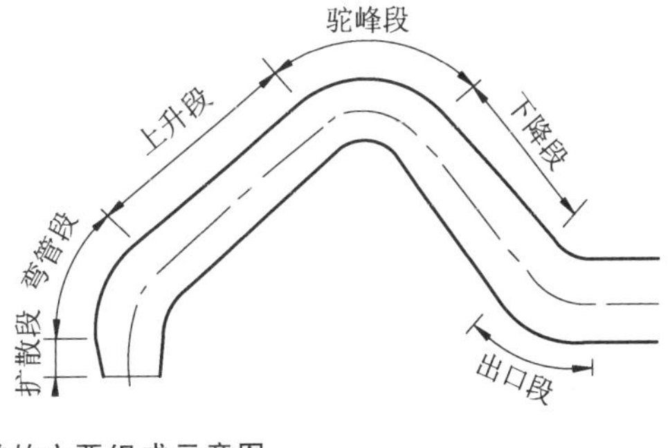

图 6-4-1　虹吸式出水流道的主要组成示意图

当泵站出水池的水位变化幅度不大时，设计上宜采用虹吸式流道出水，真空破坏阀断流，驼峰处断面宜设计成扁平状，驼峰底部高程应略高于出水池最高运行水位，驼峰顶部的真空度不应超过 7.5 m 水柱高。虹吸式出水流道目前已在江苏省南水北调东线泵站中得到广泛应用。应该注意的是，在虹吸式流道满管流形成之前，由于水流需翻越驼峰，会增加水泵的启动扬程，所以在水泵选型时应予以充分考虑。

(2) 直管式出水流道

当采用虹吸式出水流道不能满足驼峰顶部真空度的要求时，宜采用直管式出水流道。直管式出水流道与水泵出口弯管相衔接，如图 6-4-2 所示，流道断面形状逐渐由圆变方，断面面积逐渐扩大，流道内的平均流速逐渐减小，流道内任一断面都具有一定的正压力。直管式流道断面形状相对简单，施工比较方便，一般采用拍门或快速闸门作为断流措施，目前已在大中型泵站中得到广泛应用。如江苏省淮安一站的出水流道即为平直管出水流道，在 2002 年工程加固改造时，在进水流道、出水流道与水泵的交接处适当加大了修补，将直管式出水流道进行了延长，更换了事故闸门，改拍门断流为快速闸门断流，并配置了相应的液压启闭机。

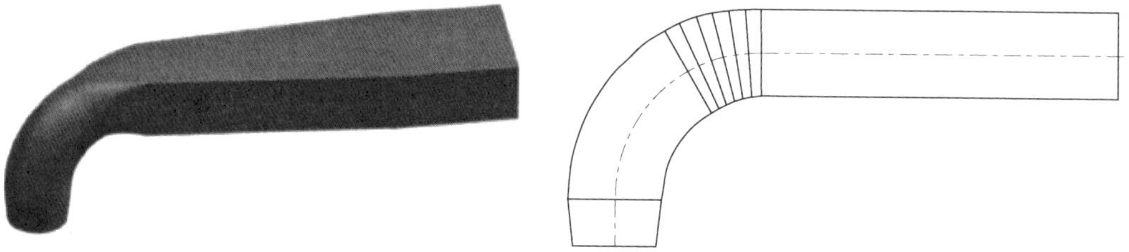

图 6-4-2　直管式出水流道示意图

直管式出水流道在布置时，为了避免不必要的能量损失，流道的出水口应淹没在出水池最低运行水位以下，且出口上缘的最小淹没深度取 0.3～0.5 m 为宜。根据水泵出水弯管出口断面中心高程和出水池最低水位的直线高差关系，可以将直管式出水流道的布置型式分为上升式、平管式和下降式 3 种，如图 6-4-3 所示。

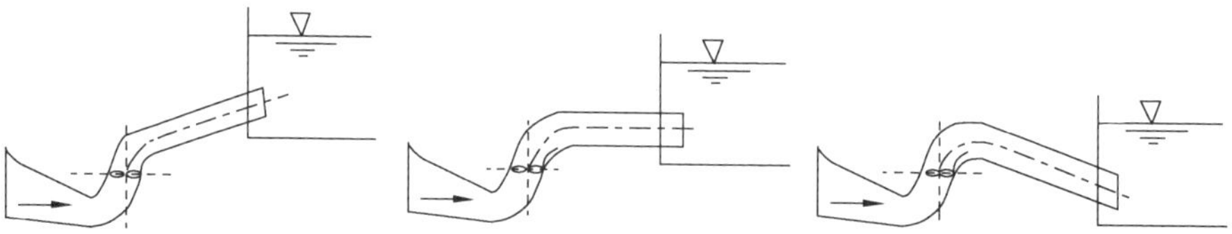

(a) 上升式　　(b) 平管式　　(c) 下降式

图 6-4-3　直管式出水流道的布置型式

上升式流道可减小水泵弯管的转角，减少流道水力损失，也有利于机组启动过程中流道内空气的排出。在低扬程的条件下，泵站外水位较低，为了保证流道出口淹没在最低水位以下一定深度，不得不将流道布置成平管式或下降式。在此情形下，出水流道的转弯角度较大，受水流惯性的影响，水流的主流将较多地偏向流道上部区域，而在流道的下部区域产生不同程度的旋涡，导致流道水力损失增大。

另外，为了减小机组开停机阶段在流道内产生的压力脉动，通常会在直管式出水流道上设置通气孔，以方便流道进行排气补气。通气孔的具体布置位置一般取决于流道的布置型式。对于下降式流道或弯曲的驼峰流道，通气孔应布置在流道的最高处；对于上升式流道，通气孔宜布置在流道的出口附近，通常设置在拍门或快速闸门后适当位置。

值得注意的是，泵站的断流方式应根据出水池水位变化幅度、泵站扬程、水泵机型等因素，并结合出水流道型式进行选择，必要时经技术经济比较后确定。断流方式应保证设备简单，操作灵活，运行可靠，维护方便，对机组效率影响较小。

双向出水流道可分为三通式出水流道、肘形对拼式出水流道、直锥喇叭出水室式出水流道、曲线喇叭管出水室式出水流道、平面蜗壳式出水流道、伞形虹吸式出水流道、矩形有压涵洞式出水流道、双向平面对称蜗壳式出水流道和开敞水槽式出水流道等多种型式。图6-4-4和图6-4-5分别为江苏太仓七浦塘江边水利枢纽泵站X形双向进出水流道布置与进出水流态分布情况。

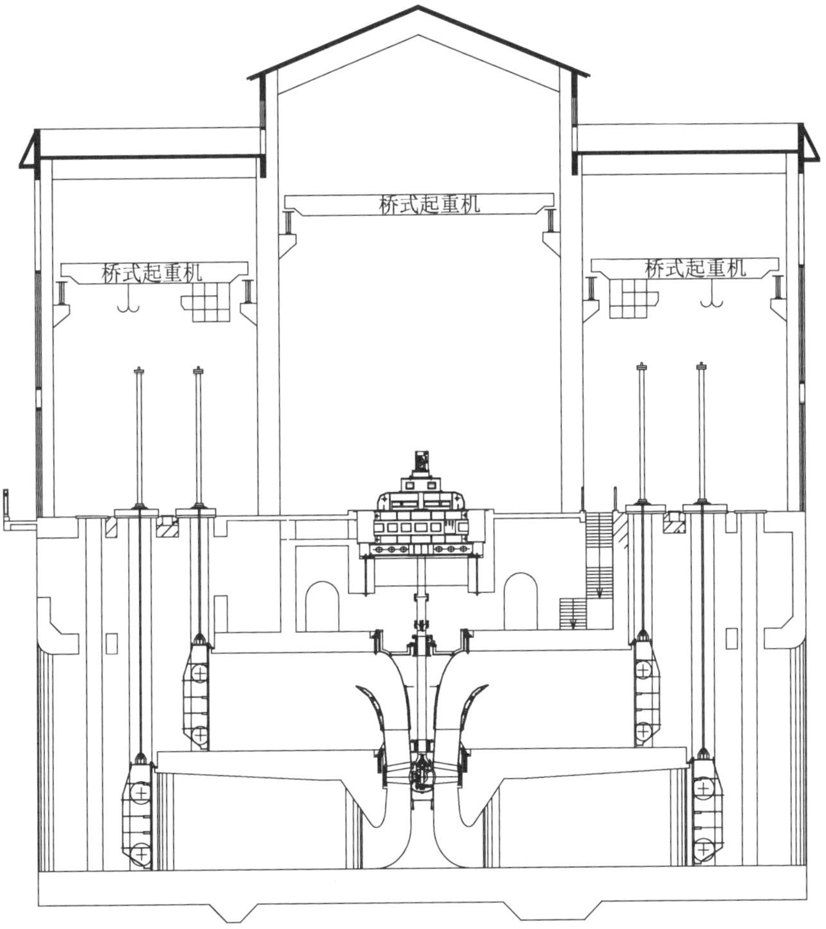

图6-4-4　七浦塘江边水利枢纽泵站布置图

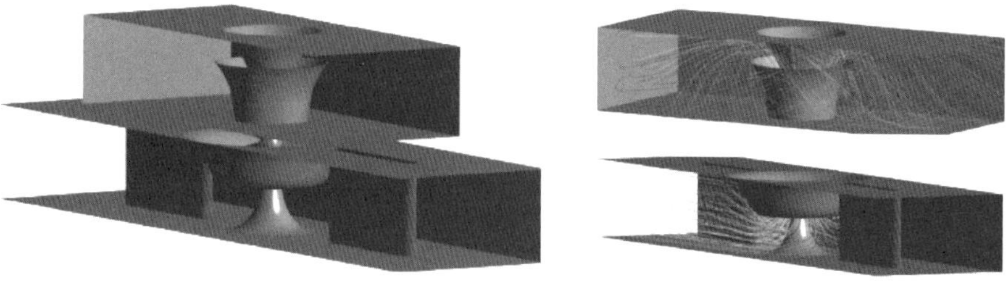

图 6-4-5　双向流道三维模型及进出水流线示意图

6.5　泵站水工建筑物结构优化及应用

泵站工程是水利工程中重要的基础设施，它在区域灌溉、防洪、排涝、城镇供排水及跨流域调水等方面发挥着关键作用。近年来，随着三维数值计算、建筑信息模型（BIM）、虚拟现实（VR）技术以及三维激光测速（LDV）、粒子图像测速（PIV）等水工模型试验量测技术的不断发展，泵站水工建筑物结构优化设计、泵装置性能提升等方面的研究日趋成熟，这些技术及相关研究成果在大中型泵站工程的新建、改建、扩建以及技术改造前期工作中得到了较为广泛的应用。

研究大中型泵站泵装置性能，应结合进水流道、泵型、出水流道等因素，采用三维建模，通过数值模拟计算进行流态分析、性能预测及过流部件结构优化等，必要时还应通过装置模型试验检验泵装置的水力性能。图 6-5-1 为江苏省淮安三站泵装置三维模型图。

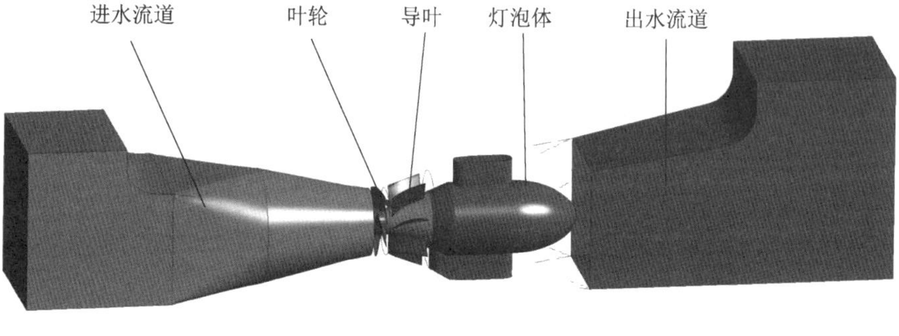

图 6-5-1　淮安三站泵装置三维模型图

本节主要从泵站水工技术角度，分别以具体工程和水力模型试验为基础，简要介绍泵站进水建筑物优化设计研究与应用案例。

6.5.1　引渠侧向进水前池内流态改善

6.5.1.1　研究概况与目的

江都水利枢纽工程是新中国成立后国内第一座自行设计、自行制造、自行安装的大型抽水站，主要由 4 座大型电力抽水站及与其配套的水闸、涵洞、输配电工程及引河工程等组成，最大抽水能力 508 m^3/s，是目前我国规模最大的电力排灌工程，具有灌溉、排涝、泄洪、通航、发电、改善生态环境等综合功能。它既是江苏省“江水北调东引”的龙头工程，也是国家南水北调东线工程的起点站。

江都抽水站既可以抽引长江水北送，又可以抽引里下河地区涝水排入长江，主要通过站区下游新通扬运河两边的江都东闸、江都西闸进行控制，两闸之间河道长 1490 m，其中：西闸总净宽 90 m，共 9 孔，每孔净宽 10 m；东闸总净宽 78 m，共 13 孔，每孔净宽 6 m。江都一站和二站均装有 8 台大型轴流泵，江都三站装有 10 台可逆式大型轴流泵，江都四站装有 7 台大型轴流泵，位于新通扬运河河道同侧，总体布置情况如图 6-5-2 所示。

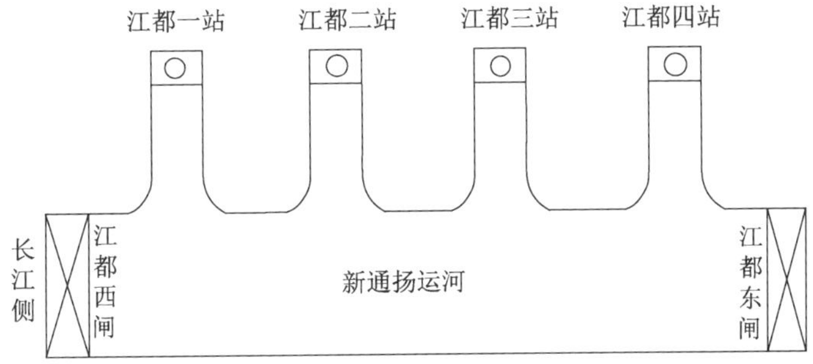

图 6-5-2　江都水利枢纽布置示意图

江都抽水站为多机组侧向进水闸站结合枢纽，引河口水流方向与主河道轴线呈垂直状态，致使引河口处进流流态较差、泥沙淤积严重，不仅影响水泵机组的运行效率，而且机组的振动、噪声增大，影响机组的安全稳定运行。本节以关闭江都东闸，开启江都西闸，抽引长江水为例，对江都水利枢纽泵站前池内水流流态进行数值模拟计算，根据计算结果，提出泵站前池进水流态优化设计方案，减少前池泥沙淤积，改善回流、旋涡等不良流态，提高机组安全运行的稳定性。

6.5.1.2　研究内容与结果

根据泵站枢纽的设计图纸，以江都西闸、引渠、前池、进水流道、出水管和江都东闸部分为计算模拟区域，运用 UG 软件按照 1∶1 的比例进行三维立体建模，如图 6-5-3 所示。

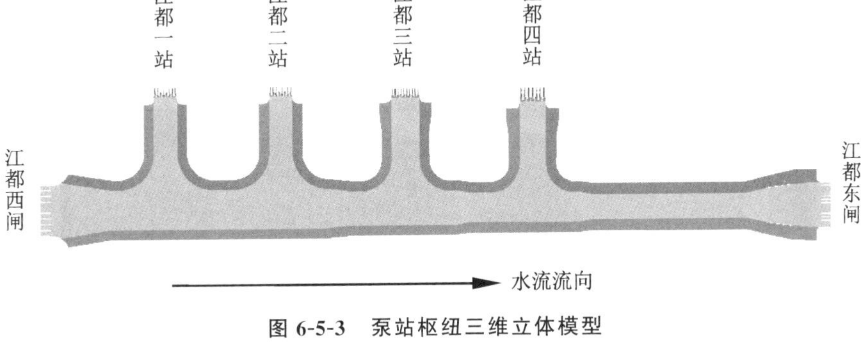

图 6-5-3　泵站枢纽三维立体模型

基于 Navier-Stokes 方程，采用 Realizable $k-\varepsilon$ 紊流模型，利用 ANSYS CFX 软件进行数值计算，算出泵站枢纽前池流体的速度矢量、流线和断面流速等分布情况。通过对典型断面上的流速、流线等情况进行比较分析，确定了泵站前池内流态和水力特性。其中，各泵站前池内流线计算结果如图 6-5-4 所示。

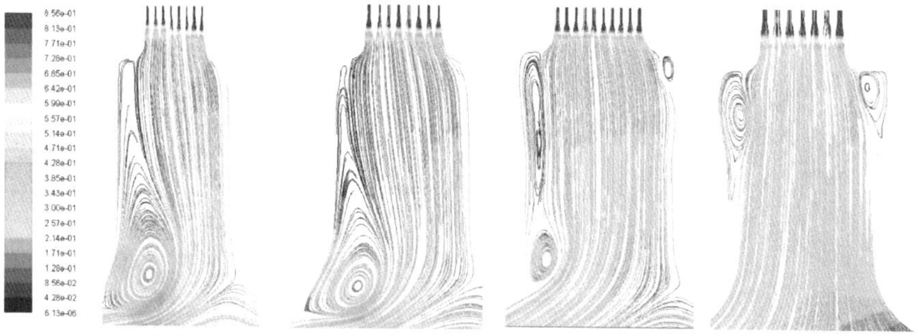

(a) 江都一站　(b) 江都二站　(c) 江都三站　(d) 江都四站

图 6-5-4　泵站前池内流线计算结果(单位:m/s)

从流线图即可看出，各泵站前池内均出现了不同程度的回流旋涡，其中：江都一站水流在前池弯道前端内侧出现了较大尺度的逆时针回流区，旋涡的旋转强度较大；江都二站的水力特性分布与江都一站相似；江都三站前池的逆时针回流区旋涡强度小于江都一站和二站；江都四站前池内水流流态总体较为平顺，在下游两侧翼墙处出现了对称分布但流线方向相反的旋涡，其对前池内流体主流的影响较小。

综上分析，在单侧抽引长江水时，泵站枢纽侧向进水前池内易形成回流和旋涡等不良流态，在回流区容易导致泥沙淤积，不能满足流道进口水流平顺、压力均匀的进水要求，易引起水泵运行时的空化、振动和效率下降。因此，需要优化改善前池内水流流态，为水泵提供良好的进水条件，以保障泵站安全稳定运行。

一般情况下，通过采取整流措施来改善泵站进水流态。目前整流措施有多种，主要有设置导流墩(墙)、底坎、立柱、导水锥和压水板，实践中常结合使用。本节以“底坎＋Y 形导流墩”的整流方式为例，通过三维建模，如图 6-5-5 所示，设置边界条件，进行数值模拟计算。

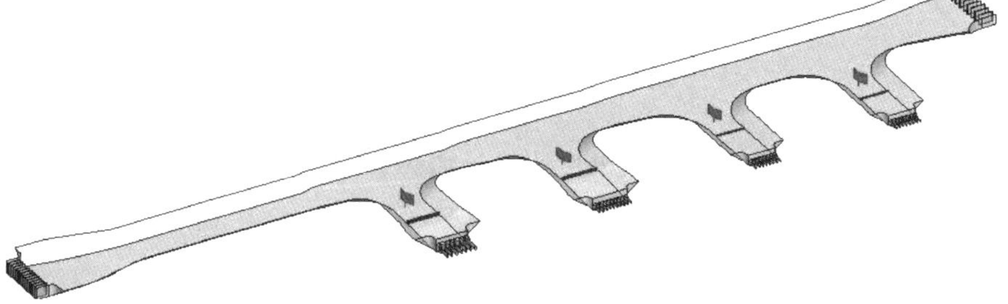

图 6-5-5　“底坎＋Y 形导流墩”整流三维模型

泵站前池整流后底层速度矢量图如图 6-5-6 所示，从图中可以看出，在泵站前池内增设 Y 形导流墩后，有效改善了泵站进水口前端的水流流向和流速分布情况，墩后水流扩散，流速减小，水流平稳，水量均匀，有效避免了两侧产生回流、旋涡等不良流态。在回流区河床底部增设底坎后，回流现象基本消失，各泵站进水流道进水口处流速分布较为均匀。综上所述，“底坎＋Y 形导流墩”的整流方式切实有效，泵站前池流态得到明显改善。该整流方式在江都水利枢纽工程得到应用，如图 6-5-7 所示。

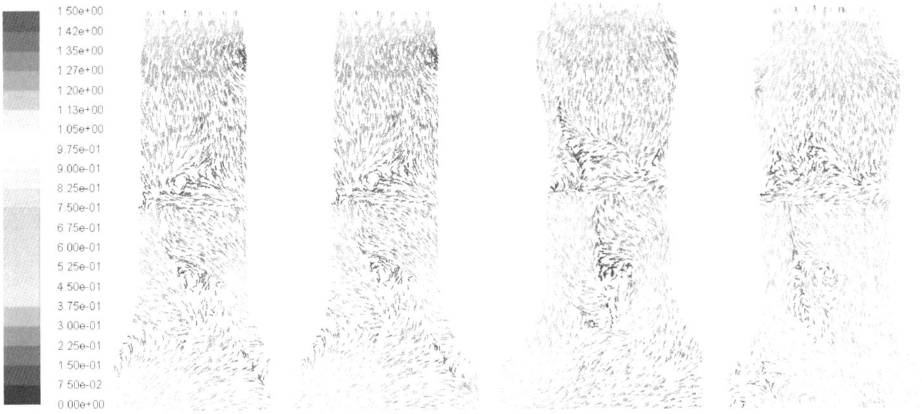

图 6-5-6　前池“底坎＋Y 形导流墩”整流后底层速度矢量图(单位:m/s)

图 6-5-7　江都水利枢纽整流措施应用图

6.5.2　矩形进水流道内水泵进口喇叭管内流态改善

6.5.2.1　研究概况与目的

进水流道内部流态状况直接影响水泵叶轮进口断面的流速分布和压力分布等进水条

件，流道内良好的流态不仅能使水泵安全高效地运行，而且有利于泵站整体效益的充分发挥。进水条件的变化必然会引起泵装置中水泵工作状态的变化，进水流态不良不仅会增加泵装置水力损失，降低水泵效率，而且还会降低泵的空蚀性能。泵站内的旋涡是影响水泵运行稳定问题的主要原因，旋涡产生后，会导致泵的效率降低、轴承的磨损加剧、机组产生振动和噪声等，影响泵站的安全稳定运行，甚至导致泵站无法开机运行。本节以泵站矩形进水流道进口在相同淹没水深下，流道出口和水泵进口喇叭管内部紊流场的 PIV 粒子图像测速技术(Particle Image Velocimetry)实验测量研究为例，探究不同流量工况对进水流道内流场的影响规律，并对消涡措施进行研究。

6.5.2.2 研究内容与结果

本案例采用的泵站矩形进水流道设计尺寸如图 6-5-8 所示，流道内喇叭管进口直径为 204 mm，出口直径(叶轮室进口直径 D_0)为 120 mm，自喇叭管中心 0－0 断面开始，向进水两侧对称布置 6 对测量断面，一共 13 个三维测量断面，如图 6-5-9 所示。本节仅以 0－0 断面测量为例，对矩形进水流道内喇叭管内部及轴流泵叶轮进口处流场进行 PIV 三维激光实验测量的结果进行介绍。

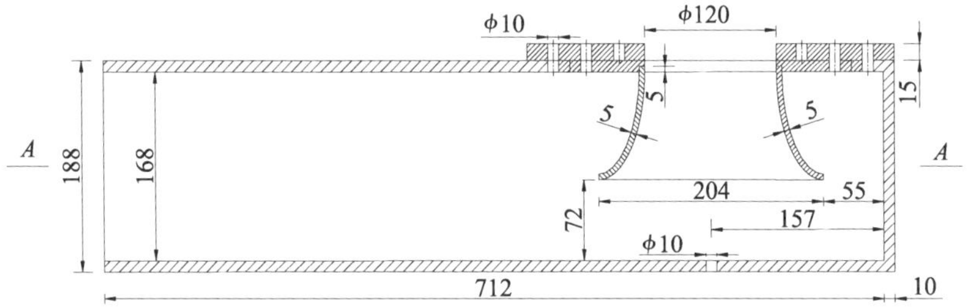

(a) 矩形进水流道立面图

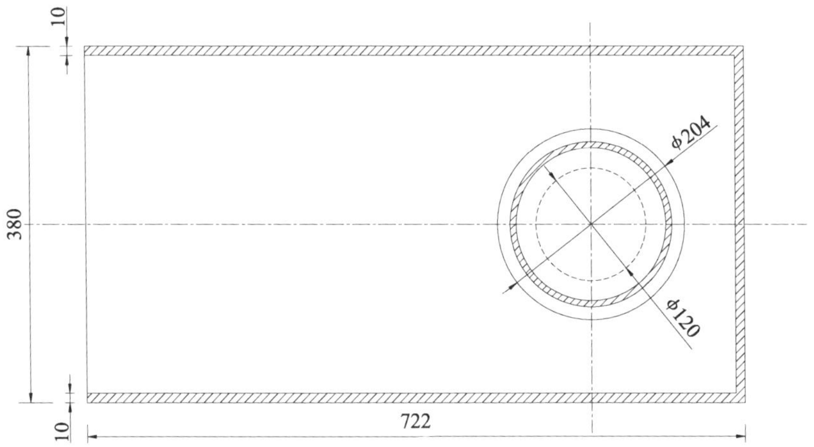

(b) A-A断面剖面图

图 6-5-8　矩形进水流道设计图

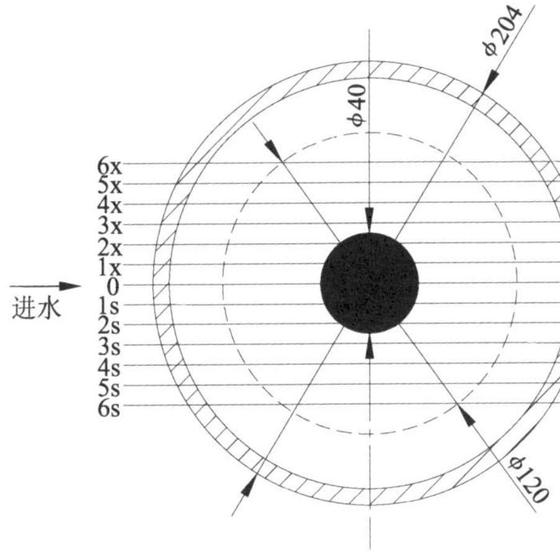

图 6-5-9 喇叭管内部测量断面布置图

喇叭管设计如图 6-5-10 所示，悬空高 $0.6D_0$，喇叭管曲表面参数如表 6-5-1 所示。根据实验前测得的轴流泵装置性能曲线，选定 3 个流量工况：大流量(42.26 L/s)、设计流量(34.57 L/s)和小流量(17.02 L/s)工况。在进水流道进口淹没深度及轴流泵转速不变的条件下，分别对 3 个流量工况下进水流道内喇叭管内部 0－0 断面的流场进行 PIV 三维激光测量，以分析喇叭管内部和轴流泵叶轮进口进水流态情况。

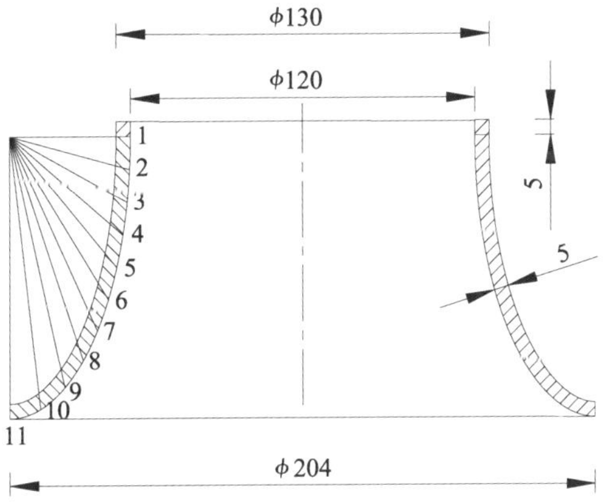

图 6-5-10 喇叭管立面图

表 6-5-1 喇叭管弯曲面尺寸

断面	1	2	3	4	5	6	7	8	9	10	11
角度/(°)	0	15	29	41	50	58	65	71	77	83	90
半径/mm	42.0	43.2	46.6	51.8	58.1	65.3	72.8	80.4	87.6	93.5	96.0

图 6-5-11 和图 6-5-12 分别是在小流量和设计流量工况时 0－0 断面的 PIV 三维测量轴向速度矢量图和总速度云图。

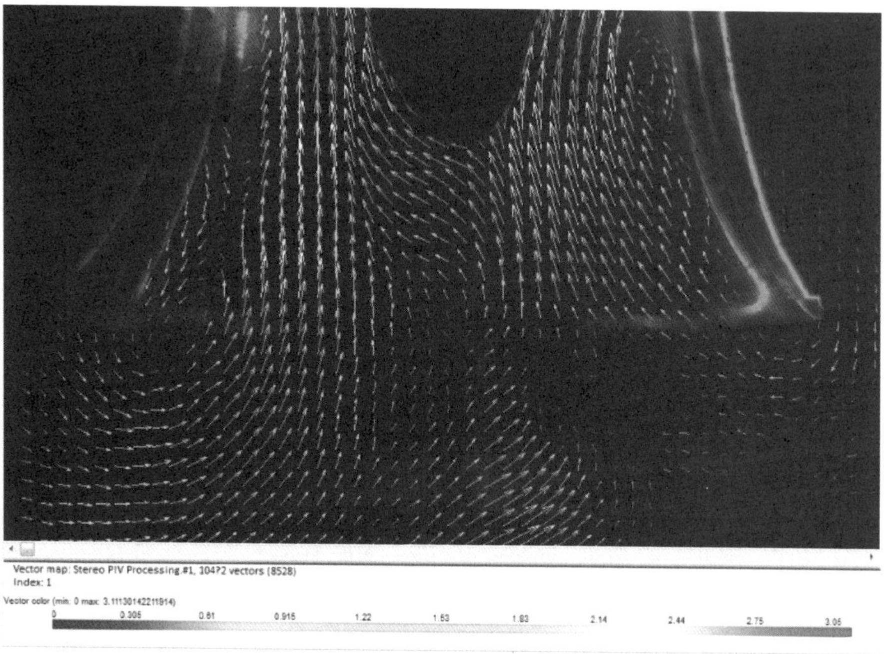

(a) 速度矢量图

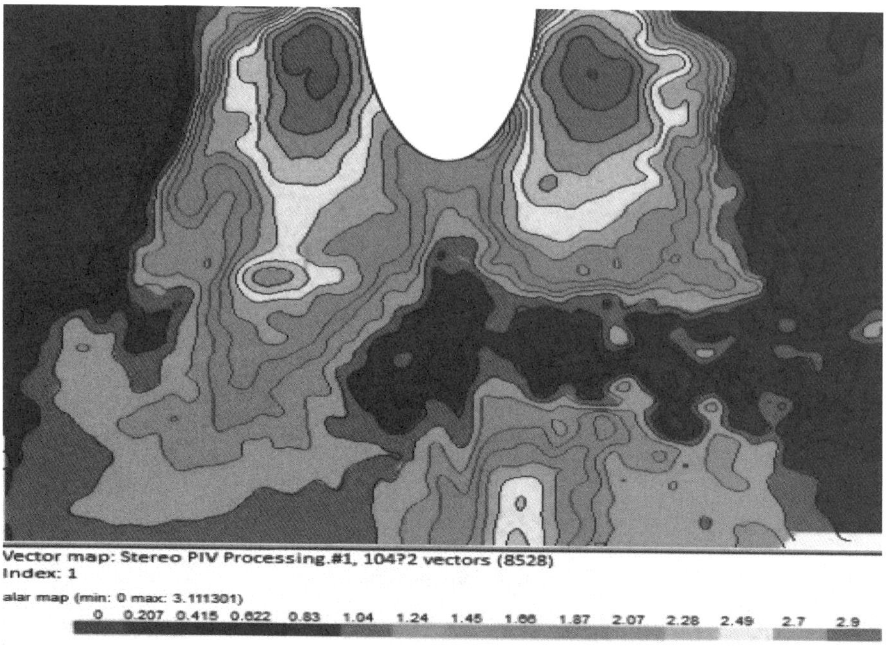

(b) 总速度云图

图 6-5-11　小流量工况流场图

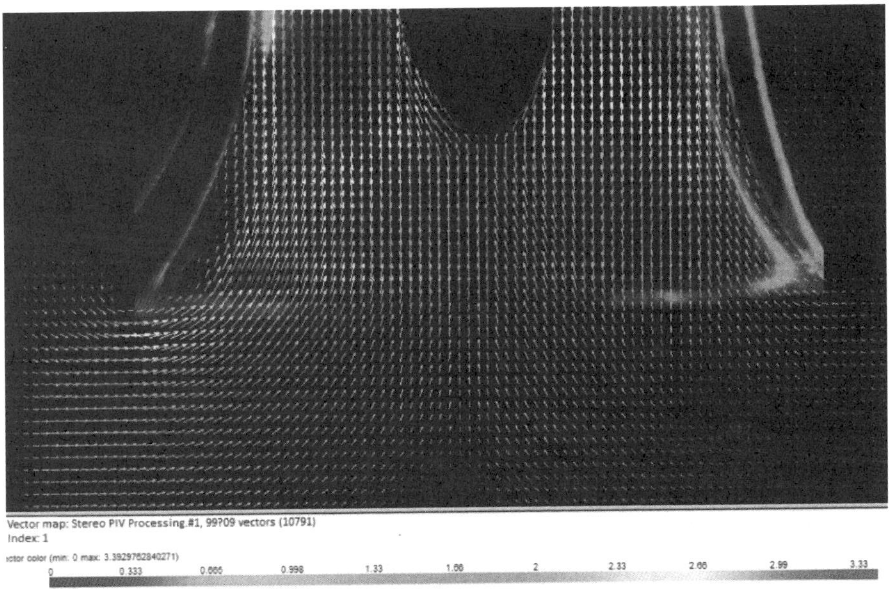

(a) 速度矢量图

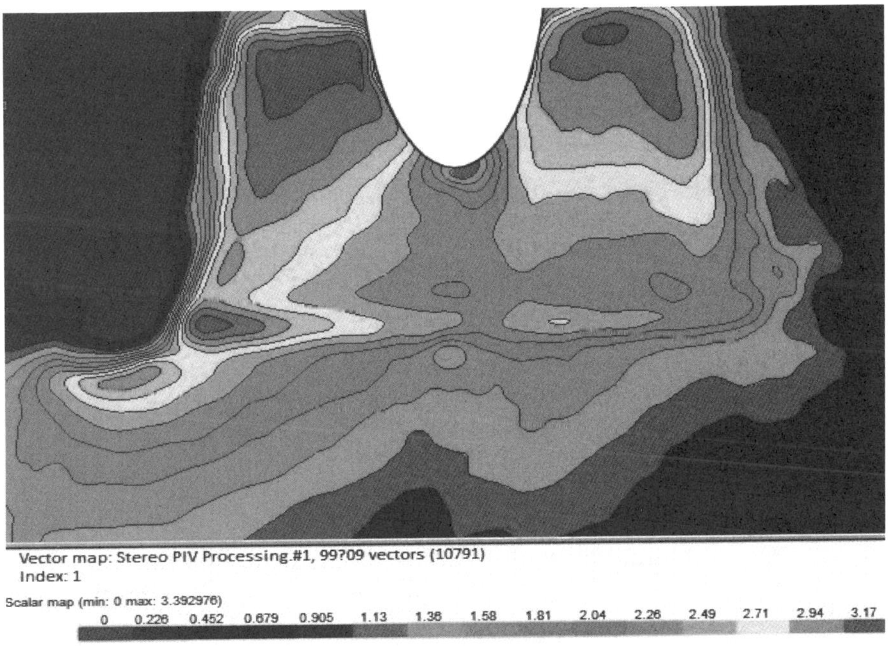

(b) 总速度云图

图 6-5-12　设计流量工况流场图

由图可以看出，在小流量工况时，喇叭管内流场紊乱，在喇叭管口进水侧和叶轮进口处均有较大尺度的旋涡，经观察和分析可知，这主要是由于在小流量工况运行时，叶轮进口压力较低，喇叭管内发生气蚀，叶轮进口外圈水流受叶轮转动的预旋作用，与叶轮室内回水互相交混而形成回水旋涡，发生二次回流现象；在设计流量工况时，在喇叭管进口靠近进水侧水流流速稍大，但在叶轮进口前段流场呈对称分布，进水流态良好。

图 6-5-13 是大流量工况时的图像，从图中可以看到，在喇叭管内部，进水流道底部与叶轮进口之间有稳定的立柱附底涡产生，同时在进水流道外壁与喇叭管内叶轮进口间还有附壁涡产生。

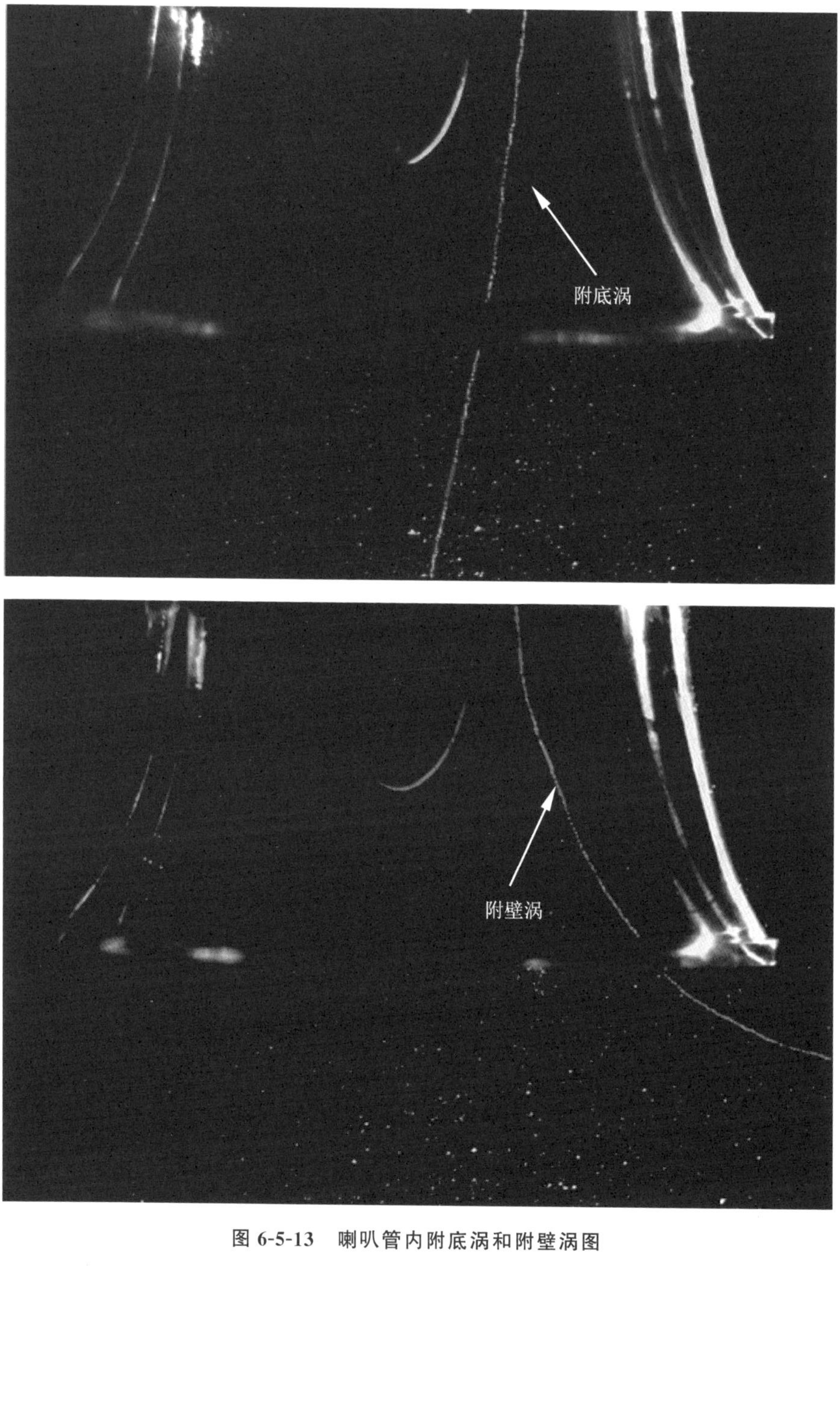

图 6-5-13　喇叭管内附底涡和附壁涡图

从大流量工况时所测区域的流场图(见图 6-5-14)可以看出,喇叭管进水口左侧轴向流速较右侧明显要大,而径向速度在喇叭管右侧进水口达到最大,叶轮进口和喇叭管内流场明显不对称,这也导致了旋涡等不良流态的发生。

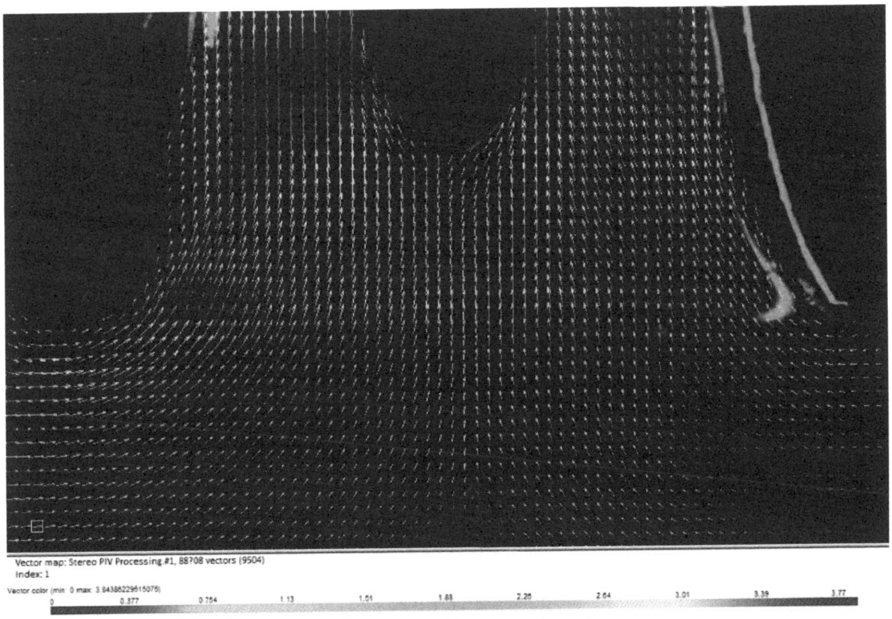

(a) 速度矢量图

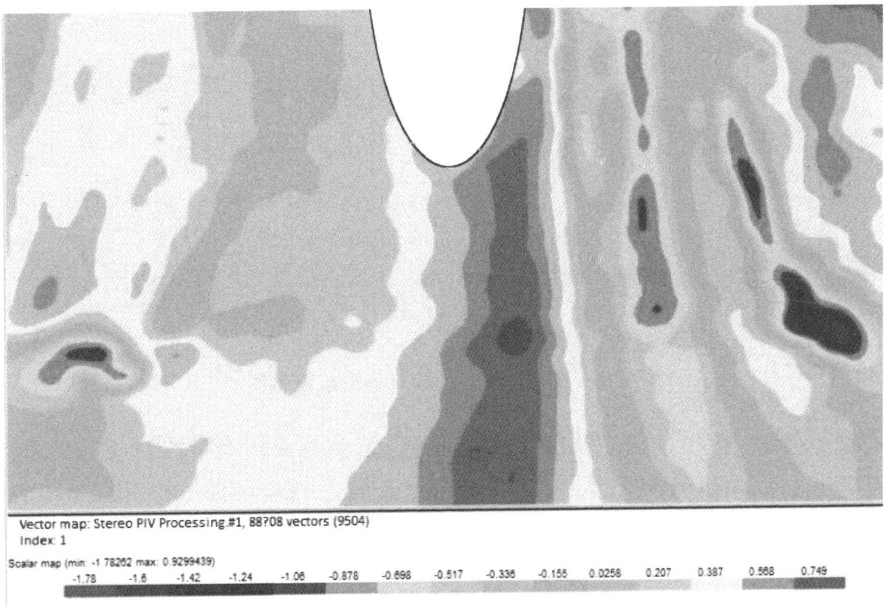

(b) 径向速度云图

图 6-5-14　大流量工况流场图

针对以上不良流态现象的发生,实验中采用棱条消涡锥进行整流改善,如图 6-5-15 所示。

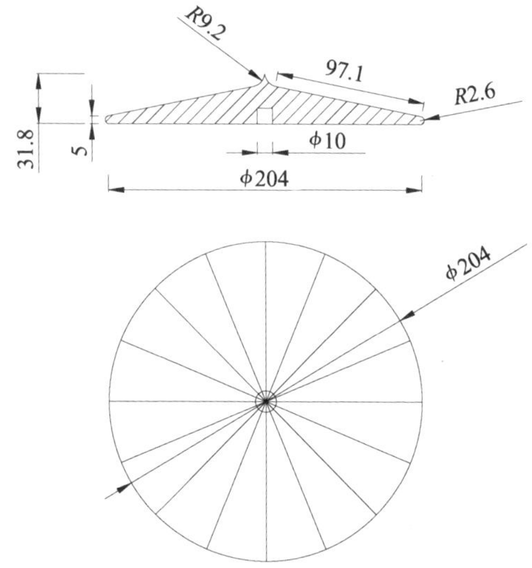

图 6-5-15 棱条消涡锥图

消涡棱条均布于锥体的上表面,尺寸为 97.1 mm×5 mm×5 mm,共 16 条。消涡锥安装于进水流道内喇叭管口的正下方,以消除喇叭管内旋涡并改善水泵进口进水流态,如图 6-5-16 所示。

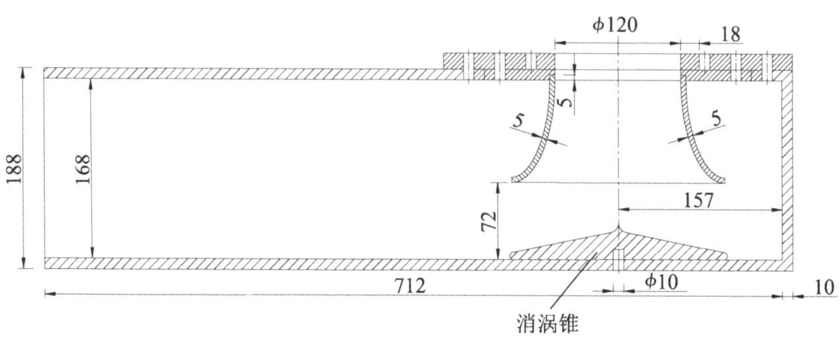

图 6-5-16 含消涡锥的矩形进水流道图

矩形进水流道内喇叭管下方加消涡整流措施后,在与无消涡措施时相同的条件下,对大流量工况运行时喇叭管内部以及其与消涡锥之间部分的流场进行相同的 0－0 断面的三维 PIV 实验测量,最终得到大流量工况含消涡锥情况下的 0－0 测量断面流场信息,如图 6-5-17 所示。

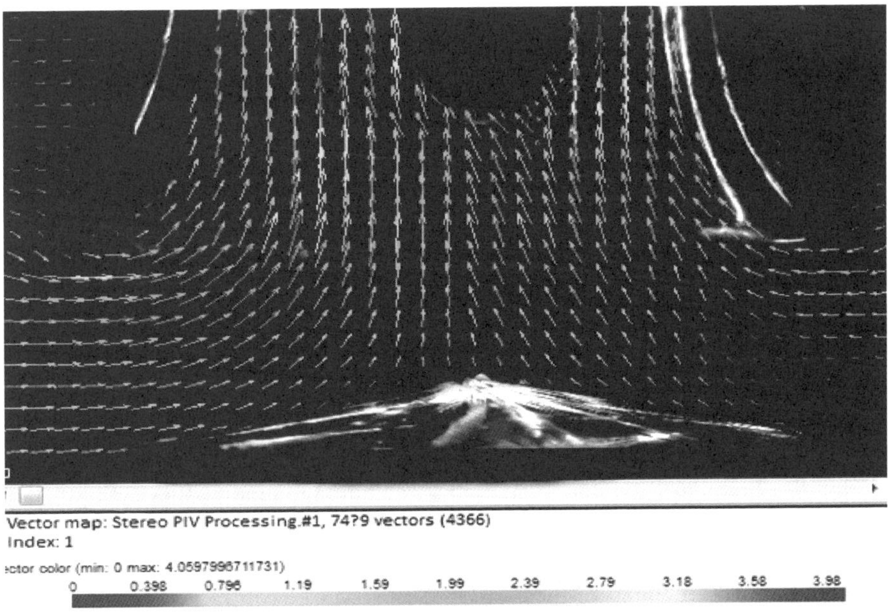

(a) 速度矢量图

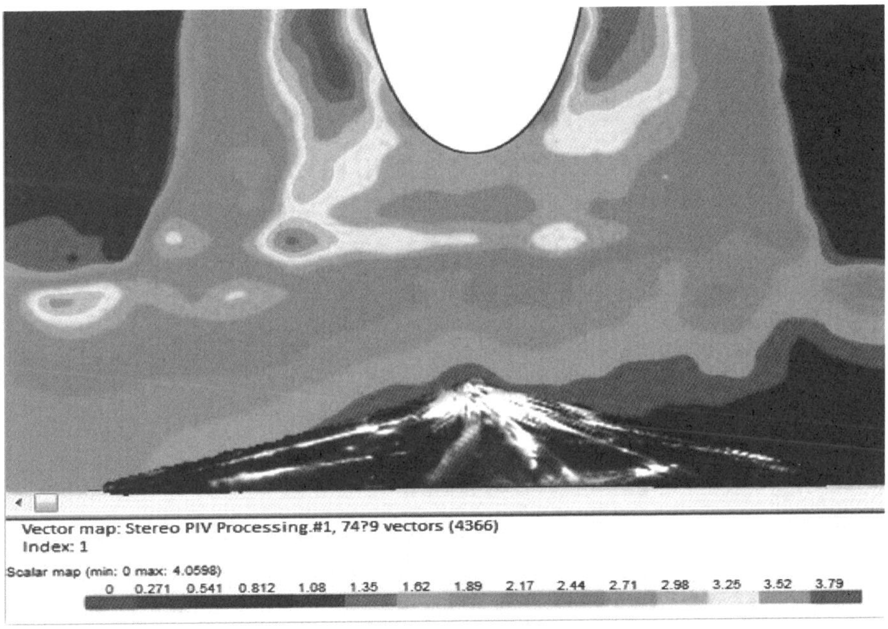

(b) 总速度云图

图 6-5-17　大流量工况消涡整流后流场图

从图 6-5-17 中可以看出，矩形进水流道内喇叭管下方加消涡锥后，喇叭管进口及内部流态得到了很大的改善，成功地消除了大流量工况运行时喇叭管内的附底涡和附壁涡，水泵叶轮进口流场基本呈对称分布，流道内进水流态总体良好，消涡锥对改善水泵叶轮进口进水条件起到了很好的作用。

参考文献

[1] 中华人民共和国水利部. 泵站设计标准:GB 50265—2022[S]. 北京:中国计划出版社,2022.

[2] 刘超. 水泵及水泵站[M]. 北京:中国水利水电出版社,2009.

[3] 戴启璠,郑在洲. 大型泵站运行与维护[M]. 南京:河海大学出版社,2006.

[4] 李端明. 泵站运行工[M]. 郑州:黄河水利出版社,2014.

[5] 姜乃昌. 水泵及水泵站[M]. 4 版. 北京:中国建筑工业出版社,1998.

[6] 陈永忠. 水工建筑物基础知识[M]. 郑州:黄河水利出版社,1996.

[7] 戴启璠. 大型低扬程泵装置现状及发展方向[J]. 江苏水利,2018(6):54-58.

[8] 陈松山,葛强,周正富,等. 大型泵站双向进水流道三维紊流数值模拟[J]. 江苏大学学报(自然科学版),2005,26(2):102-105.

[9] 梁豪杰. 箱涵式流道及泵叶轮进口三维流场激光测量[D]. 扬州:扬州大学,2013.

第7章　泵站管理技术

大型泵站是工农业生产的重要基础设施，也是防洪除涝体系的重要组成部分 。“水之兴利在于建，利多利少在于管”，只有提高泵站工程管理水平，确保泵站安全、高效、经济运行，才能充分发挥工程效益，更好地服务经济社会发展。泵站管理包括组织管理、运行管理、检修管理、安全管理和经济管理5个方面。

7.1　组织管理

组织管理包括组织机构、管理人员、管理经费、管理制度。组织机构是指泵站工程的管理责任主体和管理单位。泵站管理单位全面负责泵站日常运行管理及维修养护工作，提出工程管理与保护范围划定方案，经由县级及以上人民政府批准划定，并设置界桩、警告警示标志和公告牌。管理人员包括8个类别：单位负责类(行政负责、技术负责、财务负责)、行政管理类(行政事务负责与管理、文秘与档案、人事劳动教育、安全生产)、技术管理类(水工、机电、金属结构、信息化、水情调度)、财务管理类(财务负责、总账、出纳)、水政监察类、工程运行类、维修养护类和辅助工作类。组织管理实行岗位责任制，岗位责任制是管理的基本制度。管理工作要依靠人完成，即使是自动化程度高的泵站，也要依靠人指挥、操作。岗位责任制就是根据生产的需要，分配管理人员或运行人员在不同的岗位上，明确各人的责任，做到各司其职，各负其责。其目的是做到人人有专责，事事有人管；办事有标准，考核有依据；分工明确，责任到人。

7.2　运行管理

泵站应建立各种制度和运行规程保证运行管理有序进行。运行管理制度包括工作票制度，操作票制度，工作许可证制度，工作监护制度，工作间断、转移和终结制度，值班制度，交接班制度，操作监护制度，巡回检查制度，事故分析制度，设备管理制度等。泵站工程包括厂房、主水泵、主电机、配电设备、自动化设备、金属结构、辅机系统等。为了使操作人员能够正确地操控设备，保证安全运行，必须针对每个设备的特点制定安全运行规程。运行规程的内容应当包括设备的基本性能、许可运行范围、运行方式、操作程序、检查维护、事故处理等。泵站各类运行规程的标准不得低于国家和行业标准，国家和行业标准的强制要求和反事故措施必须体现在本单位的规程中。下面以江苏省淮安一站运行规程为例作简要介绍。

江苏省淮安一站运行规程

总目录

一、总　则

1. 本规程规定了淮安一站电气、机械各设备的运行规范、运行方式、设备检查操作及事故处理等方面的内容。

2. 下列人员应通晓本规程或规程相关部分

分管所长;站长;管理员;助工及以上技术干部;值班正值班长。

3. 下列人员应了解本规程

值班副值班长;值班员。

4. 淮安一站电气设备由下列电压等级组成

6 kV;0.38 kV;0.22 kV。

5. 设备停复役的管理权限

5.1　属管理处管辖的设备有:1#～8#主电机、主水泵;6 kV 系统;站变。

5.2　属管理所管辖的设备有:其余设备。

6. 事故处理原则

6.1　应首先做到缩小事故范围、保障人身和设备安全。

6.2　调整运行方式,使尽可能多的设备正常工作。

6.3　事故发生和主要操作时间应做好记录,及时将有关情况汇报有关领导和水情调度,并详细记录各种保护动作情况,对所有信号必须做到先记录后交班。

6.4　事故发生后,根据表计、保护信号及自动装置动作情况,全面分析事故性质,特别注意防止事故扩大。

6.5　确保全站用电。

二、主电机、水泵安全运行规程

1. 1#～8#主机泵安全运行规程的主题内容和适用范围

1.1　主题内容

本规程规定了淮安一站主机泵运行规范、运行方式、设备检查及事故处理等方面的内容。

1.2　适用范围

本规程适用于淮安一站主机泵运行工作。

2. 引用标准

GB 50265—2022 泵站设计标准

GB/T 50510—2009 泵站更新改造技术规范

GB/T 30948—2021 泵站技术管理规程

SL 234—1999 泵站施工规范

SL 254—2000 泵站技术改造规程

DB32/T 1005—2006 大中型泵站主机组检修技术规程

DB32/T 1360—2009 江苏省泵站运行规程

水泵厂、电机厂技术说明书

3. 设备主要参数(略)

4. 正常运行方式(略)

5. 运行检查和注意事项(略)

6. 开停机操作(略)

7. 异常运行及事故处理(略)

8. 1#～8#电动机保护配置(略)

管理单位应当确保各类制度和规程在工作中不折不扣地得到执行,应当组织相关人员学习并实施考核,合格者才能上岗。

管理单位应当每年整编运行资料,分析设备运行参数的平均值、最大值和最小值,并与规范标准比对、与往年数据比对、与同类设备比对,分析设备状况,编制设备性能分析报告,提出年度设备管理工作的重点。

7.3 检修管理

管理单位应当根据国家和行业规范、设备性能制定各类设备检修规程,目前泵站多数采用预防性检修,具备条件时可实行状态检修。预防性检修分为定期检查、小修和大修3种形式。但是,这几种检修形式区分的界限并不严格,采取何种方式检修机组是由管理者的经验和机组的状况决定的。同样是立式轴流泵,淮安二站可以做到运行20000小时不需要大修,而多数泵站做不到,有的立式轴流泵站运行不到2000小时就要大修。小修是指根据机组运行情况及定期检查中发现的问题,在不拆卸整个机组和较复杂部件的情况下,重点处理一些部件的缺陷,从而延长机组的运行寿命。机组小修一般与定期检查结合或在设备产生应小修的运行故障时进行。大修又分为一般性大修和扩大性大修。因定子绕组击穿或水泵叶轮损坏等,需要将电机、水泵的主要部件返厂维修的,称为扩大性大修。

现以淮安一站主机组检修规程为例作介绍。

淮安一站主机组检修规程

第一章　机组结构

本章主要介绍主水泵、主电机的结构特点。

淮安一站经加固改造后，设计流量为 89.6 m^3/s，装机 8 台套，安装 1750ZLQ-11.2-5.3 型立式全调节轴流泵，配 TL1000-24/2150 型立式同步电机，总装机容量为 8000 kW。

水泵结构主要分为固定部分和转动部分。

水泵固定部分主要由与混凝土进水流道相接的下底座、套管、压环、叶轮外壳、导叶体、中间接管、60°大弯管、30°小弯管、套管、压环和与混凝土出水流道相接的上底座等部件组成。固定部分的重量大部分通过中间接管的两个支臂传递到钢筋混凝土泵基础墩上，出口端的一部分重量搁支在混凝土出水流道进口；在 30°小弯管或出水直管上装有吊环花兰螺丝，把部分重量悬挂在电机层混凝土次梁上。水泵轴与电机轴用刚性联轴器联接；联轴器之间还装有调节轴，用于调节叶片角度，泵轴径向靠两只橡胶轴承支承，在大弯管上的称上导轴承，在导叶体中间的称下导轴承。

水泵的转动部分包括轮毂和叶片、泵轴。

立式同步电动机主要由定子、转子、外壳组成。

定子是电动机的固定部分，由定子铁芯、定子线圈和定子端盖组成。定子铁芯是一种中空的铁制部件，外形为圆筒形。定子线圈是由绕组线圈根据设计需要绕制而成的，通常采用绝缘材料包裹固定。定子端盖位于定子线圈两侧，起到支撑和固定绕组的作用。

转子是电动机的旋转部分，由转子铁芯和转子线圈组成。转子铁芯是一种圆筒形的金属部件，内部切割有槽用于安装转子线圈，通过联轴器与水泵的泵轴相连，带动水泵旋转工作。

外壳是电动机的保护部分，用于保护电机内部零部件，防止外界的灰尘、湿气等进入电机内部。

第二章　主机大修前的准备工作

本章包括(1) 编制检修计划。明确检修目的，说明应完成的项目，所需的工具、材料、备品备件以及经费计划等，并说明具体检修工艺、技术措施。编制检修日程安排进度表，根据计划完成大修日期，每道工序需要的时间，列出检修日程安排进度表。在检修计划中应落实检修人员组成，确定现场具体负责人，主要检修人员，配合工种人员(如起重、电焊、金属切割)，以及辅助工种人员。(2) 大修中的安全措施和注意事项。主要是说明检修中的安全措施与验收制度，各种脚手架、工作台、钢丝绳、吊具、行车均应进行检查试验，现场应设安全员。各种标示牌、栅栏、防护网、安全工具齐全。吊物孔周围应设防护围栏和警戒线。注意事项主要是检修过程和安全生产中的一些容易忽视的细节。(3) 原始数据的记录。掌握机组的有关原始数据，对运行状况分析检修工作十分有益。解体过程中应测量、记录的原始数据主要包括:① 水泵叶片间隙;② 电机空气间隙;③ 轴承间隙;④ 机组垂直水平度;⑤ 轴线摆度;⑥ 固定部件垂直同心度;⑦ 主要部件磨损、空化损坏情况。

第三章 主机大修

主机大修分为解体、检修和安装调整三个阶段,拆机和检修阶段的部分工作在场地和人力等条件许可的情况下可以穿插安排。安装调整阶段工作,应该按照大修程序认真进行。本章包括(1) 机组解体:① 排水堵漏。做好潜水工下水的准备工作,放闸门、排水堵漏。注意在放下游闸门前须下水检查、清除下游门槽底部石子等异物。打开长柄阀排水。待廊道水位降低后,打开大、小人孔并检查下游闸门漏水情况。上游的漏水可引入排水廊道用排水泵抽排。② 机组原始数据测量记录。③ 上、下油缸放油及辅助管道拆除。④ 拆除滑环支架。拆除电机上盖和转子引出线、滑环等,打开上、下油缸盖。拆除冷却器,拆上冷却器时应做好安装位置标记。⑤ 拆除上、下水导轴承部分。⑥ 拆除叶轮外壳。⑦ 拆除泵轴与叶轮联接螺栓。⑧ 拆除泵轴联轴器和电机轴联轴器联接螺栓。⑨拆除上、下导向瓦及上导瓦支架。⑩ 拔推力头并检查电机轴与推力头配合是否松动。⑪ 吊上机架,并注意安装位置标记。⑫ 起吊转子。⑬ 起吊水泵轴。(2) 部件检修:① 定、转子表面绝缘检查、处理。② 定、转子去污清理。③ 定、转子干燥喷漆。④ 叶片、叶轮外壳修补。⑤ 冷却器清理及水压试验。⑥ 轴瓦研刮。⑦ 主轴修复。(3) 机组组装:① 固定部件垂直同轴度的测量、调整。② 叶轮就位并调平。③ 吊入操作杆并连接。④ 泵轴与叶轮连接。⑤ 吊装转子。⑥ 清理定子与机架结合面并涂油,吊装上机架。⑦ 清理上导油槽,调整抗重螺栓与拆卸前高度一致,放上推力瓦。⑧ 安装推力头,卡环受力后,检查卡环上、下受力面间隙,用 0.02 mm 塞尺检查不能通过。⑨ 吊装上导瓦架,安装上导瓦。⑩ 落下制动器或千斤顶,使转子重量转移至推力瓦上。⑪ 测量定、转子磁场中心高差。⑫ 测量定、转子空气间隙。⑬ 调整电机水平。⑭ 调整电机摆度。⑮ 连接水泵和电机主轴。⑯ 调整水泵摆度。⑰ 主轴定中心。⑱ 调整上、下导瓦间隔。⑲ 安装叶轮外壳,调整叶轮间隙。⑳ 安装冷却器。㉑ 安装辅机管路和其他附件。㉒ 大修后电气试验。㉓ 试运行。㉔ 验收。

7.4 安全管理

安全生产是指在社会生产活动中,通过人、机、物料、环境的和谐运作,使生产过程中潜在的各种事故风险和伤害因素始终处在有效控制状态,保障人身安全和健康、设备设施免受损坏、环境免受破坏。水利工程安全生产是指在水利工程建设和运行管理阶段,防止和减少生产安全事故,消除或控制危险和有害因素,保障人身安全和健康、设备设施免受损坏、环境免受破坏。

安全生产管理就是针对人们在生产过程中的安全问题,运用有效的资源,发挥人们的智慧,通过人们的努力,进行有关决策、计划、组织和控制等活动,实现生产过程中人与机器设备、物料、环境的和谐,达到安全生产的目的。水利工程安全生产的目标是,减少和控制危害，减少和控制事故，尽量避免水利安全生产过程中由于事故而造成的人身伤害、财产损失、环境污染和其他损失。

泵站的安全管理工作应当符合《中华人民共和国安全生产法》和国家、行业规程规范的规定，并接受当地政府安全生产监督管理部门和上级安全生产监督管理部门的领导。泵站从业人员超过300人的，应当设置安全生产监督管理机构或配备专职安全生产管理人员。从业人员在300人以下的，应当配备专职或兼职的安全员，或委托具有相关专业资格的人员提供安全生产管理服务。

7.4.1 安全生产管理机构和人员

泵站管理单位应当成立安全生产领导小组，上级单位一般成立安全生产委员会，单位主要负责人是安全生产第一责任人。当安全生产领导小组人员变化时，应当及时调整发布。

7.4.2 安全管理制度

泵站应当根据国家安全生产法律法规，结合本单位的特点制定相关的安全管理制度，包括(不限于此)安全生产目标管理制度、安全生产责任制度、安全例会制度、安全投入制度、安全教育培训制度、特种作业人员管理制度、设备安全管理制度、安全设施管理制度、工程观测制度、工程养护制度、设备检修制度、交通安全制度、消防安全管理制度、防汛工作制度、危险品和重大危险源管理制度、安全保卫制度、临时用工制度、职业健康管理制度、安全标志管理制度、突发事件应急管理制度、信息报送和事故管理制度、安全绩效评价与奖罚制度等。

7.4.3 保证安全的组织措施

7.4.3.1 在泵站电气设备上工作保证安全的组织措施

在泵站电气设备上工作，保证安全的组织措施有：① 工作票制度。在电气设备上工作，应填用工作票或事故应急抢修单。事故应急抢修可不使用工作票，但应当使用事故应急抢修单。事故应急抢修工作是指电气设备发生故障被迫紧急停止运行，需要短时间内恢复的抢修和排除故障的抢修。非连续进行的事故抢修，应当使用工作票。② 工作许可制度。③ 工作监护制度。④ 工作间断、转移和终结制度。

7.4.3.2 在泵站机械设备和水工建筑物上工作保证安全的组织措施

在泵站机械设备和水工建筑物上工作，保证安全的组织措施有：① 工作票制度。② 工作许可制度。③ 工作监护制度。④ 工作间断、转移和终结制度。⑤ 动火作业审批制度。在生产区域内进行动火作业，应当执行动火作业审批制度。所谓动火作业，是指在直接或间接产生明火的工艺设施以外的禁火区内从事可能产生火焰、火花、炽热表面的非常规作业。

7.4.3.3　在电力线路上工作保证安全的组织措施

在电力线路上工作，保证安全的组织措施有：① 现场勘察制度。进行电力线路施工或工作票签发人和工作负责人认为有必要现场勘察的施工（检修）作业，施工（检修）单位均应当根据工作任务组织现场勘察，并记录现场勘察情况。现场勘察由工作票签发人组织。现场勘察应当查看施工（检修）需要停电的范围，保留的带电部位和作业现场条件、环境及其他危险点等。根据现场勘察结果，对危险性、复杂性和困难程度较大的作业项目，应当编制组织措施、技术措施、安全措施，经主管生产的领导批准后执行。② 工作票制度。③ 工作许可制度。④ 工作监护制度。⑤ 工作间断制度。⑥ 工作结束和恢复送电制度。

7.4.4　保证安全的技术措施

7.4.4.1　在泵站电气设备上工作保证安全的技术措施

在泵站电气设备上工作，保证安全的技术措施有：① 停电。② 验电。③ 接地。④ 悬挂标志牌和装设遮栏（围栏）。

7.4.4.2　在泵站机械设备和水工建筑物上工作保证安全的技术措施

在泵站机械设备和水工建筑物上工作，保证安全的技术措施有：① 停电。② 隔离。检修转动的机械设备，应当切断所有可能的动力源，并采取可靠的防转措施。在水泵内部工作时，应当切断上、下游闸门的动力电源。③ 泄压。设备检修前应当放净系统内的油气水介质，符合工作条件后方可开始工作。④ 通风。在水泵内部工作时，应当做好通风措施，严禁用输送氧气的方法通风换气。⑤ 吹扫与冲洗。在盛装易燃易爆和有毒有害介质的设备上工作，应当做好吹扫和清洗的置换措施。⑥ 检测与分析。在禁火区域内动火或在可能有有毒有害气体的场所内作业，应当做好检测与分析的技术措施。⑦ 加锁、悬挂标志牌和装设遮栏（围栏）。

7.4.4.3　在电力线路上工作保证安全的技术措施

在电力线路上工作，保证安全的技术措施有：① 停电。② 验电。③ 装设接地线。④ 使用个人保安线。⑤ 悬挂标志牌和装设遮栏（围栏）。

7.4.5　安全检查

泵站管理单位应当根据工程和设备的特点，结合运行中可能存在的事故隐患、危险因素等进行检查，以确定事故隐患或危险因素的存在状态以及它们转化为事故的条件。通过有效的检查，制定整改措施，消除事故隐患和危险因素，保证泵站运行安全。按照检查的特点和形式，安全检查可分为日常检查、定期检查和专项检查。

7.4.6　事故隐患排查与治理

泵站应当通过安全检查及时掌握工程状况，采取技术、管理措施，及时发现并消除事故隐患。重大事故隐患除了及时向主管部门报告，还要组织制定并实施事故隐患治理方案，在治理前应采取应急措施并制定应急预案。重大事故隐患治理方案应包括目标和任务、方法和措施、经费和物资、机构和人员、时限和要求。在事故隐患治理完成后,应当及时组织验收。

7.4.7 安全教育培训

泵站应当制定并实施安全教育培训计划,提供相应的资源保证,对安全教育培训效果进行评估和改进,并做好安全教育培训记录,建立安全教育培训档案。主要负责人和安全生产管理人员初次安全教育培训时间不得少于 32 学时,每年再培训时间不得少于 12 学时。新职工上岗前必须进行安全教育培训。在新工艺、新技术、新材料、新设备、新流程投入使用前,应当对有关操作人员进行专门的安全技术和操作技能培训。操作岗位人员转岗、离岗 6 个月以上重新上岗者,应当经岗位安全教育培训合格后上岗。

7.4.8 职业健康安全管理

泵站应当为职工提供符合职业健康要求的工作环境和条件,配备相应的职业健康保护措施、工具和用品,建立劳动防护用品台账,并安排专人负责保管、定期校验和维护各种防护用具,保存相关记录。职工上岗前、在岗期间、离岗前应当进行职业健康检查,并建立档案。对存在职业危害的作业岗位,应当在醒目的位置设置警示标志和警示说明。

7.4.9 应急管理

泵站管理单位应当建立安全生产应急管理机构,安排专人负责安全生产应急管理工作,建立与本单位生产特点相适应的应急抢险队伍,制定应急预案,应急预案应当定期评审,并根据评审结果和实际情况的变化及时修订。应急抢险队伍应当根据应急预案定期开展事故应急演练。一旦发生事故,应当立即启动相关应急预案,积极开展事故抢险。

7.4.10 泵站安全鉴定

泵站安全鉴定是指对经过一定年限运行的泵站的工程、机电设备的安全性能指标进行检测、复核及评价等系列工作。水利部《泵站安全鉴定规程》(SL 316—2015)主要针对大中型泵站,小型泵站可参照执行。

7.4.10.1 泵站安全鉴定的范围

泵站的站房、工作桥、水工建筑物、主机组、电气设备、辅助设备、金属结构、监控系统和隶属于泵站的变、配电设备等。

7.4.10.2 泵站安全鉴定的条件

新建泵站投入运行后 15～20 年或全面更新改造泵站投入运行后 10～15 年,应进行 1 次综合安全鉴定。之后每隔 5～10 年应进行 1 次安全鉴定。新建堤身式泵站投入运行后或全面更新改造投入运行后,安全鉴定年限可适当缩短。

泵站出现下列情况之一时,应进行综合安全鉴定或专项安全鉴定:

① 建筑物发生较大险情;

② 主机组及其他主要设备状态恶化；

③ 拟列入更新改造计划或需要扩建增容的；

④ 规划的水情、工情发生较大变化，影响泵站安全运行；

⑤ 泵站遭遇超标准设计洪水、强烈地震或运行中建筑物和设备发生重大事故。

泵站安全鉴定工作应执行 SL 316—2015 的规定。

7.4.10.3　泵站安全鉴定的工作程序

现状调查分析；现场安全检测；工程复核计算分析；安全类别评定；安全鉴定工作总结。

7.4.11　生产安全事故管理

如果泵站发生事故，现场有关人员应当立即报告泵站负责人，泵站负责人接到事故报告后，应当在 1 小时内向上级主管单位报告。泵站发生事故后，应当进行事故调查和处理的工作有：① 配合上级事故调查组调查，或组织事故调查并编制事故调查报告，事故调查应当查明事故发生的经过、原因、人员伤亡情况和直接经济损失，分析事故的直接、间接原因和事故责任，提出整改措施和处理意见。② 按照“四不放过”的原则，对事故责任人进行责任追究，落实防范和整改措施。③ 妥善处理伤亡人员的善后工作，按照国家有关规定办理工伤，及时申报工伤认定材料，并保存归案。④ 建立事故档案和事故管理台账，定期对事故进行统计分析。

7.5　经济管理

泵站经济管理应当强化制度建设，根据国家和上级有关政策和法规，制定财务内控制度，配备有资质的财务人员；加强制度宣传，对财务制度进行宣讲，确保财务制度执行落实到位；强化财务督导，对财务收支、资产管理、内控制度执行、内控流程操作等不定期开展财务督导；强化财务监管，定期开展财务审计；强化绩效管理，每年开展国有资产绩效自评价、部门整体绩效自评价、项目绩效自评价工作；强化预算管理，严格“三公”经费管理，定期汇总分析预算经费使用情况。

根据 GB/T 30948—2021《泵站技术管理规程》，泵站技术经济指标有 8 项：建筑物完好率、设备完好率、泵站效率、能源单耗、供排水量、供排水成本、安全运行率、财务收支平衡率。

① 建筑物完好率：完好的建筑物数与建筑物总数的百分比。

② 设备完好率：泵站机组完好的台套数与总台套数的百分比。

③ 泵站效率：水流经过泵站所获得的能量与泵站主电动机的输入功率之比。

④ 能源单耗：泵站每提水 1000 t、提升高度 1 m 所消耗的能量。

⑤ 供排水量：泵站总提水量。

⑥ 供排水成本：包括人员工资、水资源费、管理费、经营成本、电费、维修经费和固定资

产折旧。供排水成本根据泵站具体情况有3种核算方法:按单位面积核算;按单位水量核算;按总提水量和平均提水扬程的乘积核算。

⑦ 安全运行率:主机组安全运行台时数与主机组安全运行台时数、因设备和工程事故主机组停机台时数两项之和的比值。

⑧ 财务收支平衡率:泵站年度内财务总收入与总支出的比值。财务总收入包括上级财政拨款、综合经营收入、水费收入等。财务总支出包括电费、人员工资、管理费、水资源费、维修费用、生产成本等。

参考文献

[1] 王向臣,田雨平,金绍玉. 安全生产规范化管理[M].沈阳:白山出版社,2010.

[2] 水利部安全监督司,水利部建设管理与质量安全中心. 水利安全生产监督管理[M]. 北京:中国水利水电出版社,2014.

第 8 章　泵站机组状态监测与故障诊断技术

8.1　泵站机组状态监测与故障诊断的意义和作用

泵站机组运行状态通常可分为 3 种：一是正常状态。设备运行中整体或局部没有发现缺陷，反映设备性能的参数在允许范围内。二是异常状态。泵站机组在运行过程中，由于机械、电气、水力和老化等因素的影响，在规定的时间和规定的条件下，其性能可能偏离设计目标，设备运行时状态有一定的变化，设备缺陷在扩展，性能在下降，但设备仍可维持运行。三是故障状态。随着设备缺陷扩展，性能下降，设备丧失部分功能和性能，反映设备性能的参数远远超出允许范围，设备警示报警，产生故障。过去人们采用传统的“望、闻、问、切”的诊断方法来监视设备的运行状况，根据长时间经验的积累判断故障的性质并采取对策；或者借助于各种便携式仪器，如测温仪、测振仪、红外热成像仪等，提高人工判断的准确性。但是，这些方法的实时性和准确性都受到人为因素的影响。

随着测量仪器和测量技术的发展，现已可以在泵站机组的关键部位安装测量仪器，分析获取的参数（如频率、振幅、速度、加速度及温度等参数），并与固有参数进行对比，以便在泵站机组不停机或停机不解体的情况下，了解和掌握泵站机组运行设备的运行状态，准确确定泵站机组运行设备整体或局部是否正常、异常或故障，分析判断泵站机组运行设备故障原因、故障程度和故障特征，确定故障点或故障隐患点，预测泵站机组运行设备的可靠性和寿命，识别和评价泵站机组运行设备使用规律和发展趋势，针对实时情况提出具体对策，给出检修决策和维护管理方案，这就是泵站机组状态监测与故障诊断技术。随着测试技术、计算机技术及网络技术的迅速发展，可以将监测数据传输给计算机和 Internet 网络，计算机便能对这些数据做出综合分析，显示出相关的图谱，如倍频谱图、倒频谱图、时域频谱图和幅值图等，并可通过计算机上的专家系统对所测的数据进行综合评价，从而实现在线监测和网络异地监测。

因此，泵站机组状态监测与故障诊断技术对于保证泵站机组设备安全经济运行，甚至整个防汛防旱工作都有十分重要的意义，归纳起来，有以下几点作用：① 通过诊断技术掌握设备运行状态并对异常状况发出警告，对设备进行连续监测，实时了解设备当前状况，并通过与正常状态的特征值的比较，预测判断泵站机组设备性能趋势和未来状况，防止发生事故。② 测定泵站机组设备实际运行性能和最佳运行参数，掌握设备运行规律。③ 正确评价泵站机组设备运行质量和性能。④ 通过对泵站机组设备监测诊断，确定泵站机组设备维修计划和内容,实现以状态监测与故障诊断为技术支撑的状态维修制度,以最低的成本提高设备有效利用率,延长检修间隔,降低维修费用。⑤ 确定被监测与诊断泵站机组设备的各个薄弱环节,为泵站机组设备更新改造、结构改进、设计制造提供依据。⑥ 促进和实现泵站自动化和现代化,提高泵站科学管理水平。

8.2 泵站机组故障类型和分类

从故障现象来看,泵站机组运行设备故障大致可以分为 3 种类型:机械故障、电气故障和水力故障。但是,这些故障可能是机械、电气、水力某几个因素相互作用的结果。

8.2.1 机组轴系故障

泵站机组轴系运行的"3 个中心"是泵站机组稳定运行的基本要素。"3 个中心"是指泵站机组中心、旋转中心和轴线。泵站机组中心是指泵站机组各个固定部件(定子、上机架、下机架、后导叶体、叶轮室、座环)的中心连线,也称为泵站机组安装中心。旋转中心是指泵站机组运行时,推力轴承镜板平面的中心垂线,或者是转动部件旋转一周时,最大摆度之间的中心点。轴线是指水泵大轴和电机大轴的连线。"3 个中心"重合在一条线上是泵站机组运行的最佳状态,但是,在实际运行中,"3 个中心"不可能绝对重合,只能是在运行公差范围内或标准允许范围内相对重合。当"3 个中心"偏离允许范围,影响机组安全运行时,就称为轴系故障。出现轴系故障有制造、安装、运行等多方面的原因:水泵叶轮体、电机转子动不平衡;电机空气间隙不均匀;定子铁芯振动;电机三相电流不平衡;安装质量差;水泵偏工况或超标准运行。轴系故障将导致轴承温度升高,机组振动变大。

8.2.2 电动机故障

电动机运行中的故障类型有 4 种:动静不平衡;电磁振动;定子故障;转子故障。

构成电动机转子平衡的要素有 2 个:一是作用在电动机转子上的各个离心力的总和为零;二是作用在电动机转子上的各个离心力的力矩总和为零。如果作用在电动机转子上的各个离心力的总和不为零,转子将会产生平移,则转子静不平衡。如果作用在电动机转子上的各个离心力的力矩总和不为零,则转子动不平衡。静不平衡和动不平衡都会引起电机振动。

电动机由于电磁干扰会产生电磁振动。电磁振动分为 2 类,一类是转频振动,另一类是极频振动。转频振动通常是转子外圆失圆、定子内腔失圆、转子动静不平衡、定转子不同心、三相电流不平衡、定子空气间隙不均匀而产生的磁拉力所致,其频率是泵站机组频率的倍数。$f_{转}=nk/60,k=1,2,3,\cdots$。由于泵站机组转速较低,定子固有频率较高,运行中一般不会发生与定子共振的现象。

极频振动主要是由分数槽次谐波,并联支路内环路产生磁势,三相电流不平衡引起的负序电流的反转磁势,以及定子硅钢片叠压不紧、腐蚀松动和定子组合缝松动等原因引起的，$f_{极}=3000/60k$，$k=1,2,3,\cdots$。如果定子长期运行受热膨胀，温度变化差异引起定子各部件的内应力变化不同，使定子铁芯整体性变差，造成定子硅钢片松动或定子组合缝松动，将引起定子径向、垂直和切向振动，其故障频率是电机电源频率的 2 倍。

定子故障包括 3 个方面：定子机座故障；定子铁芯故障；定子绕组故障。定子机座是承重部件，承受上机架荷重并传递到基础，支撑铁芯、绕组、冷却器等，还承受电机的磁拉力、铁芯热膨胀力的径向力及短路时产生的电动力的切向力。此外，悬式电机的定子还承受机组转动部件的重量和水推力。在上述力的共同作用下，由于刚度问题，可能产生定子机座振动和变形。运行中，在机械力、热应力和磁拉力的共同作用下，容易产生铁芯松动、硅钢片变形、定子组合缝松动，造成定子极频振动。由于电动机长期运行，定子绕组表面的绝缘材料可能由于冷热膨胀、材料变脆、气隙扩大等原因引起定子线圈放电、匝间短路，破坏定子绕组主绝缘。由于温度变化，定子槽楔松动，造成定子线棒振动，导致绝缘损坏。

转子是电机的转动部件，由电机主轴、转子支架、磁轭和磁极等部件组成。在运行中，如果转子铁芯温度过高，导致硅钢片卷曲变形，磁轭松动、下沉，转子磁极外圆失圆和机组轴线不对中等，将引起转子铁芯结构和受力变化，造成转子失衡。转子磁极在运行中的常见故障有转子磁极线圈绝缘电阻过低，引起线圈接地和匝间短路等；阻尼绕组的阻尼环与连接板接触不良，阻尼环变形以及阻尼条断裂等。

8.2.3　水泵及过流部件故障

水泵及过流部件运行中的故障类型有 3 种：水泵主轴磨损；空蚀；叶轮体密封失效。

水泵主轴磨损是水泵最常见的故障。由于大多数水泵水导轴承都采用水润滑，水中的杂质磨损主轴造成水导轴承间隙变大，水泵主轴轴颈磨损，严重时可能造成叶片碰壳，其直接的特征就是水泵剧烈振动。

由于叶片泵是利用叶片正、背面的压差产生的升力增加水的势能的，叶片的背面会不可避免地产生负压，叶片表面将发生空化与空蚀，对叶片产生破坏。但是，由于低扬程水泵扬程低，叶片正、背面的压差不大，空化强度较低，所产生的空蚀破坏能力较弱，特别是现代水泵叶片和叶轮外壳普遍使用不锈钢材料，抗空蚀能力大大增强，在保证水泵制造质量的前提下，空蚀已经不是造成水泵故障的主要原因。

由于制造或老化等原因，叶轮体密封失效，叶轮体进水，会造成布置于叶轮体内的叶片操作机构锈蚀、卡涩，无法调节。

8.3　泵站机组状态监测内容

泵站机组设备包括主水泵、主电机、油风水辅助设备、电气设备、自动化设备、公用设备、金属结构和断流设备。无论大、中、小型泵站基本都一样，只是有设备等级、容量、型号之分，对这些设备实行全面的实时监测是不经济的，应当通过科学地分析和实践论证确定哪些设备应该作为被监测的对象。确定监测的对象和项目时应当遵循下列原则：① 明确泵站在防汛防旱工作中的地位和作用。在调水工程中发挥重要作用的大型泵站，应该作为重点监测的对象。② 明确设备对泵站效率的影响。③ 明确设备对泵站机组安全经济运行的影响。④ 明确设备事故处理对检修周期和检修时间的影响。⑤ 明确设备的故障性质和故障变化速率对设备运行的影响。泵站机组运行设备监测内容主要选定以下项目：

① 主水泵效率监测。实时监测主水泵效率，可以分析掌握泵站机组设备因性能而变化的状态，正确评估泵站机组设备的性能，指导泵站机组设备安全经济运行。其监测的主要项目包括水泵流量、电动机功率、泵站上下游水位。

② 主机组稳定性监测。主机组稳定性监测包括 3 个方面：一是主机组摆度监测，主要指电机上、下导轴承和水泵导轴承处的摆度监测。二是水泵过流部件水力稳定性监测，主要指水泵过流部件压力和压力脉动监测。三是主机组振动监测，包括电机上、下机架水平和垂直振动，叶轮外壳水平和垂直振动，联轴器水平和垂直振动监测。

③ 主电机运行状态监测。主要包括电机运行参数监测和定子谐波监测，电机定转子空气间隙监测，磁场强度、定子负序电压和零序电流监测。

④ 推力轴承运行稳定性监测。主要包括推力轴承润滑系统监测和推力轴承受力系统监测。

⑤ 主变压器运行状态监测。主要包括油色谱、局部放电、铁芯接地、套管介质损耗和电容量实时数据监测。

⑥ GIS 和配电系统运行状态监测。主要包括 GIS 系统微水监测、局部放电监测、高压开关柜局部放电和触头温度实时数据监测、电力电缆温度实时数据监测。

8.4 泵站机组状态监测的基本参数

泵站机组运行设备状态参数包括表征泵站机组运行设备动态特性的动态参数，如振幅、频率、功率因素；表征泵站机组位置的静态参数，如设备位移。泵站机组运行设备状态参数按监测的对象、项目和性质可分为电气参数、机械参数、水力参数、热量参数、调节参数和化学参数。① 电气参数：电机功率、电压、电流、电阻等。② 机械参数：机组各部位间隙、电机上下机架位移、联轴器摆度、轴承位移。③ 水力参数：泵站上下游水位、扬程、流量、水压脉动。④ 热量参数：轴承瓦温、油缸温度、定转子铁芯及线圈温度、高低压开关温度、变压器温度、电缆及母线温度。⑤ 调节参数：励磁调节系统静态和动态品质。⑥ 化学参数：水质指标、油中水分和杂质、油中气体。

8.5 泵站机组状态监测点选择与布置

泵站机组运行设备状态监测点选择与布置是准确获取泵站机组运行设备状态信号的重要环节，测点布置的合理性、准确性以及数量，都取决于泵站机组运行设备的性能设计、结构特点和使用功能，并直接影响到信号采集的真实性和整个系统的分析诊断、决策判断的可信度。监测点选择与布置应该遵循的原则和要求：① 测点优化原则。监测点选择与布置应当遵循少而精的原则，既要有利于泵站机组运行设备安全运行和维护管理，也要考虑其实际应用意义和性价比。例如，推力轴承是主电机的心脏，其要监测的参数有油膜厚度、油膜压力、轴承温度和轴承受力。与大型水轮机相比，水泵负载相对较轻，推力瓦单位面积上的负荷较小，只需监测轴承的温度即可满足工程需要。② 应当以能正确反映泵站机组运行设备状态特征为原则，在满足监测诊断需求的基础上选择具有代表性，能捕捉运行设备状态特征的测点，或最接近于设备运行故障的测点。③ 对于泵站机组运行的主要关键设备和重要运行状态参数，可以考虑加密布置测点，提高设备监测的准确度。对于特别难以判断的设备状态或故障性质，可以采用不同的识别方法来选择和布置不同类型的测点，用以获取相关的信号和参数，以便综合分析和判断泵站机组运行状态。④ 测点的选择和布置应当与泵站在防汛防旱工作中的地位和作用相适应。⑤ 测点的选择和布置应当兼顾水泵的水力特性、机械特性、设备结构特性和电动机的电气特性。水泵的水压脉动影响机组安全经济运行，应当在水压脉动最大可能出现点布置测点。为了监测机组运行的稳定性，应当在电机上机架、大轴联轴器、导轴承支架处布置测点。除了监测电机的电流、电压、功率因数、温度，必要时还应当监测电机的空气间隙。

对于非接触式传感器，要控制好传感器与被监测物体的距离，既要保证能够获取状态信号，又要防止传感器元件碰磨损坏；要保证传感器相对于被监测物体平面的垂直度，以保证传感器的灵敏度。传感器的引线和安装导线应当使用屏蔽性较好的屏蔽线。布置测点的地方，表面光洁度和平整度应当满足要求。传感器的固定要安全可靠，必要时应当制作专用工具固定。

8.6 泵站机组振动概述

8.6.1 振动的基本概念

振动的定义：振动是指物体在其平衡位置附近所做的往复性运动，或某一物理量在其平衡值附近随时间往复变化的现象。从广义方面讲，振动是指描述系统状态的参数量(如位移、电压等)在其基准值上下交替变化的过程。从狭义方面讲，振动是指机械振动，即力学系统中的振动，如泵站机组轴系的振动。力学系统能维持振动，必须具有弹性和惯性。由于具有弹性，系统偏离其平衡位置时会产生回复力，促使系统返回原来位置。由于具有惯性，系统在返回原来位置的过程中积累了动能，从而使系统越过平衡位置向另一侧运动。正是弹性和惯性的相互作用，才造成系统振动，而阻尼则使振动受到抑制。因此，弹性、惯性、阻尼构成系统振动的三要素。振动是自然界和工程中常见的现象，当振动超出允许范围后，振动将影响泵站机组的工作性能，甚至造成故障的发生和发展。

8.6.2 泵站机组振动的特点

泵站机组振动的特点有：① 振动的渐变性。泵站机组的转速明显低于其他旋转机械，其振动故障的发展一般属于渐变性或损耗性故障，有磨损和疲劳的特征，振动故障的发展和扩大需要一定的时间，这就使得运行人员有时间利用振动监测数据和趋势分析技术，发现故障隐患，捕捉事故征兆，从而可以早期预警，使防范故障变得相对容易和准确，但很少能预防突发性的恶性事故。② 振动的复杂性。泵站机组振动可能是由电磁、水力、机械3种因素中的1种引起的，也可能是由几种因素的共同耦合作用引起的，振动机理比较复杂，使得通过直观判断和简单的测试手段很难找到主导性的故障原因。③ 振动的不规则性。受各种难以预料的因素影响，比如制造、安装以及运行边界条件的影响，在相同的运行工况下，同一泵站不同的机组可能产生不同的振动。④ 原、模型机组的振动没有可以准确换算的相似规律。目前的水泵测试技术，只能做到水泵的能量比较准确地相似，可以通过水泵的模型试验比较准确地预测原型水泵的能量特性，空化试验只能做参考，而振动特性差异较大，泵站机组的原型测试仍是掌握泵站机组振动规律的主要手段。

8.7 振动信号获取技术

准确地获取泵站机组运行设备状态信号不仅取决于状态监测点的选择与布置，还取决于监测诊断分析系统的一次传感元件（包括传感器和变换器）的选择、校准、使用和信号采集。一次传感元件是否准确可靠，直接影响泵站监测系统和故障诊断系统准确与否及可信度。泵站机组虽然也属于旋转机械，但是有自己独特的固有特性，选择的泵站机组运行设备状态监测用的一次传感元件的性能必须与泵站机组的特性相匹配。根据泵站机组运行设备状态信号具有低频随机信号的特点，信号采集应该满足实时、准确、可靠的要求，所选择的一次传感元件必须满足4个基本要求：

① 一次传感元件的频率响应应当满足要求。其频率响应应当覆盖大轴摆度、固定部件的振动及过流部件的压力脉动频率响应范围。机组频率的上限和下限（频率范围）取决于水泵的叶轮、导叶体等机组部件的固有频率，可用下列公式估算：

$$f_L = 0.1 f_n$$

式中：f_L 为下限频率；f_n 为机组额定转速频率。

$$f_H = \max(Z_0 Z_1 f_n St v_n / \sigma)$$

式中：f_H 为上限频率；Z_0 为叶片数；Z_1 为导叶叶片数；St 为斯特罗哈数，可取0.2；v_n 为叶片出口水流相对速度；σ 为叶片出水边厚度。

泵站机组运行转速低，传感器的频响范围一般在0～200 kHz，用于稳定性监测的传感器的频响范围一般取0～20 kHz。

② 传感器必须具备长期安全可靠的性能。不同于用于现场试验研究的传感器，用可急装，不用可立即拆卸，应用时间短，用于泵站在线监测的传感器要在现场长期安全稳定

地运行，因此，要根据现场条件选择传感器。用于电磁干扰性强的电机部位的传感器，应当选用抗干扰性强的电容性传感器；用于水泵层等潮湿部位的传感器，应当选用应变式或电压式传感器。

③ 传感器应当具备高精度性能。泵站机组低频信号较弱，难以捕捉，分辨率要求高，传输距离远，信号衰减大，能量转换慢，信号周期长。这些特点要求传感器既要精度高、分辨率高，又要有适中的灵敏度。

④ 传感器的量程应当适中选择。传感器量程过小，不能满足测量要求；量程过大，又会引起测量误差大、精度差。在选择传感器量程时，应当以被监测对象最大幅值范围为准，并考虑监测时可能出现的极限值。必要时，可选择不同量程范围的传感器监测同一目标参数，以满足正常和特殊工况的监测要求。

振动位移传感器主要用于泵站机组运行设备振动位移监测。电涡流传感器常用于测量轴系摆度。振动速度传感器主要用于监测泵站机组固定部件的振动信号，即电机上、下机架，上、下导轴承支架，叶轮室等的振动信号。由于线加速度传感器频率响应的下限频率偏高、信号衰减较大，影响泵站机组监测的灵敏度和分辨率，因此，线加速度传感器在泵站机组中的应用受到一定的限制，主要用于泵站机组固定部件高频振动监测、输水钢管振动监测、水泵发生空蚀后的噪声监测。

校准传感器的常用方法有比较法、互易法、读数显微镜校准法和激光校准法。

一次传感元件获得的信号通常为模拟信号，它是随时间连续变化的，为了便于计算机计算和处理，需要将模拟信号转换为数字信号，这就需要用到采样技术。在信号处理技术中将采样定义为将所得到的连续信号离散为数字信号，其过程包括取样和量化 2 个步骤。取样是将一连续信号 $x(t)$ 按一定的时间间隔 Δt 逐点取得其瞬时值，量化是将取样值表示为数字编码。量化有若干等级，其中最小的单位称为量化单位。由于量化取样值表示为量化单位的整数倍，因此必然会引入误差，如图 8-7-1 所示，连续信号 $x(t)$ 通过取样和量化在时间和幅值上转化为一组离散的数字信号。采样过程是由专门的模数转换（A/D）芯片完成的。

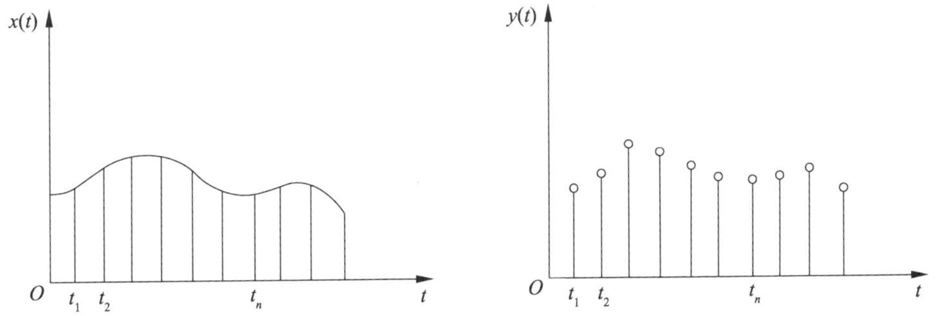

图 8-7-1　信号采样过程示意图

为了保证采样所得的数字信号能真实反映原始信号 $x(t)$，必须合理地确定采样间隔

Δt 和采样长度 T。采样频率 $f_s(f_s=1/\Delta t)$越高，则采样越细密，所得的数字信号越逼近于原始信号。当采样长度一定时，f_s 越高，数据量 $N=T/\Delta t$ 越大，所需要的存储量和计算量就越大。采样长度太长会使计算量增大，采样长度过短则会使信号失真。一般采样点数都是固定的，频率范围取 $f_a=f_s/2.56=1/(2.56\Delta t)$，频率分辨率 $\Delta f=1/(N\Delta t)=2.56f_a/N$。根据 Shannon 采样定理，带限信号(信号中的频率成分 $f<f_{max}$)不丢失的最低采样频率 $f_s>2f_{max}$。f_{max} 为原始信号中最高频率成分的频率。当不满足采样定理时，采样得到的数字信号将不能正确反映原始信号的特征。为了提高采样精度，一可提高采样频率，一般取 $f_s=(2.56\sim4)f_{max}$；二可用低通滤波器滤掉不需要的高频成分。

8.8 振动信号分析技术

一次传感元件采集到的信号既有有用的信息，也有无用的信息，为了提取有用的信息，就必须对信号进行处理和分析。振动信号分析方法按照处理信号方式的不同分为幅域分析、时域分析和频域分析。早期的信号分析只是在波形的幅值上进行，计算波形的最大值、最小值、平均值、有效值等，后来又进行波形幅值的概率分布研究。在幅值上的各种处理称为幅域分析。信号波形是某种物理量随时间变化的关系，研究信号在时间域内的变化或分布称为时域分析。频域分析是确定信号的频域结构，即信号中包含哪些频率成分，分析的结果是以频率为自变量的各种物理量的谱线或曲线。不同的分析方法从不同的角度观察、分析信号，使信号处理结果更加丰富。

幅域分析的特征参数包括均值、方差、均方值、峰峰值等。均值反映信号中不随时间变化的静态分量或直流分量。该值越大表示信号越强，反之则信号越弱。方差描述信号中的动态分量，即信号幅值偏离其均值的平方均值，也即离散程度。该值越大，表示信号幅值的离散程度越高，线性度越差，反之则离散程度越低，线性度越好。均方值是信号幅值平方的均值。它表征信号的平均功率(强度)。峰峰值反映信号幅值波动范围，该值越大，表示信号在一个周期内的波动越剧烈，信号越不稳定。

时域分析最重要的特点就是能够反映信号取值的时间顺序。时间波形是最原始的振动信息源，由传感器输出的振动信号一般都是时间波形，通过时域波形分析，可以初步观察信号的周期和幅值分布范围等特性，具有直观、容易理解的特点。具有明显特征的波形，可以直接用于判断设备故障。例如，大约等距离的尖脉冲是冲击的特征，削波表示有摩擦，正弦波表示有不平衡。该方法最大的缺点是不太容易看出信号所包含的信息与设备故障之间的关系，只能粗略地回答机械设备是否有故障。虽然有时也能得到故障严重程度的信息，但是不能提供发生故障部位的信息。由于设备故障的发生、发展往往会引起设备状态信号频率结构的变化，为了分析设备对象的动态行为，通常需要获得频域信息，将时域信号变换至频域加以分析的方法称为频域分析。

频域分析是机械故障诊断过程中运用最为广泛的信号处理方法之一。频域分析能通过了解机械设备的动态特性，对设备的状态作出评价，准确而有效地诊断设备故障并对故障进行定位。频域分析是基于频谱分析开展的，即在频率域将一个复杂的信号分解为简单信号的叠加，这些简单信号对应各种频率分量并同时体现幅值、相位、功率及能量和频率的关系。频谱分析的目的是将构成信号的各种成分都分解开来，以便于振源的识别。频谱分析计算是以傅里叶积分为基础的，它将复杂的信号分解为有限或无限个频率的简谐分量。频谱图形有离散谱与连续谱之分，离散谱与周期信号及准周期信号相对应，连续谱与非周期信号及随机信号相对应。由于计算机只能处理离散的、有限长的数据，所以要用计算机来实现傅里叶变换，所给出的谱线也必然是离散值，如图 8-8-1 所示。

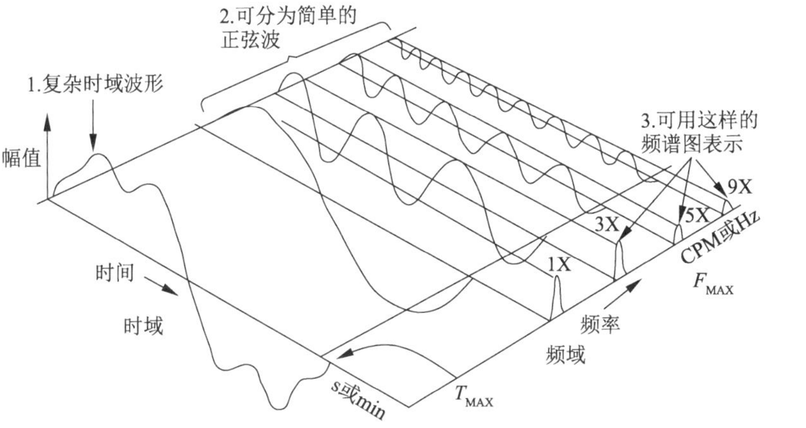

图 8-8-1　傅里叶变换与频谱分析示意图

为了对连续函数 $x(t)$ 作离散化处理，就要用到频谱处理技术：加窗技术。时间信号 $x(t)$ 的采样过程可以理解为用一矩形窗去截取原始信号，在矩形窗外的信号值都假设为零。作傅里叶变换时，变换原理决定了必须将原始信号解释为以窗长度为周期的周期信号。显然，当原始信号不是周期信号，或即使是周期信号但截取的长度不等于整周期时，将产生对原始信号的曲解问题，于是信号的频率结构被改变，这在信号分析中称为频率泄漏。为了解决这类问题，常采用其他的时窗函数来对所截取的时域信号进行加权处理，这就是加窗技术。

8.9　基于数字孪生技术的泵站运行管理系统

8.9.1　系统总体构架

系统总体构架如图 8-9-1 所示，分为 5 个层次：① 信息基础层。该层是整个数字孪生系统的支撑，存有泵站各种基本信息。该层通过各种传感器和测量仪器采集电流、电压、功率、相位、水位、温度、振动、摆度、水压脉动、噪声等基本信息，并对这些信息进行轻量化处理，去伪留真，从海量的数据中筛选并提取有价值的信息为系统服务。与运行人员通过人体感知获得的信息相比，传感器和测量仪器采集的信息实时性更好，精度更高。另外，系统运行后产生的历史数据也储存在该层。② 数字孪生平台层。该层以信息基础层的数据为基础，实时融合基础数据、实时信息和泵站模型，构建数字孪生平台。在数字孪生平台层，借助于工业通信实现物理对象、市场数据、研发数据、运营数据等全生命周期数据集成，具备数据互联的功能。利用数据字典、元数据描述等功能，构建统一的信息模型实现物理对象信息的统一描述，具备信息互通功能。通过多媒体融合技术将几何模型、仿真模型、业务模型和数据模型等多种模型进行关联和集成融合，实现模型互操作功能。③ 智能决策层。该层运用大数据技术和各种人工智能算法，在数据底板的基础上，面向泵站经济运行、设备运行维护、故障预报建立模型，为泵站智能决策提供数据支撑。④ 人机交互层。该层提供了用户与系统之间的交流通道。⑤ 安全防护层。该层使用物联网相关防护手段为系统提供保护。

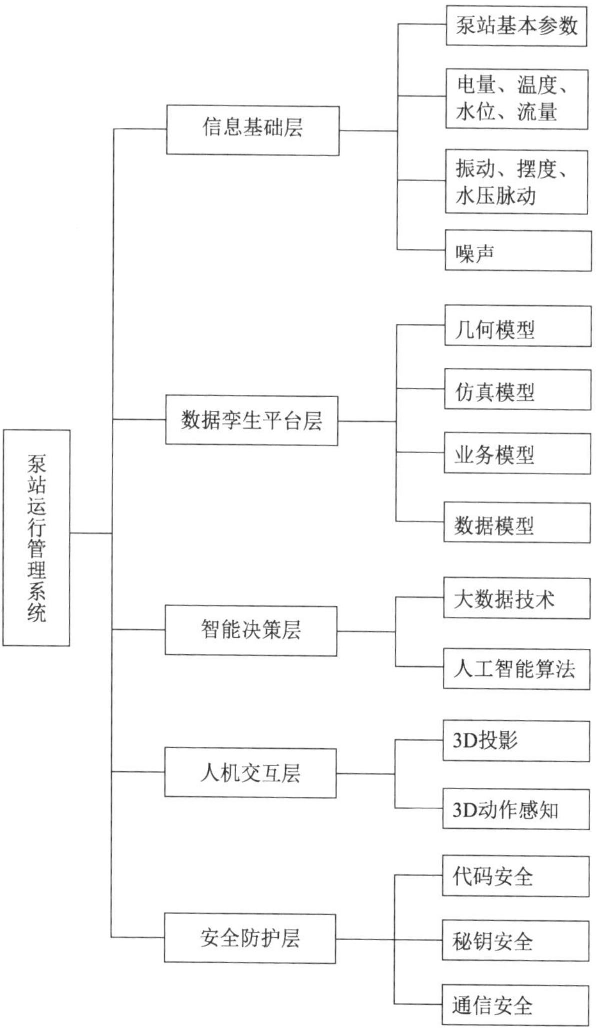

图 8-9-1　泵站运行管理系统总体构架

8.9.2　系统主要功能

以淮阴抽水站为例，泵站运行管理系统界面如图 8-9-2 所示，其集中展示了泵站的运行信息，内容包括：① 机组运行。展示抽水站 4 台泵机组的累计运行时长、当前运行时长信息。② 维修养护统计。可以分别查看设备维修养护统计和建筑物维修养护统计，包括维修总数统计、完成数统计和完成率数据。③ 巡视检查统计。展示已巡检、未巡检的数量和巡检完成率，展示问题上报的数量统计。④ 12 h 水位趋势图。以折线图的形式分别展示 12 h 上、下游水位变化趋势。⑤ 12 h 流量趋势图。以面积图的形式展示 12 h 流量的变化趋势。⑥ 实时数据总览。实时展示上游水位、下游水位的高度，以及流量信息。⑦ 机组健康状态。展示抽水站 4 台泵机组的机组振动状态、机组温度状态、机组电气参数、运行时长统计、综合健康状态。⑧ 累计排水量。统计展示抽水站年度排水天数、上一次排水量和累计排水量信息。

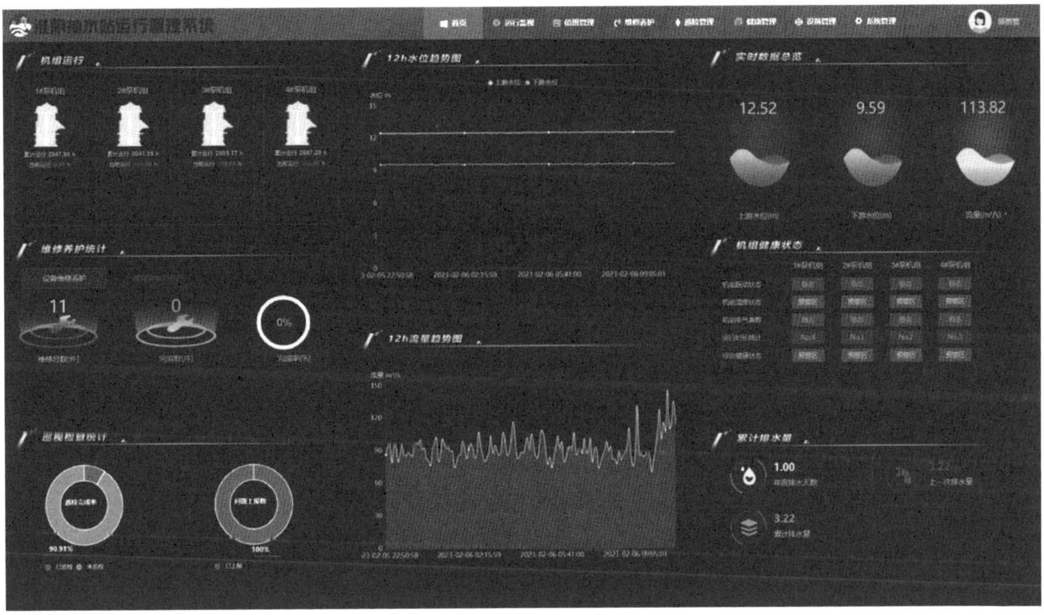

图 8-9-2　泵站运行管理系统界面

在系统导航栏点击不同的模块，可以进入相应的管理界面。

8.9.2.1　运行监视

该模块主要用于监测机组的运行参数、水位和流量数据及监控视频信息，具体包括机组监测、辅机监测、水位数据监测、流量数据监测、视频监控 5 个子模块。

8.9.2.2　值班管理

该模块页面以列表的形式分页展示值班记事记录，包括值班日期、班次、值班长、值班人员、值班记事信息，同时可以通过选择班次和时间对值班列表数据进行筛选，支持对值班数据进行增删改查，还可以对页面的数据进行导出。

8.9.2.3 维修养护

该模块页面以列表的形式分页展示维修养护记录，包括建筑物、维养设备、维养内容、计划完成时间、维养责任人、状态信息，同时可以通过选择建筑物对建筑物维修养护数据进行筛选，支持对维修养护数据进行增删改查。

8.9.2.4 巡检管理

该模块页面以列表的形式分页展示巡检记录，包括巡检记录名称、巡检日期、巡检开始时间、巡检结束时间、巡检时长、巡检人、天气、状态信息，同时可以通过巡检记录名称、巡检开始日期、巡检结束日期对巡检记录进行筛选，支持查看巡检记录的详情信息。

8.9.2.5 健康管理

该模块分别展示 4 台泵机组的机组健康诊断信息、机组运行时长、异常信息趋势、机组振动信息、机组温度信息、异常告警信息。进入子模块，可以展示每一台泵机组的机组温度信息、机组振动信息、机组健康状态信息、机组健康指数信息、机组运行时长信息。点击每一项指标，可以展示对应的变化趋势图，界面如图 8-9-3 所示。

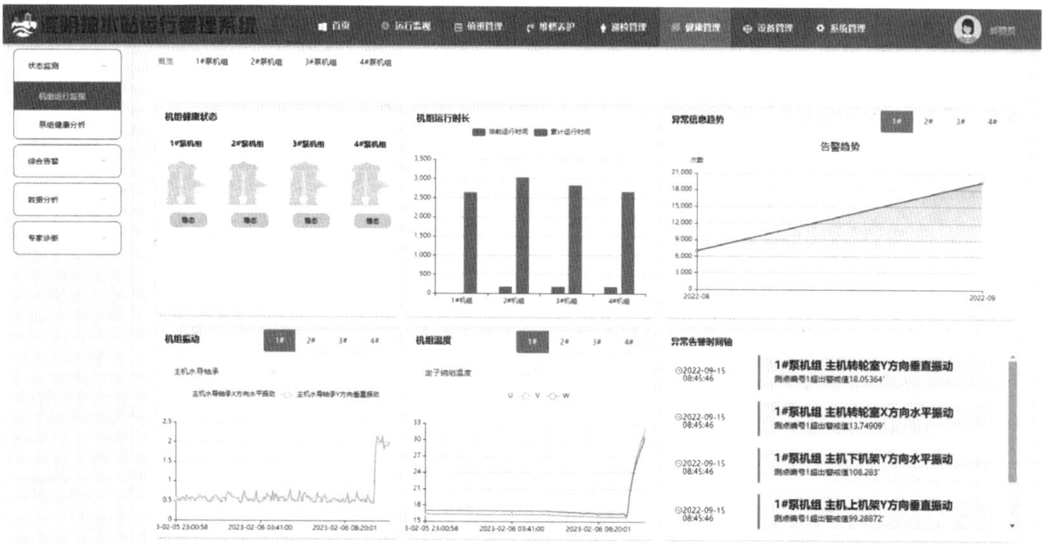

图 8-9-3　机组运行监视概览界面

为了采集机组的振动和噪声，在每台机组的上下导轴承、上下机架、水泵叶轮外壳共安装通频加速度传感器，在联轴器安装电涡流传感器，在电机主轴安装速度传感器，在水泵水导轴承安装水下加速度传感器，在电机梁内侧安装噪声传感器，如图 8-9-4 所示。

系统具有频谱分析功能，进入频谱分析页面后，页面左侧分别展示各台泵机组的上机架－X、下机架－X、转轮室、水泵水导轴承、联轴器的监测指标，点击对应指标可以分别查看对应的波形频谱图、瀑布图、趋势图、列表图、波特图、轴心轨迹图、轴系图。频谱分析界面如图 8-9-5 所示。

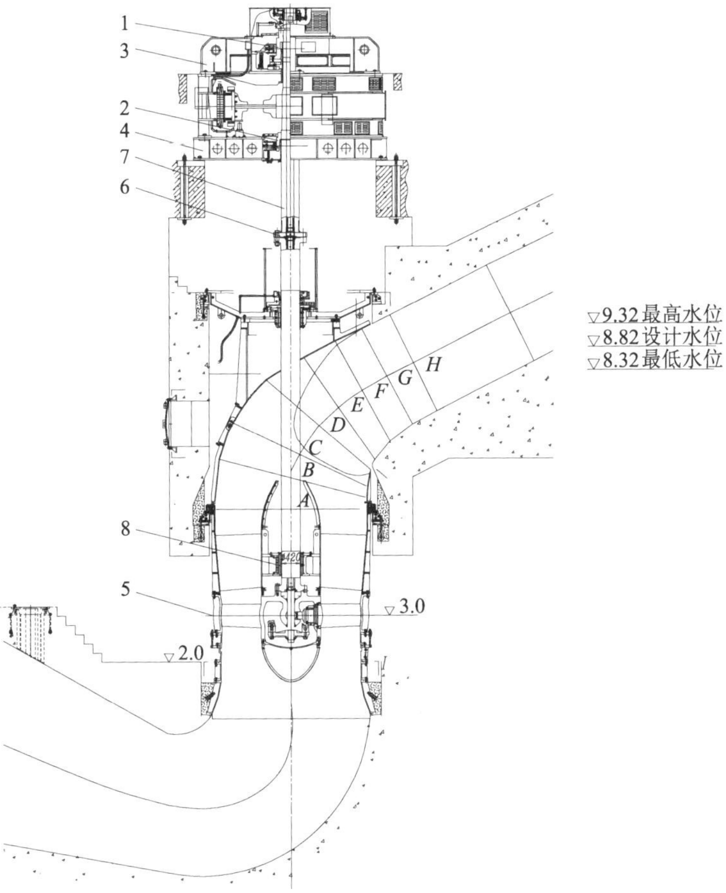

1—电机上导轴承;2—电机下导轴承;3—电机上机架;4—电机下机架;5—水泵叶轮外壳;6—联轴器;7—电机主轴;8—水泵水导轴承。

图 8-9-4　泵站监测测点布置图

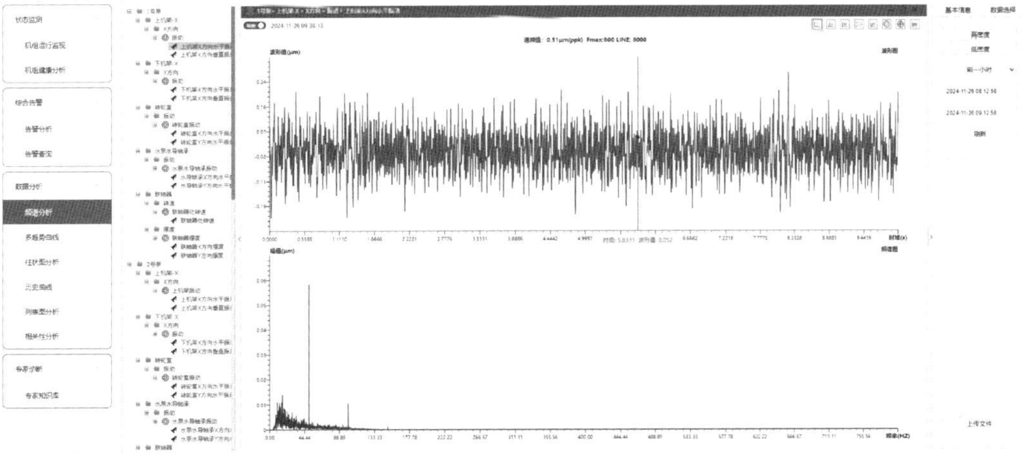

图 8-9-5　频谱分析界面

8.9.2.6　设备管理

该模块页面以列表的形式分页展示设备台账，包括设备名称、设备型号、设备编号、设备类型、生产日期、生产厂家、安装位置、负责人、设备等级信息，同时可以通过选择设备类型、输入设备名称对设备台账进行筛选，支持对设备台账进行增删改查。

8.9.2.7　系统管理

该模块包括用户管理、系统设置、行政区划分管理、流程管理、日志管理和个人设置。

8.9.3　关键技术

运用数字孪生技术建成的泵站运行管理系统与传统的泵站计算监控系统有着本质的差异，因此它需要有多种关键技术支撑。泵站运行管理系统运用的主要关键技术有：① 海量数据管理和与处理技术。传统的泵站计算监控系统多数采用关系型数据库，以“行”为单位进行存储，为了快速检索，采用 B 树或其他索引技术。随着存储量的加大，磁盘读取量增大，性能将降低，就需要采用其他技术手段解决。泵站运行管理系统将数据的读和写分离，主数据库用于写入，读数据库用于提供对外查询，通过数据复制的方式将主数据库的数据同步到读数据库。将不同的数据分散存储到不同的数据库，每个库存储的数据都不同，这样就可以将单一库的压力分散到多个库中，从而提升整个数据库的服务能力。② 智能库构建技术。系统收集并分析了大量泵站故障的案例，运用混沌算法构建了涵盖振动、噪声、温度、电流、电压、功率、转速、水压脉动异常等故障在内的诊断模型故障库，形成了标准化故障代码。系统通过处理安装于机组中的各传感器和测量仪表收集到的信号获得相应的时域数据，对识别的时域特征信号进行混沌特性分析，判别在对应运行工况时反映出来的 Lyapunov 指数是否大于 0，若大于 0 则说明该信号具有混沌特性，然后根据各个具有混沌特性的指标，如分析不同的关联维数、嵌入维数、时间延迟等在不同振动下对应不同的数值，对应不同的故障类型，并按照已经形成的标准化故障代码来预判可能发生的故障。③ 基于动态规划改进算法的泵站经济运行技术。泵站的总抽水流量是由上级调度给定的，将其科学、合理地分配到站内各机组，使全站的总抽水能耗最小即是泵站经济运行。理论模型的目标函数可表示为 $\min\sum_{i=1}^{4}N_i$。N_i 为第 i 号机组的抽水功率。约束条件：a. 总流量约束，$\sum_{i=1}^{4}Q_i=Q$。Q_i 为第 i 号机组的抽水流量，Q 为给定的站总抽水流量。b. 机组过水能力约束，$Q_{i,\min}(H)\leqslant Q_i\leqslant Q_{i,\max}(H)$。$Q_{i,\min}(H)$、$Q_{i,\max}(H)$ 分别为第 i 号机组在当前扬程 H 下允许的最小、最大抽水流量。c. 机组抽水功率约束，$N_i\leqslant N_{i,\max}(H)$。$N_{i,\max}(H)$ 为第 i 号机组在当前扬程 H 下允许的最大抽水功率。采用优化方法中的动态规划改进算法，以机组台数 i 为阶段变量，以各机组的抽水流量 Q_i 为决策变量，以未分配的剩余流量 K_i（$K_i=K_{i+1}+Q_i$）为状态变量，即可求解出模型的最优决策。根据该决策，在向系统输入泵站总流量后，系统可以自动计算启动机组的台数，决定启动哪几台机组，并将水泵叶片角度调整到最优角度，实现泵站的经济运行。④ 频域分析技术。虽然通过安装于水泵中的各传感器可以采集到各种振动信号，但是从直观上很难判断振动的原因。由电磁不平衡引起的振动、水压脉动引起的振动、机械不平衡引起的振动的频谱是不同的，并且这些信号都是一系列连续的周期信号，为了分析构成原始信号的各种成分，运用傅里叶积分进行频谱分析，将原始信号分解为有限或无限个频率的简谐分量，这样就可以识别振源，分析故障的原因。由于计算机只能处理离散的、有限长的数据，因而运用加窗技术，对传感器采集到的连续信号作离散化处理，同时采用时窗函数对离散化的时域信号进行加权处理，以解决频率泄漏问题。

参考文献

[1] 黄志坚. 机械设备振动故障监测与诊断[M]. 2 版. 北京：化学工业出版社，2017.

[2] 扬州大学. 泵站运行故障案例分析及其应用研究[R]. 2022.

[3] 张键. 机械故障诊断技术[M]. 2 版. 北京：机械工业出版社，2014.

[4] (英) 齐亚丁 · 萨达尔. 混沌学[M]. 王伊鸣，王广州，译. 重庆：重庆大学出版社，2019.

[5] 荆海英. 最优控制理论与方法[M]. 沈阳：东北大学出版社，2002.

[6] 刘晓亭，冯辅周. 水电机组运行设备监测诊断技术及应用[M]. 北京：中国水利水电出版社，2010.

第9章　大型泵站工程实例

9.1　皂河一站

9.1.1　工程概况

皂河抽水站枢纽位于江苏省宿迁市宿豫区皂河镇北 5 km 处，东临中运河、骆马湖，西接邳洪河、黄墩湖(见图 9-1-1)。工程由皂河一站、皂河二站、邳洪河北闸、新邳洪河闸、邳洪河地涵等组成。邳洪河地涵设计流量 100 m^3/s，其作用是将黄墩河的涝水引至皂河一站进水池。地涵下游设置进水闸，设计流量 200 m^3/s，用以沟通邳洪河和皂河一站进水池。新邳洪河闸西半部是黄墩河闸，东半部是邳洪河闸。

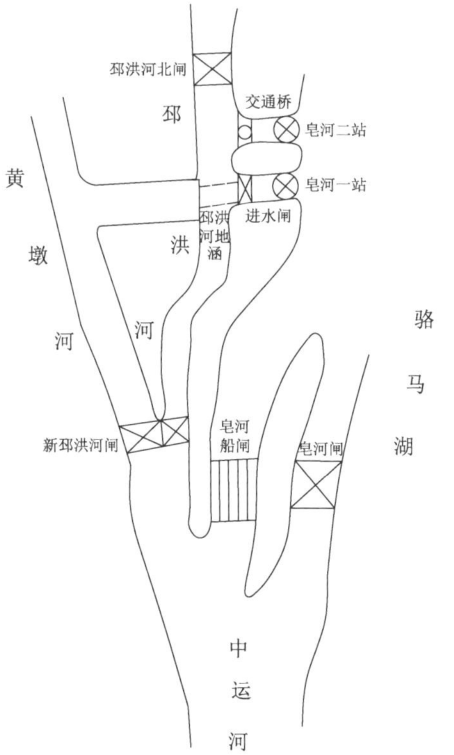

图 9-1-1　皂河站工程位置示意图

调水运行时，皂河一站是江苏省江水北调、南水北调东线一期调水枢纽工程第六梯级，关闭邳洪河北闸、邳洪河地涵和黄墩河闸，江水经邳洪河闸、进水闸进入泵站进水池，抽水入骆马湖北调。排涝时，当一站进水池水位高于 18 m 时，地涵门全开，由进水闸控制出流。当一站进水池水位低于 18 m 时，可增大进水闸流量。当地涵上游水位低于 19 m 时，将地涵门全关，一站只为邳洪河排涝。当地涵上游水位升高到 19.5 m 时，再次控制进水闸流量，将地涵门全开，为黄墩河排涝。大涝年份，黄墩河抽排，邳洪河则抽排、自排相结合。

黄墩湖地区的地势西北高东南低，黄墩河的排涝面积 134 km^2，大部分在宿迁市境内，地势平坦，高程较低，最低处仅 19.5 m 左右(废黄河基面)。邳洪河的排涝面积 621 km^2，都在徐州市境内，地面高程较高，且高差较大。两河都在皂河节制闸下入中运河，当骆马湖水位较高时，骆马湖的防洪线由皂河枢纽退守到宿迁枢纽后，两河都失去自排能力。皂河一站建成后可以保证黄墩河的排涝出路，提高邳洪河的排涝能力。皂河二站建成后可以保证邳洪河的排涝出路。在小麦生长期，骆马湖的洪水只能通过皂河节制闸排入中运河，如果泄洪流量超过 350 m^3/s，或新邳洪河闸排涝流量超过 350 m^3/s，皂河节制闸下水位将超过 20 m，黄墩河将完全失去自排能力，需关闸防止客水倒灌，邳洪河也将失去部分排涝能力。因此，两河排涝时，高、低水之间的矛盾十分突出。皂河站枢纽建成后，可以实现高、低水分开抽排。

皂河一站于 1978 年初完成施工设计，由水利部淮河规划办公室批准兴建，同年 10 月开工。站身结构采用半堤后式，钟形进水流道，双螺旋蜗壳式出水室，平直管出水流道，采用快速闸门断流。1980 年底开始安装机组，1981 年工程停缓建，1983 年恢复施工，开始进行机电设备安装，由于水泵油缸几次返厂维修，1986 年 4 月工程才完工，1987 年 3 月工程通过验收，工程总投资 3400 万元。

9.1.2　厂房设计

骆马湖最高防洪水位是 26 m，这也是向黄墩湖地区分洪的最高水位。确定厂房四周的回填土高程 27.5 m，电机层高程 28.865 m，高出地面 1.365 m，故厂房无防汛要求。

根据泵站的挡水条件、上下游水位、水位变化幅度、主机组结构、出水流道及断流装置型式，以及土力学指标，泵站厂房结构分为主厂房、出水流道、检修间、控制室、上下游翼墙和进出水池等。

水泵叶轮中心高程 16 m，低于最低水位 1.5 m，满足水泵空蚀余量的要求。进水流道长 20.9 m，底板底面高程 7.208 m，位于坚硬的黏土层上。出水流道长 13.5 m，采用平面扩散管道，平面扩散 18°，设计工况下出口平均流速 1.25m/s，出水管(包括断流装置)总长 25.56 m，底板底面高程 13.77 m。由于底板下面的砂壤土较软，因此将进、出水流道放在一块底板上，构成主厂房的基础，出水管则与主厂房分开，使之适应不同的基础高程和地基承载力。为了增大结构刚度，将两台机组的出水管分成两块底板，出水管构成独立的挡水结构，主厂房成为堤后式结构，两者合并成为半堤后式结构，如图 9-1-2 所示。

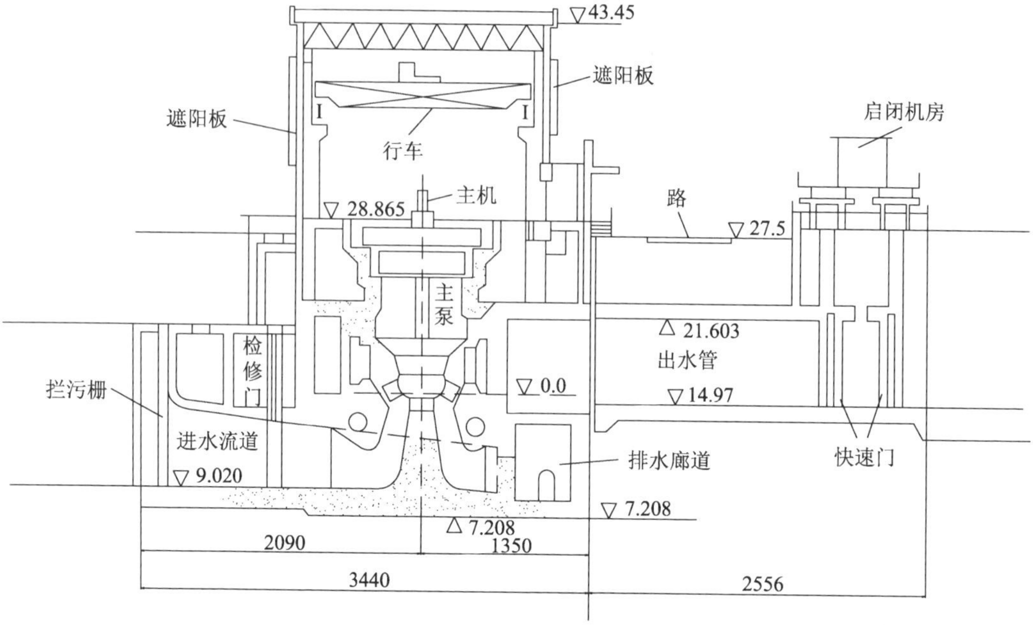

图 9-1-2　皂河一站主厂房剖面图

出水管和主厂房出水流道之间设沉降抗震缝，考虑到出水管大部分埋在地下，抗震缝宽可以减小，故缝宽取 3 cm，缝内设有抗震钢筋拉环，将两者拉住。缝内除设止水铜片外，在管内跨缝墙面上加设可以更换的止水橡皮，两台机组的出水管底板相互靠紧，以传递侧向力。

检修间和控制室分设在主厂房两侧，检修间是单层单跨厂房，检修间与主厂房之间设抗震沉降缝，缝宽 8 cm，在缝内设有抗震钢筋拉环，将主厂房和检修间的圈梁相互拉住。检修间地面高程 27.8 m，内有检修坑，地坪面积 17 m×19 m，供一台机组检修。

控制室是三跨排架厂房，内设控制室、接待室和值班室。控制室地坪是双层钢筋混凝土平板结构，固支在排架立柱和连系梁上。地下层是电缆夹层，地面层为中心控制室，控制室和主厂房之间设沉降抗震缝，缝宽 5 cm。

上、下游导流翼墙的扩散角为 24°，翼墙采用 1∶5 向后倾斜的底板，利用在斜面上土抗力的水平分力，增加墙身水平抗滑稳定性。出水池及上游引河的底高程相比出水管降低 1 m，以减小水流流速，利于水流扩散。

9.1.3　主机泵设计

皂河一站设计流量 200 m^3/s，装设 6HL-70 立式全调节大型蜗壳式混流泵 2 台套，水泵设计扬程 5.96 m，设计流量 100 m^3/s，叶轮直径 5.70 m，转速 75 r/min，叶片角度调节范围为 +2°至−18°，主机组配套 TL7000-80/7400 型 7000 kW 立式同步电动机 2 台套，额定电压 10 kV，额定容量 7000 kW，总装机容量 14000 kW。皂河一站原水位组合如表 9-1-1 所示。

表 9-1-1　皂河一站原水位组合

项目		灌溉		邳洪河排涝		黄墩河排涝	
		设计	校核	设计	校核	设计	校核
水位/m	站下	17.7	17.5	18.5	18.0	18.0	17.5
	站上	23.0	23.5	25.0	26.0	25.0	26.0
净扬程/m		5.3	6.0	6.5	8.0	7.0	8.5

9.1.3.1　模型泵选择

皂河一站运行扬程变幅较大,应当选用特性曲线平坦、高效区宽广、空蚀性能好的水力模型。模型泵的技术参数见表 9-1-2,是上海水泵厂研制的。

表 9-1-2　模型泵的技术参数

叶片角度/(°)	扬程 H_m/m	流量 Q_m/(L/s)	转速 n_m/(r/min)	效率 η_m/%	空蚀余量 Δh_m/m	叶轮直径 D_m/mm	比转速 n_s
0	7.5	100	980	87.5	9.30	445	
	6.2	744		83.0	9.00		
	5.0	780		78.0			
−2	7.5	632		88.3	6.50		
	6.2	668		85.5	7.10		
	5.0	700		80.5	8.50		
−4	7.5	572		89.2	6.10		597
	6.2*	607		87.0	7.25		709
	5.0	636		83.5	8.10		
−6	7.5	512		89.3	5.00		
	6.2	544		87.9	6.00		
	5.0	575		84.5	7.50		
−8	7.5	472		89.5	5.80		
	6.2	500		88.2	6.30		
	5.0	528		85.2	6.85		

表 9-1-2 中有 * 者是设计工况点,该点比转速为 709,$nD \approx 436$,最优工况点扬程在 7.5 m 左右,比转速约 600。由于设计工况点也有较高的效率,水泵特性曲线平坦,空蚀性能比较好,故选用该型水泵。

9.1.3.2　原型泵参数

原型泵与模型泵的模型比是 12.8,效率按莫迪公式Ⅵ换算。模型泵试验数据换算成原型泵的技术参数如表 9-1-3 所示。

表 9-1-3　原型泵的技术参数

叶片角度/(°)	扬程 H/m	流量 Q/(m^3/s)	转速 n/(r/min)	效率 η/%	叶轮直径 D/m	空蚀余量 Δh/m	轴功率 $N_{轴}$/kW	配套功率 $N_{配}$/kW	比转速 n_s
−2	5.96	107.2	75	92.1	5.70	6.84		7000	
	4.82	112.0		88.0		8.20			
−4	7.23	92.0		93.2		5.86			596
	5.92	97.5		92.1		7.00	6180		709
	4.82	102.0		90.0		7.80			
−6	7.23	82.4		93.3		4.81			
	5.96	87.3		92.0		5.78			
	4.82	92.3		90.6		7.21			
−8	7.23	75.9		93.4		5.60			
	5.96	80.3		92.7		6.07			
	4.82	84.8		90.8		6.60			

模型泵试验数据换算成原型泵的启动特性曲线如图 9-1-3 所示。由于水泵在−14°启动试验中有不稳定特性，同时考虑电网电压的质量，设计中采用水泵叶片角度在−22°启动，这时关阀扬程 8.62 m，功率 1470 kW。

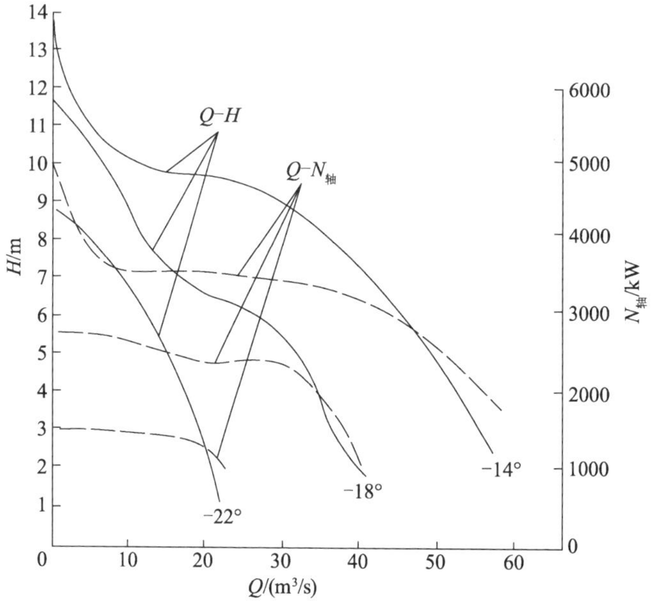

图 9-1-3　原型泵启动特性曲线

9.1.3.3　流道型式

采用钟形平面蜗壳进水流道、双螺旋形蜗壳压水室和平直管出水流道，如图 9-1-4、图 9-1-5 所示。

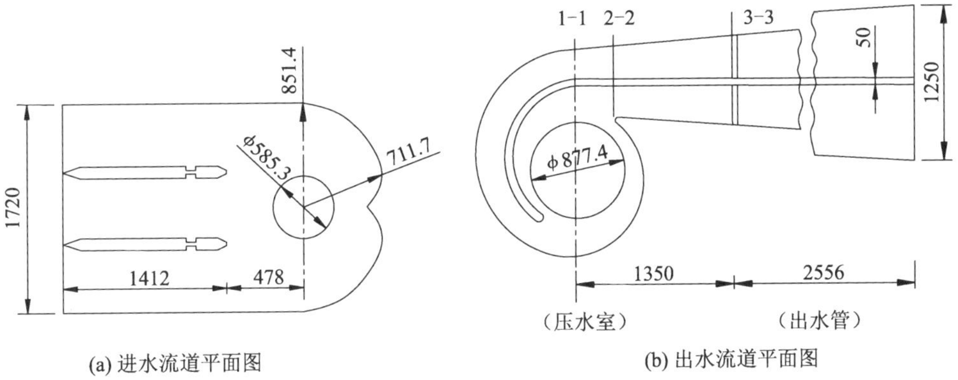

图 9-1-4　皂河一站进、出水流道平面图

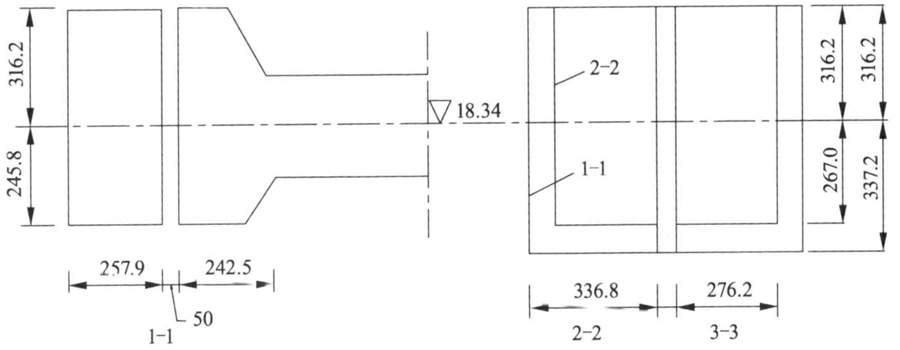

图 9-1-5　蜗壳压水室断面图

尽管进水流道的水力损失占水泵总的水力损失的比重不大，但是进水流道出口的水流流态对水泵的性能影响较大。皂河一站采用钟形平面蜗壳进水流道，不仅能够获得平稳的进水流态，保证水泵性能良好，而且流道高度与叶轮直径的比值是 1.23，流道高度较小，从而可以降低泵站厂房建筑高度。

皂河一站采用双螺旋形蜗壳压水室，蜗壳的最大对径 16.7 m，机组中心距 18.6 m，布置比较紧凑。蜗壳采用不对称梯形断面，可以获得较高的水力效率。采用双螺旋形是为了平衡水泵的径向力。在装置模型试验中测量了蜗壳出口处的流速场分布，在设计工况下流速十分均匀。

9.1.3.4　模型泵试验与装置模型试验比较

在装置模型试验中，效率仍采用莫迪公式Ⅵ换算。模型泵试验与装置模型试验数据换算成原型的技术参数比较如表 9-1-4 所示，两者试验结果相差较大，主要原因是进口测点位置不同。在模型泵试验中,进口测点位于紧接叶轮下侧处,该点水流流速大,又在流线拐弯的地方,受离心力作用,测得的该点的压力偏小,因而测得的扬程比实际大,使泵的计算效率偏大。在装置模型试验中,下游测点设在进水流道的进口前,该点水流平稳,测得的性能参数符合实际。在装置模型试验中,当叶片角度在$-4°$时,飞逸转速为197.3 r/min,达到最大。皂河一站最大排涝扬程8.5 m,当叶片角度在$-4°$时,飞逸转速为101 r/min,是额定转速的1.35倍,主机组结构设计强度按1.5倍额定转速计算。

表 9-1-4 模型泵试验与装置模型试验数据换算成原型的技术参数比较

试验条件	序号	叶片角度/(°)	H/m	Q/(m^3/s)	$N_{轴}$/kW	$\eta_{计算}$/%
泵试验	1	−4	5.96	97.5	6180	92.0
装置试验	2	$-1\frac{5}{6}$	5.00	97.5	6180	77.3
	3	−2	5.40	93.5	6180	80.0
	4	$-1\frac{3}{4}$	5.40	97.5	6580	78.5
	5	−1	5.40	100.0	6620	80.0
	6	−2	3.80	114.0	6000	70.0
	7	−1	6.50	85.0	6500	83.0
	8	−1	6.00	93.0	6600	83.0
	9	−2	8.50	60.0	6500	77.0
	10	−2	8.00	71.0	6600	84.4

在装置模型试验中,叶片角度在$-18°$时的关阀试验结果换算成原型泵站的数据见表9-1-5。

表 9-1-5 叶片角度在−18°时的关阀试验结果换算成原型泵站的数据

装置类别	叶片角度/(°)	扬程/m	功率/kW	转速/(r/min)
模型装置	−18	2.65	2.82	485
原型泵站	−18	10.40	3600	75

原型泵站在叶片角度$-18°$启动时,可以关阀启动,主机组不会过载,但是,出水流道、出水管将承受10.8 m水压力,快速门也将承受10.8 m反向水压力,设计已考虑这种情况。

9.1.3.5 泵站试运行实测数据

泵站试运行实测数据如表9-1-6所示。根据实测的净扬程和流量,可以从原型装置特性曲线上查得相近点的参数,如表9-1-7所示。将2张表进行对照,可以认为装置试验中的叶片角度$-2°$相当于原型泵的$0°$,这是在叶片角度的两端各留有富裕位置造成的。试运行时主电机的功率表的读数已经包含了主电机的效率损失，主电机效率按 95.14%考虑。

表 9-1-6　泵站试运行实测数据

机组	叶片角度/(°)	水位/m		净扬程 $H_{净}$/m	实测流量 Q/(m^3/s)	实测功率 N/kW	泵站计算效率 η/%
		站上	站下				
1#机	−1	23.03	19.50	3.53	96.7	5250	64
	−4	23.03	19.54	3.59	80.2	4800	59
	−8	23.00	19.31	3.70	61.4	3500	64
	−11	23.07	19.39	3.68	42.4	3250	47
2#机	0	23.04	18.96	4.08	98.5	5800	68
	−4	23.00	19.36	3.64	78.4	4300	65
	−8	23.05	19.47	3.54	64.8	3300	69
	−11	23.05	19.05	3.55	39.7	3000	46

注：实测流量是采用普通流速仪在下游进水池内按常规方法测得的。

表 9-1-7　从原型装置特性曲线上查得的参数

机组	叶片角度/(°)	扬程 H/m	流量 Q/(m^3/s)	功率 N/kW	效率 η/%
1#机	−3	3.65	98.5	5100	68
	−6	3.69	86.5	4250	71
2#机	−2	4.18	98.0	5760	70
	−6	3.71	86.5	4250	71

9.1.3.6　主水泵结构

主水泵采用型号为 6HL-70 的立式全调节混流泵，由上海水泵厂制造。主水泵由埋设部件、工作机构和辅助设备 3 部分组成。进水流道和压水室均为钢筋混凝土结构。埋设部件包括叶轮室、固定导叶和导水锥。工作机构包括叶轮、导水部分(上、中、下盖)、主轴、油导轴承和密封部件。辅助设备包括油系统、油导轴承的供排油和冷却水系统、密封部件的润滑水和空气围带等。

叶轮室是 HT20-40 铸件，由 4 瓣组装而成，总重 32 t。固定导叶是 ZG25 铸件，8 片导叶连同上、下环分成 4 瓣，组装后总重 70 t。叶轮体和叶片是 ZG20SiMn 铸件，组装后的直径为 5700 mm，叶片轴线倾斜角为 45°。油导轴承座是 ZG30 铸件，轴瓦是巴氏合金，润滑油用水冷却，进水压力 0.2 MPa，冷却水用量 36 m^3/h。密封部件在运行时采用 MC 尼龙静环止漏，非运行时采用橡胶空气围带止漏，充气压力 0.3 MPa。主水泵结构示意图如图 9-1-6 所示。

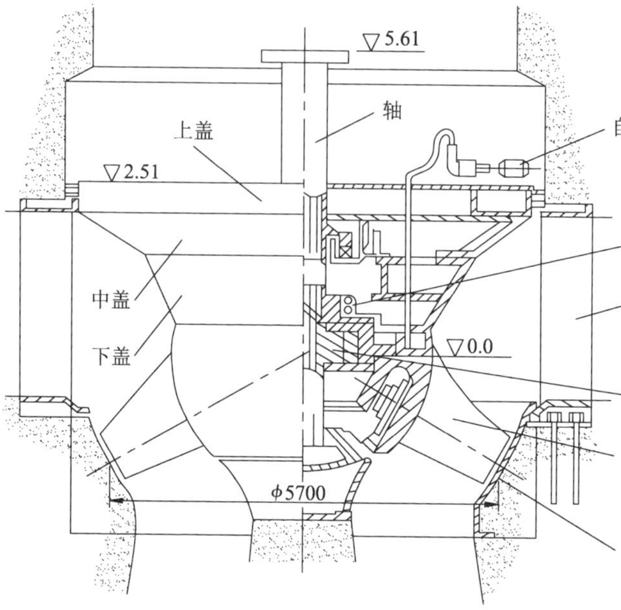

图 9-1-6 皂河一站主水泵结构示意图

9.1.3.7 主电机结构

主电机采用立式同步电机，型号为 TL700-80/7400，由上海电机厂制造，功率 7000 kW，电压 10 kV，转速 75 r/min。主电机采用半伞式结构（见图 9-1-7），上导轴承布置在上机架上，油槽容量 0.75 m^3，上机架分为 8 块，在工地组装。推力轴承和下导轴承布置在下机架

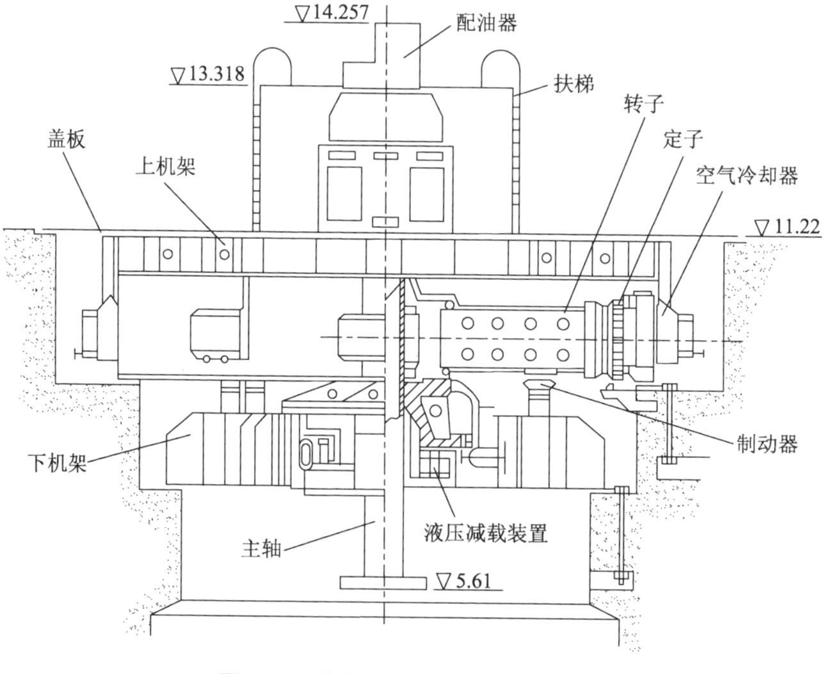

图 9-1-7 皂河一站主电机结构示意图

上，油槽容量 7 m^3，下机架也分为 8 块，在工地组装。定子铁芯内径 7.04 m，分为 4 瓣，在工地组装。除合缝线圈在现场嵌装外，其他线圈在工厂嵌装。转子分为 2 瓣，在工地组装，80 只转子磁极线圈在现场用螺杆拉紧。推力轴承设有液压减载装置，以改善机组的启动条件，可全压异步直接启动。设置的空气制动装置，兼作油压顶转子用。电机冷却采用带有 8 只空气冷却器的闭路循环空气冷却，冷却水量为 190 m^3/h，水压为 0.15～0.20 MPa。

9.1.4　辅助设备

9.1.4.1　油系统

油系统由储能器、回油箱、螺杆油泵、仪表和管道等组成，如图 9-1-8 所示。

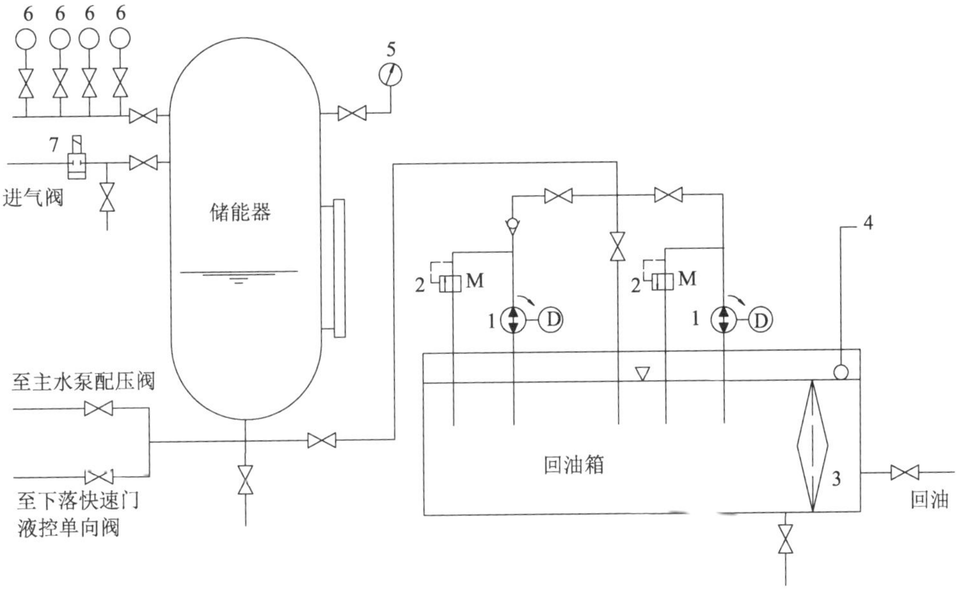

1—螺杆油泵；2—卸荷阀；3—滤网；4—液位指示器；5—压力表；6—压力变送器；7—进气阀。

图 9-1-8　皂河一站油系统图

储能器除提供主水泵叶片调节所需要的压力油外，还向泵站断流装置中控制快速门的液控单向阀提供压力油。两台主水泵同时调节叶片自－18°至 0°或自 0°至－18°，所需的操作油量为 500 L，两台主水泵同时自保持运行时的平均内泄漏油量为 50 L/min，按每隔 10 min 螺杆油泵向储能器补油一次，两项合计所需的操作油量为 1000 L。运行中储能器内油压应维持在 2.4～2.9 MPa 范围内，使之大于主水泵调节叶片所需的最大操作油压。经计算需采用容积为 9 m^3 的储能器，其中压缩空气体积为 6.3 m^3，运行时的最小油压为 $p_{min}=2.9\left(\frac{6300}{6300+1000}\right)^{1.4}\approx 2.4$ MPa。如果油缸内泄漏油量减少到规范标准，则两台主水泵同时自保持运行时的平均内泄漏油量降到 32 L/min，储能器内油压可维持在 1.9～

2.4 MPa,大于主水泵调节叶片所需的最大操作油压,此时储能器内压缩空气体积允许由 6.3 m^3 减少到 5.3 m^3,则运行时的最小油压为 $p_{min}=2.4\left(\frac{5300}{5300+1000}\right)^{1.4}\approx 1.9$ MPa。此时螺杆油泵向储能器补油的计算间隔时间可延长到 15～16 min。事实上运行中不可能每隔 15～16 min 调节一次水泵叶片,补油的时间间隔将比计算值长。主机组运行时,储能器中被消耗的操作油量由螺杆油泵补充,以保证储能器压力油的油压值。

压力油系统的漏气量较小,可以忽略不计。储能器内压缩空气被消耗主要是由于它溶解在压力油中并随压力油回流至回油箱而释放到空气中。一般被溶解的空气约占油容积的 6%,而以游离状态存在于压力油中的小气泡仅占油容积的 0.5%。假设小气泡从油缸回到回油箱时被释放到空气中,则每消耗操作油量 1000 L,需消耗压缩空气 5 L。

螺杆油泵流量 $Q=5.8$ L/s,功率为 4.0 kW,运行中螺杆油泵按每隔 10 min 启动补油 1000 L 计算,运行时间 $t=\frac{1000}{5.8\times 60}\approx 2.87$ min,10 min 内螺杆油泵平均消耗功率 $N=40\times\frac{2.87}{10}=11.48$ kW。

原设计储能器是安装在电机层的两台主机组之间的,由于 9 m^3 的储能器设备高度较大,安装在电机层对主机组的检修吊运有影响,因此,修改后储能器安装在水泵层,距 1#机配压阀约 20 m,距 2#机配压阀约 28 m。如果将 9 m^3 的储能器分为两只串联罐,其中一只为油-气罐,安装在电机层,一只为气罐,安装在水泵层,则油-气罐到 1#、2#主泵配压阀的距离均为 8 m 左右,这样有助于改善水泵发生液压振动的情况。

9.1.4.2 气系统

气系统包括低压气系统和中压气系统两部分。低压气系统包括 1 台低压空压机、1 只低压储气罐、闸阀和管道等。低压压缩空气主要用于主电机制动、主水泵止漏、空气围带充气和泵站检修时的风动工具。当主电机的转速下降到额定转速的 30%～35%时加闸制动,连续制动 2 min 左右,耗气量 $q=4$ L/s,压缩空气工作气压 $p=0.5$ MPa,则一次制动所需要的自由气体为 $Q=qt(p+1)\frac{60}{1000}=2.88$ m^3(其中 p 换算为 5 kg/cm^2 代入),两台主机组同时制动,总用气量为 5.76 m^3。采用 0.7 MPa 低压储气罐 1 只,容积 5 m^3,采用低压空压机 1 台,工作气压 0.8 MPa,产气率 3 m^3/min,储气罐恢复压力的时间为 1.28 min。中压气系统用于主水泵叶片压力调节系统,选用中压空压机 2 台,1 台工作,1 台备用,后者又作为低压空压机的备机,经减压阀向低压储气罐供气。中压空压机单机产气率 1 m^3/min,工作气压 3 MPa。主机组运行时,低压储气罐被消耗的压缩空气由压力变送器控制的低压空压机自动补充。储能器由人工操作中压空压机补气,不设中压储气罐,整个气系统比较简单,如图 9-1-9 所示。

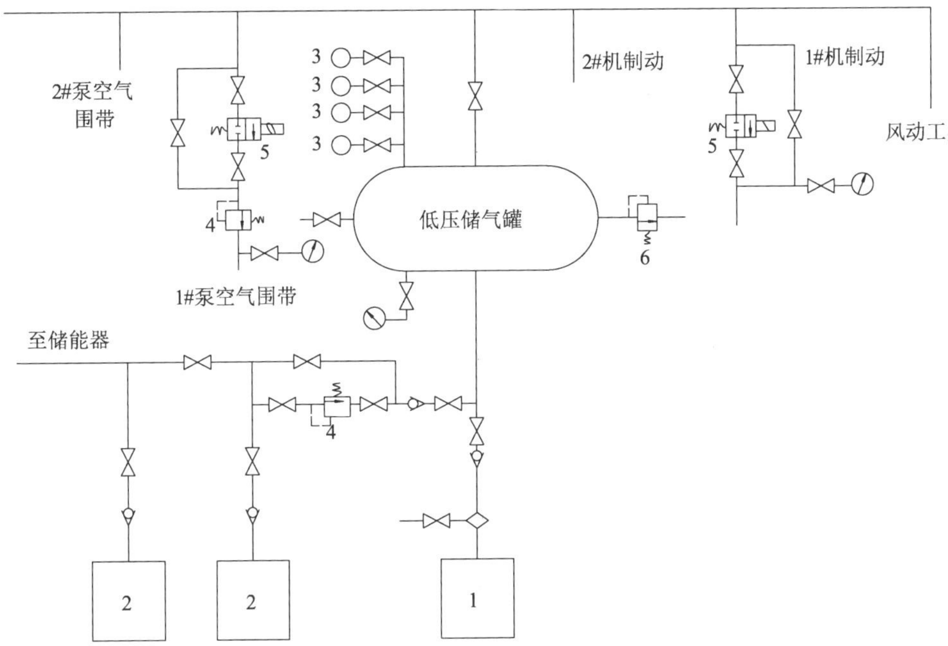

1—低压空压机；2—中压空压机；3—压力变送器；4—减压阀；5—电磁阀；6—安全阀。

图 9-1-9　皂河一站气系统图

9.1.4.3　水系统

水系统包括供水系统和排水系统。供水系统的对象有主电机的空气冷却器、上下导轴承和推力轴承冷却器、水泵导轴承油冷却器和机械密封润滑水，一台机组总用水量为 277.5 m^3/h。由于用水量较大，采用单元直接供水，在排涝期，如运河水质浊度较高，水泵机械密封润滑水 1.5 m^3/h 改由水塔供水。根据两台机组同时运行并需满足技术供水进水压 0.15～0.20 MPa 的要求，供水泵选用 3 台离心泵，其中 2 台工作，1 台备用。单泵流量 280 m^3/h，扬程 30 m，功率 40 kW。

排水系统用于排除泵站检修时进出水流道、出水管和排水廊道内的积水，以及进水流道检修门、出水管快速门的渗漏水。前者累计积水量 3111 m^3，渗漏水按闸门门槽每米止水的渗漏水量 1.5 L/s 计算，合计渗漏水 611 m^3/h。排水泵选用 2 台离心泵，其中 1 台工作，1 台备用。单泵流量 468 m^3/h，扬程 30.5 m，功率 55 kW。为了在开始排水时迅速降低水位，也可利用供水泵排水。在主机组运行或停机期间，排水量较小，用液位信号器或人工控制排水泵排水。供排水系统图如图 9-1-10 所示。

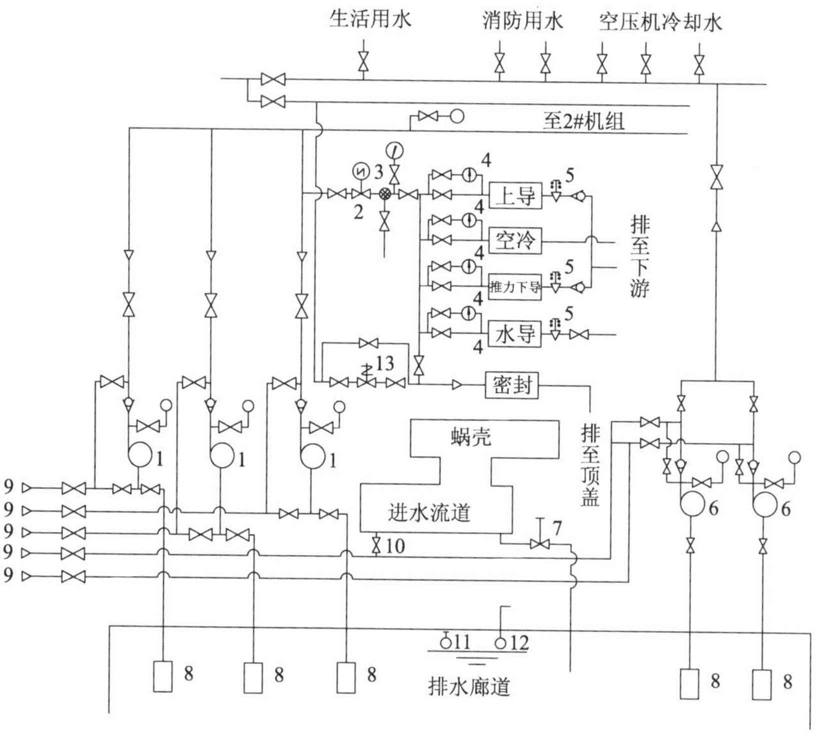

1—供水泵;2—电动阀;3—滤水器;4—水平螺旋式冷水表;5—示流信号器;6—排水泵;7—长柄阀;8—底阀;9—取水口;10—平水阀;11—液位信号器;12—液位指示器;13—电磁阀。

图 9-1-10 皂河一站供排水系统图

9.1.5 工程改造

9.1.5.1 主水泵主要存在的问题

皂河一站所安装的6HL-70型立式全调节混流泵自运行以来,实际运行净扬程一般在3.0 m到4.0 m之间,运行工况偏离高效区,由于无清污设施,下游拦污栅时常遭杂物堵塞,进水流道水位远低于淹没深度,造成水泵效率下降,空蚀严重,振动加剧,大大缩短了设备的使用寿命。加上主机组原有的设备缺陷,且1#主机组大修至改造前已运行近20年,2#主机组自投运以来尚未大修过,大多数机电设备已进入老化和效益衰减期,安全性下降。主水泵主要存在以下问题:

(1)水泵空蚀严重

泵叶片、叶轮室、导叶等过流部件空蚀严重,该站主泵经水流、泥沙长期冲刷及空蚀的破坏,叶片正面进水侧空蚀严重,形成一条宽300 mm、深度达25~40 mm的空蚀带,叶片进水条件被改变,造成运行中泵体振动和噪声增大,运行工况较差。叶轮室内壁因空蚀产生破坏,遍布空蚀坑,长达8~15 mm。由于长期磨损、叶片空蚀及叶型变化,叶轮失去平衡,加之机组长期在非设计工况下运行,导致运行中机组振动加剧,并加速了轴颈及轴承的磨损。

在机组开机运行时，下游水草很多，在流道进口拦污栅处造成1.5～3.0 m的水位差，使水泵进水条件恶化。该站叶轮中心安装高程为16.5 m，原下游设计水位为17.7 m，正常运行水位为18.5 m，由于水草、杂物堵塞拦污栅，实际栅后水位最低时只有15.0 m，叶轮中心淹没深度大大减小，加剧了主水泵的空蚀。

(2) 装置效率下降

自投入运行以来，由于长期偏离设计工况运行、经常被杂物堵塞、水流挟气、空蚀严重，水泵效率严重下降。水泵性能达不到设计要求，流量减少、功率上升，装置效率下降。据往年实测资料，皂河一站的效率呈逐年下降的趋势。1988—1990年平均装置效率约为65%，1995—1997年平均装置效率为59.7%，平均装置效率下降了5.3个百分点，流量下降了5.5%，至2003年下降值更有所增加。

(3) 叶片调节机构问题

叶片调节机构采用转叶式油缸，工程完工移交时2#机调节状况略好于1#机。1#机经过6000多小时的运行，叶片系统运行状况日趋恶化，经1991年大修后得到一定的改善。2#机经近20000小时的运行，油缸内漏油量明显增大，运行中漏油情况持续恶化，影响到叶片调节机构的正常工作。

(4) 叶轮头漏油问题

每次开机空气围带放气后，有大量的油从2#主机机坑大轴四周的动静环边溢出，由此判断叶轮头漏油，从历年储能器添加油的情况看，漏油情况较严重，每年添加油量为2 t左右。

(5) 机组密封问题

皂河一站机组密封件大部分为橡胶制品，经多年使用，不可避免地存在老化问题，从外表看普遍存在漏油现象。电机下油缸因安装质量不高及密封件老化，漏油较为严重，每年添加油量为1.5 t左右。

(6) 大轴密封面漏水

皂河一站机组水导轴承采用油轴承，采用空气围带和动静环止水，因大轴的密封部位锈蚀严重，动静环严重磨损，密封不良，漏水严重，顶盖排水泵排水频繁。

9.1.5.2　主水泵检测结果

2004年2月27日—3月2日，江苏机电排灌工程研究所对皂河一站水泵进行了检测，检测的主要项目为：泵的性能和运行状况；泵叶片、叶轮室、导叶等过流部件的空蚀、锈蚀状况；泵的叶片调节机构的精确度、灵活性及安全状况；泵主要部件大轴的变形和轴颈、导轴承的磨损状况；泵主要零部件的腐蚀、锈蚀状况；叶片间隙；振动噪声；等等。

检测报告认为：从对主水泵15大项共65子项指标的分析可以看出，不合格指标项达50项，约占全部子项指标总数的77%；合格的指标15项，仅占约23%。且不合格指标涉及的均为泵的关键部位或主要部件，如叶片、导叶、叶片调节机构、叶轮室等。因此，皂河一站的主水泵已不能保证安全运行，应予大修。

9.1.5.3 安全鉴定意见

2004年4月25日，江苏省水利厅组织有关专家在南京召开了皂河一站安全鉴定会议，会议对皂河一站主水泵设备形成如下意见：

皂河一站主水泵系1981年产品，水泵叶片、叶轮室、导叶等部件空蚀、锈蚀严重，叶片、导叶空蚀侵蚀指数均超过严重空蚀标准，刮板式接力器的油缸漏油严重，叶片调节不可靠，叶片间隙超标，水泵实际抽水流量达不到设计值，效率呈逐年下降趋势。

鉴定结论：皂河一站存在严重安全隐患，难以保证安全运行，根据《泵站安全鉴定规程》(报批稿)，评定皂河一站水工建筑物为二类工程，机电设备为三类设备，综合评定皂河一站为三类泵站。

9.1.5.4 辅助设备主要存在的问题

(1) 供水系统

技术供水采用3台8BA-12离心泵，2台工作，1台备用。供水系统存在的问题如下：

① 供水泵经多年空蚀磨损，叶轮尺寸变小，叶轮室变大，间隙加大，流量、扬程和吸程均大大降低，一台供水泵给一台机组供水的技术供水压力仅为0.15 MPa，远低于供水泵额定值，且泵效率低，属淘汰产品，配件难买，维修困难。

② 供水泵取水口设在拦污栅内侧，由于取水口无拦污设施，其经常被堵死，造成冷却水中断。运行中又多次发生技术供水管道堵死，冷却水中断而停机的事故。另外，下游水草、杂物在拦污栅大量集结，造成拦污栅内外侧水位差大，也造成过拦污栅内侧水位低于供水泵取水口，使供水泵取不到水的事故。

③ 河道污染严重，杂物增多，河水泥沙量大，不仅导致管路磨损加剧，而且极易造成供水小管、冷却器、弯头及阀件堵塞。

④ 供水管路虽年年油漆，但锈蚀严重，局部已被锈通，经补焊后勉强维持运行。

⑤ 母管及泵出水管无压力传感器，只设有电接点压力表，各冷却供水支路只装设供水压力表作为供水监测，不能正常监测管道堵塞情况。

⑥ 滤水器过滤筒磨损严重，已更换4次，由于杂物多常常造成滤水器压差大，被迫进行手动排污。

(2) 排水系统

① 排水泵为10Sh-9A单级双吸离心泵，由于泵房常年潮湿而锈蚀严重，电机绝缘劣化，缺乏自动控制装置，建站时安装在排水廊道上的浮子及线路早已废弃，且缺乏启动前排气(抽真空)装置，人工现场排气费时费力，管路锈蚀穿孔，闸阀锈蚀严重，启闭不灵活；排水泵管道及各阀件存在漏气现象，逆止阀断流不可靠；排水时吸程不足、流量下降严重、噪声大，易吸不上水；管道及各阀件也为老产品，配件难以购买和修复，电机属淘汰产品。

② 主泵顶盖排水系统管路阀件锈蚀，控制电器老化，电缆遇油后绝缘降低，水泵易损坏；控制电器多属淘汰产品，自动控制可靠性差，经常需要手动进行排水。

(3) 压力油系统

① 机组由于主泵转叶式油缸固有问题、叶片调节机构在安装中存在的问题及密封件

老化磨损问题，漏油量大增。特别是该站机组经常运行在大角度，回油量特别大，使压力油系统启动频繁，有时不到 2 min 就需启动一次，经测算已远远超过设计要求。

② 控制油泵启动的压力继电器触点老化、动作整定值不稳定。该继电器为老产品，市场上无法购买配件。

③ 两台压力油泵频繁启动造成振动，加剧了磨损；运行噪声大，仅一台油泵运行噪声已达 100 dB；油泵性能下降，电机绝缘老化，属于淘汰产品。

④ 压力油管路锈蚀，安全阀、卸荷阀、截止阀、单向阀等阀件多属淘汰产品，工作性能不稳定，给机组安全运行带来一定隐患。

⑤ 储能罐内上部是空气，下部是油，中间没有隔膜，油和空气直接接触使得空气被油慢慢带走，需经常对其补气。

⑥ 压力油系统由于频繁补油造成油箱内空气与室内空气频繁交换，加速了压力油的劣化，影响整个系统的性能。

(4) 压缩空气系统

① 该站气系统由中压和低压两部分组成，低压气的空压机已经更新。1#、2#中压空压机型号为 CZ-60/30，电机型号为 JO2 系列，经多年运行，转动部分磨损严重，噪声、振动大，出力不足，密封件老化，缸体锈蚀也较严重，电机已属淘汰产品，零配件难以购置，维修困难。防爆孔经常破裂，安全阀经常动作，运行时发出异常声音，每次补气时间长达 8 h，效率低下。该设备使用水冷却，由于该站的技术供水中的泥沙和杂物比较多，经常发生冷却水中断问题。

② 该站压缩空气系统的阀件、表计、继电器、传感器大多已找不到厂家，大部分器件已淘汰。管路阀件漏气。

③ 由于上下游水位差较小，机组倒转速度达不到飞逸转速，刹车装置一直未能发挥作用，管路和阀件锈蚀卡死，不能动作。

④ 由于空气围带的质量问题，系统有漏气现象，低压空气压缩机要经常补气。

(5) 通风系统

通风系统设备属淘汰产品，抽气性能差，运行噪声大，安全性能低。通风管道锈蚀严重。

(6) 起重设备问题

皂河一站使用的行车为 125/20t×16.5m 双梁桥式起重机，其原为 1978 年上海起重运输机械厂制造的型号为 QD100/20t×19.5m 的双梁桥式起重机，1982 年将 19.5 m 跨度改为 16.5 m，经局部加强校核后，作为 125/20 t 使用，制造厂没有提供改造后行车的合格证书。该行车在 1991 年 1#机大修后一直未使用，在质监部门的年检中查出不少问题，如主梁挠度问题、大小车啃轨问题、电气保护及安全装置损坏问题、轨道梁局部刚度问题、电气元件损坏及油脂老化问题、行车滑线锈蚀问题、安全限吊问题等。

9.1.5.5　主水泵改造的内容和方案

皂河一站机组技术改造的主要目的是对 2 台套存在问题的主机组及相关设备进行维

修和更新，以改善机组的运行状况。

（1）主水泵维修改造项目内容

皂河一站所使用的 6HL-70 水泵目前为我国最大直径的混流泵，根据检测报告，除泵叶片损坏特别严重外，泵的其他主要部件如大轴、固定导叶、叶轮室、底座、导流锥、支持盖等仍有较大使用价值，因此在经过分析比较后，设计方案为对主水泵进行大修处理。根据设计成果，皂河一站主水泵维修改造项目如表 9-1-8 所示。

表 9-1-8　皂河一站主水泵维修改造项目

序号	项目	型号	单位	数量	备注
1	叶片更换		套	2	
2	油缸维修		套	2	
3	机械密封处轴颈喷镀		套	2	
4	空气围带更换		套	2	
5	轮毂维修		套	2	
6	叶轮室修补		套	2	
7	固定导叶修补		套	2	
8	2＃机调节机构配压阀电机及齿轮更换		套	1	
9	2＃机受油器改造		项	1	
10	机组密封件、紧固件及易损件更换		套	2	

（2）主水泵主要维修改造方案

根据现有资料和工程实际状况，对支持盖、上盖、中盖、下盖进行油漆防腐；对导流锥、固定导叶、叶轮室进行现场修补，维修完成后拟采用环氧金刚砂涂层进行表面处理；泵轴返厂进行改造，对机械密封部位轴颈进行强化处理；对油缸体、拨叉、操作盘、定叶、转叶等油缸部件进行维修；对叶片进行重新铸造加工，叶轮体及叶轮体下盖返厂维修，以便于预组装和工厂试验；对轴承部件进行维修和改造；其余零星部件及配件在机组解体后根据实际情况确定是否返厂处理。

1）主水泵叶片的更新改造

主水泵检测数据分析显示，水泵叶片空蚀严重，损伤较大，确定对主水泵叶片进行更换，以适应南水北调长时间运行的要求，更新叶片材质采用 ZG1Cr18Ni9 不锈钢。

通过装置模型同台对比试验进行模型比选，经比选后确定更新改造的主水泵叶片的叶型，叶片需满足现状土建和轮毂、蜗壳内导叶及液压调节机构布置的要求，原型机组叶轮直径为 5700 mm，转速为 75 r/min。叶轮结构图如图 9-1-11 所示。

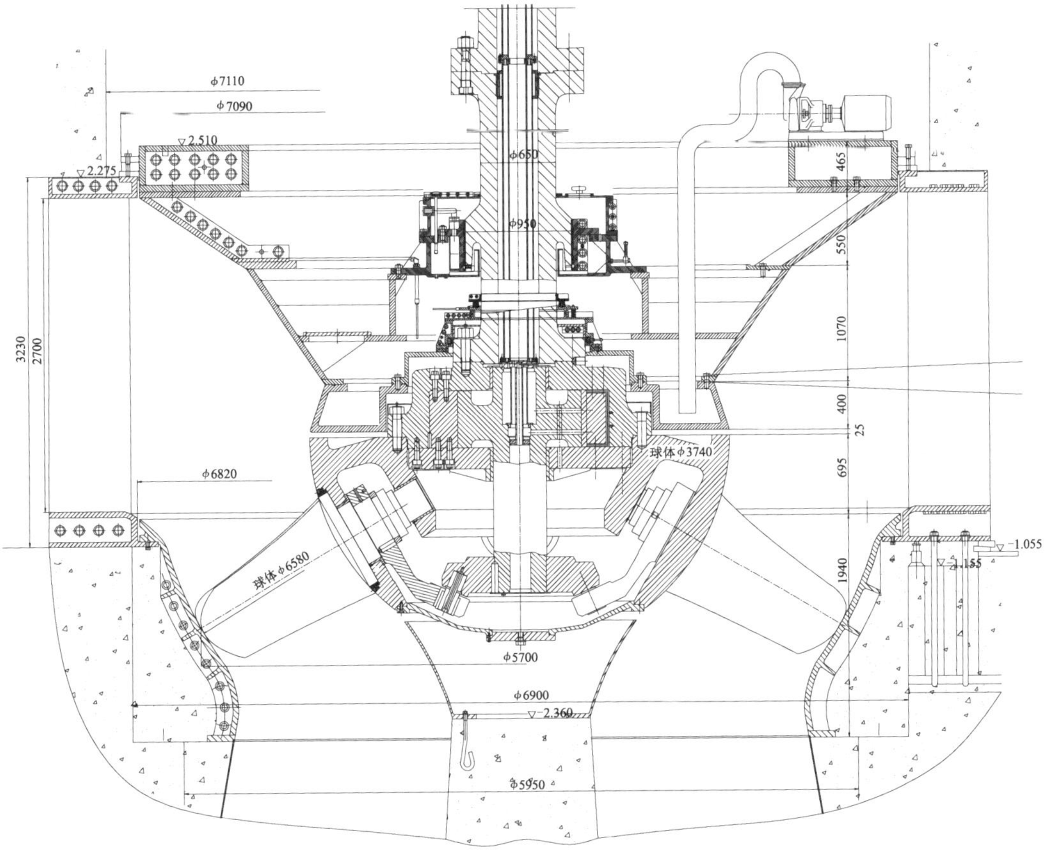

图 9-1-11　皂河一站叶轮结构图

2）叶片调节机构的维修

皂河一站 2 台主泵的油缸加工质量存在一定差异，1991 年因刮板式油缸严重渗油，致使 1＃机叶片角度无法调节，对机组进行了大修，大修时更换油缸后情况得到明显改善。由于当初 2＃机油缸的加工精度好于 1＃机油缸，故 2＃机油缸维持运行了 20 多年。考虑到 1＃机油缸 1991 年大修后已经运行近 20 年，机组大修拆装不易，为提高机组运行的可靠性，根据皂河一站主机泵维修改造审查会精神，招标设计确定对皂河一站 2 台机组油缸进行维修后继续使用。

叶片调节机构配油器内存在升降筒卡阻，因厂家选型不当，伺服电机及配套变速齿轮转速偏高，调节叶片时造成配压阀振动、泄漏，再加上配压阀多次拆装，阀芯出现磨损等现象，1＃机组大修时对相应部件进行了更新改造，本次维修改造对 2＃机组相关部件也作相应的更换和改造。

3）机组密封件、紧固件和易损件的更换

经多年的运行使用，机组密封件普遍老化，大部分紧固件锈蚀严重，易损件磨损较大，初步确定更换 2 台套水泵所有的密封件、紧固件及易损件。

4）大轴止水空气围带的改造

皂河一站水泵导轴承采用筒式油轴承，空气围带止水。但密封处的大轴没有经过防锈处理，长期浸水致使止水处轴颈锈蚀严重，空气围带止水效果不良，漏水现象严重，存在安全隐患，更新改造确定对水泵大轴轴颈部位进行不锈钢堆焊处理，同时更换空气围带。

5）导叶体、叶轮室、轮毂的修补

主水泵的固定导叶、叶轮室、轮毂体经多年运行，锈蚀较为严重。确定使用各部件的原材料对其进行补焊修补，并在表面修补完成后根据部件具体情况进行涂层强化处理。

(3) 主水泵维修工程需注意的问题

皂河一站所使用的6HL-70主水泵目前为我国最大直径的混流泵，主水泵固定部分重约165 t，转体部分重约120 t，泵轴部件重约13.5 t，单台水泵总重约300 t，维修改造实施难度很大。

技术资料方面，皂河一站原有的主水泵设备图纸不全，仅有水泵剖面及部分主要部件的结构示意图，主水泵总装图及水泵各部件零件图、装配图资料缺失，更新改造工程实施时须向设备原生产厂家购买全套技术图纸，以保证更新改造工程的顺利实施。

9.1.5.6　辅助设备改造的内容和方案

水力机械辅助设备更新改造的主要目的是对存在事故隐患的部分电气、辅机系统进行维修和改造，在改善机组运行状况的同时，对泵站的其他系统也进行必要的完善。

(1) 桥式起重机的技术改造

桥式起重机修理方案主要解决地方质监部门在对起重机的年检中发现的问题。

起重机主要维修内容：根据桥架变形情况，对桥架金属结构进行矫正；对走台、爬梯及护栏等部件重新制作以补充完整；对大小车运行和起升部位的减速机（对大车及副起升减速机进行更换）、传动轴、联轴器、车轮组（轮线调整）、制动器、卷筒组、滑轮组、吊钩组、钢丝绳等按大修标准进行清洗、检查、修理、更换报废件，重新装配调整以符合标准；对主起升电机进行更新，对其余各电机进行清洗加油保养；拆除起重机原电器屏柜及控制器，更新一套与设备性能相匹配的电器屏柜及联动台；更换所有安全行程开关，主副起升新增设重锤限位器及超载限制器，并增加安全照明灯及运行声光报警器装置；拆除大小车存有安全隐患的供电装置，进行更新；更换全车所有机构电阻器；对维修后的起重机金属结构进行除锈防腐；对大车运行轨道及小车啃轨进行修理，并重新安装滑触线。

(2) 技术供水系统的改造

皂河一站原技术供水采用直接供水方式，供水对象为主电机的空气冷却器、上导轴承和下导轴承、主泵的导轴承冷却器、导轴承润滑用水，总用水量约为278 m^3/h。

原供水泵的取水口布置在拦污栅内侧，当机组运行时，大量水草堵塞拦污栅，造成进水口达不到淹没深度，无法取水。皂河一站更新改造工程关于技术供水做了3个方案的比选：① 更新原有设备及管路；② 采用循环供水方式；③ 在皂河一站和二站之间建一个大水池作为冷却水源。

采用循环供水方式需要在流道内增设冷却盘管，因皂河一站所需冷却水量较大，冷却盘管管径较大，盘管组数较多，对出水流道流态影响较大。采用技术供水池方案因为无法利用泵站的湿地水池，需另建一个容量为数千立方米的大型水池，该水池蒸发量较大，且无法得到地下渗透水的补给，实施该方案所需投资也较大，并且因为无法利用湿地水塘，需另行考虑水池所需用地，会影响泵站的整体建筑环境。

原供水系统不可靠的主要问题是由大量水草堵塞拦污栅引起的，经综合考虑，本次皂河一站更新改造在下游增设清污机设备，可最大限度地改善原运行状况，现状供水系统可以满足泵站机组运行需要，故维持现状技术供水方案，对供水系统明管路和阀件进行改造。

对原技术供水系统的改造方案为更新供水设备及管道、阀件。原供水管道及各阀件运行多年，内部杂质较多，锈蚀严重，闸阀为老式产品，无法购买备品备件，本次改造更新阀件及明管。原 3 台供水泵为 8BA-12 型离心式水泵，运行时间长，故障频繁，为淘汰产品，更换为 IS200-315(I)A 型离心泵。

(3) 排水系统的改造

由于设备及管道运行时间较长，老化严重，为提高排水的可靠性，对明管及阀件进行更新，排水泵更新为 IS250-315A 型离心泵 2 台。顶盖排水泵经多年运行，噪声、振动大，属淘汰产品，本次更新 4 台顶盖排水泵。

(4) 油系统的改造

润滑油系统改造方案主要是更新设备及管道，对现有的污油箱及净油箱不做维修，另外采购 1 只移动式不锈钢油桶作储油之用。压力油系统改造方案主要是更新设备及管道，对油箱及储能器进行维修，并增加自动补气装置及油位测量装置，实现压油系统自动控制。

(5) 压缩空气系统的改造

皂河一站使用的空压机属国家明令淘汰产品，备件无法购买，经多年运行，转动部分磨损严重，噪声、振动大，出力不足，密封件老化，缸体锈蚀严重，维修困难。为确保机组安全运行，本次改造更换 1 台低压空压机和 1 台中压空压机以及明管和阀件。

(6) 通风系统的改造

由于通风设备老化，经过长时间运行，效果较差，本次对空压机房和供、排水泵房的通风机和管道进行更换。

(7) 其他辅助系统的改造

其他辅助设备改造主要涉及量测系统的传感器及仪表等的更新，在泵站自动化中综合考虑。

9.1.5.7　泵装置性能试验研究

根据南水北调东线工程规划要求，皂河一站特征扬程为：设计扬程 4.70 m，最大扬程 5.70 m，最小扬程 1.20 m，平均扬程 4.60 m。运行实践表明，原有混流泵扬程明显偏高，运行效率低，工作状态不良。2010 年 3 月，南水北调江苏水源有限责任公司委托扬州大学对皂河一站改造进行预研。在扬州大学江苏省水利动力工程重点实验室高精度水力机械试验台对 HB60 和 HB55 混流泵叶轮模型进行了泵装置性能试验研究。

（1）皂河一站流道模型

在江苏省水利勘测设计研究院提供的皂河一站原设计图纸和泵站现场核对的基础上确定进、出水流道模型尺寸，模型比采用 19，进、出水流道模型如图 9-1-12 所示。

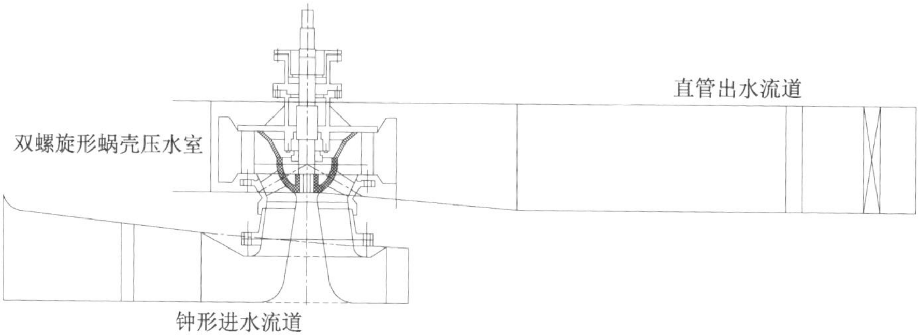

图 9-1-12　模型泵装置及流道示意图

（2）水泵模型装置制作和安装

模型泵名义叶轮直径采用 300 mm，原型泵型号为 6HL-70，叶轮直径 5700 mm，因此模型比为 19。

方案一：HB60 混流泵模型叶轮叶片数为 4，轮毂和叶片均采用铝材料，通过三坐标数控加工成型，如图 9-1-13 所示。

方案二：HB55 混流泵模型叶轮叶片数为 4，轮毂和叶片均采用铝材料，通过三坐标数控加工成型，如图 9-1-14 所示。

皂河一站混流泵装置的蜗壳采用金属结构，通过金加工保证尺寸精度，进水流道、出水流道均采用钢板焊接，并在进水流道设计了 2 对观察窗，以观察流道内的流态。模型泵装置如图 9-1-15 所示。

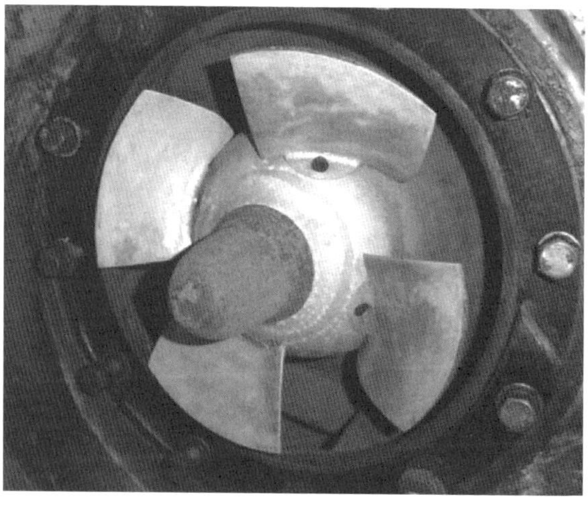

图 9-1-13　HB60 混流泵模型叶轮

图 9-1-14　HB55 混流泵模型叶轮

图 9-1-15　模型泵试验装置照片

(3) 模型(HB60)试验结果

HB60 模型试验测试了＋2°、0°、－2°、－4°、－6°五个叶片安放角度下的性能，根据试验结果整理得到模型泵装置通用性能曲线，见图 9-1-16(转速为 1450 r/min，叶轮直径为 300 mm)。

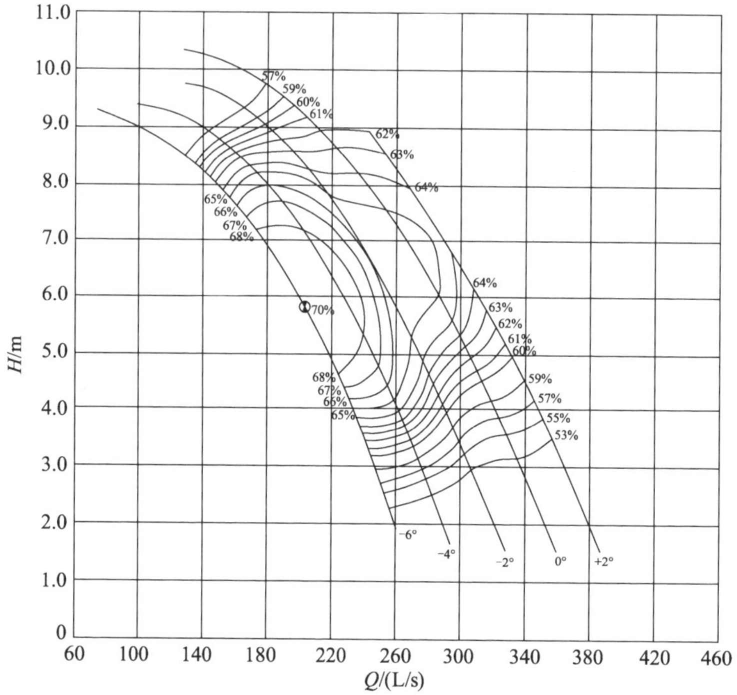

图 9-1-16 HB60 模型泵装置综合特性曲线图($n=1450$ r/min)

模型泵装置的空蚀试验采用定流量的能量法，取水泵效率较其性能点低 1%的空蚀余量作为临界空蚀余量(以叶轮中心为基准)。在特征扬程工况时各叶片安放角度下的空蚀曲线分别见图 9-1-17 至图 9-1-21。

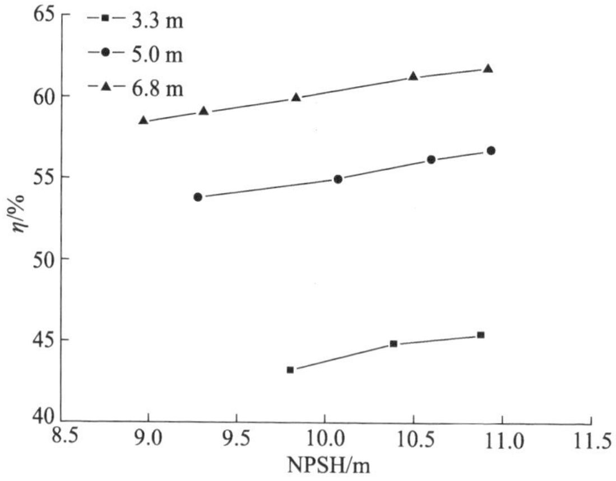

图 9-1-17 +2°叶片安放角度下空蚀曲线图

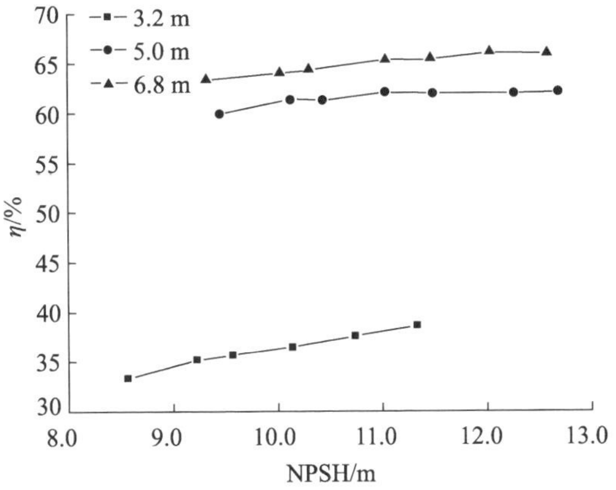

图 9-1-18　0°叶片安放角度下空蚀曲线图

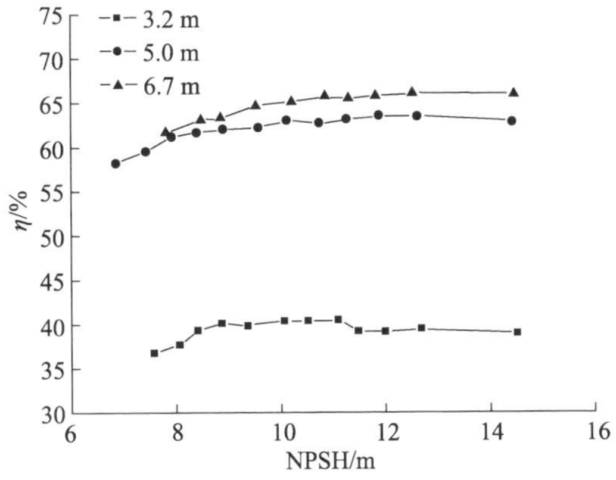

图 9-1-19　−2°叶片安放角度下空蚀曲线图

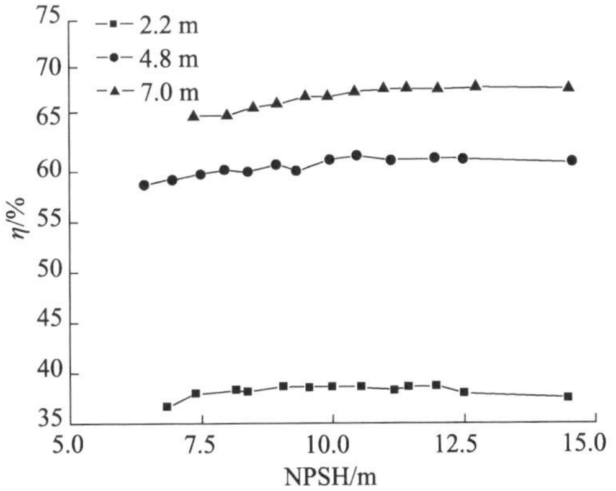

图 9-1-20　−4°叶片安放角度下空蚀曲线图

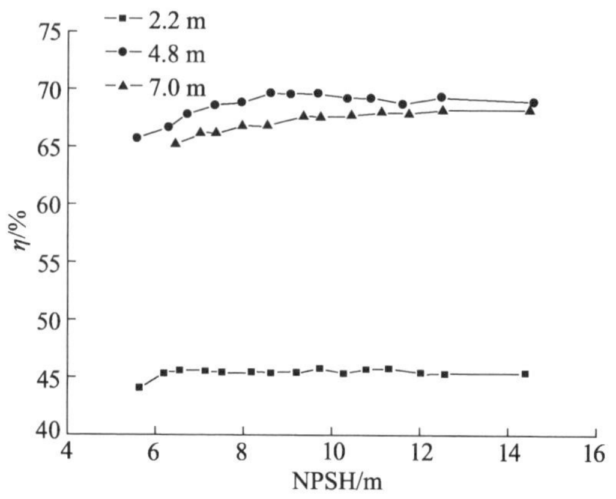

图 9-1-21　－6°叶片安放角度下空蚀曲线图

(4) 模型(HB55)试验结果

HB55 模型试验测试了＋4°、＋2°、0°、－2°、－4°五个叶片安放角度下的性能，根据试验结果整理得到模型泵装置通用性能曲线，见图 9-1-22(转速为 1450 r/min，叶轮直径为 300 mm)。

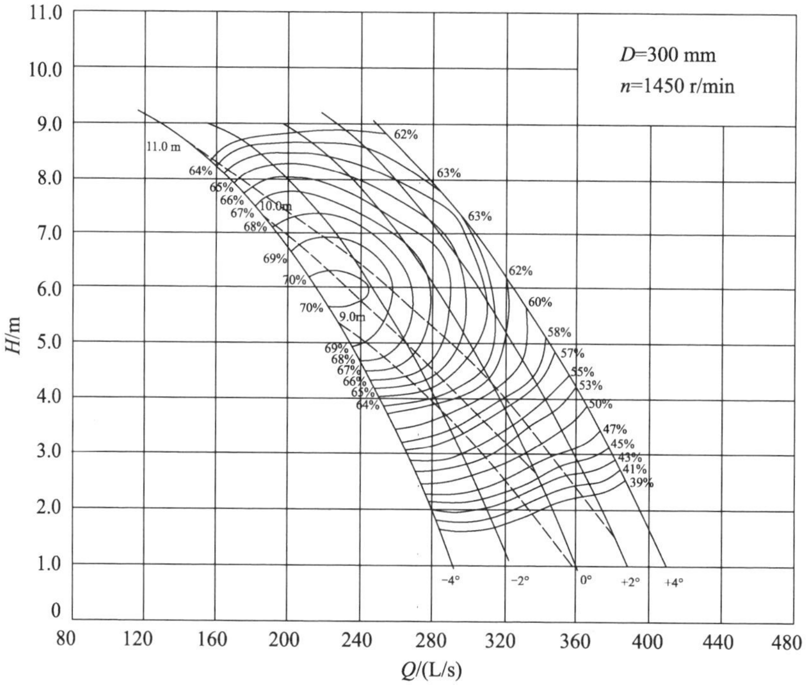

图 9-1-22　HB55 模型泵装置综合特性曲线图($n=1450$ r/min)

在特征扬程工况时各叶片安放角度下的空蚀曲线分别见图 9-1-23 至图 9-1-26。

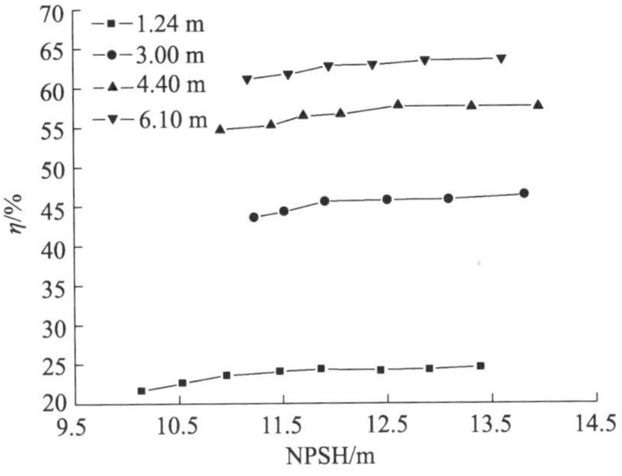

图 9-1-23　+2°叶片安放角度下空蚀曲线图

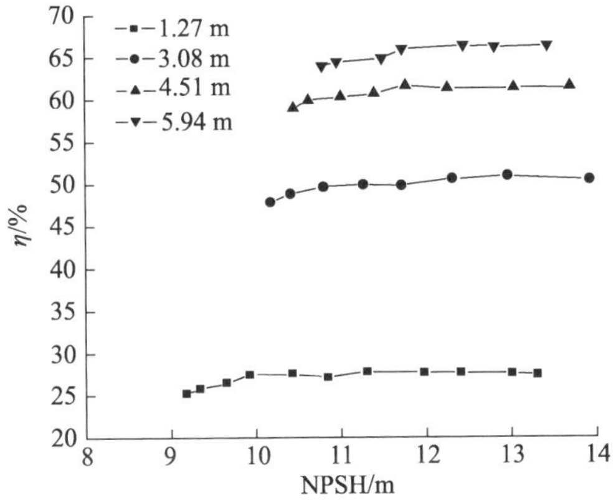

图 9-1-24　0°叶片安放角度下空蚀曲线图

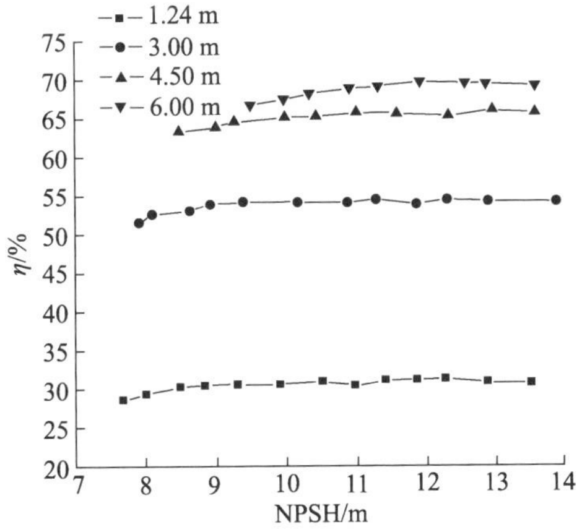

图 9-1-25　-2°叶片安放角度下空蚀曲线图

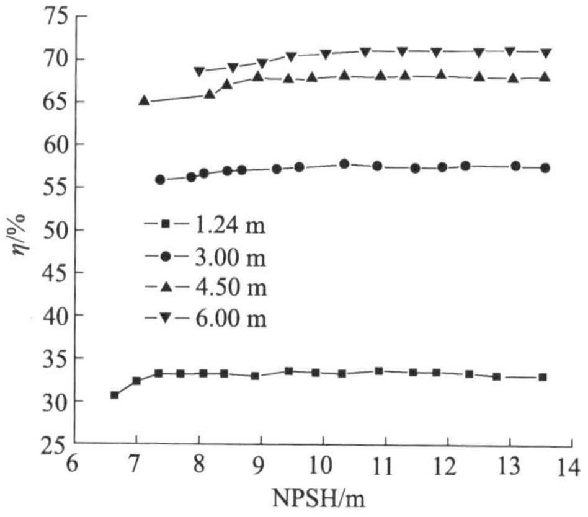

图 9-1-26　－4°叶片安放角度下空蚀曲线图

HB55 泵装置必需空蚀余量-流量曲线见图 9-1-27。

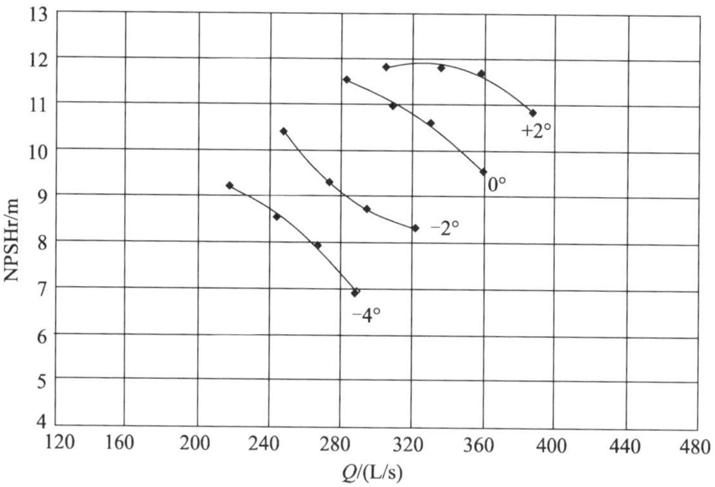

图 9-1-27　HB55 泵装置必需空蚀余量-流量曲线图

(5) 飞逸特性试验

皂河一站 HB55 模型泵装置飞逸特性试验数据如表 9-1-9 所示。

表 9-1-9　HB55 模型泵装置飞逸特性试验数据(叶片安放角度为 0°)

序号	水头/m	流量/(L/s)	转速/(r/min)	单位转速/(r/min)	单位流量/(m^3/s)
1	2.170	182.7	955.9	194.67	1.38
2	2.630	201.6	1056.1	195.37	1.38
3	3.174	221.6	1162.0	195.67	1.38
4	4.282	257.4	1356.1	196.60	1.38
5	5.845	302.7	1585.3	196.72	1.39

取单位飞逸转速为 197 r/min,则原型泵装置在不同扬程下的实际飞逸转速如图 9-1-28

所示。表 9-1-10 为原型泵装置飞逸特性试验数据。

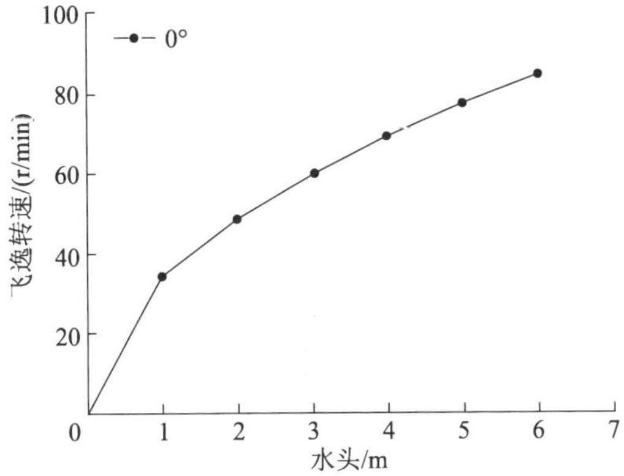

图 9-1-28　原型泵装置飞逸特性曲线

表 9-1-10　原型泵装置飞逸特性试验数据(叶片安放角度为 0°)

水头/m	0.00	1.00	2.00	3.00	4.00	5.00	6.00
飞逸转速/(r/min)	0.00	34.56	48.88	59.86	69.12	77.28	84.66

(6) 原型混流泵装置性能

等效率换算后的 HB60 和 HB55 原型泵装置综合特性曲线分别如图 9-1-29 和图 9-1-30 所示。

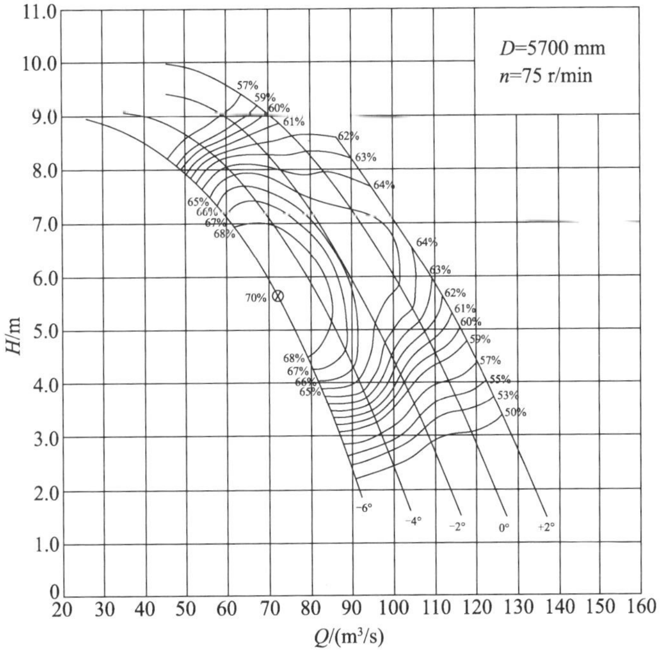

图 9-1-29　等效率换算后的 HB60 原型泵装置综合特性曲线

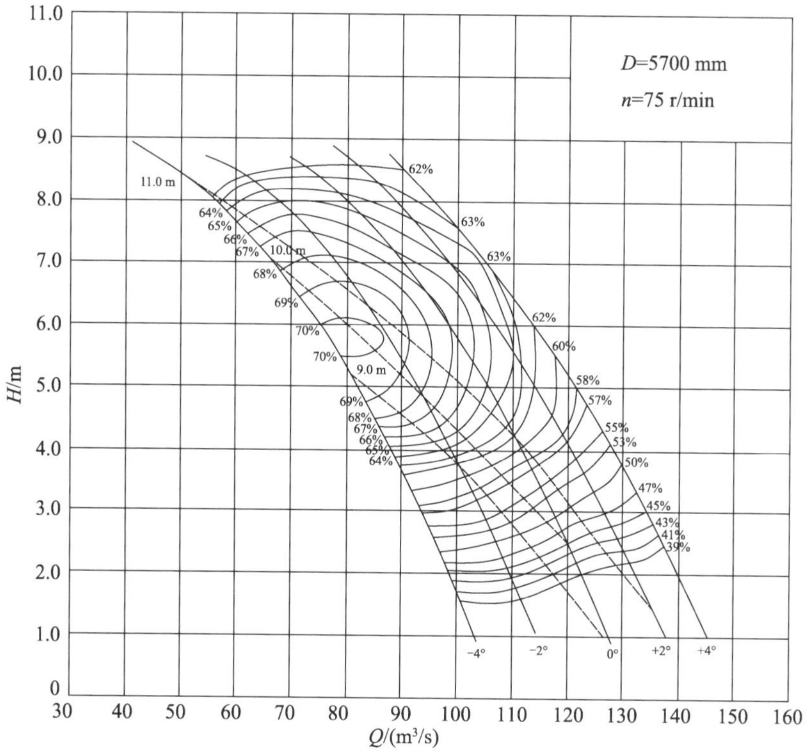

图 9-1-30　等效率换算后的 HB55 原型泵装置综合特性曲线

（7）试验结果分析

① 根据等效率换算结果，HB60 叶片安放角度为－1.7°时，满足设计点要求，即设计扬程 4.70 m，设计流量 100 m^3/s，此时 HB60 模型泵装置效率为 63.2％；HB55 叶片安放角度为－1.3°时，满足设计点要求，即设计扬程 4.70 m，设计流量 100 m^3/s，此时 HB55 模型泵装置效率为 66.05％。

② HB60 模型泵装置空蚀试验结果表明，设计点必需空蚀余量在 8.5 m 左右，模型泵综合空蚀性能一般，但能满足泵站运行的要求；HB55 模型泵装置空蚀试验结果表明，设计点必需空蚀余量在 10 m 左右，模型泵综合空蚀性能一般，但能满足泵站运行的要求。

③ 在所有试验工况内，模型进水流道内均未发现涡带。

④ HB55 模型泵在 0°叶片安放角度时，单位飞逸转速为 197 r/min；在最大扬程 6.0 m 时，原型泵飞逸转速为 84.66 r/min，是额定转速的 1.15 倍。

9.1.5.8　水力模型同台对比试验

为优选水力模型，在河海大学水力机械多功能试验台上进行水力模型装置试验，选择皂河一站特征扬程段合适的水力模型进行同台对比试验。

该模型试验分为 3 个阶段：第一阶段，根据皂河一站的性能参数，选定 1＃水泵模型、2＃水泵模型和 3＃水泵模型做对比试验，对 1＃、2＃、3＃水泵模型在叶片安放角度－4°、－2°及 0°下做能量特性对比试验，确定 3＃水泵模型（扬大 HB55 模型）为最终模型；第二阶段，对 3＃模型装置（扬大 HB55 模型）在设计运行角度范围内进行能量、空蚀、飞逸等详细试验；第三阶段，对 2＃模型装置（原泵站水力模型）进行完整的能量、空蚀、飞逸性能试验，为工程改造效果评估分析提供依据。

（1）水泵模型装置能量特性对比试验

1）能量特性试验内容

采用 1＃水泵叶轮模型（江大模型）、2＃水泵叶轮模型（原泵站水力模型）、3＃水泵叶轮模型（扬大 HB55 模型）进行模型装置能量特性对比试验，优选水力模型。1＃、2＃、3＃叶轮模型分别见图 9-1-31、图 9-1-32、图 9-1-33。

图 9-1-31　1＃叶轮模型

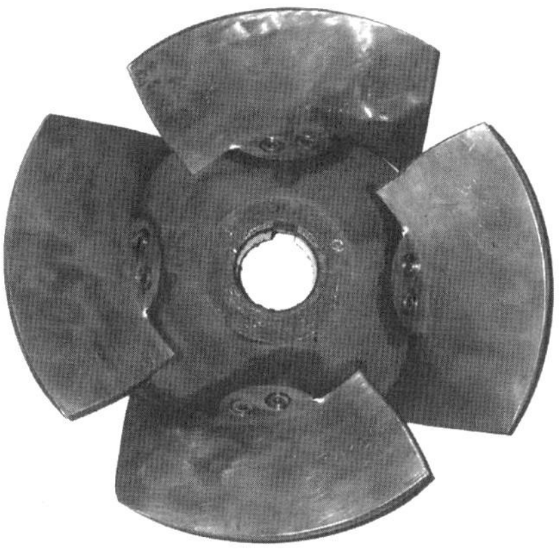

图 9-1-32　2＃叶轮模型

图 9-1-33　3＃叶轮模型

2）试验结果与分析

① 1＃水泵叶轮模型能量特性试验结果与分析

1＃水泵叶轮在最大、最小、平均和设计净扬程下的模型试验数据见表 9-1-10。

表 9-1-10　1＃水泵叶轮模型装置特征性能试验数据

叶片安放角度/(°)	参数	最大扬程(5.8 m)	最小扬程(1.26 m)	平均扬程(4.68 m)	设计扬程(4.78 m)	最高效率点参数
−4	模型流量/(L/s)	250.1	311.2	269.0	267.1	240.9
	原型流量/(m^3/s)	90.3	112.3	97.1	96.4	87.0
	效率/%	67.81	27.43	64.37	64.87	68.53
−2	模型流量/(L/s)	280.6	344.0	298.9	297.3	262.6
	原型流量/(m^3/s)	101.3	124.1	107.9	107.3	94.8
	效率/%	65.71	25.87	62.56	62.74	67.10
0	模型流量/(L/s)	304.3	373.8	323.2	321.1	296.1
	原型流量/(m^3/s)	109.8	134.9	116.7	115.9	106.9
	效率/%	64.56	26.13	60.16	60.74	65.62

由表 9-1-10 可以看出：

a. 1＃模型最高装置效率为 68.53%，对应的叶片安放角 φ 为 −4°，对应的扬程为 H=6.26 m，模型流量为 0.241 m^3/s，对应原型流量为 87.0 m^3/s。当叶片安放角 φ 为 −4°时，在设计工况点扬程 4.78 m 时，模型装置效率为 64.87%，流量为 0.267 m^3/s，对应原型流量为 96.4 m^3/s。

b. 当叶片安放角 φ 为 0°时，1＃模型最高装置效率为 65.62%，对应的扬程为 H=6.22 m，模型流量为 0.296 m^3/s，对应原型流量为 106.9 m^3/s。在设计工况点扬程 4.78 m 时，模型装置效率为 60.74%，流量为 0.321 m^3/s，对应原型流量为 115.9 m^3/s。

c. 当叶片安放角 φ 为 −2°时，1＃模型最高装置效率为 67.10%，对应的扬程为 H=6.68 m，模型流量为 0.263 m^3/s，对应原型流量为 94.8 m^3/s。在设计工况点扬程 4.78 m 时，模型装置效率为 62.74%，流量为 0.297 m^3/s，对应原型流量为 107.3 m^3/s。

② 2＃水泵叶轮模型能量特性试验结果与分析

2＃水泵叶轮在最大、最小、平均和设计净扬程下的模型试验数据见表 9-1-11。

表 9-1-11　2＃水泵叶轮模型装置特征性能试验数据

叶片安放角度/(°)	参数	最大扬程(5.8 m)	最小扬程(1.26 m)	平均扬程(4.68 m)	设计扬程(4.78 m)	最高效率点参数
−4	模型流量/(L/s)	218.4	261.1	229.6	228.4	206.4
	原型流量/(m^3/s)	78.8	94.3	82.9	82.5	74.5
	效率/%	66.79	28.55	61.42	62.09	68.19
−2	模型流量/(L/s)	248.3	294.9	260.8	259.6	236.4
	原型流量/(m^3/s)	89.6	106.5	94.1	93.7	85.3
	效率/%	66.03	27.26	60.83	61.35	67.37

续表

叶片安放角度/(°)	参数	最大扬程(5.8 m)	最小扬程(1.26 m)	平均扬程(4.68 m)	设计扬程(4.78 m)	最高效率点参数
0	模型流量/(L/s)	283.0	330.9	297.8	296.5	277.1
	原型流量/(m^3/s)	102.1	119.4	107.5	107.0	100.0
	效率/%	66.69	26.19	61.43	61.80	67.53

由表 9-1-11 可以看出：

a. 2#模型最高装置效率为 68.19%，对应的叶片安放角 φ 为 −4°，对应的扬程为 H=6.71 m，模型流量为 0.206 m^3/s，对应原型流量为 74.5 m^3/s。当叶片安放角 φ 为 −4°时，在设计工况点扬程 4.78 m 时，模型装置效率为 62.09%，流量为 0.228 m^3/s，对应原型流量为 82.5 m^3/s。

b. 当叶片安放角 φ 为 0°时，2#模型最高装置效率为 67.53%，对应的扬程为 H=6.27 m，模型流量为 0.277 m^3/s，对应原型流量为 100.0 m^3/s。在设计工况点扬程 4.78 m 时，模型装置效率为 61.80%，流量为 0.297 m^3/s，对应原型流量为 107.0 m^3/s。

c. 当叶片安放角 φ 为 −2°时，2#模型最高装置效率为 67.37%，对应的扬程为 H=6.56 m，模型流量为 0.236 m^3/s，对应原型流量为 85.3 m^3/s。在设计工况点扬程 4.78 m 时，模型装置效率为 61.35%，流量为 0.260 m^3/s，对应原型流量为 93.7 m^3/s。

③ 3#水泵叶轮模型能量特性试验结果与分析

3#水泵叶轮在最大、最小、平均和设计净扬程下的模型试验数据见表 9-1-12。

表 9-1-12　3#水泵叶轮模型装置特征性能试验数据

叶片安放角度/(°)	参数	最大扬程(5.8 m)	最小扬程(1.26 m)	平均扬程(4.68 m)	设计扬程(4.78 m)	最高效率点参数
−4	模型流量/(L/s)	218.3	288.1	236.9	235.2	210.1
	原型流量/(m^3/s)	78.8	104.0	85.5	84.9	75.8
	效率/%	70.96	32.05	67.19	67.60	71.44
−2	模型流量/(L/s)	248.6	321.9	269.4	267.8	235.9
	原型流量/(m^3/s)	89.8	116.2	97.3	96.7	85.2
	效率/%	68.98	30.50	65.32	65.71	69.64
0	模型流量/(L/s)	283.0	358.5	302.8	300.8	265.8
	原型流量/(m^3/s)	102.2	129.4	109.3	108.6	96.0
	效率/%	65.24	27.34	61.89	62.42	66.39

由表 9-1-12 可以看出：

a. 3#模型最高装置效率为 71.44%，对应的叶片安放角 φ 为 −4°，对应的扬程为 H=6.26 m，模型流量为 0.210 m^3/s，对应原型流量为 75.8 m^3/s。当叶片安放角 φ 为

$-4°$时，在设计工况点扬程 4.78 m 时，模型装置效率为 67.60%，流量为 0.235 m^3/s，对应原型流量为 84.9 m^3/s。

b. 当叶片安放角 φ 为 0°时，3＃模型最高装置效率为 66.39%，对应的扬程为 $H=6.72$ m，模型流量为 0.266 m^3/s，对应原型流量为 96.0 m^3/s。在设计工况点扬程 4.78 m 时，模型装置效率为 62.42%，流量为 0.301 m^3/s，对应原型流量为 108.6 m^3/s。

c. 当叶片安放角 φ 为$-2°$时，3＃模型最高装置效率为 69.64%，对应的扬程为 $H=6.48$ m，模型流量为 0.236 m^3/s，对应原型流量为 85.2 m^3/s。在设计工况点扬程 4.78 m 时，模型装置效率为 65.71%，流量为 0.268 m^3/s，对应原型流量为 96.7 m^3/s。

④ 3 种型号水泵叶轮模型能量特性试验对比与分析

由试验数据整理得出的 3 种型号水泵叶轮的能量性能参数如表 9-1-13 所示。

表 9-1-13　3 种型号水泵叶轮的主要性能参数

叶片安放角度/(°)	水泵模型	平均扬程(4.68 m)		设计扬程(4.78 m)	
		原型流量/(m^3/s)	效率/%	原型流量/(m^3/s)	效率/%
−4	1＃	97.1	64.37	96.4	64.87
	2＃	82.9	61.42	82.5	62.09
	3＃	85.5	67.19	84.9	67.60
−2	1＃	107.9	62.56	107.3	62.74
	2＃	94.1	60.83	93.7	61.35
	3＃	97.3	65.32	96.7	65.71
0	1＃	116.7	60.16	115.9	60.74
	2＃	107.5	61.43	107.0	61.80
	3＃	109.3	61.89	108.6	62.42

3）小结

① 1＃模型最高装置效率为 68.53%，对应的叶片安放角 φ 为$-4°$，对应的扬程为 $H=6.26$ m，模型流量为 0.241 m^3/s，对应原型流量为 87.0 m^3/s。当叶片安放角为$-2°$时，在设计工况点扬程 4.78 m 下，模型装置效率为 62.74%，流量为 0.297 m^3/s，对应原型流量为 107.3 m^3/s。当叶片安放角为$-4°$时，在设计工况点扬程 4.78 m 下，模型装置效率为 64.87%，流量为 0.267 m^3/s，对应原型流量为 96.4 m^3/s。

② 2＃模型最高装置效率为 68.19%，对应的叶片安放角 φ 为$-4°$，对应的扬程为 $H=6.71$ m，模型流量为 0.206 m^3/s，对应原型流量为 74.5 m^3/s。当叶片安放角为 0°时，在设计工况点扬程 4.78 m 下，模型装置效率为 61.80%，流量为 0.297 m^3/s，对应原型流量为 107.0 m^3/s。当叶片安放角为$-2°$时，在设计工况点扬程 4.78 m 下，模型装置效率为 61.35%，流量为 0.260 m^3/s，对应原型流量为 93.7 m^3/s。

③ 3＃模型最高装置效率为 71.44%，对应的叶片安放角 φ 为$-4°$，对应的扬程为

H=6.26 m,模型流量为 0.210 m^3/s,对应原型流量为 75.8 m^3/s。当叶片安放角为 0°时,在设计工况点扬程 4.78 m 下,模型装置效率为 62.42%,流量为 0.301 m^3/s,对应原型流量为 108.6 m^3/s。当叶片安放角为−2°时,在设计工况点扬程 4.78 m 下,模型装置效率为 65.71%,流量为 0.268 m^3/s,对应原型流量为 96.7 m^3/s。

(2)皂河一站 3# 水泵叶轮模型试验结果与分析

1)能量特性试验结果与分析

水泵模型装置在最大、最小、平均和设计净扬程下的试验数据见表 9-1-14。

表 9-1-14　水泵模型装置能量特性试验数据

叶片安放角度/(°)	参数	最小扬程(1.26 m)	平均扬程(4.68 m)	设计扬程(4.78 m)	最大扬程(5.8 m)	最高效率点参数
0	模型流量/(L/s)	358.9	303.0	300.8	283.4	266.0
	原型流量/(m^3/s)	129.6	109.4	108.6	102.3	96.0
	效率/%	27.30	61.83	62.44	65.27	66.38
−2	模型流量/(L/s)	322.3	269.5	267.4	249.1	236.0
	原型流量/(m^3/s)	116.4	97.3	96.5	89.9	85.2
	效率/%	30.48	65.29	65.70	69.02	69.66
−4	模型流量/(L/s)	288.0	236.5	235.1	218.5	210.3
	原型流量/(m^3/s)	104.0	85.4	84.9	78.9	75.9
	效率/%	32.04	67.20	67.63	70.95	71.45
−6	模型流量/(L/s)	255.9	203.7	202.7	183.1	189.1
	原型流量/(m^3/s)	92.4	73.5	73.2	66.1	68.3
	效率/%	33.93	68.53	68.99	71.11	71.45
−8	模型流量/(L/s)	212.5	162.3	160.1	140.9	147.1
	原型流量/(m^3/s)	76.7	58.6	57.8	50.9	53.1
	效率/%	36.74	68.15	68.36	68.30	69.00

由表 9-1-14 及图 9-1-34 至图 9-1-36 可以看出:

① 模型最高装置效率为 71.45%,对应两个叶片安放角 φ:−4°和−6°。当叶片安放角 φ 为−4°时,对应的扬程为 H=6.25 m,模型流量为 0.210 m^3/s,对应原型流量为 75.9 m^3/s。当叶片安放角 φ 为−6°时,对应的扬程为 H=5.49 m,模型流量为 0.189 m^3/s,对应原型流量为 68.3 m^3/s。

② 当叶片安放角 φ 为 0°时,模型最高装置效率为 66.38%,对应的扬程为 H=6.71 m,模型流量为 0.266 m^3/s,对应原型流量为 96.0 m^3/s。在设计工况点扬程 4.78 m 时,模型装置效率为 62.44%,流量为 0.301 m^3/s,对应原型流量为 108.6 m^3/s。

③ 当叶片安放角 φ 为−2°时,模型最高装置效率为 69.66%,对应的扬程为 H=6.49 m,

模型流量为 0.236 m^3/s,对应原型流量为 85.2 m^3/s。在设计工况点扬程 4.78 m 时,模型装置效率为 65.70%,流量为 0.267 m^3/s,对应原型流量为 96.5 m^3/s。

④ 当叶片安放角 φ 为 $-4°$ 时,在设计工况点扬程下,模型装置效率为 67.63%,流量为 0.235 m^3/s,对应原型流量为 84.9 m^3/s。

⑤ 当叶片安放角 φ 为 $-6°$ 时,在设计工况点扬程下,模型装置效率为 68.99%,流量为 0.203 m^3/s,对应原型流量为 73.2 m^3/s。

⑥ 当叶片安放角 φ 为 $-8°$ 时,在设计工况点扬程下,模型装置效率为 68.36%,流量为 0.160 m^3/s,对应原型流量为 57.8 m^3/s。

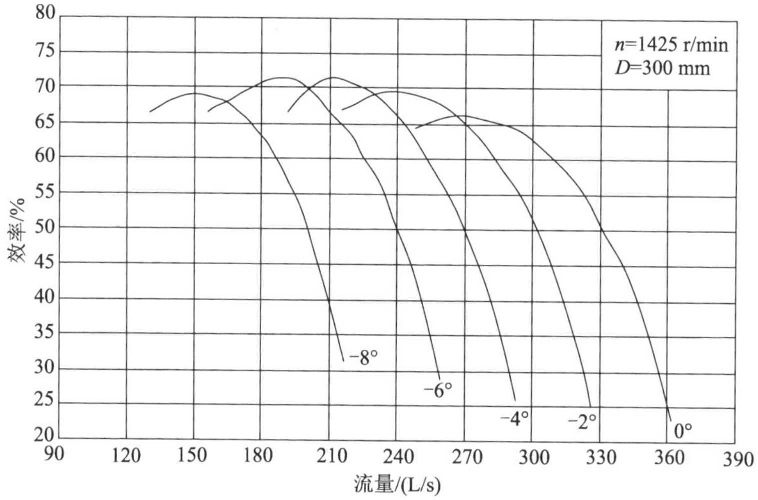

图 9-1-34　3#模型泵站模型装置特性曲线

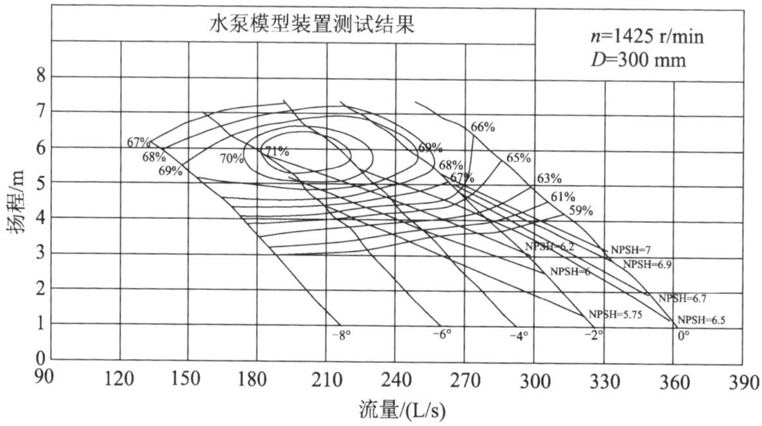

图 9-1-35　3#模型泵站模型装置综合特性曲线

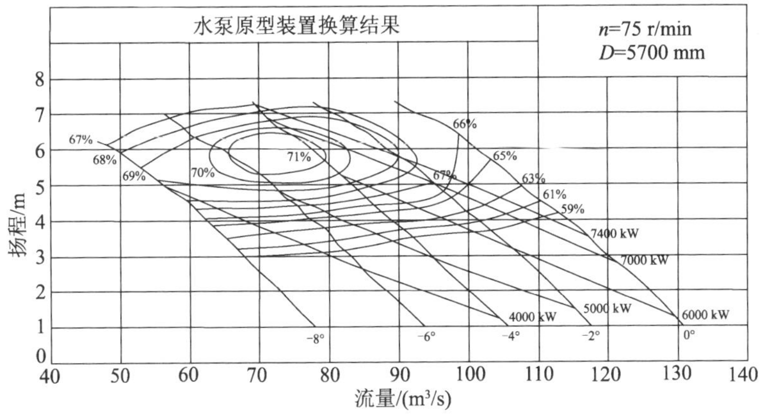

图 9-1-36　3♯模型泵站原型装置综合特性曲线

2）空蚀特性试验结果与分析

水泵叶轮模型在不同叶片安放角度下的空蚀特性试验结果表明：

① 当叶片安放角 φ 为 0°时，在设计净扬程 4.78 m 处，临界空蚀余量 $\Delta h_{临}=7.46$ m；在最大净扬程 5.8 m 处，临界空蚀余量 $\Delta h_{临}=7.75$ m。

② 当叶片安放角 φ 为−2°时，在设计净扬程 4.78 m 处，临界空蚀余量 $\Delta h_{临}=6.71$ m；在最大净扬程 5.8 m 处，临界空蚀余量 $\Delta h_{临}=7.32$ m。

③ 当叶片安放角 φ 为−4°时，在设计净扬程 4.78 m 处，临界空蚀余量 $\Delta h_{临}=6.25$ m；在最大净扬程 5.8 m 处，临界空蚀余量 $\Delta h_{临}=6.67$ m。

④ 当叶片安放角 φ 为−6°时，在设计净扬程 4.78 m 处，临界空蚀余量 $\Delta h_{临}=5.83$ m；在最大净扬程 5.8 m 处，临界空蚀余量 $\Delta h_{临}=6.19$ m。

⑤ 当叶片安放角 φ 为−8°时，在设计净扬程 4.78 m 处，临界空蚀余量 $\Delta h_{临}=5.34$ m；在最大净扬程 5.8 m 处，临界空蚀余量 $\Delta h_{临}=5.61$ m。

由试验数据整理得出的皂河一站水泵模型装置(3♯模型)的主要性能参数如表 9-1-15 所示。

表 9-1-15　皂河一站水泵模型装置(3♯模型)的主要性能参数

叶片安放角度/(°)	设计扬程(4.78 m)			最大扬程(5.8 m)		
	流量/(L/s)	效率/%	临界空蚀余量/m	流量/(L/s)	效率/%	临界空蚀余量/m
0	300.8	62.44	7.46	283.4	65.27	7.75
−2	267.4	65.70	6.71	249.1	69.02	7.32
−4	235.1	67.63	6.25	218.5	70.95	6.67
−6	202.7	68.99	5.83	183.1	71.11	6.19
−8	160.1	68.36	5.34	140.9	68.30	5.61

3）飞逸特性试验结果与分析

当水泵电机突然断电时，水倒流经过泵，泵的输入功率为零，叶轮反转进入水轮机工况，这时产生的最大反转转速为飞逸转速。飞逸特性试验时，采用调节辅助泵电机转速，使试验泵出口和进口侧形成不同的水位差。

根据相似理论，原、模型泵单位飞逸转速相等，由此可计算出原型机组在不同扬程时各叶片安放角度下的飞逸转速。不同叶片安放角度下模型水泵单位飞逸转速计算结果见表 9-1-16，不同扬程下原型水泵飞逸转速计算结果见表 9-1-17，飞逸特性曲线见图 9-1-37。

由表 9-1-16 可知，叶片安放角度为 0°时，单位飞逸转速 $n_{f11}=190.12$ r/min；叶片安放角度为－2°时，单位飞逸转速 $n_{f11}=204.73$ r/min；叶片安放角度为－4°时，单位飞逸转速 $n_{f11}=219.48$ r/min；叶片安放角度为－6°时，单位飞逸转速 $n_{f11}=235.86$ r/min；叶片安放角度为－8°时，单位飞逸转速 $n_{f11}=251.21$ r/min。由图 9-1-37 可知，飞逸转速未超过机组额定转速的 1.5 倍(112.5 r/min)，飞逸性能良好。

表 9-1-16　不同叶片安放角度下模型水泵单位飞逸转速计算结果

叶片安放角度/(°)	0	－2	－4	－6	－8
n_{f11}/(r/min)	190.12	204.73	219.48	235.86	251.21

表 9-1-17　不同扬程下原型水泵飞逸转速计算结果

(原型水泵转速 $n=75$ r/min，叶轮直径 $D=5700$ mm)

扬程/m		1.0	1.8	2.6	3.4	4.2	5.0	5.8	6.5
飞逸转速/(r/min)	0°	33.35	44.75	53.78	61.50	68.36	74.58	80.33	85.04
	－2°	35.92	48.19	57.92	66.23	73.61	80.31	86.50	91.57
	－4°	38.51	51.66	62.09	71.00	78.91	86.10	92.73	98.17
	－6°	41.38	55.52	66.72	76.30	84.80	92.53	99.65	105.50
	－8°	44.07	59.13	71.06	81.26	90.32	98.55	106.14	112.36

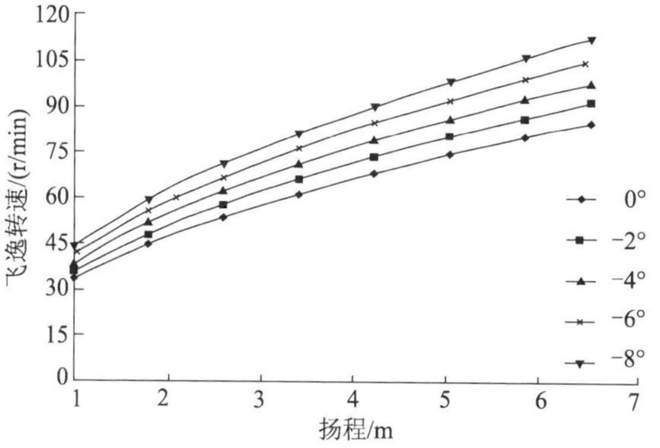

图 9-1-37　飞逸特性曲线

(3) 皂河一站 2#水泵叶轮模型试验结果与分析

1) 能量特性试验结果与分析

水泵叶轮模型装置在最大、最小、平均和设计净扬程下的试验数据见表 9-1-18。

表 9-1-18　水泵模型装置能量特性试验数据

叶片安放角度/(°)	参数	最小扬程(1.26 m)	平均扬程(4.68 m)	设计扬程(4.78 m)	最大扬程(5.8 m)	最高效率点参数
+2	模型流量/(L/s)	348.7	314.8	313.9	301.7	287.6
	原型流量/(m^3/s)	125.88	113.66	113.31	108.91	103.82
	效率/%	24.74	59.95	60.56	64.94	66.49
0	模型流量/(L/s)	330.8	297.8	296.5	283.1	277.0
	原型流量/(m^3/s)	119.42	107.52	107.03	102.20	99.99
	效率/%	26.26	61.52	61.79	66.70	67.54
−2	模型流量/(L/s)	294.5	259.5	258.2	247.2	236.0
	原型流量/(m^3/s)	106.31	93.67	93.21	89.24	85.20
	效率/%	27.14	60.85	61.36	66.01	67.40
−4	模型流量/(L/s)	261.1	229.9	228.7	217.4	207.6
	原型流量/(m^3/s)	94.26	82.98	82.56	78.48	74.94
	效率/%	28.62	61.58	62.00	66.57	68.18
−6	模型流量/(L/s)	222.3	194.6	193.6	184.4	172.9
	原型流量/(m^3/s)	80.25	70.25	69.89	66.57	62.42
	效率/%	29.30	62.44	62.88	65.78	67.57

由表 9-1-18、图 9-1-38、图 9-1-39 和图 9-1-40 可以看出：

① 模型最高装置效率为 68.18%，对应的叶片安放角 φ 为 −4°，对应的扬程为 H=6.68 m，模型流量为 0.208 m^3/s，对应原型流量为 74.94 m^3/s。

② 当叶片安放角 φ 为 +2°时，模型最高装置效率为 66.49%，对应的扬程为 H=6.69 m，模型流量为 0.288 m^3/s，对应原型流量为 103.82 m^3/s。在设计工况点扬程 4.78 m 时，模型装置效率为 60.56%，模型流量为 0.314 m^3/s，对应原型流量为 113.31 m^3/s。

③ 当叶片安放角 φ 为 0°时，模型最高装置效率为 67.54%，对应的扬程为 H=6.52 m，模型流量为 0.277 m^3/s，对应原型流量为 99.99 m^3/s。在设计工况点扬程 4.78 m 时，模型装置效率为 61.79%，流量为 0.297 m^3/s，对应原型流量为 107.03 m^3/s。

④ 当叶片安放角 φ 为 −2°时，模型最高装置效率为 67.40%，对应的扬程为 H=6.49 m，模型流量为 0.236 m^3/s，对应原型流量为 85.20 m^3/s。在设计工况点扬程 4.78 m 时，模型装置效率为 61.36%，流量为 0.258 m^3/s，对应原型流量为 93.21 m^3/s。

⑤ 当叶片安放角 φ 为 $-4°$ 时，在设计工况点扬程下，模型装置效率为 62.00%，流量为 0.229 m^3/s，对应原型流量为 82.56 m^3/s。

⑥ 当叶片安放角 φ 为 $-6°$ 时，在设计工况点扬程下，模型装置效率为 62.88%，流量为 0.194 m^3/s，对应原型流量为 69.89 m^3/s。

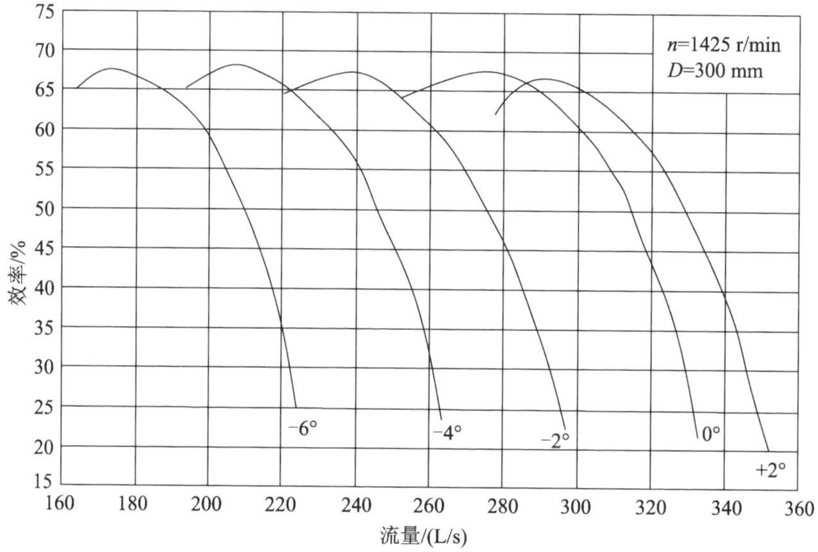

图 9-1-38　2＃泵站模型装置特性曲线

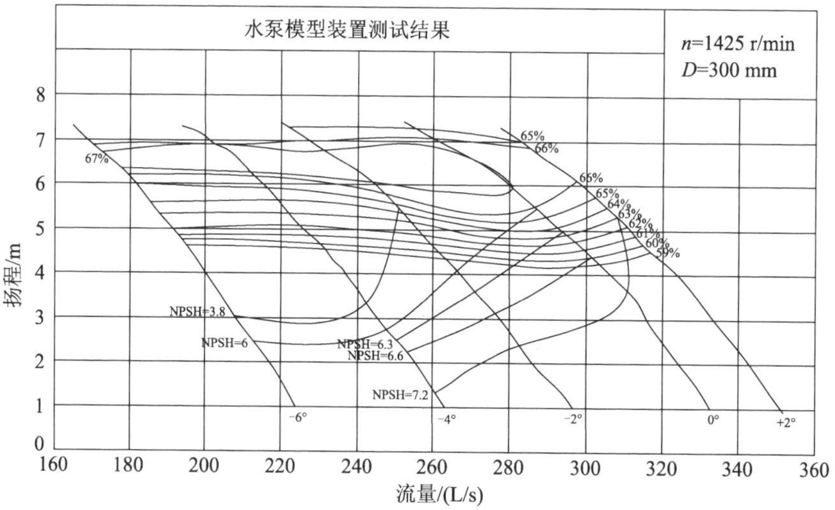

图 9-1-39　2＃泵站模型装置综合特性曲线

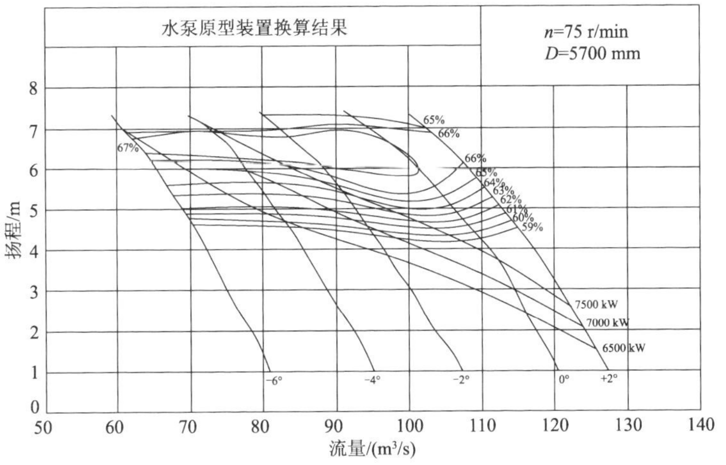

图 9-1-40 2＃泵站原型装置综合特性曲线

2）空蚀特性试验结果与分析

水泵叶轮模型在不同叶片安放角度下的空蚀特性试验结果表明：

① 当叶片安放角 φ 为＋2°时，在设计净扬程 4.78 m 处，临界空蚀余量 $\Delta h_{临}$＝7.33 m；在最大净扬程 5.8 m 处，临界空蚀余量 $\Delta h_{临}$＝7.08 m。

② 当叶片安放角 φ 为 0°时，在设计净扬程 4.78 m 处，临界空蚀余量 $\Delta h_{临}$＝6.26 m；在最大净扬程 5.8 m 处，临界空蚀余量 $\Delta h_{临}$＝5.67 m。

③ 当叶片安放角 φ 为－2°时，在设计净扬程 4.78 m 处，临界空蚀余量 $\Delta h_{临}$＝5.88 m；在最大净扬程 5.8 m 处，临界空蚀余量 $\Delta h_{临}$＝5.25 m。

④ 当叶片安放角 φ 为－4°时，在设计净扬程 4.78 m 处，临界空蚀余量 $\Delta h_{临}$＝4.90 m；在最大净扬程 5.8 m 处，临界空蚀余量 $\Delta h_{临}$＝4.60 m。

⑤ 当叶片安放角 φ 为－6°时，在设计净扬程 4.78 m 处，临界空蚀余量 $\Delta h_{临}$＝4.74 m；在最大净扬程 5.8 m 处，临界空蚀余量 $\Delta h_{临}$＝4.27 m。

由试验数据整理得出的皂河一站水泵模型装置（2＃模型）的主要性能参数如表 9-1-19 所示。

表 9-1-19 皂河一站水泵模型装置(2＃模型)的主要性能参数

叶片安放角度/(°)	设计扬程(4.78 m)			最大扬程(5.8 m)		
	流量/(L/s)	效率/%	临界空蚀余量/m	流量/(L/s)	效率/%	临界空蚀余量/m
＋2	313.9	60.56	7.33	301.7	64.94	7.08
0	296.5	61.79	6.26	283.1	66.70	5.67
－2	258.2	61.36	5.88	247.2	66.01	5.25
－4	228.7	62.00	4.90	217.4	66.57	4.60
－6	193.6	62.88	4.74	184.4	65.78	4.27

3）飞逸特性试验结果与分析

当水泵电机突然断电时，水倒流经过泵，泵的输入功率为零，叶轮反转进入水轮机工况，这时产生的最大反转转速为飞逸转速。飞逸特性试验时，采用调节辅助泵电机转速，使试验泵出口和进口侧形成不同的水位差。

根据相似理论，原、模型泵单位飞逸转速相等，由此可计算出原型机组在不同扬程时各叶片安放角度下的飞逸转速。不同叶片安放角度下模型水泵单位飞逸转速计算结果见表 9-1-20，不同扬程下原型水泵飞逸转速计算结果见表 9-1-21，飞逸特性曲线见图 9-1-41。

表 9-1-20　不同叶片安放角度下模型水泵单位飞逸转速计算结果

叶片安放角度/(°)	+2	0	−2	−4	−6
n_{f11}/(r/min)	191.40	200.68	209.99	218.83	227.63

表 9-1-21　不同扬程下原型水泵飞逸转速计算结果

(原型水泵转速 n=75 r/min，叶轮直径 D=5700 mm)

扬程/m		1.0	1.8	2.6	3.4	4.2	5.0	5.8	6.5
飞逸转速/(r/min)	0°	33.58	45.05	54.14	61.92	68.82	75.08	80.87	85.61
	−2°	35.21	47.24	56.77	64.92	72.15	78.73	84.79	89.76
	−4°	36.84	49.43	59.40	67.93	75.50	82.38	88.72	93.92
	−6°	38.39	51.51	61.90	70.79	78.68	85.85	92.46	97.88
	−8°	39.94	53.58	64.39	73.64	81.84	89.30	96.18	101.81

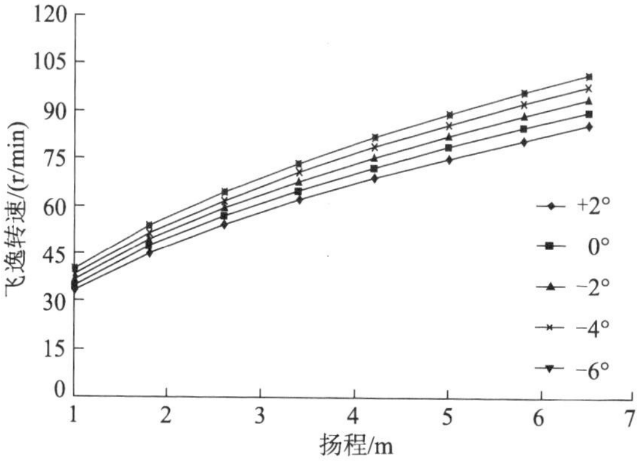

图 9-1-41　飞逸特性曲线

由表 9-1-20 可知，叶片安放角度为+2°时，单位飞逸转速 n_{f11}=191.40 r/min；叶片安放角度为 0°时，单位飞逸转速 n_{f11}=200.68 r/min；叶片安放角度为−2°时，单位飞逸转速 n_{f11}=209.99 r/min；叶片安放角度为−4°时，单位飞逸转速 n_{f11}=218.83 r/min；叶片安放角度为−6°时，单位飞逸转速 n_{f11}=227.63 r/min。由图 9-1-41 可知，在最大扬程 5.8 m

时，飞逸转速为 96.18 r/min，未超过机组额定转速的 1.5 倍。

皂河一站更新改造工程于 2010 年 6 月正式开工，2011 年 5 月通过试运行验收，2012 年 12 月顺利通过设计单元工程通水验收。截至 2014 年 10 月底，工程累计完成投资 1.32 亿元，完成全部建设内容并移交管理单位。

图 9-1-42 是改造后皂河一站厂房外景图，图 9-1-43 是改造后皂河一站电机层内景图。

图 9-1-42　改造后皂河一站厂房外景图

图 9-1-43　改造后皂河一站电机层内景图

参考文献

[1] 周元斌. 皂河泵站[M]. 南京：河海大学出版社，2019.
[2] 周君亮. 皂河第一抽水站枢纽布置和泵房设计[J]. 江苏水利，1992(1)：9-19.
[3] 周君亮. 皂河第一抽水站装置性能和主机结构[J]. 江苏水利，1992(2)：33-46.
[4] 河海大学. 皂河一站更新改造工程水泵装置模型试验研究报告[R]. 2010.
[5] 扬州大学. 皂河一站混流泵装置模型试验研究报告[R]. 2010.

9.2　界牌泵站

9.2.1　工程概况

界牌泵站是新孟河延伸拓浚工程界牌水利枢纽工程的重要工程，于 2018 年 2 月开工建设，2021 年 12 月通过了机组启动验收。工程选用 9 台叶轮直径为 3.45 m 的全调节立式轴流泵机组，单机流量 33.4 m^3/s，配套电机功率 2000 kW，设计规模为 300 m^3/s，总装机容量为 18000 kW。泵站采用 X 形双层流道进出水，快速闸门断流，相应防洪标准为 100 年一遇设计，300 年一遇校核。图 9-2-1 是界牌泵站厂房外景图，图 9-2-2 是界牌泵站电机层内景图。

图 9-2-1　界牌泵站厂房外景图

图 9-2-2　界牌泵站电机层内景图

9.2.2　兴建缘由

太湖流域地处长江三角洲核心区域，人口稠密、经济发达，以占全国不到 0.4%的土地面积、3.5%的人口，创造了占全国 10%以上的国内生产总值。太湖位于流域中心，是我国第三大淡水湖泊，水面面积 2338 km^2，是流域内重要的水源地和洪涝水调蓄中心，也是流域经济社会发展的重要自然资源，具有向沿湖周边城市无锡、苏州、湖州及其下游上海、嘉兴等城市提供生活、生产用水以及保障其防洪安全等重要作用。随着流域经济社会快速发展，流域水情、工情、社情等发生了巨大变化，存在水污染严重、水生态环境恶化、防洪减灾能力偏低、本地水资源不足等问题，这些已成为经济社会可持续发展的重要制约因素。

国家历来高度重视流域的综合治理。1991 年太湖大水之后，相继实施了 11 项骨干工程，初步形成了流域防洪减灾体系。进入 21 世纪以来，针对流域水环境、防洪除涝和水资源问题，有关部门先后针对太湖流域编制了一系列规划、方案。新孟河延伸拓浚工程是提高水环境容量引排通道工程之一，是流域洪水北排长江的主要防洪工程之一，同时也是流域水资源配置的重要引水河道。工程实施将进一步完善引江济太工程布局，有效改善竺山湖等西北部湖区和上游湖西地区河网水环境，提高流域和区域防洪排涝能力和水资源配置能力，对保障流域和区域水环境安全、防洪安全和供水安全，实现流域经济社会可持续发展具有十分重要的作用。

新孟河延伸拓浚工程北起长江，自大夹江向南新开河道接老新孟河，沿老新孟河拓浚至京杭运河，立交过京杭运河后新开河道向南延伸至北干河，拓浚北干河连接洮湖、滆湖，拓浚太滆运河和漕桥河入太湖。兴建界牌水利枢纽、奔牛水利枢纽、两岸口门控制工程。界牌水利枢纽位于新孟河向北延伸段入江口处，是新孟河延伸拓浚工程重要的控制建筑物，具有输送引江清水进入湖西地区腹部、太湖，将流域上游湖西地区洪水北排长江，维持新孟河通航等功能，对保障新孟河延伸拓浚工程发挥改善水环境、提高防洪除涝标准和增强水资源配置能力效益具有十分重要的作用。

9.2.3　工程任务与规模

9.2.3.1　工程任务

当太湖水位处于自引区时，开启节制闸自引长江水入湖；当太湖水位处于泵引区时，开启泵站抽引长江水，扩大引江入湖水量；当太湖水位处于适时调度区时，视地区水情适时引排，若地区水位高于多年平均高水位，则停止引水；当太湖水位位于防洪调度区时，界牌水利枢纽进行防洪调度。

① 改善太湖和湖西地区的水环境，平水年新增引江入湖水量 25.2 亿 m^3。

② 提高流域和区域的防洪排涝标准，遇太湖流域北部 1991 年 100 年一遇设计洪水，造峰期工程北排长江水量 7.5 亿～7.9 亿 m^3，湖西区入湖水量 19.3 亿～20.8 亿 m^3；遇太湖流域南部 1999 年 100 年一遇设计洪水，造峰期工程北排长江水量 3.3 亿 m^3，湖西区入湖水量 15.0 亿 m^3，详见表 9-2-1。

③ 增强流域和区域的水资源配置能力，结合流域其他引水工程，2030 规划水平年，遇流域 1971 年型（$P=90\%$）枯水年，湖西区引江水量 57.24 亿 m^3，其中工程引长江水量达到 39.8 亿 m^3；湖西区入太湖水量 62.6 亿 m^3，其中工程入太湖水量达到 21.4 亿 m^3，湖西区代表站漏湖（坊前站）最低旬平均水位不低于 2.87 m。

④ 兼顾地区航运。

9.2.3.2 工程规模

结合新孟河延伸拓浚工程其他工程，采用太湖流域一维河网水量模型，分别计算 1971 年型和防洪典型年 1991 年型、1999 年型不同泵站规模的防洪排涝及引水效果，计算结果见表 9-2-1。

表 9-2-1 界牌水利枢纽不同泵站规模的防洪排涝及引水效果

泵站规模/(m^3/s)				260	300	工程任务
1971 年型	全年水量/亿 m^3	引江	湖西区	59.05	60.98	
			其中新孟河	38.50	40.71	
			其中泵引	18.20	20.88	
		入湖	湖西区	62.2	63.30	62.6
			其中新孟河	23.09	23.49	
	旬均最低水位/m		太湖	2.79	2.80	
			洮湖	3.12	3.14	
			漏湖	3.04	3.06	>2.87
1991 年型	造峰期水量/亿 m^3	排江	湖西区	14.84	15.15	
			其中新孟河	7.78	8.09	7.9
		入湖	湖西区	20.26	20.10	20.8
			其中新孟河	7.03	6.95	
	日均最高水位/m		太湖	4.59	4.59	
			洮湖	6.03	6.03	
			漏湖	5.39	5.39	

续表

泵站规模/(m^3/s)				260	300	工程任务
1999 年型	造峰期水量/亿 m^3	排江	湖西区	6.25	6.38	
			其中新孟河	3.14	3.28	3.3
		入湖	湖西区	15.29	15.24	15.0
			其中新孟河	5.83	5.80	
	日均最高水位/m		太湖	4.76	4.76	
			洮湖	5.92	5.92	
			滆湖	5.36	5.36	

根据模型计算，从满足流域防洪排涝需要分析，当泵站规模为 260 m^3/s 时，工程排江水量分别是 7.78 亿 m^3 和 3.14 亿 m^3，工程排江水量未达到 7.9 亿 m^3 和 3.3 亿 m^3 的工程任务。当泵站规模达到 300 m^3/s 时，工程排江水量分别是 8.09 亿 m^3 和 3.28 亿 m^3，基本满足工程排江 7.9 亿 m^3 和 3.3 亿 m^3 的任务。1991 和 1999 两年型中，通过泵排的水量分别为 2.9 亿 m^3 和 1.0 亿 m^3，自排水量分别为 5.2 亿 m^3 和 2.3 亿 m^3。

从满足水资源配置需要出发，当泵站规模为 300 m^3/s 时，湖西区引江水量 60.98 亿 m^3，其中，工程引江水量 40.71 亿 m^3，满足工程引江水量的要求；湖西区入湖水量 63.30 亿 m^3，满足湖西区入湖 62.6 亿 m^3 的要求。在工程引江的 40.71 亿 m^3 水量中，泵引水量 20.88 亿 m^3，自引水量 19.83 亿 m^3。

综上分析，为满足水环境改善和水资源配置的工程引水任务，泵站规模需 300 m^3/s 左右；按满足防洪排涝工程任务要求，泵站规模需 300 m^3/s。综合考虑水环境改善、水资源配置和防洪排涝的需要，界牌水利枢纽泵站规模确定为引排双向各 300 m^3/s。

9.2.4 工程等级和标准

界牌水利枢纽为新孟河延伸拓浚工程中的入江口门控制性枢纽，根据《长江流域防洪规划》和《江苏省长江堤防达标工程建设标准》，长江堤防为 2 级建筑物，按照“堤防上的建筑物等级不低于堤防等级”的要求，确定穿堤建筑物的级别。因泵站规模属大(1)型，确定泵站的主要建筑物，如泵房，进、出水池，变电设施等按 1 级建筑物设计；临时工程按 4 级建筑物设计。界牌水利枢纽工程按照 100 年一遇洪(潮)水位设计，300 年一遇洪(潮)水位校核。

界牌水利枢纽泵站设计运行水位如表 9-2-2 所示。

表 9-2-2 界牌水利枢纽泵站设计运行水位

运行状态	水位/m		
排水	长江侧	设计	6.99
		校核	7.23
	新孟河侧	设计	4.64
		校核	4.30

续表

运行状态	水位/m		
引水	长江侧	设计	3.16
		校核	1.50
	新孟河侧	设计	3.92
		校核	4.57

9.2.5 工程总体布置

界牌水利枢纽工程位于新孟河向北延伸段入江口处的浦河和小夹江之间，是新孟河延伸拓浚工程的重要控制性建筑物之一，由一座闸孔总净宽 80 m 的节制闸、一座总装机流量 300 m^3/s 的双向泵站、一座Ⅵ级航道船闸(16 m×180 m)组成。枢纽采用合建布置，枢纽东岸布置泵站、中间布置节制闸、西岸布置船闸，泵站、节制闸和船闸外闸首(长江侧)采用一字形并列布置型式。

节制闸和泵站均集中布置。考虑到节制闸引排流量相对较大，使用频繁，优先布置于靠近河道中心的位置，引排水流条件较好，而泵站则布置在东岸，有利于安装间的布置和建成后的操作运行、检修、监控等，交通便利。同时，节制闸和船闸相对集中，便于建成后的工程运行管理。因此，节制闸布置在河道中心位置，泵站布置在东岸。

泵站选用 9 台套开敞式 X 形双向立式轴流泵，单泵流量 33.4 m^3/s，总装机流量 300 m^3/s。站身采用块基型整体结构，3 台机组安装在一块底板上，即 3 机一联，整个泵站共 3 联。站身底板顺水流方向长 39.5 m，垂直水流向的宽度 3 机一联为 33.9 m，共 101.7 m。底板顶面高程－7.3 m，站身上下共分 4 层，分别为进水流道层、出水流道层、辅机层、泵房，站身地坪高程为 9.85 m。外河侧防洪高程为 10.10 m。泵站外河侧紧贴站身设置净宽 7.0 m 宽交通桥，桥顶高程 10.10 m，采用桩柱式桥墩，预应力空心桥板。站身内、外河侧均设置 30 m 长进出水池，池底以 1∶6 的斜坡接至河底高程－3.0 m，采用钢筋混凝土护底。内、外河侧进出水池后均设置清污机桥，布置格栅清污机及其传送装置，清污机桥顶高程分别为 7.50 m、9.00 m，桥面宽度均为 7.0 m，清污机桥采用坞式整体结构，分 3 联布置，底板顺水流方向长度分别为 10.5 m、11.5 m。清污机桥后接灌砌石护底，内河侧设置灌砌块石护底 57.4 m，外河侧设置灌砌块石护底 108.5 m，护底后均设有抛石防冲槽，内河侧防冲槽面宽 10 m、深 3 m，外河侧防冲槽面宽 20 m、深 3 m。

9.2.6 机组台数及泵型选择

界牌水利枢纽泵站设计流量为双向 300 m^3/s，为大(1)型泵站。国内大型工程南水北调东线一期工程泵站的单泵流量基本在 30～35 m^3/s，有鉴于此，对 9 台立式轴流泵方案、8 台立式轴流泵方案和 9 台竖井贯流泵方案三种方案进行了综合技术经济比选。

泵站建设方案的比选分析见表 9-2-3。

表 9-2-3　泵站方案比选分析

项目		方案一 9 台立式轴流泵方案	方案二 8 台立式轴流泵方案	方案三 9 台竖井贯流泵方案
可行性		抽引、抽排总流量均为 300 m^3/s，满足泵站挡洪、排涝、引水等功能，在技术上均可行。		
单泵流量/(m^3/s)		33.4	37.5	33.4
叶轮直径/mm		3450	3650	3550
水泵转速/(r/min)		100	93.8	98.8
水泵安装高程/m		−3.05	−3.40	−2.50
传动方式		直联	直联	齿轮箱减速
电机功率/kW		2000	2200	2000
水力性能		两种泵型设计点效率基本相同，但立式轴流泵引水工况最高效率高于竖井贯流泵，在整个运行区域内，总体能量性能优于竖井贯流泵方案。在空化性能方面，由于立式轴流泵叶轮采用常规叶片，而竖井贯流泵叶轮采用 S 型叶片，因此立式轴流泵叶轮的空化性能优于竖井贯流泵。		
泵房布置	轨顶高程/m	22.35	23.10	19.00
	泵房底板底高程/m	−9.30	−9.90	−7.00
	顺水流方向宽度/m	39.5	41	54
	垂直水流向长度/m	101.7	95.6	92.7
	泵组流道宽度/m	10	9.5	8.5
	安装间尺寸/m	20	20	16
10 kV 开关柜室面积/m^2		113.4	113.4	142.2
金属结构		配备 36 扇快速闸门、36 台卷扬式启闭机。	配备 32 扇快速闸门、32 台卷扬式启闭机。	配备 18 扇拍门、9 扇快速闸门、1 扇检修闸门、27 套液压启闭机、3 套液压泵站。
检修条件		快速闸门兼检修闸门，检修方便。	快速闸门兼检修闸门，检修方便。	9 孔设 1 扇检修门，共用，检修较方便。
泵站工程投资/万元	土建工程	12929.94	13616.72	13454.33
	机电设备	6456.34	6300.17	6537.93
	金属结构	5153.40	4653.45	5391.80
	合计	24539.68	24570.34	25384.06

注：泵站方案比选土建工程范围为内、外河防冲槽之间，包含站身、交通桥、安装间、进出水池、清污机桥、翼墙、隔流墩、海漫、防冲槽等部位。

9.2.7 泵站主体结构设计

泵站主体结构的布置设计如下：

泵站选用9台套开敞式X形双向立式轴流泵，单泵流量33.4 m^3/s，总装机流量300 m^3/s。采用3台机组安装在一块底板上，即3机一联，整个泵站共3联。泵站采用块基型整体结构，根据工程的整体布置，考虑到设备的运行、管理、维护，泵站的主厂房与外河侧启闭机厂房合并布置，内河侧启闭机厂房与主厂房并列布置，站身底板顺水流方向长39.5 m，垂直水流向的宽度3机一联为33.9 m，每台机组中心距为11.0 m(同一联内)和11.9 m(相邻联间)，中墩厚度均为1.5 m，边墩和缝墩的厚度均为1.2 m；水泵叶轮中心安装高程定为－3.05 m。

站身上下共分4层。底板顶面高程－7.30 m，底板厚2 m。底板以上至高程－1.4 m之间为进水流道层，高程－1.4～4.1 m之间为出水流道层，高程4.1～9.85 m之间为辅机层，高程9.85 m以上为地面厂房层。外河侧防洪高程为10.10 m。在泵站厂房内河侧设置宽1.2 m的巡视平台。

单泵进出水流道共采用4道快速闸门作为工作门，正反向运行通过4道工作门进行切换。内、外河侧工作闸门外侧各设安全拦污栅1道。

主厂房(含外河侧启闭机厂房)长101.7 m，宽为26.25 m；内河侧启闭机厂房长101.7 m，宽为13.25 m；主厂房东侧设安装检修间，长20 m，宽为26.25＋13.25＝39.5 m，安装检修间地面高程9.85 m。主厂房(含外河侧启闭机厂房)内配50/10 t电动桥式起重机一台，轨顶高程22.35 m；内河侧启闭机厂房内配40/5 t电动桥式起重机一台，轨顶高程18.35 m。进口大门布置在东侧。安装间上部结构同主泵房，采用钢筋混凝土排架结构，安装间下设二层地下室。

9.2.8 泵站运行特征水位和扬程

泵站运行水位组合见表9-2-4。考虑站前落低0.2 m，站后壅高0.2 m，泵站净扬程见表9-2-5。

表9-2-4 泵站运行水位组合

运行工况	水位/m			说明
引水	设计	长江	3.16	1971年型灌溉期(4—10月)平均低潮位
		新孟河	3.92	由腹部引水适宜水位推算至站前
	校核	长江	1.50	泵站长江侧引水校核水位
		新孟河	4.57	模型计算1971年型泵站引水最高水位

续表

运行工况	水位/m			说明
排水	设计	长江	6.99	5%最高连续4日高潮平均潮位
		新孟河	4.64	模型计算泵站运行平均水位
	校核	长江	7.23	1%最高连续7日高潮平均潮位
		新孟河	4.30	洮湖、滆湖警戒水位平均值

泵站最低运行水位：在引水工况，长江侧为1.50 m，新孟河侧取新孟河侧最低控制水位3.00 m。

表9-2-5 泵站净扬程

净扬程	引水工况	排水工况
最高净扬程/m	3.47	3.33
设计净扬程/m	1.16	2.75
最低净扬程/m	0.00	0.00

9.2.9 泵型比选

9.2.9.1 泵站特点和泵型选择原则

① 界牌枢纽泵站规模大，运行扬程低，属低扬程大流量双向运行泵站，泵站引水时间大于排水时间，且引水工况与排水工况的设计扬程相差很大，水泵选型须考虑怎样兼顾好两种运行工况，获得最佳的综合性能，使所选泵型在水力性能上引水设计工况尽量靠近高效区并满足设计流量要求，排水设计工况接近高效区并满足设计流量要求，且最高与最低扬程时水泵均能安全稳定运行。

② 选用的泵型应技术先进、成熟，确保运行安全可靠，为此须对双向运行泵站进行调查分析，采纳已有的先进成果作为本泵站的设计参考，在此基础上提高本泵站的选型设计。

③ 泵组的结构应考虑安装、维护和运行的要求，做到结构简单、安装方便、尽可能减少检修的工作量和延长大修间隔时间，提高经济性。

④ 水泵应具有较好的抗空蚀性能，为此在选取模型水泵时尽可能做到空化性能和能量性能综合考虑，并合理确定水泵安装高程，以保证原型水泵空化性能良好。

⑤ 泵型选择要结合水泵进出水流道型式一起考虑，以提高水泵装置效率，并尽量减少泵站土建费用。

⑥ 泵型选择要同时考虑配套电机等整体泵组中各设备的适用性和先进性，使推荐的泵型在综合各方面后达到技术经济合理、先进、可靠。

9.2.9.2 双向运行泵站统计和初选

目前低扬程、大流量的双向运行泵站泵型有X形双层流道立式轴流泵、S型叶片双向运行竖井贯流泵，这两种水泵的应用情况见表9-2-6和表9-2-7。

表 9-2-6　X 形双层流道泵站统计

泵站名称	叶轮直径/m	水泵转速/(r/min)	扬程/m(正向/反向)			单泵设计流量/(m^3/s)	水泵装置最高效率/%(正向/反向)	配套功率/kW(台数)	建造年份
			最大	设计	最小				
谏壁泵站	2.8	150	4.38/3.07	2.44/1.67	3.29	26.2		1600(6 台)	1978 年建成，2003 年改造，2006 年改造完成
凤凰颈泵站	3.1	150	5.66/4.86	4.27/2.32		40/33.4		3000/2200(6 台)	1991 年建成
魏村泵站	3.15	125		2.72		32		2600(2 台单向，3 台双向)	2022 年改造，2023 年试运行
五节桥港泵站	2.25	166.7	3.65/2.40	1.92/1.04		15		900(3 台)	2013 年建设
泰州引江河高港枢纽泵站	3.0	150	3.98/3.00	3.23/2.50 平均 2.31/2.17	0.73/1	33.4	66.46	2000(9 台)	一期 2002 年竣工
九曲河泵站	2.5	150	4.62/4.35	4.22/3.21		20		1000(4 台)	2007 年竣工
常熟水利枢纽泵站	2.5	150	2.65/3.24	1.73/1.86 平均 0.55/0.86		20		900(9 台)	1996 年建成，2010 年改造
常熟海洋泾枢纽泵站	2.0			2.53		15		1000(2 台)	2008 年开工，2010 年完工
七浦塘江边枢纽泵站	3.15	125	3.69/3.88	2.64/2.40		30	70/69.4	2000(4 台)	2016 年建成
新沟河江边枢纽泵站	3.15	125	3.53/2.99	3.03/1.55	0	30	71.26/58.44	1800(3 台双向，3 台单向)	2002 年建成
澡港泵站	2.5	150	3.16/2.31	1.67/1.48		20		1000(3 台)	2009 年建成

表 9-2-7　双向竖井贯流泵站统计

泵站名称	规模/(m^3/s)	叶轮直径/m	水泵转速/(r/min)	扬程/m(正向/反向)			建设时间
				最大	设计	最小	
常州横塘河北枢纽泵站	4×10.0	2.18	132	2.42/0.75	1.09/0.37	0.0	2007 年竣工
朱洲河泵站	4×10.0	2.18	132	2.18/1.01	1.21/0.7	0.0	2015 年建成
新沟河遥观北枢纽泵站	4×20.0(引水) 4×15.0(排水)	2.70	155	1.5/0.7	1.18/0.4	0.0	2019 年建成
武进大通河枢纽泵站	2×11.33(正向) 2×10.85(反向)	2.0	180.7				2011 年竣工验收
溧阳蒋家荡枢纽泵站	4×10	1.95			1.54		2014 年建成
常州澡港河枢纽泵站	5×10	2.18	133.6	1.8/1.72	0.9/0.7	0.0	2014 年建成
苏州裴家圩泵站	5×8.0	1.90	155	1.5/0.7	1.18/0.4	0.0	2003 年建成
广东顺德勒流黄麻涌泵站	2×5.0(引水) 2×(4～5)(排水)	1.40	350	3.99/1.7	3.2/1.3	0.0/0.3	

X 形双层流道立式轴流泵本身为单向运转，通过双层流道的 4 扇闸门启闭的切换实现泵站双向运行。双向竖井贯流泵利用 S 型叶轮的双向特性，通过改变电动机的相序，来改变电动机及叶轮的转动方向，实现泵站的双向运行。从表 9-2-6、表 9-2-7 可见，立式轴流泵泵型双向泵站最大单泵流量为 40 m^3/s，竖井贯流泵泵型则为 20 m^3/s。界牌泵站总流量 300 m^3/s，运行净扬程在 0～3.47 m，为低扬程、大流量的双向运行泵站，双层流道立式轴流泵、竖井贯流泵两种泵型均适用。

9.2.9.3　典型双向立式轴流泵站、竖井贯流泵站现状

常熟水利枢纽泵站和泰州引江河高港枢纽泵站是 20 世纪 90 年代建设的双向立式轴流泵站，其中高港枢纽泵站分两期建设，一期(1999 年)安装 3 台 ZLB35-4 型立式半调节轴流泵，二期(2003 年)安装 6 台 ZLQ35-4 型立式全调节轴流泵。常熟水利枢纽泵站水泵运行效率较低，高港枢纽泵站效率已提高，特别是二期，模型装置最高效率已达到 70%。后来的江边双向运行枢纽泵站基本都推荐采用双向立式轴流泵泵型，如澡港泵站、七浦塘江边枢纽泵站和新沟河江边枢纽泵站等。新沟河江边枢纽泵站对水泵装置进行了优化，取得了模型泵装置最高效率达 71.2%的效果，模型泵装置综合特性曲线见图 9-2-3。但为了达到此效率，与以往工程相比，大大降低了影响流道控制性尺寸的进出水口断面流速，从而增大了泵房开挖和土建工程量。

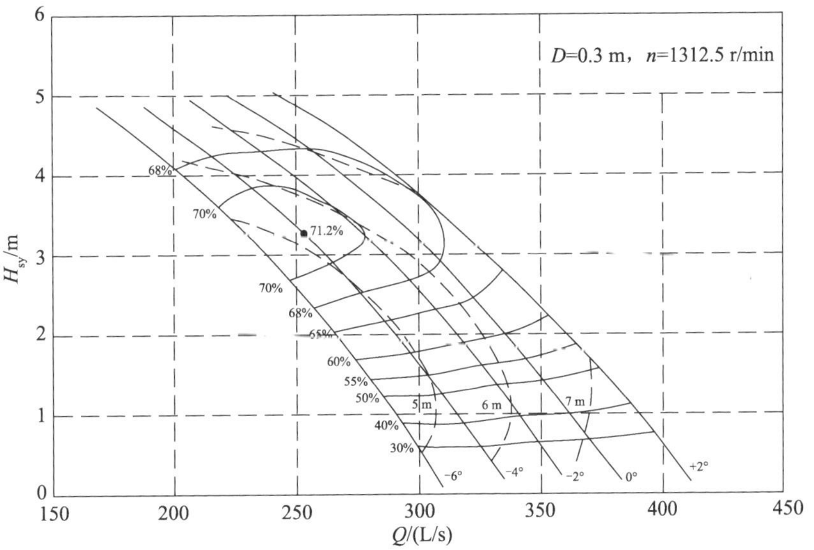

图 9-2-3　新沟河江边枢纽泵站 7＃模型泵装置综合特性曲线

双向竖井贯流泵站典型代表有黄麻涌、裴家圩、大通河、遥观北泵站等。对比试验结果，黄麻涌、裴家圩泵站的模型泵装置效率较低，大通河、遥观北泵站的模型泵装置效率相对较高。大通河泵站模型泵装置正向运行最高效率为 66.36%，对应扬程约为 2.45 m；反向运行最高效率为 66.36%，对应扬程约为 3.05 m。遥观北泵站模型泵装置正向运行最高效率为 71%，对应扬程约为 2.0 m；反向运行最高效率为 64%，对应扬程约为 1.4 m(见

图 9-2-4）。所以将遥观北泵站模型泵装置试验结果作为比较的依据。

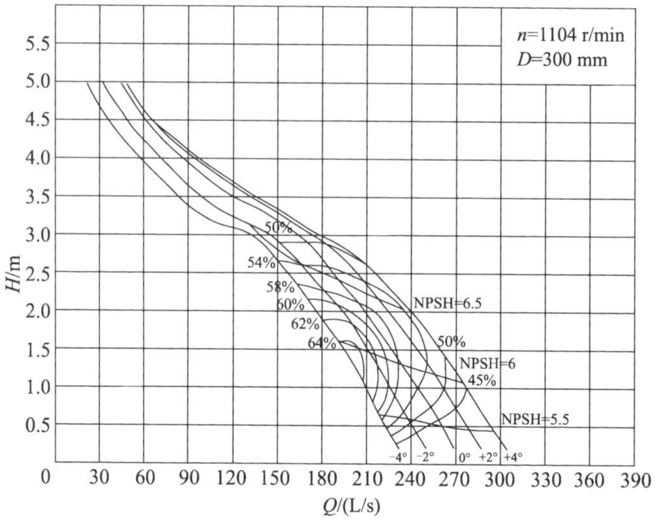

(a) 竖井侧进水（前竖井）

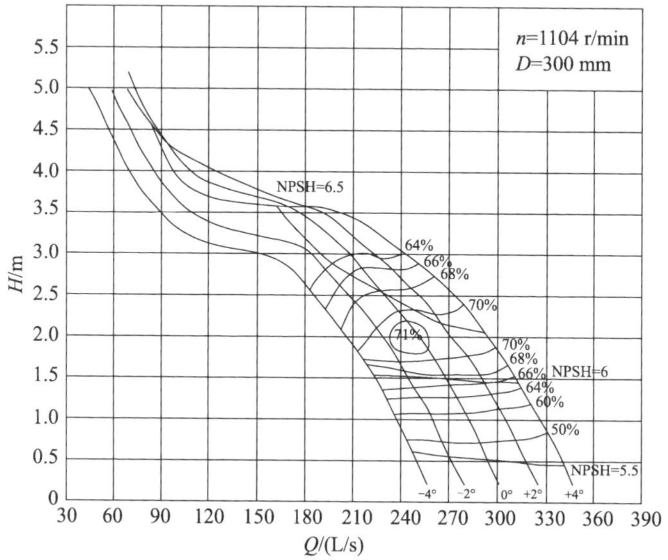

(b) 平直段进水（后竖井）

图 9-2-4　遥观北枢纽泵站模型泵装置综合特性曲线

9.2.9.4　泵型选择分析

（1）立式轴流泵方案

1）立式轴流泵水力模型装置的比选

界牌泵站的泵型是在天津同台试验水泵叶轮模型中进行筛选，然后就筛选出的叶轮模型比较模型装置水力特性并计算泵站泵组参数后确定的。经初步比较，6＃、7＃、22＃、23＃叶轮较适合本泵站运行参数。6＃、7＃、22＃、23＃叶轮比转速分别为1000、1200、

950、950，比较 4 个叶轮的泵段综合特性曲线：在低扬程处的效率，7＃模型泵最高，23＃次之，6＃再次之，22＃最低；在相同扬程处的过流能力，6＃模型泵最强，22＃次之，7＃再次之，23＃最弱。

新沟河江边枢纽泵站 6＃模型泵装置综合特性曲线如图 9-2-5 所示。

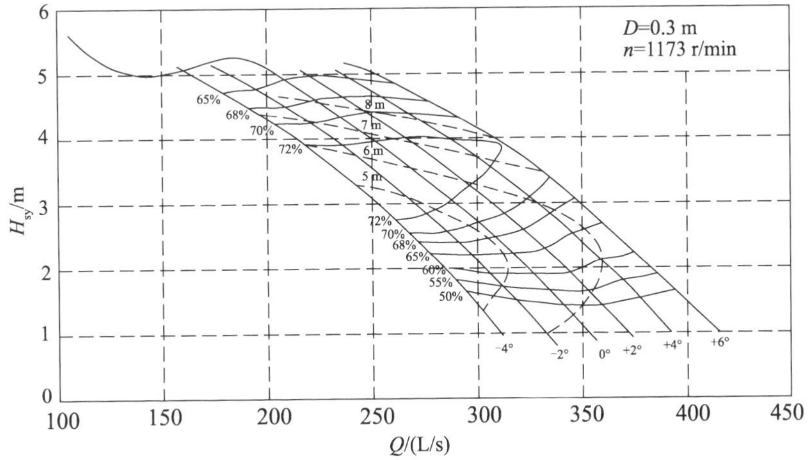

图 9-2-5　新沟河江边枢纽泵站 6＃模型泵装置综合特性曲线

由于 22＃叶轮在低扬程处效率很低，因此予以排除；7＃与 23＃叶轮比较，过流能力及低扬程处效率均是 7＃叶轮稍优，两者之中可选择 7＃叶轮。因此，对 6＃泵和 7＃泵进行泵组参数计算并进一步进行水力特性比选分析，两种水力模型装置特性曲线分别见图 9-2-6、图 9-2-7。可见，6＃模型泵装置最高效率达 72％，比 7＃模型泵装置最高效率 71.2％高，但在低扬程处 7＃模型泵装置效率稍高；在空化性能方面，7＃模型泵装置 NPSH 值稍小。

泵站选用 9 台水泵的参数，分别采用 6＃和 7＃模型泵装置特性曲线进行计算。水泵装置扬程为泵站净扬程加上拦污栅及门槽的水力损失，本泵站初估拦污栅及门槽的水力损失为 0.15 m。立式轴流泵与电动机采用直联方式，由于泵站扬程低，水泵转速较低，采用同步电机，水泵与电机同转速。采用 6＃、7＃模型泵装置特性曲线计算时分别对三种直径、转速组合方案进行比较，见表 9-2-8、表 9-2-9，在模型特性曲线上引水和排水设计点位置见图 9-2-6、图 9-2-7。三种方案下，最高扬程 3.62 m 在模型特性曲线上均未进入不稳定马鞍区。

表 9-2-8　采用 6＃模型泵装置计算原型泵不同直径、转速组合比较

序号	直径，转速	引水工况设计点		排水工况设计点	
		设计扬程	效率	设计扬程	效率
1	$D_1=3.29$ m，$n=93.8$ r/min	1.31 m	55.6％	2.90 m	71.5％
2	$D_1=3.18$ m，$n=100$ r/min	1.31 m	54.0％	2.90 m	70.6％
3	$D_1=3.08$ m，$n=107.1$ r/min	1.31 m	51.5％	2.90 m	69.2％

表 9-2-9　采用 7＃模型泵装置计算原型泵不同直径、转速组合比较

序号	直径，转速	引水工况设计点		排水工况设计点	
		设计扬程	效率	设计扬程	效率
1	D_1＝3.45 m，n＝100 r/min	1.31 m	60.0％	2.90 m	68.2％
2	D_1＝3.31 m，n＝107.1 r/min	1.31 m	57.1％	2.90 m	67.9％
3	D_1＝3.19 m，n＝115.4 r/min	1.31 m	54.5％	2.90 m	67.0％

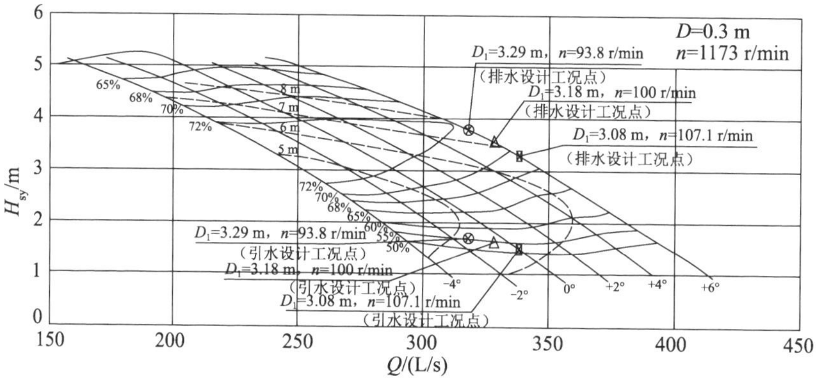

图 9-2-6　立式轴流泵 6＃模型泵装置不同转速、直径方案设计工况点

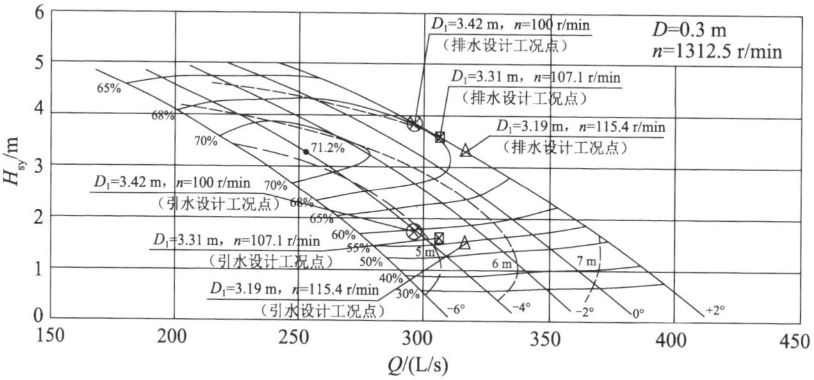

图 9-2-7　立式轴流泵 7＃模型泵装置不同转速、直径方案设计工况点

根据上述 6＃和 7＃模型泵装置计算结果，对比水泵相近直径的方案，可以发现，6＃模型泵装置在引水工况效率较低，排水工况效率较高，而且电机转速低，电机费用高。由于该泵站引水时间长，运行扬程低，引水效率对泵站运行的经济性影响大，因此在 6＃和 7＃模型泵装置中推荐采用 7＃模型泵装置。

2）立式轴流泵方案水泵参数的确定

比较表 9-2-9 中数据，可见三种转速下水泵排水工况各方案设计点效率相近，原型水泵直径 D_1＝3.45 m、转速 n＝100 r/min 的组合，引水工况设计点效率为 60.0％，比 D_1＝

3.31 m、n=107.1 r/min 的组合的效率高 2.9 个百分点，比 D_1=3.19 m、n=115.4 r/min 的组合的效率高 5.5 个百分点。排水工况运行时间较短，因此排水运行费用不再比较。若以灌溉保证率 90%的 1971 设计年型泵站引水运行时间 1933 h 计算，则 100 r/min、107.1 r/min、115.4 r/min 三种转速对应的泵站年运行电能消耗相对差值分别约为 −63.21 万 kW·h、0 kW·h、62.39 万 kW·h；水泵直径加大 100 mm，单台水泵重量约增加 4 t，9 台水泵共增加 36 t，水泵费用增加约 120 万元，同时由于转速的下降，9 台配套同步电机费用约增加 50 万元。对比耗电量和泵组设备费用，D_1=3.45 m、n=100 r/min 的转速、直径组合经济性最好，因此采用该转速、直径组合方案。

预测的立式轴流泵方案原型泵装置性能曲线见图 9-2-8。

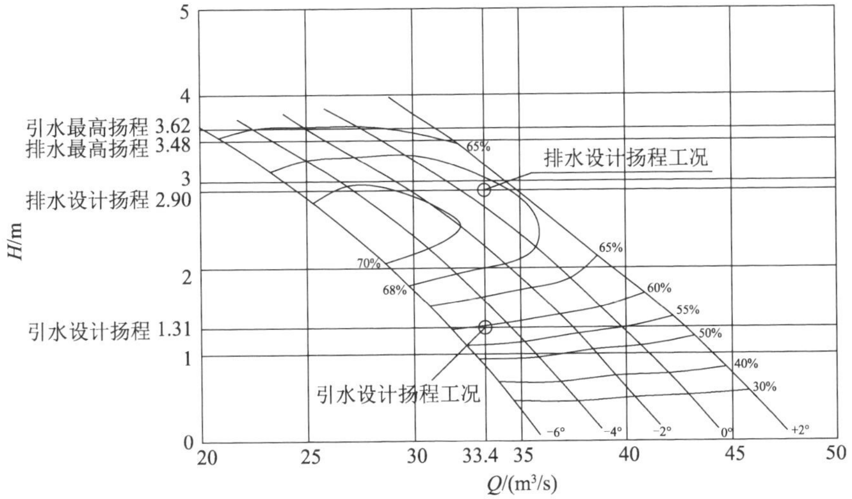

图 9-2-8　立式轴流泵方案原型泵装置性能曲线(9 台方案)

3）立式轴流泵配套电机功率的确定

对低扬程泵站来说，水泵最大轴功率在最高扬程处，因此分别计算排水工况最高扬程处的轴功率和引水工况最高扬程处的轴功率，取其中的大值来计算电机功率。考虑拦污栅和门槽水力损失 0.15 m 后，引水工况最高扬程为 3.62 m，根据图 9-2-8 特性曲线，对应的流量为 22 m^3/s，效率为 64%，相应轴功率为 1220.7 kW；排水工况最高扬程为 3.48 m，对应的流量为 31.3 m^3/s，效率为 64.9%，相应轴功率为 1646.5 kW。根据《泵站设计规范》，电机留 1.05～1.1 倍的储备系数，即电机功率为 1728.8～1811.2 kW。因泵站未设置备用机组，如一台机组故障，可通过叶片调节机构适当增大流量，电机功率确定为 2000 kW。

4）立式轴流泵 X 形双层流道控制性尺寸的确定

立式轴流泵 X 形双层流道主要控制尺寸为流道进出口断面尺寸、进出水流道长度、出水流道顶板至叶轮中心的高度、进水流道底板至叶轮中心的高度。

按《泵站设计规范》，一般进水口流速取值范围为 0.8～1.0 m/s。出水口流速不大于

1.5 m/s,但双向运行泵站为了改善泵站进出水流态,提高立式轴流泵装置效率,流道进出水流速都小于常规泵站,近年来更是有所下降,如新建的七浦塘、新沟河泵站进出水流速约为 0.775 m/s,因此,界牌枢纽进出水流速也控制在此值附近。

双向流道水泵进出水室尺寸对泵站效率影响较大,叶轮中心距底板高度及叶轮中心距顶板高度的适当加大有利于改善水泵的进出水流态,减小水头损失,但太大会增大土建尺寸,因此也须合理取值。

为合理确定界牌枢纽泵站立式轴流泵流道控制性尺寸,对相近泵站流道相对尺寸进行统计,详见表 9-2-10。

表 9-2-10　相近泵站流道控制性尺寸统计

泵站	进水流道长度 L_1/D_1	出水流道长度 L_2/D_1	进出水流道宽度 B_1/D_1	进水流道高度 H_1/D_1	出水流道高度 H_2/D_1	叶轮中心距底板高度 H_w/D_1	叶轮中心距顶板高度 H_L/D_1	进出口流速/(m/s)
有关资料推荐	4.78	4.45	2.87	1.48	1.48	1.28		
泰州引江河一期泵站(长江侧/内河侧)	3.85/4.52	3.12/3.78	2.867	1.30	1.30	1.13	1.72	0.84
七浦塘江边枢纽泵站	3.90	3.07	2.86	1.37	1.37	1.27	1.75	0.775
新沟河江边枢纽泵站	3.90	3.07	2.86	1.37	1.40	1.27	1.78	0.775

注:表中 D_1 为叶轮直径。

分析表 9-2-10,其中叶轮中心距底板高度 H_w/D_1 和叶轮中心距顶板高度 H_L/D_1 有增大的趋势,综合考虑,泵站流道控制性尺寸取值见表 9-2-11。

表 9-2-11　界牌枢纽立式轴流泵方案流道控制性尺寸取值

泵站	进水流道长度 L_1/D_1	出水流道长度 L_2/D_1	进出水流道宽度 B_1/D_1	进水流道高度 H_1/D_1	出水流道高度 H_2/D_1	叶轮中心距底板高度 H_w/D_1	叶轮中心距顶板高度 H_L/D_1	进口流速/(m/s)	出口流速/(m/s)
界牌枢纽泵站	3.91	3.116	2.75	1.33	1.246	1.232	1.725	0.764	0.818

注:表中 D_1 为叶轮直径。

5）立式轴流泵安装高程的确定

出水池最低运行水位为 3.00 m,立式轴流泵流道顶板最小淹没深度满足规范要求取 0.3 m,考虑泵站出水壅高 0.2 m,出水流道顶板高程为 2.90 m。根据水泵直径 $D_1=3.45$ m 和表 9-2-11 中叶轮中心距顶板高度 $H_L/D_1=1.725$,计算出 $H_L=5.95$ m,因此水泵安装高程为-3.05 m。复核此安装高程是否能满足水泵空化性能要求:进水池最低运行水位为 1.50 m,此时水泵叶轮中心淹没深度为 4.55 m,根据模型装置试验的空化性能参数(临界空化余量 $NPSH_C$ 最大不超过 8 m),该淹没深度完全满足要求,且还有相当的余量。

6) 立式轴流泵方案泵组参数(9 台泵)

立式轴流泵方案泵组参数(9 台泵)见表 9-2-12。

表 9-2-12　立式轴流泵方案泵组参数(9 台泵)

泵型	立式轴流泵+X 形双层流道
水泵型式	叶片全调节立式轴流泵
台数	9 台
叶轮直径	3.45 m
单泵流量	33.4 m^3/s
转速	100 r/min
引水工况设计点效率	60.0%
排水工况设计点效率	68.2%
配套电机型式	立式同步电动机
配套电机功率、转速	2000 kW、100 r/min
传动方式	直联传动
水泵安装高程	-3.05 m

(2) 竖井贯流泵方案

1) 竖井贯流泵方案水力模型的比选和水泵参数的确定

采用遥观北枢纽模型,以引水工况为标准,进行竖井前置和后置的分析。前置竖井方案难以兼顾满足引水和排水设计点的叶轮直径和相应转速要求。后置竖井方案可以兼顾引水和排水两种运行工况。

对后置竖井方案进行三种叶轮直径和转速组合的比较。由表 9-2-13 可见,采用其中的 $D_1=3.55$ m、$n=98.8$ r/min 方案,引水工况设计点效率可达 60.0%,排水工况设计点效率可达 67.8%,将其作为推荐方案。

表 9-2-13　遥观北枢纽模型引水工况后置竖井布置方式(竖井位于新孟河侧)

序号	直径,转速	引水工况设计点(模型扬程 1.167 m)		排水工况设计点(模型扬程 2.583 m)	
		模型流量	效率	模型流量	效率
1	$D_1=3.72$ m,$n=94.3$ r/min	205.2 L/s	64.0%	205.2 L/s	67.0%
2	$D_1=3.55$ m,$n=98.8$ r/min	225.0 L/s	60.0%	225.0 L/s	67.8%
3	$D_1=3.25$ m,$n=107.9$ r/min	268.3 L/s	48.5%	268.3 L/s	69.0%

遥观北枢纽模型的特征工况点(竖井位于新孟河侧)如图 9-2-9 所示。

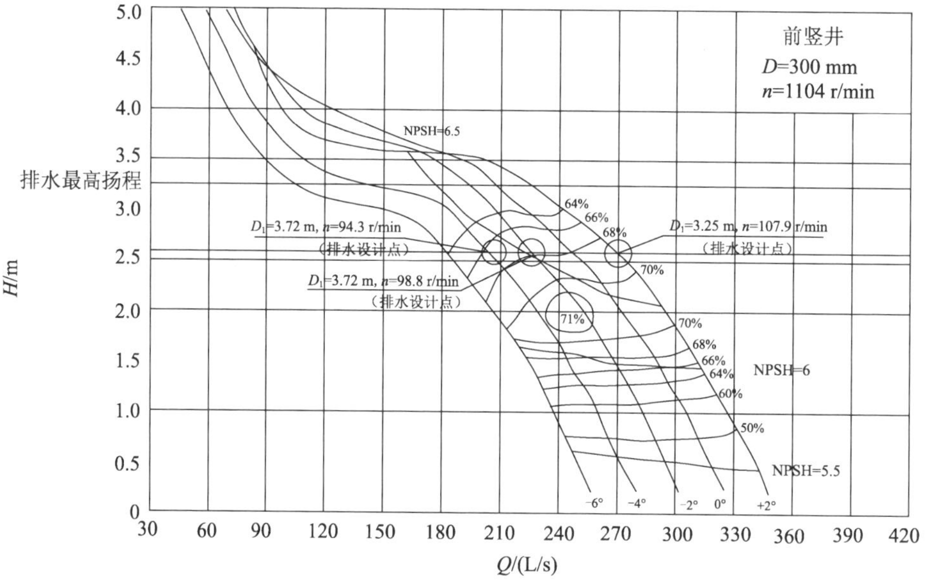

(a) 排水工况

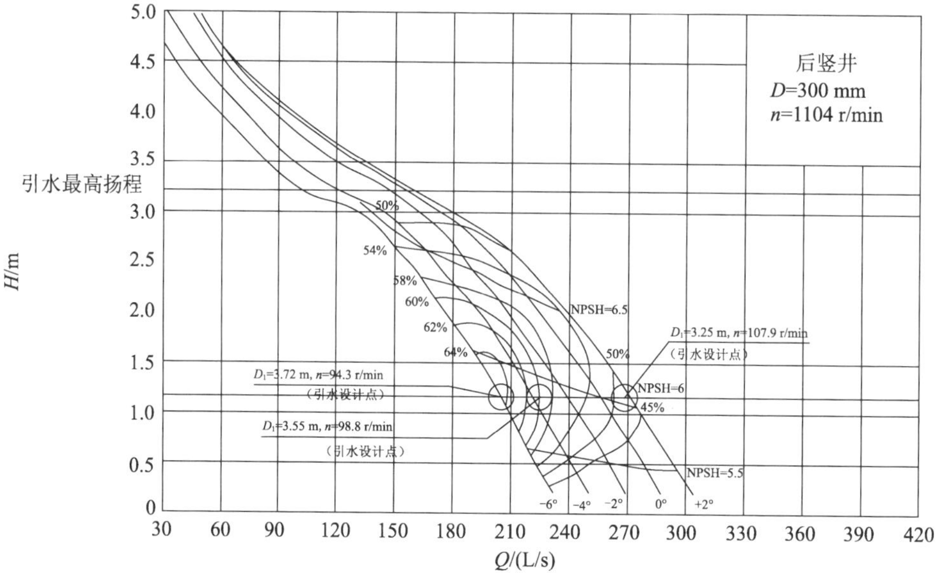

(b) 引水工况

图 9-2-9　遥观北枢纽模型的特征工况点(竖井位于新孟河侧)

从上述分析比较中可以看出,水泵要获得高效率,需加大水泵直径,降低水泵转速,这样竖井贯流泵装置的引水效率可达到 60%以上,设计点效率基本与立式轴流泵方案相同。采用与立式轴流泵方案具有可比性的方案,取竖井贯流泵原型水泵直径 $D_1=3.55$ m、转速 $n=98.8$ r/min,预测的竖井贯流泵方案原型泵装置性能曲线见图 9-2-10。

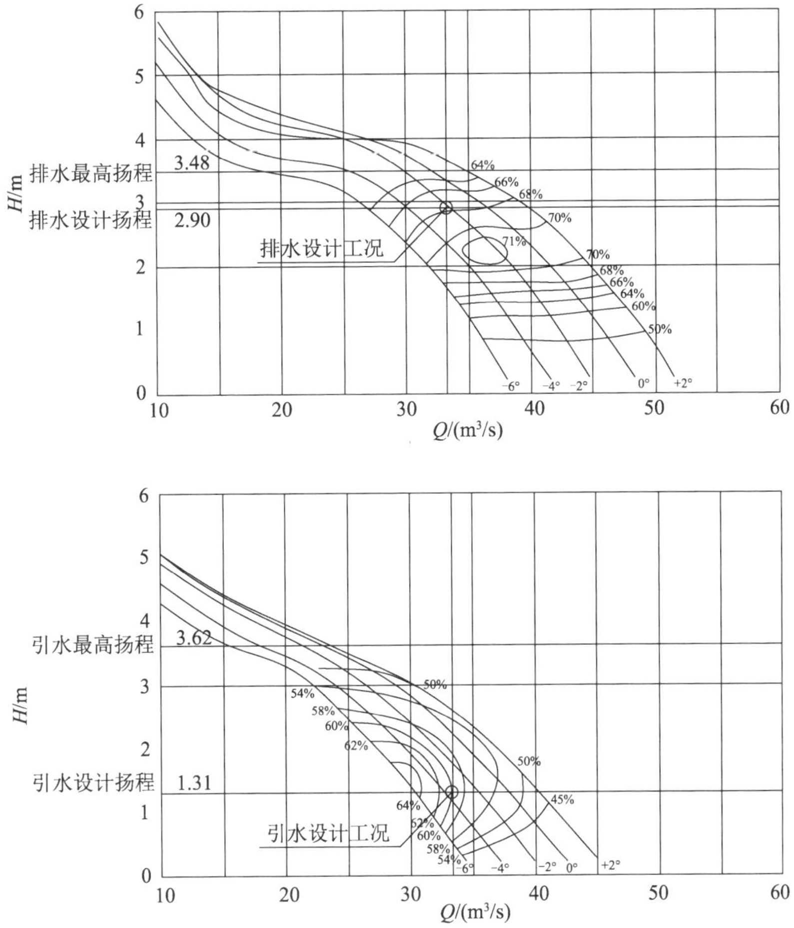

图 9-2-10　竖井贯流泵方案原型泵装置性能曲线(9 台方案)

2）竖井贯流泵配套电机功率的确定

竖井贯流泵采用齿轮箱与电机联接，电机可采用常规电机。

竖井贯流泵的最大轴功率也在最高扬程处，因此分别计算排水工况最高扬程处的轴功率和引水工况最高扬程处的轴功率，取其中的大值来计算电机功率。考虑拦污栅和门槽水力损失 0.15 m 后，引水工况最高扬程为 3.62 m，流量为 21.5 m^3/s，相应轴功率为 1602.9 kW；排水工况最高扬程为 3.48 m，流量为 29.7 m^3/s，相应轴功率为 1661.8 kW。考虑到齿轮箱传递效率约为 98%，电机留 1.05～1.1 倍的储备系数，即电机功率为 1780.49～1865.3 kW，故按系列选配电机功率为 2000 kW。

3）竖井贯流泵流道控制性尺寸的确定

竖井贯流泵的流道尺寸主要受竖井影响，水泵叶轮和导叶体不是主要因素，而竖井尺寸主要由电机、齿轮箱、推力轴承尺寸和通道要求确定。表 9-2-14 为已经建设的几个竖井贯流泵尺寸比例。由表可以看出，流道高与叶轮直径之比随叶轮直径增大及配套电机功率增大而增大；进水流道长与叶轮直径之比有越来越大的趋势，以减小流道收缩比，提高水泵装置效率。邳州泵站单向运行效率较高，此处界牌泵站竖井侧流道尺寸参照邳州泵站确定(见表 9-2-15)。

表 9-2-14　已建竖井贯流泵站进水流道参数统计

泵站	水泵直径/m	流量/(m^3/s)	电机功率/kW(座号)	流道宽/叶轮直径	流道高/叶轮直径	叶轮中心至流道进口长/叶轮直径	叶轮中心至竖井端部长/叶轮直径	竖井宽/叶轮直径	进水流速/(m/s)
资料推荐				2.625	1.167	7.01	5.104	1.52	
朱洳河泵站(双向)	2.18	10	450(500)	2.39	1.17	5.5	3.82	1.33	0.75
甬新泵站	2.65	20	800(560)	2.26	1.32	6.15	5.28	1.51	0.95
遥观北泵站(双向)	2.65	20/15	900(560)	2.64	1.36	6.37	4.22	1.56	0.79
邳州泵站	3.3	33.4	1950(710)	2.42	1.58	5.6	4.77	1.49	0.80

泵站平直段流道尺寸主要由当量扩散角决定，当量扩散角按《泵站设计规范》取 8°～12°。为了提高效率，流道相对宽度增大。水泵进出口流速控制在 0.8 m/s 左右，决定进出口面积。

表 9-2-15　界牌枢纽竖井贯流泵方案流道控制性尺寸取值

泵站	水泵直径/m	流量/(m^3/s)	电机功率/kW	流道宽/叶轮直径	流道高/叶轮直径	叶轮中心至流道进口长/叶轮直径	叶轮中心至竖井端部长/叶轮直径	竖井宽/叶轮直径	进出口流速/(m/s)
界牌枢纽泵站	3.55	33.4	2000	2.39	1.41	5.94	5.15	1.15	0.786

4）竖井贯流泵安装高程的确定

水泵安装高程应同时满足不同工况下水泵的必需空化余量要求及进出水流道上缘淹没要求，以避免叶片空化及运行中出现挟气旋涡导致水泵产生有害振动。进水流道的进口上缘应淹没在进水池最低运行水位以下至少 0.5 m，出水流道的出口上缘最小淹没深度应不小于出水池最低运行水位以下 0.3～0.5 m。

水泵安装高程可用下式计算：

$$H=H_{\min}+h_s$$

式中：$H_{\min}$ 为进水最低水位，这里为引水工况最低运行水位 1.50 m；h_s 为吸上高度，可用下式计算：

$$h_s=\frac{p_a}{\rho g}-\frac{p_v}{\rho g}-k\times\Delta h_r-h_f$$

式中：$\frac{p_a}{\rho g}$为水面上的大气压头，0 m 海拔为 10.33 m；$\frac{p_v}{\rho g}$为汽化压头，室温下为 0.33 m；k 为空化余量系数，泵站设计可取 1.2～1.4，这里取 1.3；Δh_r 为空化余量，取 9.8 m；h_f 为进水流道水力损失，包括进水流道、门槽、拦污栅的水力损失，可取为 0.4 m。

经计算得 $h_s=-3.14$ m。

考虑到竖井贯流泵叶轮卧式布置，叶轮顶端比叶轮中心高出 1.78 m，取 $h_s=-4.0$ m，则叶轮顶端淹没 2.22 m，叶轮中心淹没 4.0 m，基本满足空化性能要求，也满足进水流道进口淹没要求。以引排水最低水位 1.50 m 推算出水泵安装高程为−2.50 m。

5）竖井贯流泵方案泵组参数（9 台泵）

竖井贯流泵方案泵组参数（9 台泵）见表 9-2-16。

表 9-2-16　竖井贯流泵方案泵组参数（9 台泵）

泵型	双向竖井贯流泵
水泵型式	叶片全调节 S 型叶片竖井贯流泵
台数	9 台
叶轮直径	3.55 m
单泵流量	33.4 m^3/s
转速	98.8 r/min
引水工况设计点效率	60.0%
排水工况设计点效率	67.8%
配套电机型式	空-水冷却电动机
配套电机功率、转速	2000 kW、750 r/min
传动方式	立式平行轴齿轮减速箱传动
水泵安装高程	−2.50 m

（3）立式轴流泵与竖井贯流泵技术经济比较

立式轴流泵与竖井贯流泵技术经济比较见表 9-2-17。

表 9-2-17　立式轴流泵与竖井贯流泵技术经济比较

泵型	立式轴流泵	竖井贯流泵
单泵流量/(m^3/s)	33.4	33.4
叶轮直径/mm	3450	3550
水泵转速/(r/min)	100	98.8
电机功率/kW	2000	2000
传动方式	直联	齿轮箱减速
引水工况设计点效率/%	60.0	60.0

续表

泵型		立式轴流泵	竖井贯流泵
排水工况设计点效率/%		68.2	67.8
引水工况最高效率/%		71	64
排水工况最高效率/%		71	71
水泵安装高程/m		−3.05	−2.50
流道进出口宽度/m		9.5	8.5
流道进/出口高度/m		4.6/4.3	5.0/5.0
流道进/出口断面流速/(m/s)		0.764/0.818	0.786/0.786
泵站底板顺水流方向长度/m		39.5	54.0
主泵房总长(不含安装间)/m		101.7	92.7
电动桥式起重机规格/t		50/10	32/5
经济比较/万元	水工建筑物	12929.94	13454.33
	机电设备	6456.34	6537.93
	金属结构	5153.40	5391.80
	合计	24539.68	25384.06

分析表9-2-17可知：

① 水力性能方面：两种泵型设计点效率基本相同，但竖井贯流泵的S型叶片要兼顾两个工况运行，影响了其最高效率。立式轴流泵装置引水最高效率高，在整个运行区域内，其总体能量性能优于竖井贯流泵方案。在空化性能方面，由于立式轴流泵叶轮采用常规叶片，而竖井贯流泵叶轮采用S型叶片，因此立式轴流泵叶轮的空化性能优于竖井贯流泵，而且立式轴流泵受结构的制约，水泵安装高程低，防止空化的条件更好。因此，在水力性能上，立式轴流泵方案较优。

② 经济性方面：在机电设备、金属结构费用上，竖井贯流泵方案价格稍高；在泵站土建上，立式轴流泵流道宽度大，开挖深，但底板长度短，竖井贯流泵流道宽度稍小，开挖浅，但底板长度长，竖井贯流泵方案土建费用稍高。立式轴流泵方案比竖井贯流泵方案经济性好。

③ 泵型成熟度方面：X形双层流道立式轴流泵方案在江苏省沿江多个枢纽有工程实例，且单泵流量较大。双向竖井贯流泵应用也较成熟，但单泵流量相对不大。因此，从大型双向泵站应用的成熟度来说，X形双层流道立式轴流泵方案对大型水泵来说成熟度相对要高。

④ 运行管理方面：两种泵型均比较方便。

⑤ 附加功能方面：立式轴流泵可以利用X形下层流道的过水功能，增大枢纽的自引自排流量。

综合上述，界牌泵站宜采用X形双层流道立式轴流泵方案。

界牌泵站立式轴流泵进出水流道尺寸见表9-2-18。

表9-2-18 界牌泵站立式轴流泵进出水流道尺寸

叶轮直径/m	进水流道长度 L_1/m	出水流道长度 L_2/m	进出水流道宽度 B_1/m	进水流道高度 H_1/m	出水流道高度 H_2/m	叶轮中心距底板高度 H_w/m	叶轮中心距顶板高度 H_L/m	进水流速/(m/s)	出水流速/(m/s)
3.45	13.5	10.75	9.5	4.6	4.3	4.25	5.95	0.764	0.818

9.2.10 同台对比模型试验

9.2.10.1 模型水泵与泵装置

界牌水利枢纽泵站为叶片全调节立式轴流泵装置，进水采用箱涵式流道进水，出水采用箱涵式流道出水。水泵水力模型采用ZM25和TJ04-ZL-07两种模型进行同台对比试验，水泵装置模型比为1∶11.5，试验在扬州大学测试中心的高精度水力机械试验台上进行。模型泵名义叶轮直径 $D=300$ mm，ZM25模型叶轮如图9-2-11所示，TJ04-ZL-07模型叶轮如图9-2-12所示，模型叶片数均为3，用黄铜材料加工成型。进出水流道以叶轮中心为原点左右开设有可视观察窗，可以观察进出水流道以及水力模型内部流态。ZM25模型导叶如图9-2-13所示，TJ04-ZL-07模型导叶如图9-2-14所示，叶片数均为5，用钢质材料焊接成型。进出水流道采用钢板焊接制作，模型泵装置如图9-2-15所示。模型泵安装检查显示，导叶体与叶轮室定位面轴向跳动0.10 mm，轮毂外表面径向跳动0.08 mm，叶顶间隙控制在0.20 mm以内。

图9-2-11 ZM25模型泵叶轮

图9-2-12 TJ04-ZL-07模型泵叶轮

图 9-2-13　ZM25 模型泵导叶

图 9-2-14　TJ04-ZL-07 模型泵导叶

图 9-2-15　界牌水利枢纽泵站水泵装置模型

9.2.10.2　泵装置模型试验

(1) 泵装置模型试验测试内容和规范

泵装置模型试验测试内容如下：

① ZM25 和 TJ04-ZL-07 在各叶片安放角度下的泵装置模型能量性能试验；

② ZM25 和 TJ04-ZL-07 在各叶片安放角度下 5 个特征扬程点的空化性能试验；

③ ZM25 和 TJ04-ZL-07 在 3 个叶片安放角度下的泵装置模型飞逸特性试验；

④ ZM25 和 TJ04-ZL-07 在各叶片安放角度下的泵装置模型压力脉动试验。

试验执行《离心泵、混流泵和轴流泵　水力性能试验规范　精密级》(GB/T 18149—2000)和《水泵模型及装置模型验收试验规程》(SL 140—2006)标准，每个叶片安放角度下的性能试验点不少于 15 点，临界空化余量按流量保持常数，改变有效 NPSH 值至效率下降 1%确定。

(2) 模型试验结果

1) 能量和空化性能试验

ZM25 模型试验测试了 6 个叶片安放角度(−4°、−3°、−2°、0°、+2°、+4°)下的能量性能。各角度下的最优工况参数如表 9-2-19 所示。根据试验结果整理得到界牌水利枢纽泵站 ZM25 模型水泵装置综合特性曲线,如图 9-2-16 所示(转速为 1150 r/min,叶轮直径为 300 mm)。按等效率换算,界牌水利枢纽泵站 ZM25 原型泵装置综合特性曲线如图 9-2-17 所示(转速为 100 r/min,叶轮直径为 3450 mm)。

表 9-2-19　ZM25 模型水泵装置性能试验最优效率数据

叶片安放角度/(°)	最优效率点参数			
	流量/(L/s)	扬程/m	轴功率/kW	效率/%
−4	205.64	2.317	6.600	70.64
−3	210.77	2.338	6.705	71.90
−2	215.87	2.458	7.469	69.49
0	242.22	2.400	8.260	68.83
+2	268.39	2.333	9.097	67.52
+4	295.96	2.183	9.694	65.20

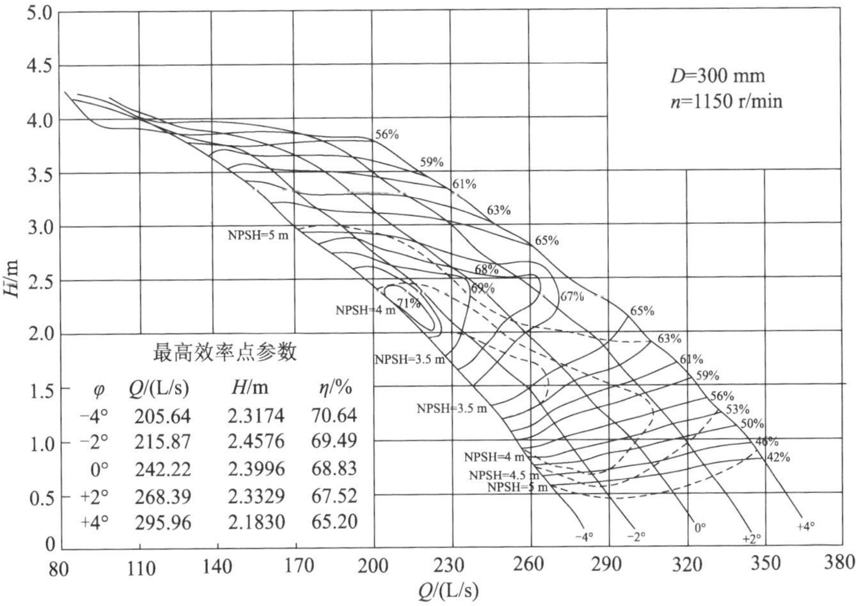

图 9-2-16　界牌水利枢纽泵站 ZM25 模型水泵装置综合特性曲线

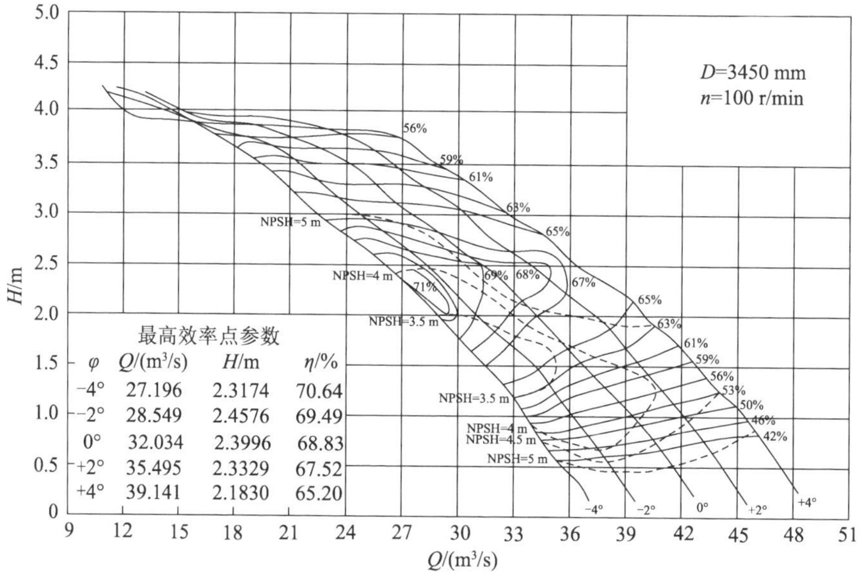

图 9-2-17 界牌水利枢纽泵站 ZM25 原型泵装置综合特性曲线

TJ04-ZL-07 模型试验测试了 5 个叶片安放角度(－2°、0°、＋2°、＋4°、＋6°)下的能量性能。各角度下的最优工况参数如表 9-2-20 所示。根据试验结果整理得到界牌水利枢纽泵站 TJ04-ZL-07 模型水泵装置综合特性曲线,如图 9-2-18 所示(转速为 1150 r/min,叶轮直径为 300 mm)。按等效率换算,界牌水利枢纽泵站 TJ04-ZL-07 原型泵装置综合特性曲线如图 9-2-19 所示(转速为 100 r/min,叶轮直径为 3450 mm)。

表 9-2-20 TJ04-ZL-07 模型水泵装置性能试验最优效率数据

叶片安放角度/(°)	最优效率点参数			
	流量/(L/s)	扬程/m	轴功率/kW	效率/%
－2	187.72	2.429	6.681	66.76
0	208.98	2.404	7.552	65.07
＋2	222.27	2.377	8.015	64.50
＋4	238.34	2.591	9.524	63.43
＋6	252.93	2.584	10.258	62.33

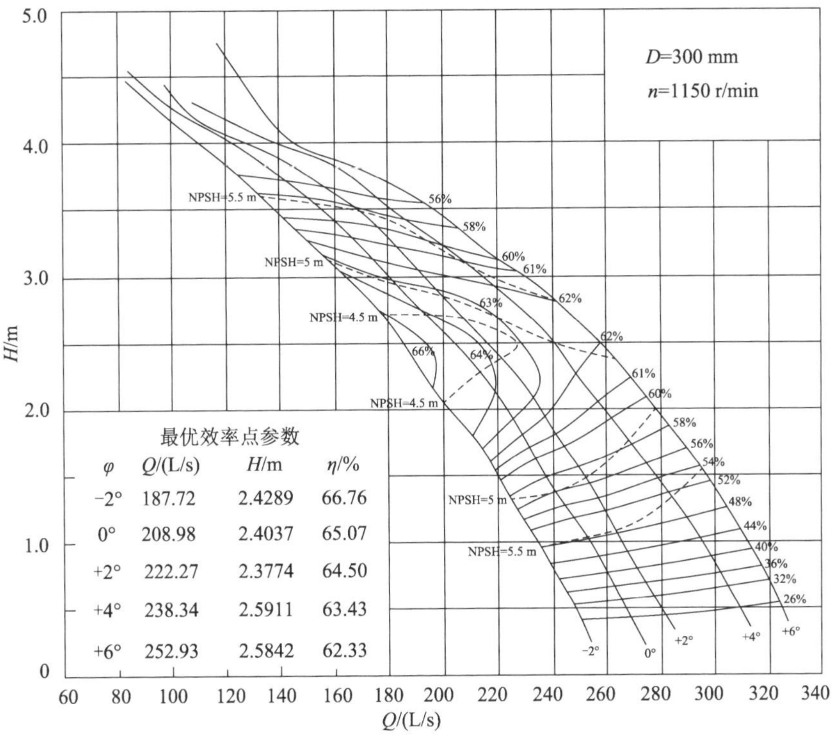

φ	Q/(L/s)	H/m	η/%
−2°	187.72	2.4289	66.76
0°	208.98	2.4037	65.07
+2°	222.27	2.3774	64.50
+4°	238.34	2.5911	63.43
+6°	252.93	2.5842	62.33

图 9-2-18　界牌水利枢纽泵站 TJ04-ZL-07 模型水泵装置综合特性曲线

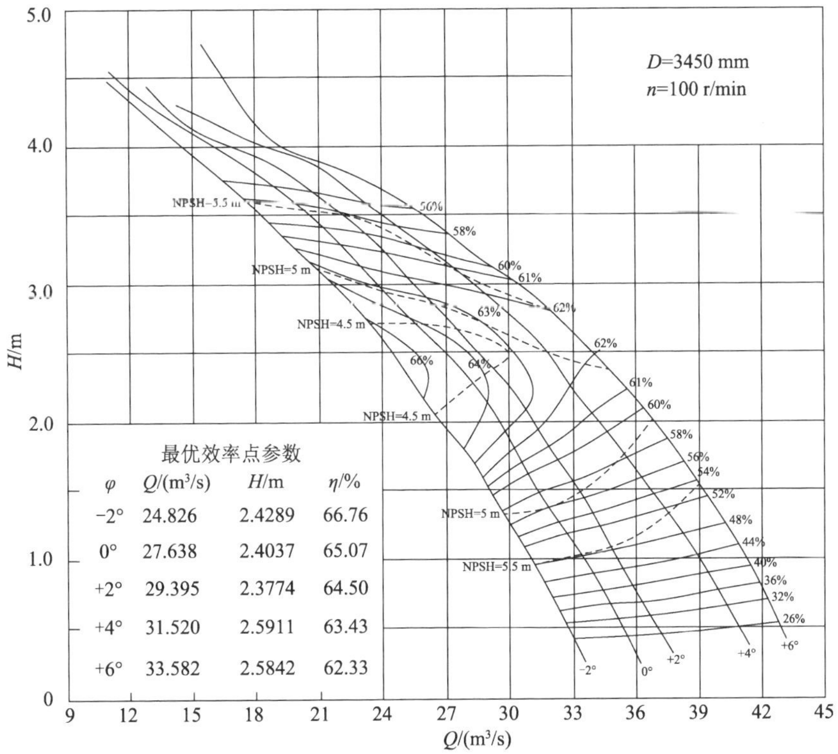

φ	$Q/(m^3/s)$	H/m	η/%
−2°	24.826	2.4289	66.76
0°	27.638	2.4037	65.07
+2°	29.395	2.3774	64.50
+4°	31.520	2.5911	63.43
+6°	33.582	2.5842	62.33

图 9-2-19　界牌水利枢纽泵站 TJ04-ZL-07 原型泵装置综合特性曲线

在引水工况、排水工况下 ZM25 水力模型和 TJ04-ZL-07 水力模型性能参数对比分别如表 9-2-21、表 9-2-22 所示。

表 9-2-21 引水工况设计扬程(1.36 m)下 ZM25 和 TJ04-ZL-07 对比分析结果

水力模型	叶片安放角度/(°)	流量/(L/s)	效率/%
ZM25	−3	252.55	64.50
TJ04-ZL-07	+2	256.00	55.00

表 9-2-22 排水工况设计扬程(2.95 m)下 ZM25 和 TJ04-ZL-07 对比分析结果

水力模型	叶片安放角度/(°)	流量/(L/s)	效率/%
ZM25	+4	252.55	64.00
TJ04-ZL-07	+6	235.00	61.50

2）飞逸特性试验

ZM25 模型各叶片安放角度下的单位飞逸转速如表 9-2-23 和表 9-2-24 所示。根据试验结果整理得到界牌水利枢纽泵站原型泵飞逸特性曲线，如图 9-2-20 所示。

TJ04-ZL-07 模型各叶片安放角度下的单位飞逸转速如表 9-2-25 和表 9-2-26 所示。根据试验结果整理得到界牌水利枢纽泵站原型泵飞逸特性曲线，如图 9-2-21 所示。

表 9-2-23 ZM25 各叶片安放角度下的单位飞逸转速数据

序号	叶片安放角度/(°)	单位飞逸转速/(r/min)
1	−4	332.81
2	−3	328.40
3	−2	323.07
4	+4	274.60

表 9-2-24 ZM25 各叶片安放角度下的原型泵飞逸转速数据(最高运行扬程 3.47 m 时)

序号	叶片安放角度/(°)	单位飞逸转速/(r/min)	与电机额定转速的比值
1	−4	179.70	1.797
2	−3	177.32	1.773
3	−2	174.44	1.744
4	+4	148.26	1.483

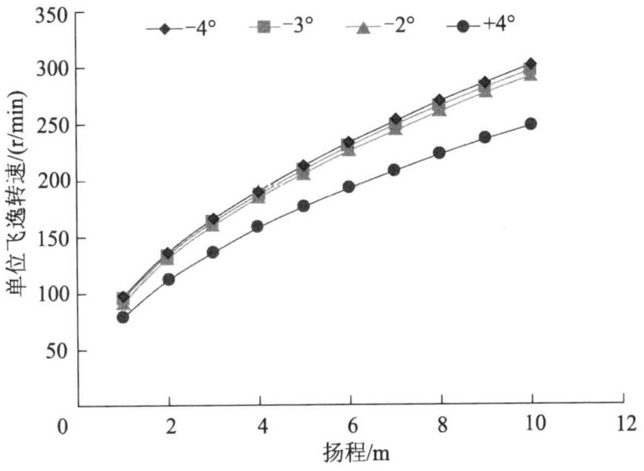

图 9-2-20　界牌水利枢纽泵站 ZM25 原型泵飞逸特性曲线

表 9-2-25　TJ04-ZL-07 各叶片安放角度下的单位飞逸转速数据

序号	叶片安放角度/(°)	单位飞逸转速/(r/min)
1	－2	312.42
2	0	302.36
3	＋4	281.78
4	＋6	270.55

表 9-2-26　TJ04-ZL-07 各叶片安放角度下的原型泵飞逸转速数据(最高运行扬程 3.47 m 时)

序号	叶片安放角度/(°)	单位飞逸转速/(r/min)	与电机额定转速的比值
1	－2	168.69	1.69
2	0	163.26	1.63
3	＋4	152.14	1.52
4	＋6	146.08	1.46

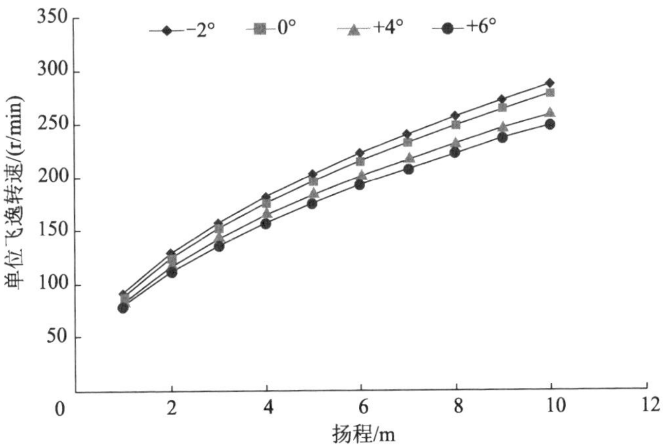

图 9-2-21　界牌水利枢纽泵站 TJ04-ZL-07 原型泵飞逸特性曲线

（3）结论

针对界牌水利枢纽泵站利用经过 CFD 优化的进出水流道、选取 ZM25 和 TJ04-ZL-07 轴流泵水力模型进行了水泵装置同台对比模型试验，获得了水泵装置模型的能量、空化、飞逸特性、水压脉动、振动试验数据。

① 能量试验结果表明：

ZM25 水泵模型装置最高效率在叶片安放角度－3°下取得，最高效率 71.90%，装置扬程为 2.338 m，流量为 210.77 L/s，高效区运行范围较宽。

TJ04-ZL-07 水泵模型装置最高效率在叶片安放角度－2°下取得，最高效率 66.76%，装置扬程为 2.429 m，流量为 187.72 L/s。

ZM25 水泵模型装置在叶片安放角度－3°下，模型泵装置设计扬程为 1.36 m 时，流量为 252.55 L/s，泵装置效率达到 64.50%，对应原型泵装置扬程 1.36 m，流量 33.4 m^3/s，满足泵站引水工况的设计要求；原型泵装置最大运行扬程超过 3.8 m，满足界牌水利枢纽泵站引水工况最大扬程 3.67 m 的运行要求；按等效率推算（偏安全），在最高扬程 3.67 m 时原型泵可能出现的最大轴功率为 1137 kW，配套电机功率需要保证一定的余量。

TJ04-ZL-07 水泵模型装置在叶片安放角度＋2°下，模型泵装置设计扬程为 1.36 m 时，流量为 256.00 L/s，泵装置效率达到 55.00%，对应原型泵装置扬程 1.36 m，流量 33.9 m^3/s，高于泵站引水工况的设计要求；原型泵装置最大运行扬程超过 3.8 m，满足界牌水利枢纽泵站引水工况最大扬程 3.67 m 的运行要求；按等效率推算（偏安全），在最高扬程 3.67 m 时原型泵可能出现的最大轴功率为 1296 kW。

ZM25 水泵模型装置在叶片安放角度＋4°下，模型泵装置设计扬程为 2.95 m 时，流量为 252.55 L/s，泵装置效率达到 64.00%，对应原型泵装置扬程 2.95 m，流量 33.4 m^3/s，满足泵站排水工况的设计要求；原型泵装置最大运行扬程超过 3.8 m，满足界牌水利枢纽泵站排水工况最大扬程 3.53 m 的运行要求；按等效率推算（偏安全），在最高扬程 3.53 m 时原型泵可能出现的最大轴功率为 1719 kW。

TJ04-ZL-07 水泵模型装置在叶片安放角度＋6°下，模型泵装置设计扬程为 2.95 m 时，流量为 235.00 L/s，泵装置效率达到 61.50%，对应原型泵装置扬程 2.95 m，流量 31.1 m^3/s，低于泵站排水工况的设计要求；原型泵装置最大运行扬程超过 3.8 m，满足界牌水利枢纽泵站排水工况最大扬程 3.53 m 的运行要求。

② ZM25 水泵模型装置空化试验结果表明，水泵装置临界必需空化余量随着叶片安放角度和流量的增大而增大。原型泵装置在叶片安放角度－3°下，设计扬程附近临界必需空化余量在 4.0 m 以下。

③ ZM25 水泵模型装置飞逸特性试验结果表明，叶片安放角度越小，单位飞逸转速越大。叶片安放角度为－4°时，原型泵在最高扬程 3.47 m 下的最大飞逸转速是电机额定转速的 1.797 倍。

参考文献

[1] 上海勘测设计研究院有限公司.新孟河延伸拓浚工程界牌水利枢纽工程初步设计报告[R].2016.

[2] 扬州大学江苏省水利动力工程重点实验室.界牌水利枢纽水泵装置模型试验报告[R].2016.

9.3 金湖泵站

9.3.1 工程概况

金湖站为南水北调东线第一期工程第二梯级站，位于江苏省金湖县银集镇境内，三河拦河坝下的金宝航道输水线上，距金湖县城约10 km，地理位置在东经119度07分、北纬33度02分。站下金宝航道与京杭运河相通，工程等别为Ⅰ等，工程规模为大(1)型。工程包括泵站、跨河公路桥、淮河入江水道东、西偏泓闸和套闸以及漫水公路等。其主要任务是通过与下级洪泽站联合运行，由金宝航道、入江水道三河段向洪泽湖调水150 m^3/s，为洪泽湖周边及以北地区供水，并结合宝应湖地区排涝。泵站工程采用块基型结构布置，平直管进出水流道，快速闸门断流，液压启闭机启闭，安装5台灯泡贯流泵机组(其中1台为备机)，主电机的供电电压等级为10 kV，单机容量约2200 kW，总装机容量约11000 kW。泵站防洪标准按100年一遇洪水设计，300年一遇洪水校核。图9-3-1是金湖泵站厂房外景图，图9-3-2是金湖泵站电机层内景图。

图9-3-1 金湖泵站厂房外景图

图9-3-2 金湖泵站电机层内景图

9.3.2 工程任务

为满足南水北调东线第一期工程供水区的供水要求，规划确定抽江500 m^3/s，入洪泽湖450 m^3/s。长江至洪泽湖段河道线路选择分为2段：① 长江至大汕子段采用增加三阳河、潼河输水线路，增加引江规模100 m^3/s；② 大汕子至洪泽湖段设计输水规模450 m^3/s，在现状基础上需增加入洪泽湖250 m^3/s。新增调水规模的输水线路有3个方案可以选择：

方案一是全部利用金宝航道单线输水；方案二是利用金宝航道线、里运河线双线输水；方案三是利用金宝航道线、里运河和新辟的淮安四站新河线双线输水。经比选，从节省工程投资、减少土地征用、合理配置淮阴站与泗阳站规模、降低供水成本、发挥工程综合效益的角度，一期工程采用新河、金宝航道双线输水，即新河输水线和金宝航道线分别按输水100、150 m^3/s 扩浚，新建淮安四站、淮阴三站各 100 m^3/s，新建金湖站、洪泽站各150 m^3/s。

金湖站与淮安站同属南水北调东线第二个梯级，是实现向北方调水，逐步缓解北方地区缺水形势的调水工程。该工程的主要任务是：在三阳河、潼河、宝应站工程和江都站改造工程的基础上，利用金宝航道连接里运河和洪泽湖，开辟洪泽湖以南的运西输水线，最终通过与洪泽站联合运行，实现一期工程运西输水线向洪泽湖输水 150 m^3/s 的规划目标，为洪泽湖周边及以北地区供水。

金湖站位于宝应湖地区，工程建成后，不仅可实现向北调水的目标，还可兼顾宝应湖地区的排涝，改善水环境。

9.3.3 特征水位

9.3.3.1 工程附近主要河道及湖泊特征水位

金湖站工程上游主要河道为入江水道，湖泊为洪泽湖；下游湖泊主要包括宝应湖、高邮湖，河道主要是金宝航道。

洪泽湖是一座位于淮河中下游结合部的巨型平原水库，淮河洪水经洪泽湖调节后，分别由入江水道、苏北灌溉总渠和废黄河、入海水道及分淮入沂入江入海，其主要特征水位为：正常蓄水位 13.5 m，设计洪水位 16.0 m，校核洪水位 17.0 m。

淮河入江水道是黄河夺淮后逐渐形成的淮河下游排洪入江通道，设计行洪流量为12000 m^3/s；遭遇洪泽湖 300 年一遇洪水，入江水道行洪流量仍为 12000 m^3/s。以高邮湖设计水位 9.5 m、入江水道上段行洪 12000 m^3/s 推算，金湖站上水位取西漫水闸上水位，为12.05 m。

宝应湖属内陆型湖泊，位于入江水道以东以北地区。其主要特征水位为：正常蓄水位5.7 m，排涝设计水位 7.0 m，防洪水位 7.5 m，石港站正常排水水位 6.5 m。

高邮湖属河道型湖泊，为淮河入江水道的行洪通道，上承淮河上中游来水，下经新民滩、邵伯湖宣泄长江。其主要特征水位为：正常蓄水位 5.7 m，防洪水位 9.5 m。

金宝航道位于宝应湖南侧，是一条以通航为主，结合排涝、灌溉的综合性利用河道，最低通航水位 5.5 m；根据《南水北调东线第一期工程金宝航道工程可行性研究报告》及《南水北调东线第一期工程金宝航道工程初步设计报告》，金宝航道为南水北调东线第一期工程的输水河道，设计流量 150 m^3/s，设计输水水位为金湖站引河口 5.7 m、南运西闸下6.5 m，最高设计输水水位为金湖站引河口 6.5 m、南运西闸下 7.0 m，最低设计输水水位为金湖站引河口 5.5 m、南运西闸下 6.4 m。

9.3.3.2　调水期水位

（1）设计水位

站下金宝航道采用半专线方案，涂沟以下河湖相通，涂沟以上封闭送水。金湖站下水位主要考虑以下几个方面：① 石港船闸最低通航水位 5.5 m；② 湖区养殖水深一般为 1.5～2.0 m，最小水深要求不低于 1.0 m，一般湖底高程为 5.2 m；③ 现状冬春期多年日平均水位为 5.7 m。综合考虑站下设计水位为 5.7 m，同时控制涂沟水位不超过 5.9 m。

站上设计水位按洪泽站下游引河口水位 7.5 m、淮河入江水道三河段 2004 年新测断面资料推算，一期工程河道输水 150 m^3/s 的站上水位为 7.69 m，二期工程输水 250 m^3/s 的站上水位为 7.91 m，综合选定站上设计水位为 7.9 m。

（2）最低水位

站下最低水位采用该段航道最低通航水位 5.5 m。

站上的最低水位从两个方面考虑：一是三河闸非汛期稳定安全；二是三河闸下近年实测水位情况。一方面，在蓄水期，三河闸闸下水位为 7.5 m 时，抗滑安全系数为 1.36，规范要求的抗滑安全系数为 1.35，两者仅相差 0.01，因此如果三河闸闸下水位低于 7.5 m，将使三河闸的安全稳定受到影响。另一方面，三河闸下河道 1971—1999 年非汛期的平均水位为 7.53 m。综合以上两方面因素，站上最低运行水位取为 7.5 m。

（3）最高水位

站下引河口最高运行水位受两个方面的因素影响：一是南运西闸上水位、里运河输水以及淮安站、金湖站流量分配的影响，考虑宝应湖排涝设计水位 7.0 m，以南运西闸上水位 7.07 m 分析，按输水流量 150 m^3/s 推至金湖站引河口站下水位为 6.5 m；二是石港站正常排水水位（即宝应湖起调水位）6.5 m。一方面，站下最高水位不应超过宝应湖的起调水位。另一方面，在可能的情况下（比如汛期，宝应湖的水位较高，由于金湖站下引河与宝应湖相通，此时金宝航道和金湖站下可以高水位运行），应尽量使泵站站下水位保持在高水位，以降低泵站的运行费用。

站上最高运行水位考虑南水北调东线二期工程实施，按洪泽站下引河口规划水位 7.5 m，三河段输水 250 m^3/s 推定，金湖站上水位为 7.91 m，取最高运行水位为 8.0 m。

（4）平均水位

以京杭运河输水为主，一期工程洪泽站平均抽水流量为 125 m^3/s，二期工程洪泽站平均抽水流量为 180 m^3/s。南运西闸上多年运行水位为 7.46 m，金宝航道沿线水位为照顾冬春期养殖、降渍以及不超过宝应湖排涝设计水位需进行控制，冬春期以金湖站下水位 5.7 m 控制，汛期金湖站下水位以宝应湖多年汛期平均水位 6.2 m 考虑。经分析，二期工程金湖站下多年平均运行水位为 5.87 m，一期工程金湖站下多年平均运行水位为 5.84 m。站下多年平均水位取为 5.9 m。

以京杭运河输水为主，一期工程洪泽站平均抽水流量为 125 m^3/s，二期工程洪泽站平均抽水流量为 180 m^3/s。以洪泽站下 7.5 m 推算，一期金湖站上平均水位为 7.64 m，二期金湖站上平均水位为 7.75 m。站上多年平均水位取为 7.75 m。

9.3.3.3 排涝期水位

（1）设计水位

站上排涝设计水位取5年一遇洪水3日平均水位10.95 m，站下引河口排涝水位按宝应湖起调水位为6.5 m。

（2）校核水位

站上校核排涝取20年一遇洪水3日平均水位11.75 m。站下排涝最高水位按宝应湖设计防洪水位7.5 m考虑，排涝最大扬程时，站下引河口水位按6.5 m考虑。

（3）挡洪水位

取洪泽湖百年一遇洪水，利用淮河入江水道、苏北灌溉总渠和废黄河、入海水道、分淮入沂行洪，淮河入江水道行洪设计流量为12000 m^3/s；遭遇洪泽湖300年一遇洪水，入江水道行洪流量仍为12000 m^3/s，并利用渠北地区分洪。远期，为达到洪泽湖设计标准为300年一遇的目标，利用入海水道扩大，入江水道行洪流量仍为12000 m^3/s。以高邮湖设计水位9.5 m，入江水道上段行洪12000 m^3/s推算，金湖站上水位取西漫水闸上水位12.05 m。

9.3.3.4 金湖站特征水位

根据以上水文分析结果，金湖站特征水位及主要设计参数分别见表9-3-1、表9-3-2。

表9-3-1 金湖站特征水位

特征水位		站下进水渠口	站上出水渠口
供水期	设计水位/m	5.7	7.9
	最低水位/m	5.5	7.5
	最高水位/m	6.5	8.0
	平均水位/m	5.9	7.75
排涝期	设计水位/m	6.5	10.95
	最高水位/m	7.5	11.75
挡洪水位/m	设计(1%)、开机	7.94	12.05
	设计(1%)、关机	9.00	12.05
	最高(0.33%)、开机	8.40	12.05
	最高(0.33%)、关机	9.00	12.05

表 9-3-2 泵站设计主要参数

项目			单位	参数	
				站下	站上
水位	调水	设计	m	5.45	7.90
		最低	m	5.25	7.50
		最高	m	6.25	8.00
		平均	m	5.65	7.75
	排涝	设计	m	6.25	10.95
		校核	m	6.25	11.75
净扬程	调水	设计	m	2.45	
		最小	m	1.25	
		最大	m	2.75	
		平均	m	2.10	
	排涝	设计	m	4.70	
		校核	m	5.50	
流量	供水		m^3/s	150	
	排涝(设计)		m^3/s	130	

注:① 表中站下水位已考虑河道、拦污栅损失 0.25 m。
② 排涝最大扬程时,站下进水渠口水位按 6.5 m 考虑,站下水位为 6.25 m。

9.3.4 工程等别、建筑物级别

根据《泵站设计规范》的等级划分标准,金湖站工程等别为Ⅰ等,泵站站身、出水池、防渗范围内的翼墙和站上堤防为 1 级建筑物,其他次要建筑物为 3 级;东、西偏泓闸闸室、套闸上闸首及其防渗范围内的翼墙为 3 级建筑物,其他次要建筑物为 4 级。临时建筑物级别:泵站施工围堰为 4 级,东、西偏泓闸施工围堰为 5 级。

9.3.5 泵站设计

金湖站站上设计排涝水位 10.95 m,校核排涝水位 11.75 m,防洪水位 12.05 m。站上引河较短,站身地基条件较好,防洪水位与最高排涝水位接近,可以考虑采用堤身式和堤后式站身布置方案。堤后式布置方案需要在引河与拦河坝交汇处建箱涵挡洪,以降低站上堤防和站身高度,按调水期过洞落差 10 cm 计,需建 3.5 m×4.0 m(高×宽)地涵 8 孔,涵洞总长 60 m。经计算分析,采用堤后式布置方案可减少站上堤防填土约 1.55 万 m^3,征地 5.4 亩,站身、岸墙钢筋混凝土 700 m^3,相应工程投资减少约 95 万元;但将堤身式方案站上公路桥改为箱涵后,在不计河道护砌和土方开挖量的情况下,需增加工程投资

800余万元。此外，箱涵需在入江水道侧筑围堰施工，增加工期，影响交通。综合比较，泵站采用堤身式布置方案，具有投资省、工期短、水流损失小、便于管理等优点。

对竖井贯流泵和灯泡贯流泵站身方案进行了比选，见表9-3-3。

表9-3-3 竖井贯流泵和灯泡贯流泵站身方案比较

序号	项目	竖井贯流泵站身方案	灯泡贯流泵站身方案
1	叶轮直径/mm	3300	3300
2	水泵转速/(r/min)	125	125
3	电机转速/(r/min)	1000	750
4	传动方式	齿轮箱联接	齿轮箱联接
5	配套电机功率/kW	2200	2200
6	站身顺水流向长度/m	33.5	33.5
7	机组间距/m	9.5	9.2
8	站身宽度/m	49.5	48.0
9	厂房跨度/m	16.5	13.5
10	安装高程/m	0.8	0.8
11	底板顶高程/m	−1.05	−1.70
12	土建可比投资/万元	1378.3	1331.9
	(1) 土方工程/m^3	70300	63500
	(2) 混凝土及钢筋混凝土工程/m^2	10607	10305
13	机电设备投资/万元	610	1500(进口)、900(国产)
	(1) 水泵/万元	80×4.0=320	1500(进口)、900(国产)
	(2) 电机/万元	20×4.5=90	
	(3) 齿轮箱/万元	200	

由表9-3-3可见，2个站身方案采用的水力模型相同，水泵的直径相同，站身顺水流向长度相同，但竖井贯流泵站身方案机组间距较大，站身宽度较宽，土建投资略大，虽水泵结构简单，机电设备投资较省，但机组效率低。灯泡贯流泵站身方案土建投资略省，根据类似工程经验对比，机组效率略高于竖井贯流泵站身方案，但水泵结构复杂，技术要求较高，机电设备投资较大，总投资较竖井贯流泵站身方案多843.6万元(机电设备进口)。

综上所述，灯泡贯流泵站身方案技术先进，装置效率高，但技术要求高，投资较大；竖井贯流泵站身方案装置效率略低，但水泵结构简单，投资省。考虑到本泵站年运营时间长，应重视泵站效率，故采用灯泡贯流泵站身方案。

泵站采用平直管进、出水流道，为防御洪水并保证泵站停机或事故时能及时断流，出水流道末端设快速工作闸门(带小拍门)、事故闸门(兼检修门)各一道，配2×250 kN液压启闭机启闭。事故门布置在外侧，工作门布置在内侧。为了机组能顺利地启动，除在工作门上设置小拍门外，还在工作门后的挡水墙上每台机组设置了 6 个直径ϕ50 cm 的溢流孔（排气孔）；为满足机组检修要求，进水流道段设置检修闸门一道，配 250 kN 双钩电动葫芦起吊；由于站身与下游清污机桥距离较远，为安全计，在检修闸门前设置隔栅一道。

按《泵站设计规范》和流道布置要求，机组中心距取用 9.2 m；进水流道长 7.85 m，流道从进口 8.2 m×5.6 m 的方形渐变至水泵进口ϕ3.6 m 的圆形；出水流道长 12.5 m，从灯泡体ϕ5.0 m 的圆形渐变至流道出口 8.2 m×5.0 m 的方形。按设计流量 37.5 m^3/s 计，进水流道进口断面流速为 0.82 m/s，出水流道出口断面流速为 0.91 m/s，均满足规范要求。站身分设两块底板（3 台一联、2 台一联），侧向采用岸墙挡土，中墩、边（缝）墩厚均为 1.0 m，垂直流向底板宽为 2 台一联 19.40 m，3 台一联 28.60 m，站身总宽 48.02 m，顺水流向长 33.5 m。

按上、下游最高洪水位分别为 12.05 m、8.4 m，以及风浪和安全超高，确定站身上游顶高程为 14.0 m，下游顶高程为 9.5 m。为满足进水流道进口上缘应淹没在最低运行水位以下至少 0.5 m 的要求，水泵叶轮中心安装高程取为 0.8 m。为满足流道及灯泡体布置的要求，水泵层顶高程取 4.4 m，站底板面高程取－1.7～－1.0 m。

为便于上下沟通，在站身南侧边墩和北侧岸墙上布置楼梯通道。为满足采光及通风要求，在灯泡体竖井上方布置钢化夹胶玻璃。

为满足设备布置和安装要求，在站身上游侧布置交通桥和工作桥，桥面高程 14.0 m，宽度分别为 6.0 m 和 7.1 m；站身下游侧布置工作便桥，桥面高程 9.5 m，宽 5.0 m。

在站上交通桥与工作便桥之间布置主厂房，厂房内布置 320/50 kN 桥式起重机，吊车梁轨面高程 9.60 m。控制室和变电所布置在管理区内，距离站身约 250 m。

由于站身边墩高度较大，横向联系结构较为单薄，为满足泵站侧向稳定及边墩强度要求，站身两侧设空箱岸墙挡土，为配合厂房设计方案，在北侧岸墙上布置地下检修平台和楼梯通道。空箱岸墙长 33.5 m，宽 17.0 m，采用天然基础。

为防止污物进入水泵，影响机组安全及运行效率，在站下河床内设清污机桥 1 座，并安装 HQ-A 型回转式清污机、拦污栅及 SPW 型皮带输送机。

泵站上、下游翼墙采用钢筋混凝土空箱扶壁式或扶壁式结构，直线接圆弧形平面布置形式，直线段以 1∶5 的角度向两侧扩散。上游翼墙为 3 节，由于上游防洪水位为 12.05 m，故墙顶高程定为 12.1 m，并在墙顶布置 1 m 高的挡浪板。第一、二节翼墙为空箱扶壁式，采用天然基础，底板横向长 18 m，顶高程－1.70 m，厚 1 m，空箱内填土高程 4.50 m；第三节翼墙由于处在回填土上，基础处理采用搅拌桩，桩径 60 cm，桩中心距 1 m，底高程－3.0 m。下游翼墙为 3 节，由于下游防洪校核水位分别为 8.40 m（宝应湖外排站开机）和 9.0 m（宝应湖外排站不开机），宝应湖外排站不开机时允许墙后进水，侧向防渗亦可满足要求，故墙顶高程定为 8.5 m。第一、二节翼墙为扶壁式，底板横向长 11 m，顶高程－1.0 m，厚 1 m；第三节翼墙由于处在回填土上，基础处理采用搅拌桩，桩径 60 cm，桩中心距 1 m，底高程－3.0 m。由于允许墙后进水，墙后 8.5 m 高程采用浆砌石护砌。图 9-3-3

是金湖站主厂房纵剖面图。

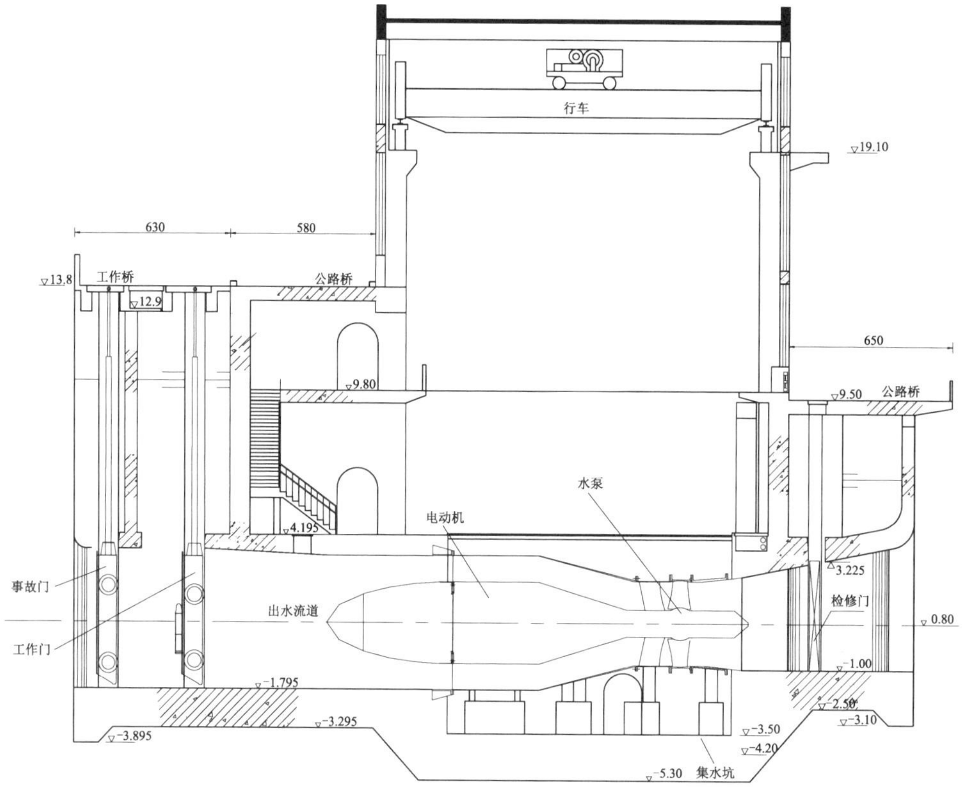

图 9-3-3　金湖站主厂房纵剖面图

9.3.6　水机设计

9.3.6.1　泵型选择的原则

金湖站为南水北调东线第二个梯级泵站，规划确定年运行小时数在 5000 h 左右，从技术、经济等方面考虑，泵型选择的主要原则有：

① 机组运行效率高、高效范围宽，以降低运行费用和供水成本；

② 机组技术成熟、运行安全可靠，以提高供水保证率；

③ 机组调节灵活、方便，以适应流量变化的要求；

④ 机组空化性能好，以保证机组在使用寿命期内检修次数少；

⑤ 检修、维护方便，易于运行管理；

⑥ 与土建、电气、金结工程综合考虑，技术上可行、经济上合理。

调水设计扬程 2.45 m，平均扬程 2.10 m；排涝设计扬程 4.70 m，校核扬程 5.50 m。泵型选择以调水为主，兼顾排涝。

9.3.6.2　泵型选择

针对南水北调东线工程低扬程泵站的泵型选择，水利水电科学研究院水力机电研究所在 1993 年 5 月进行了“南水北调不同型式低扬程水泵的同台对比试验”研究工作。该试验研究采用同一水泵叶轮(I_{09})，进行了立式轴流泵装置模型、后置式和开敞式(前置)灯泡贯流泵装置模型、轴伸泵装置模型以及泵段的对比试验。试验成果见表 9-3-4。试验转速 $n=1350$ r/min，模型水泵直径 $D=300$ mm。

表 9-3-4　低扬程水泵装置及泵段特征工况性能参数

型式	叶轮、导叶型号	最优工况						扬程 3.5 m、流量 300 L/s	扬程 2.5 m、流量 300 L/s
		轮叶转角/(°)	流量 Q/(L/s)	扬程 H/m	效率 η/%	比转速 n_s	气蚀比转速 C	效率 η/%	
立式	$I_{09}G_{11}$	−7	216	3.8	76.4	840	1240	70.4	63.6
后置式	$I_{09}G_{21}$	−4	270	3.8	81.5	940	1220	80.6	75.6
开敞式	$I_{09}G_{11}$	−2	275	4.0	81.3	900	1180	79.6	74.2
轴伸式	$I_{09}G_{14}$	−4	260	3.95	80.5	890	1190	78.6	71.6
泵段	$I_{09}G_{22}$	−5	250	3.9	85.4	870	1170	83.6	78.5

表 9-3-4 中列出了 4 种型式水泵装置在最优工况的主要特征参数，以及相同扬程(3.5 m、2.5 m)、相同流量(300 L/s)和不同扬程、相同流量下的效率。与灯泡贯流泵装置相比，立式泵装置最优工况点模型效率低 5%，最优工况点模型流量相差 20%；轴伸式装置最优工况点模型效率低 1%，最优工况点模型流量相差 4%；在 3.5 m、2.5 m 相同扬程下，立式泵装置模型效率分别低 10%和 12%；在 3.5 m、2.5 m 相同扬程下，轴伸式装置模型效率分别低 2%和 4%。与开敞式(前置)灯泡贯流泵相比，后置式灯泡贯流泵性能略优。该试验研究成果表明，在以上几种低扬程装置型式中，后置式灯泡贯流泵装置水力性能最好，且随着扬程的降低，优势更加明显。该成果对金湖站的泵型比选具有一定的参考价值。

根据金湖站运行水位组合及以上泵型选择的原则，该站以调水工况为主，属特低扬程泵站，因此推荐采用灯泡贯流泵方案。

9.3.6.3　水力模型

根据“十一五”水利重大技术装置灯泡贯流泵课题的初步研究成果，同时考虑在建的蔺家坝贯流泵的装置试验成果，对金湖泵站的水泵选型进行比选论证。选取扬州大学的贯流泵模型装置性能曲线见图 9-3-4，经计算取叶轮直径 $D=3.4$ m，转速 $n=119$ r/min，原型泵装置性能曲线见图 9-3-5；选取江苏大学的贯流泵模型装置性能曲线见图 9-3-6，经计算取叶轮直径 $D=3.3$ m，转速 $n=125$ r/min，原型泵装置性能曲线见图 9-3-7；选取蔺家坝的贯流泵模型装置性能曲线见图 9-3-8，经计算取叶轮直径 $D=3.1$ m，转速 $n=135$ r/min，原型泵装置性能曲线见图 9-3-9。

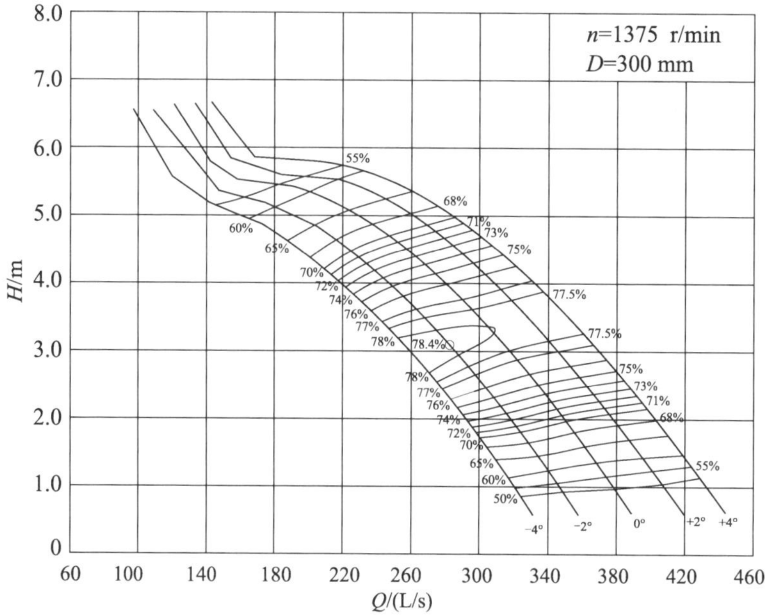

图 9-3-4　扬州大学贯流泵模型装置性能曲线

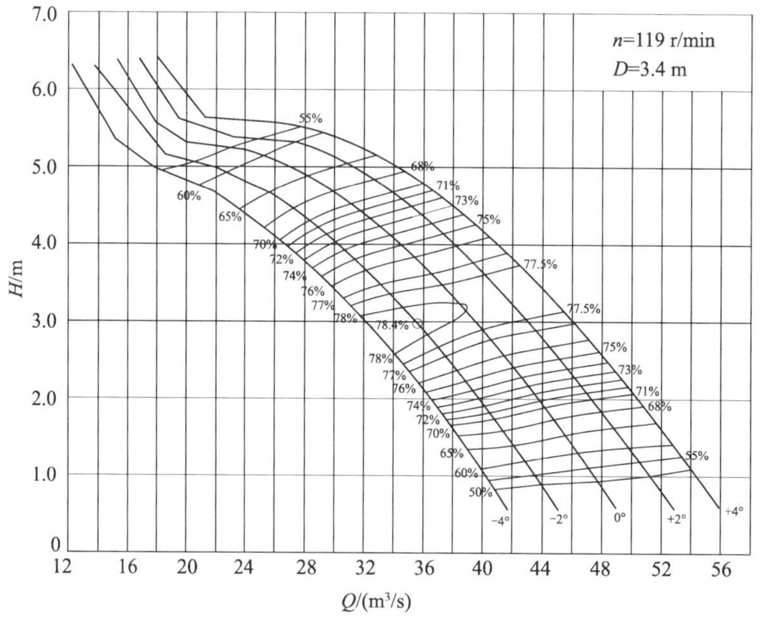

图 9-3-5　扬州大学贯流泵原型装置性能曲线

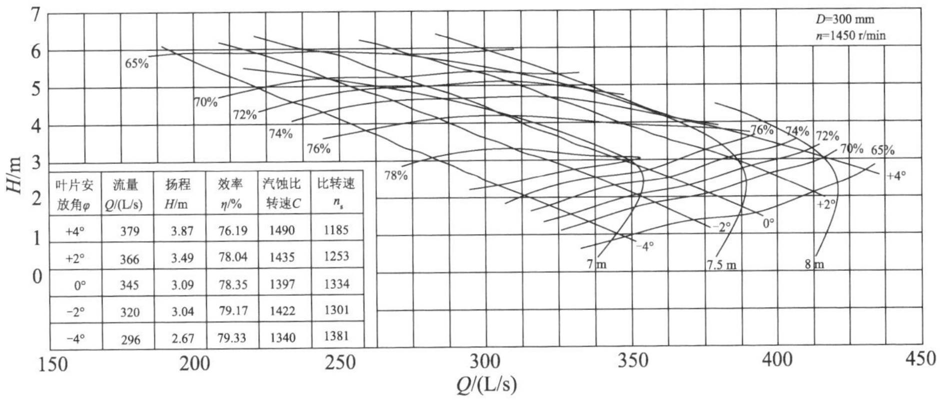

叶片安放角φ	流量 Q/(L/s)	扬程 H/m	效率 η/%	汽蚀比转速 C	比转速 n_s
+4°	379	3.87	76.19	1490	1185
+2°	366	3.49	78.04	1435	1253
0°	345	3.09	78.35	1397	1334
−2°	320	3.04	79.17	1422	1301
−4°	296	2.67	79.33	1340	1381

图 9-3-6　江苏大学贯流泵模型装置性能曲线

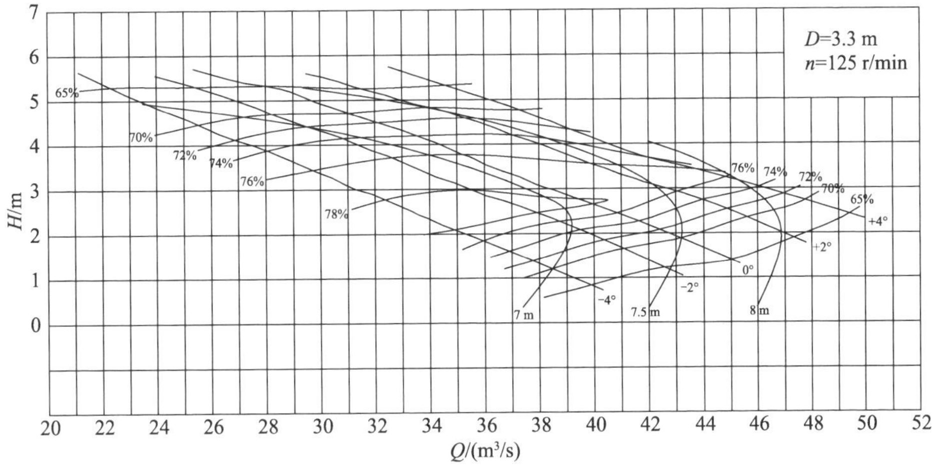

图 9-3-7　江苏大学贯流泵原型装置性能曲线

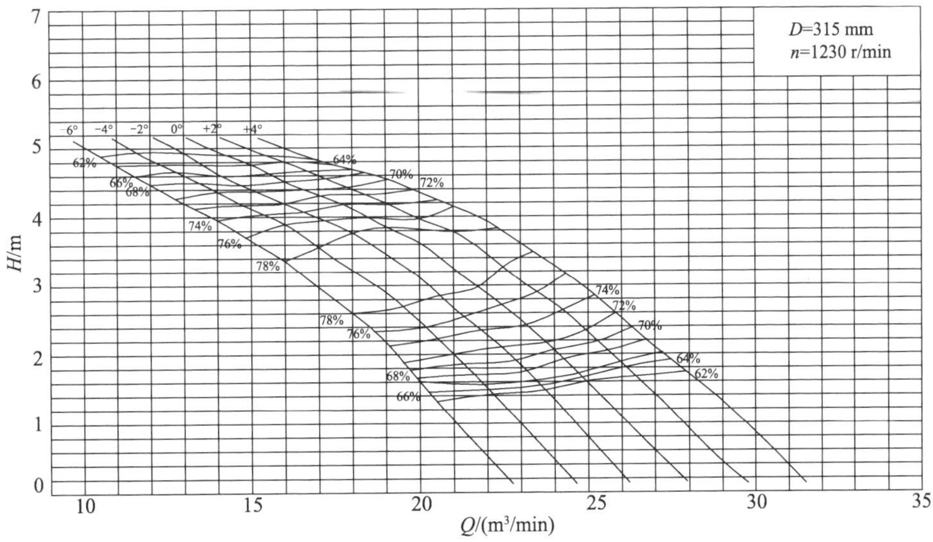

图 9-3-8　蔺家坝贯流泵模型装置性能曲线

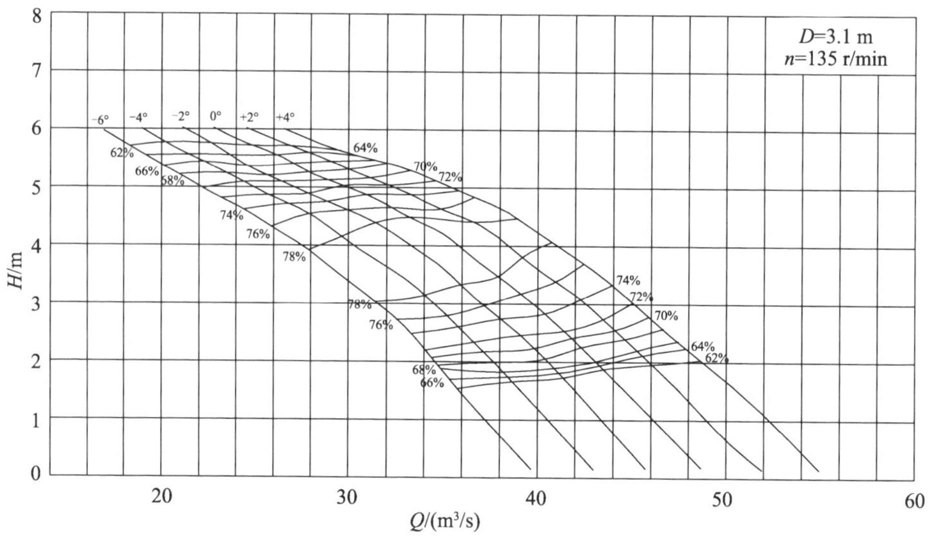

图 9-3-9 蔺家坝贯流泵原型装置性能曲线

特征扬程下 3 个水力模型的真机性能参数见表 9-3-5。

表 9-3-5 3 个水力模型的真机性能参数

装置扬程			扬州大学			江苏大学			蔺家坝		
特性		净扬程/m	叶片安放角度/(°)	流量/(m^3/s)	装置效率/%	叶片安放角度/(°)	流量/(m^3/s)	装置效率/%	叶片安放角度/(°)	流量/(m^3/s)	装置效率/%
调水	设计	2.45	−2	37.94	76.4	−2	37.99	77.8	−2	39.13	72.0
	最小	1.25	−2	41.91	65.8	−2	41.75	67.9	−2	42.15	55.0
	最大	2.75	−2	36.63	77.7	−2	36.67	78.0	−2	38.02	74.1
	平均	2.10	−2	39.39	73.9	−2	39.36	74.4	−2	40.27	68.4
排涝	设计	4.70	−2	27.12	69.0	−2	28.23	70.0	−2	29.29	74.8
	校核	5.50	−4	14.69	43.0	−4	21.63	63.0	−4	21.87	65.0

对比 3 个灯泡贯流泵装置特性曲线发现，扬州大学开发的水力模型和蔺家坝水力模型高效区扬程相对较高，而江苏大学开发的水力模型在调水平均扬程时效率相对较高，在设计扬程时能满足设计流量，基本满足金湖站调水扬程低、排涝扬程高的运行要求，更适合金湖站使用。水泵在额定转速 125 r/min 运行，调水工况下机组运行在高效区，还能兼顾排涝。

9.3.6.4 灯泡贯流泵前、后置型式

在站身长度保持 33.5 m 不变的前提下，前置方案出水流道的当量扩散角为 11.64°，而后置方案出水流道的当量扩散角为 8.74°。若出水流道都采用相同的当量扩散角

(8.74°),则前置方案的站身长度要长得多(约 39 m)。前、后置方案分别见图 9-3-10、图 9-3-11。

根据“十一五”水利重大技术装置灯泡贯流泵课题中的CFD计算结果,在前、后置方案的站身布置长度一致的情况下,后置灯泡贯流泵装置的性能明显优于前置灯泡贯流泵装置,经过综合分析比较,金湖站采用灯泡体后置布置方案。

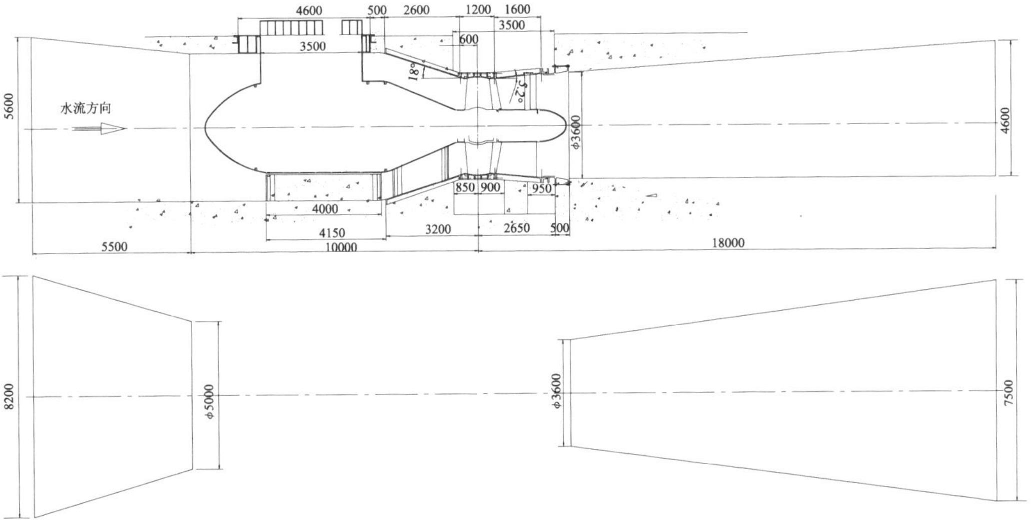

图 9-3-10 灯泡贯流泵前置方案

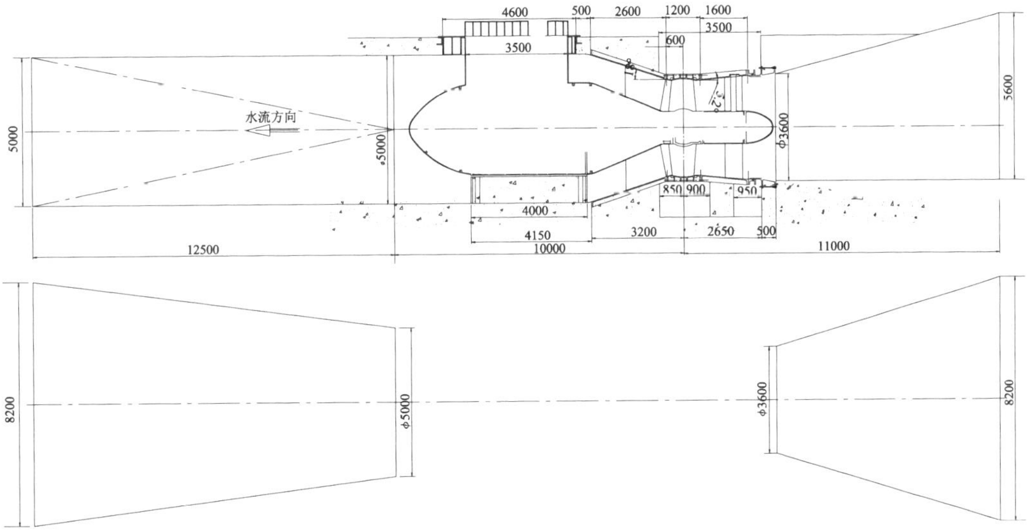

图 9-3-11 灯泡贯流泵后置方案

9.3.6.5　水泵特征参数

主水泵为灯泡贯流泵，机组台数5台（含1台备机），水泵叶轮直径3.3 m。根据表9-3-5中所示性能参数，在调水设计扬程下（叶片安放角度−2°）水泵轴功率为

$$N_{轴}=9.81QH/\eta=9.81\times37.99\times2.45/0.778\approx1174\ \mathrm{kW}$$

在调水最大扬程下（叶片安放角度−2°）水泵轴功率为

$$N_{轴}=9.81QH/\eta=9.81\times36.67\times2.75/0.780\approx1268\ \mathrm{kW}$$

在排涝设计扬程下（叶片安放角度−2°）水泵轴功率为

$$N_{轴}=9.81QH/\eta=9.81\times28.23\times4.70/0.700\approx1859\ \mathrm{kW}$$

在排涝最大扬程下（叶片安放角度−4°）水泵轴功率为

$$N_{轴}=9.81QH/\eta=9.81\times21.63\times5.50/0.630\approx1852\ \mathrm{kW}$$

在排涝设计扬程下不考虑备机，排涝流量141.15 m^3/s，基本能满足要求。在排涝最大扬程下无流量要求，由于水泵为全调节式，可将叶片调至小角度运行。

因此，电机配套功率按排涝设计扬程计算。

$$N_{电}=1.1\times N_{轴}=1.1\times1859\approx2045\ \mathrm{kW}$$

选用电机功率为2200 kW，电机额定转速$n=750$ r/min，电机采用空气水冷却、内部强迫通风方式。

根据灯泡贯流泵的装置特点，采用平直管进、出水流道，快速闸门断流方式。为减小启动扬程，在快速门上设小拍门。

根据水泵原型特性曲线查得水泵装置临界空化余量约为NPSHc=6.0 m，取安全系数1.35，则许用空化余量为

$$[\mathrm{NPSH}]=1.35\times6.0=8.1\ \mathrm{m}$$

水泵安装高度为

$$H_s=H_a-[\mathrm{NPSH}]-H_v-h_c=10.33-8.1-0.24-0.2=1.79\ \mathrm{m}$$

式中：h_c为进水流道损失。

由计算结果，叶轮可不淹没，同时根据《泵站设计规范》(GB/T 50265—1997)的要求，泵站出水流道的出口上缘应淹没在出水池最低运行水位以下0.3～0.5 m，经综合考虑，确定叶轮中心安装高程为0.80 m。

该站的扬程变化范围大，为满足不同工况下的运行要求，减小电机的配套功率，使得调水工况运行时电机的裕量不会太大；水泵采用全调节方式，考虑到灯泡贯流泵的结构特点，选用液压全调节方式。

9.3.7　水泵技术特点

金湖泵站水泵机组的总体设计，包括结构设计、水力设计，均由株式会社日立工业技术（日本）公司负责；5台套叶轮部件、5台套液压调节机构部件（含泵轴、拉杆）、5台套泵轴密封部件均由日本生产。水力模型采用日立公司的Ns2000KP水力模型进行改良，流道采用经扬州大学优化后的流道。模型装置试验在日本进行。水泵采用后置灯

泡结构；泵壳体采用上下中开金属结构。水泵叶轮采用简支梁支撑（两端支撑），水泵通过鼓齿联轴器与同步电机直接连接；轴向力由水泵的推力轴承组承受。调节机构设置在叶轮和电机之间（中置式），采用日本进口的专业厂家生产的液压全调节装置。整个泵体设置有 3 个主支撑和 1 个副支撑，主支撑分别为电机外壳体支撑、导叶体支撑及中间接管支撑，副支撑为进水管支撑（内设径向轴承）。在电机外壳体和中间接管上各有 1 个进人孔，供安装检修使用。主轴密封采用填料密封＋空气围带密封，并在压盖处设置弹簧，使其具有自动调整密封压紧量的功能。填料密封本身允许有少许水漏出，结构设计时，考虑在外部设置集水箱，收集密封中漏出的水，并通过水管向外自流引出，可保持灯泡体内干燥、整洁。停泵时填料密封承受的压力小于工作时的压力，漏水量小于工作时的漏水量，漏出的水完全可以通过集水箱由水管排出。空气围带仅用于突发状况，正常情况无需围带密封。为简化辅助系统，方便泵站的管理，配置 2 只移动式空压机，根据需要，用快速接头与围带密封连接。填料采用强迫清水润滑，水量共 48 L/min（叶轮前后各 1 只轴封），水压 0.25～0.30 MPa，填料的材料为碳素纤维和合成纤维。调节机构由受油器、油压装置、操作控制盘组成。调节机构采用可变螺距螺旋桨型操作装置。为了减少配合环节产生的误差，水泵主轴及调节叶片用的拉杆也由螺旋桨式液压叶片调节机构生产。其优越性在于：一是质量容易得到有效保证；二是便于处理可能出现的质量问题。泵轴及拉杆材质采用 JIS-SF590A。电机采用湘潭电机股份有限公司产品 TGBKS2200-52/3000 型电机。

金湖站水泵剖面图和结构图分别见图 9-3-12 和图 9-3-13。

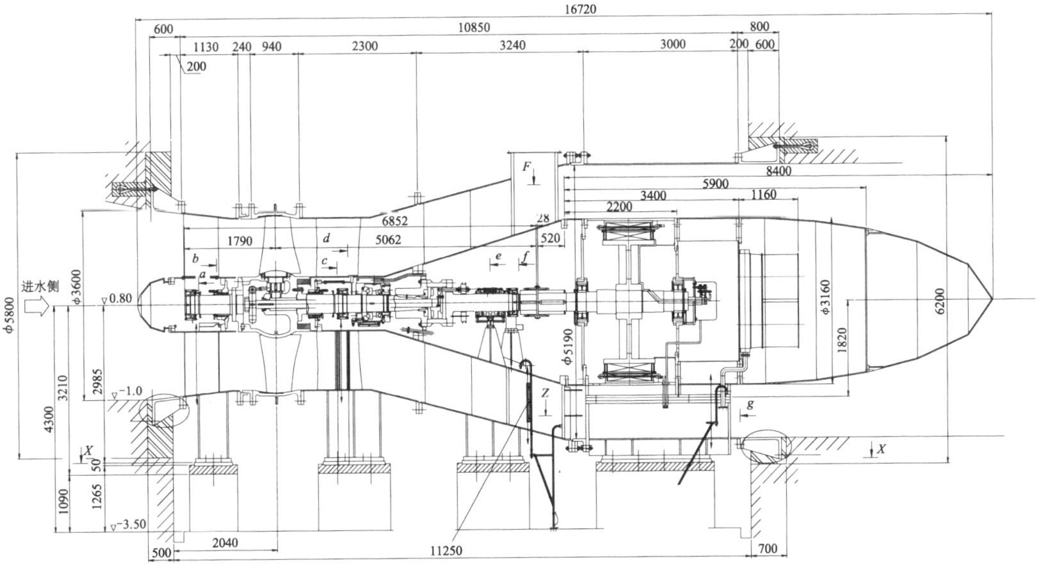

图 9-3-12　金湖站水泵剖面图

图 9-3-13　金湖站水泵结构图

叶轮外壳内球面不锈钢内衬选用 0Cr18Ni9 抗空化性能优良的不锈钢板材，本体部分则采用有良好刚性及强度的 ZG270-500 优质铸件。叶轮外壳本体铸件翻铸后要进行退火处理，以消除内应力。为确保机械加工精度，叶轮外壳的机械加工分粗加工、半精加工及精加工完成。叶轮外壳内球面不锈钢内衬的镶焊是在粗加工后完成的。为减小焊接变形，提高焊接质量，不锈钢内衬的焊接采用了先进的 CO_2 气体保护焊工艺，并通过对焊接工艺参数的严格控制，获得高质量的焊缝。焊后还要进一步作 PT 探伤检查，确保焊缝无缺陷。焊后的机械加工分半精车、精车多次进行并采用合理装夹，以提高最终加工尺寸的稳定性，提高尺寸加工的精度。车加工的装夹采用专用车夹具保证定位精度。叶轮外壳内球面采用日立公司的 DVT500 特大型 5 m 直径数控立车加工，确保球形精确度。叶轮外壳加工好后，通过水压试验进一步确保零件无缺陷，保证密封性要求。

导叶体为焊接结构件，采用树脂砂造型工艺翻铸导叶片。导叶片翻铸好以后，导叶片过流表面采用日立公司的随形磨专用加工设备进行磨削加工，并用角向砂轮进行打磨。导叶片型面在木模及毛坯的检验、后续打磨加工后，用 Faro 激光扫描测量臂进行检测，获取型面数据后与设计图的三维造型比对符合度，确定是否满足设计要求。由于采用了此工艺，导叶片的型线和表面粗糙度可得到较好的保证。为了保证导叶体入口节距偏差及导叶片安放角误差控制在所要求的范围之内，在进行导叶片焊接之前，先划出导叶片安放位置线，再进行导叶片的组装点焊。在导叶片组装点焊后、正式焊接前，对导叶片安放位置进行严格检测，有不符合质量控制要求的及时进行调整，以满足质量控制的要求。导叶片的焊接采用先进的 CO_2 保护焊焊接工艺。CO_2 保护焊焊接工艺具有电弧穿透能力强、焊接变形小、焊缝含氢量低、冷裂纹倾向小等优异性能。为保证焊缝质量，采用严格控制焊接工艺参数、焊后进行 PT 探伤的工艺手段。导叶体焊接后，采用计算机控制的大型燃气退火炉进行整体热处理，全面消除焊接应力。为减小导叶片表面粗糙度，导叶体进行整体喷砂处理，确保涂装外观质量。导叶体的加工采用日立公司的 CKJQ5280 型 8 m 数控立车、BF150-B 镗铣加工中心等精密机加工设备，确保加工质量。导叶体加工后进行水压试验，进一步确保密封的可靠性。

冷却系统主要由电机空冷系统(含风机)、电机外淡水冷却器、淡水循环水站三大部分组成,淡水水路的主要功能是提供用于冷却水泵油压装置、推力轴承装置和贯流泵同步电机内部空气冷却装置的冷却水。空气冷却装置的主要功能是利用轴流式风机使电机内部空气流动起来,通过空冷器使高温空气与较低温度淡水进行热量交换,达到冷却电机内部循环空气的目的,使得电机内部绕组及电子元件保持在正常的温度范围内工作。电机外淡水冷却器的主要功能是通过贯流泵运行时流动的河水降低(冷却)淡水水路中淡水的温度,使得进入空气冷却器的淡水水温≤35 ℃,满足空气冷却器所需冷却水温度要求,达到预期冷却效果。冷却系统由上海七一一研究所生产。

在工厂内进行了1台水泵的整体组装,检查各部件的配合情况,以便发现及解决装配中出现的问题。其余4台水泵在厂内进行相邻零部件的套装和一些必要的试验,检测其配合情况。

9.3.8 水泵试运行

2012年12月,金湖站进行机组试运行,并实测水泵流量。测流工作分为两个阶段进行。

第一阶段测流时间为2012年12月11日,分别用ADCP和单机时差式测流设备对3号、4号机组联合运行时的流量进行测量(见表9-3-6、表9-3-7)。

第二阶段测流时间为2012年12月13日15:55开始,17:42结束,分别对5台机组在叶片安放角度0°、−2°、−4°下采用ADCP测流(见表9-3-8)。同时,对4号、5号机组单机运行流道测流数据进行了记录(见表9-3-9)。

表9-3-6 3号、4号机组联合运行测验成果(ADCP测流)

机组	叶片安放角度/(°)	流量/(m^3/s)	扬程/m
3号、4号	−6	75.2	1.90
	−4	76.3	1.90
	−2	78.4	1.87
	0	84.8	1.93
	+2	90.8	1.96

表9-3-7 4号机组单机运行测验成果(机组流道测流)

机组	叶片安放角度/(°)	流量/(m^3/s)	扬程/m
4号	−6	33.8	1.90
	−4	35.2	1.90
	−2	39.7	1.87
	0	43.3	1.93
	+2	45.4	1.96

表 9-3-8　5 台机组联合运行测验成果(ADCP 测流)

机组	叶片安放角度/(°)	流量/(m^3/s)	扬程/m
5 台机组	−4	163	2.10
	−2	182	2.14
	0	183	2.44

表 9-3-9　4 号、5 号机组单机运行测验成果(机组流道测流)

机组	叶片安放角度/(°)	流量/(m^3/s)	扬程/m
4 号	−4	35.4	2.10
	−2	39.7	2.14
	0	39.2	2.44
5 号	−4	35.4	2.10
	−2	38.9	2.14
	0	40.7	2.44

在 3 号、4 号机组联合运行时，所测流量达到设计值；在 5 台机组联合运行时，全站总流量略低于设计值。经初步计算，泵装置效率在 71%～74%。

参考文献

[1] 江苏省水利勘测设计研究院有限公司. 金湖站工程初步设计报告[R]. 2010.

[2] 周伟，刘雪芹，唐秀成. 金湖泵站贯流泵机组水力性能及结构特点分析[J]. 人民黄河，2015，37(7)：104－106.

9.4　洪泽泵站

9.4.1　工程概况

洪泽站工程为南水北调东线第一期工程第三梯级，位于淮安市洪泽县境内的三河输水线上，距蒋坝镇约 1 km，介于洪金洞和三河船闸之间，紧邻洪泽湖。工程由新建的洪泽泵站、挡洪闸、进水闸和洪金地涵等配套的建筑物组成，具有供水、挡洪和排涝等综合功能。站身为块基型结构，泵站共安装立式全调节混流泵 5 台套(含备机 1 台套)，单机设计流量 37.5 m^3/s，配套电机功率 3550 kW，总装机容量 17750 kW。采用正向进、出水方式，堤后式布置，水泵采用竖井筒体式结构，配肘形进水、虹吸式出水流道，真空破坏阀断流。图 9-4-1 是洪泽泵站厂房外景图，图 9-4-2 是洪泽泵站电机层内景图。

图 9-4-1 洪泽泵站厂房外景图

图 9-4-2 洪泽泵站电机层内景图

9.4.2 工程任务与规模

洪泽站与淮阴站同属南水北调东线第三个梯级，与金湖站联合运行，实现一期工程运西输水线向洪泽湖输水 150 m^3/s 的规划目标，相应增抽水量 22.04 亿 m^3。洪泽站工程等别为Ⅰ等，工程规模为大(1)型。挡洪闸、泵站防洪标准按 100 年一遇设计、300 年一遇校核。洪泽站的主要作用是通过与下级金湖站联合运行，由金宝航道三河段向洪泽湖调水 150 m^3/s，为洪泽湖周边及以北地区供水，并结合白马湖、宝应湖排涝。

9.4.3 特征水位

9.4.3.1 供水期水位

(1) 设计水位

站下：根据三河闸稳定、消能设计工况确定的闸下水位 7.50 m，洪泽站进水渠口水位取 7.50 m，站下水位考虑河道沿程输水损失、进水闸和拦污栅落差，取 7.10 m，与第二梯级金湖站站上设计水位协调一致。

站上：补湖最高水位 13.00 m，出水渠口设计水位 13.00 m，站上水位 13.10 m(计入挡洪闸落差)。

(2) 最低水位

影响最低水位的因素有 2 个：一是三河闸非汛期的稳定安全；二是三河闸多年平均实测水位。综合上述 2 个方面的因素，洪泽站下最低运行水位取 7.50 m。

按站下引河与蒋坝船闸下游引河分开方案，站下水位考虑河道沿程输水损失、进水闸和拦污栅落差，取 7.10 m。

站上：出水渠口水位取洪泽湖死水位 11.30 m，站上水位 11.40 m(计入挡洪闸落差和引河沿程水头损失)。

(3) 最高水位

站下：按三河闸下游不泄洪时多年月平均水位，站下引河口最高运行水位 8.0 m，站下水位考虑河道沿程输水损失、进水闸和拦污栅落差，取 7.60 m。

站上：出水渠口水位取洪泽湖最高蓄水位 13.50 m，站上水位 13.60 m(计入挡洪闸落差)。

(4) 平均水位

站下:站下引河口平均水位取洪泽站设计水位 7.50 m,平均输水流量 125 m^3/s。按站下引河与蒋坝船闸下游引河分开方案,站下水位考虑河道沿程输水损失、进水闸和拦污栅落差,取 7.10 m。

站上:以京杭运河输水为主,一期工程洪泽站抽水入湖 731 旬,洪泽站平均抽水流量 125 m^3/s,相应抽水期洪泽湖旬平均水位 12.43 m,站上水位 12.53 m(计入挡洪闸落差)。二期工程洪泽站抽水入湖 846 旬,洪泽站平均抽水流量 180 m^3/s,相应抽水期洪泽湖旬平均水位 12.54 m,站上水位 12.64 m(计入挡洪闸落差)。

洪泽站站下河口设计、最低运行水位 7.50 m,高于新三河最低通航水位 7.15 m,满足要求。

9.4.3.2 挡洪水位

站上:同洪泽湖设计、校核水位,即 100 年一遇洪水位 16.00 m,300 年一遇洪水位 17.00 m。

站下:根据洪泽湖防洪规划,洪泽湖 100 年、300 年一遇洪水时,淮河入江水道行洪流量均为 12000 m^3/s,以高邮湖设计水位 9.5 m,入江水道行洪 12000 m^3/s 推算,洪泽站下引河口取中渡水位 14.21 m。

9.4.3.3 排涝水位

(1) 设计水位

站下:老三河节制闸水位 9.00 m,相应洪金地涵上游水位 7.50 m,站下水位 7.00 m。

站上:出水渠口水位取洪泽湖正常蓄水位 13.50 m,站上水位 13.60 m(计入挡洪闸落差)。

(2) 最高水位

站下:排涝河在老三河节制闸处水位平地面为 9.50 m,相应洪金地涵上游水位 8.00 m,站下水位 7.50 m。

站上:根据洪水调度原则,蒋坝水位超过 14.50 m 以后,洪泽湖周边滞洪,宝应湖地区涝水不再抽排入洪泽湖,站上出水渠口最高水位 14.50 m,站上水位 14.60 m(计入挡洪闸落差)。

洪泽站进、出水引河口特征水位见表 9-4-1,泵站主要设计参数见表 9-4-2。

表 9-4-1 洪泽站进、出水引河口特征水位

特征水位		站下进水渠口	站上出水渠口
调水	设计水位/m	7.50	13.00
	最低水位/m	7.50	11.30
	最高水位/m	8.00	13.50
	平均水位/m	7.50	12.54

续表

特征水位		站下进水渠口	站上出水渠口
行洪	100 年一遇水位/m	14.21	16.00
	300 年一遇水位/m	14.21	17.00
排涝	设计水位/m	7.00	13.50
	最高水位/m	7.50	14.50

表 9-4-2　泵站主要设计参数

项目			单位	参数	
				站下	站上
水位	供水	设计	m	7.10	13.10
		最低	m	7.10	11.40
		最高	m	7.60	13.60
		平均	m	7.10	12.64
	排涝	设计	m	7.00	13.60
		最高	m	7.50	14.60
净扬程	供水	设计	m	6.00	
		最小	m	3.80	
		最大	m	6.50	
		平均	m	5.54	
	排涝	设计	m	6.60	
		最大	m	7.60	
流量	供水		m^3/s	150	
	排涝		m^3/s	72	

9.4.4　泵站设计

9.4.4.1　站身结构

洪泽泵站设计流量 150 m^3/s，站身采用堤后式块基型结构。按出水流道型式，采用 2 种泵站结构进行比选：一是肘形进水流道和平直管式出水流道，液压控制快速闸门断流；二是肘形进水流道和虹吸式出水流道，真空破坏阀断流。方案一的优点是土建工作量小，施工难度较小；缺点是金属结构和电气设备投资大，管理费用高。方案二的优点是可以省去金属结构和电气设备投资，管理方便；缺点是施工难度相对较大。对出水流道的三维数值模拟计算显示，肘形进水流道和平直管式出水流道在设计流量时的水力损失分别为 0.264 m 和 0.348 m，虹吸式出水流道的水力损失明显小于平直管式出水流道，故采用方案二。

水泵采用立式混流泵竖井筒体式结构，配肘形进水流道，虹吸式出水流道，真空破坏阀断流。进水流道长 12.0 m，入口底高程－0.90 m，顶高程 4.60 m，内设 60 cm 厚隔墙，进口断面 5.5 m×7.4 m(高×宽)，进水流速 0.85 m/s；出水流道长 22.8 m，驼峰底部高程 14.8 m，比站上最高水位高 0.2 m，出口底高程 6.5 m，顶高程 11.10 m，出口断面 4.4 m×8.0 m(高×宽)，出水流速 1.02 m/s。

站身内部自下而上为进水流道层、水泵层、联轴层和电机层。进水流道层自－0.90 m 下降至－1.80 m，呈倾斜状。紧靠进水流道上游侧设排水廊道。水泵层高程 3.0 m，上游侧布置供、排水系统，下游侧布置叶轮检修通道，通道净宽 3.9 m。联轴层高程 12.90 m，主要布置油、气、水管道和电缆。电机层高程 17.00 m，在水泵层和联轴层间设检修平台，高程 7.40 m。在泵房内下游侧设 4.1 m×4.0 m 吊物孔。电动桥式行车跨度 13.0 m。

9.4.4.2　站身主要尺寸

主泵房长度为

$$B=na+(n-2)b+2c+d_1+d_2+f$$

式中：B 为主泵房长度；n 为机组台数，5 台；a 为进、出水流道宽度，8.0 m；b 为中墩厚，1.0 m；c 为缝墩厚，1.0 m；d_1，d_2 为两侧边墩厚度，分别为 1.5 m 和 1.0 m；f 为缝宽，0.02 m。

$$B=5\times8.0+(5-2)\times1.0+2\times1.0+1.5+1.0+0.02=47.52\ \text{m}$$

机组中心距 9.0 m，电机最大外径 4.5 m，电机间净间距 4.5 m，相邻电机风道盖板外径间距 2.4 m，大于 1.5 m，满足运行通道要求。

检修间长度根据其下部岸墙长度确定，且不小于规范要求的 1.5 倍机组段长度，取 15.0 m。

电机层主要布置主电机，下游侧设吊物孔和楼梯孔，主泵房在机组中心线下游侧的宽度＝电机风道盖板外缘半径 3.3 m＋吊物孔盖板外缘宽 4.2 m＋吊物通道与胸墙间通道宽 0.6 m＋胸墙厚 0.8 m＝8.9 m。上游侧主要是工作通道，泵房在机组中心线上游侧的宽度＝电机风道盖板外缘半径 3.3 m＋工作通道宽 1.8 m＋排架柱宽 1.0 m＝6.1 m。因此，主泵房宽度为 15.0 m。

叶轮中心安装高程是各主要控制高程的基准。叶轮中心安装高程 4.0 m，根据主水泵结构，水泵层高程 3.0 m，联轴层高程 12.90 m，电机层高程 17.00 m，高于室外地坪 0.50 m。行车轨道面高程取决于泵轴长，泵轴长 8.5 m，吊钩至轨道面最短距离 0.6 m，安全距离不小于 0.5 m。经计算，行车轨道面高程取 27.5 m。图 9-4-3 是洪泽站站身剖面图。

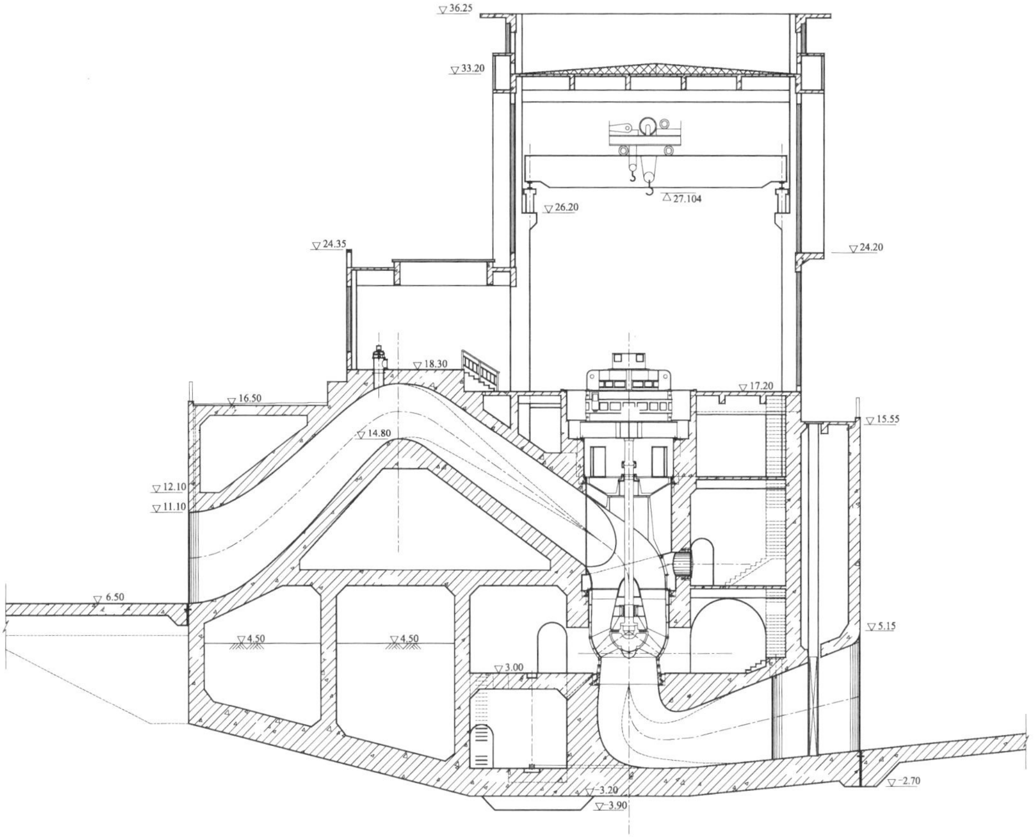

图 9-4-3　洪泽站站身剖面图

9.4.5　泵型选择

洪泽站以调水为主，兼顾排涝，所选水力模型应具有较宽的高效区范围。根据“在平均扬程时，水泵运行在高效区；在设计扬程时，水泵运行接近高效区并满足设计流量要求；在最高与最低扬程时，水泵能安全、稳定运行”的选型原则，选择水力模型。

设计单位采用 2 种方式进行泵型比选：一是采用泵段模型试验成果，估算流道损失，换算原型水泵技术参数。但是，由于估算流道损失存在一定误差，所取得的原型水泵参数也就存在一定误差。二是套用相近（类似）工程水泵装置模型试验成果，直接换算原型水泵技术参数。但是，由于结构尺寸不尽相同，所取得的原型水泵参数也存在一定偏差。设计单位在 2 种方式的比选结果的基础上综合分析，确定了洪泽站水泵机组的主要技术参数和性能指标。

9.4.5.1　采用泵段模型试验成果比选

在南水北调工程天津水泵模型同台测试的模型水泵试验成果中进行筛选，可供选择的水力模型主要有 TJ04-ZL-02 和 TJ04-ZL-20。由于在南水北调工程天津水泵模型同台测试的模型水泵试验成果中没有适合洪泽站使用的混流泵水力模型，因此选用江苏大学2002年通过鉴定的HL211-80水力模型进行比选。选用TJ04-ZL-02水力模型，经计算取叶轮直径D=3.25 m，转速n=125 r/min。选用TJ04-ZL-20水力模型，经计算取叶轮直径D=3.30 m，转速n=125 r/min。选用HL211-80水力模型，经计算取叶轮直径D=3.15 m，转速n=125 r/min。3个水力模型换算后的原型水泵性能参数比较见表9-4-3。流道损失按水总规[2004]64号《关于印发南水北调东线一期工程水泵技术研讨会会议纪要的函》，在可研、初设阶段，立式泵肘形进水流道水力损失估算值取0.15 m，虹吸式出水流道水力损失估算值取0.60 m。

表9-4-3　3个水力模型换算后的原型水泵性能参数

模型编号	叶轮直径/m	转速/(r/min)	工况	净扬程/m		叶片安放角度/(°)	流量/(m^3/s)	装置效率/%	功率/kW	最大气蚀余量/m
TJ04-ZL-02泵段模型	3.25	125	调水	设计	6.0	0	39.25	75.2	3072	9.2
				最大	6.5	0	37.20	74.0	3205	
				最小	3.8	0	45.93	67.3	2544	
				平均	5.54	0	40.85	75.0	2960	
			排涝	设计	6.6	0	36.53	73.2	3231	
				最大	7.6	0				
调水工况加权平均效率				74.19						
TJ04-ZL-20泵段模型	3.30	125	调水	设计	6.0	0	39.47	75.3	3085	10.5
				最大	6.5	0	37.63	74.6	3216	
				最小	3.8	0	45.88	68.4	2500	
				平均	5.54	0	41.05	75.1	2971	
			排涝	设计	6.6	0	36.94	73.7	3245	
				最大	7.6	0				
调水工况加权平均效率				74.44						
HL211-80泵段模型	3.15	125	调水	设计	6.0	+2	38.16	74.7	3007	7.0
				最大	6.5	+2	36.57	73.5	3173	
				最小	3.8	0	43.54	68.3	2376	
				平均	5.54	0	39.54	75.0	2865	
			排涝	设计	6.6	0	36.24	73.2	3205	
				最大	7.6	0	32.93	70.1	3502	
调水工况加权平均效率				74.09						

注：① 3个水力模型的装置效率由泵段效率估算流道损失0.75 m经计算而得。
② 调水工况加权平均效率计算权重，设计扬程0.3，平均扬程0.5，最大、最小扬程各0.1。
③ HL211-80水力模型的最大气蚀余量由模型最小气蚀比转速经计算得到。

由表 9-4-3 可见，按照选型应当满足的基本条件，对 3 个水力模型进行了换算。TJ04-ZL-20 水力模型换算的原型水泵叶轮直径大，nD 值相对较大，最大气蚀余量 10.5 m，气蚀性能最差。3 个水力模型换算的原型水泵在调水平均扬程时的装置效率差不多，调水工况时的加权平均效率也差不多，但是，TJ04-ZL-02 水力模型和 TJ04-ZL-20 水力模型在排涝最大净扬程 7.6 m 时有可能进入马鞍区，从洪泽站结合排涝运行来考虑，选用 HL211-80 水力模型比较合适。

9.4.5.2　采用类似工程装置模型试验成果比选

上述 3 个水力模型中，TJ04-ZL-02 已运用在江都四站改造工程中，进行过肘形进水流道、虹吸式出水流道的装置模型试验；TJ04-ZL-20 已运用在万年闸泵站工程中，进行过肘形进水流道、直管式出水流道的装置模型试验；HL211-80 已运用在上海青草沙泵站设计中，进行过肘形进水流道、虹吸式出水流道的装置模型试验。套用 3 种装置模型试验成果换算后进行原型水泵性能参数的比选。

在装置模型水泵与原型水泵换算时，遵循下列原则：① 模型装置效率换算到原型装置效率时，效率不予修正。② 由于原型水泵 nD 值均小于模型水泵，为留有余量，气蚀余量不予修正。换算后的原型水泵性能参数比较见表 9-4-4。

表 9-4-4　原型水泵性能参数比较

模型编号	叶轮直径/m	转速/(r/min)	工况	净扬程/m		叶片安放角度/(°)	流量/(m^3/s)	装置效率/%	功率/kW	最大气蚀余量/m
TJ04-ZL-02（江都四站）	3.15	125	调水	设计	6.0	0	38.20	78.0	2883	9.2
				最大	6.5	0	36.29	77.2	2997	
				最小	3.8	0	44.36	68.5	2414	
				平均	5.54	0	39.84	78.0	2776	
			排涝	设计	6.6	0	35.73	76.4	3028	
				最大	7.6	0				
调水工况加权平均效率				76.97						
TJ04-ZL-20（万年闸站）	3.30	125	调水	设计	6.0	0	37.84	76.0	2931	10.5
				最大	6.5	0	36.57	76.0	3068	
				最小	3.8	0	42.96	65.0	2464	
				平均	5.54	0	38.91	74.0	2858	
			排涝	设计	6.6	0	36.24	76.0	3087	
				最大	7.6	0	31.00	69.0	3350	
调水工况加权平均效率				73.90						

续表

模型编号	叶轮直径/m	转速/(r/min)	工况	净扬程/m		叶片安放角度/(°)	流量/(m^3/s)	装置效率/%	功率/kW	最大气蚀余量/m
HL211-80(青草沙泵站)	3.15	125	调水	设计	6.0	0	39.34	78.0	2969	7.0
				最大	6.5	0	37.39	78.0	3057	
				最小	3.8	0	45.19	73.3	2298	
				平均	5.54	0	40.65	78.0	2832	
			排涝	设计	6.6	0	37.65	78.0	3125	
				最大	7.6	0	34.42	77.7	3303	
调水工况加权平均效率				77.53						
HL211-80(青草沙泵站)	3.25	115.4	调水	设计	6.0	0	38.14	78.0	2878	
				最大	6.5	0	36.35	78.0	2972	
				最小	3.8	0	44.94	75.8	2210	
				平均	5.54	0	39.59	78.0	2758	
			排涝	设计	6.6	0	36.00	78.0	2988	
				最大	7.6	0	32.00	75.1	3177	
调水工况加权平均效率				77.78						

注:调水工况加权平均效率计算权重,设计扬程 0.3,平均扬程 0.5,最大、最小扬程各 0.1。

由表 9-4-4 可见,按照选型应当满足的基本条件,对 3 个水力模型进行了换算。由 TJ04-ZL-20 水力模型换算的原型水泵叶轮直径大,nD 值相对较大,平均扬程时效率只有 74.0%,相对较低,最大气蚀余量 10.5 m,气蚀性能最差。由 TJ04-ZL-02 水力模型和 HL211-80 水力模型换算的原型水泵叶轮直径相同,nD 值相同,平均扬程时的效率都为 78.0%。但 TJ04-ZL-02 水力模型 78.0%高效区在 0°角度时扬程在 5.4～6.4 m 范围内,HL211-80 水力模型 78.0%高效区在 0°角度时扬程在 5.1～7.5 m 范围内,调水工况加权平均效率也高于 TJ04-ZL-02 水力模型,气蚀性能也优于 TJ04-ZL-02 水力模型,而且 TJ04-ZL-02 水力模型在排涝最大扬程 7.6 m 时有可能进入马鞍区。综合分析,选用 HL211-80 水力模型比较合适。对 HL211-80 水力模型进行叶轮直径 D=3.15 m,转速 n=125 r/min 和叶轮直径 D=3.25 m,转速 n=115.4 r/min 两种方案比较,由表 9-4-4 可见两种调水方案下加权平均效率差不多,但 n=115.4 r/min 转速的电机设备费会增加,而 nD 值减小不多,因此选用叶轮直径 D=3.15 m,转速 n=125 r/min 的方案。

对比 2 种方法的选型结果可以发现,按类似工程装置试验成果换算的原型装置效率普遍高于按泵段模型试验成果换算的原型装置效率,而且原型水泵直径小于按泵段模型试验成果换算的原型水泵直径。其主要原因是:一方面,采用泵段模型试验成果比选,流道损失按水总规[2004]64 号《关于印发南水北调东线一期工程水泵技术研讨会会议纪要的函》进行估算，进行装置试验的进、出水流道是经过优化的，进、出水流道的水力损失小于估算值，装置效率高于按泵段模型试验成果换算的装置效率是正常的。另一方面，采用泵段模型曲线预估的原型泵性能曲线存在一定的偏差，因此计算的参数存在偏差也是正常的。在目前的技术水平下，通过装置模型试验进行大型泵站水力模型优选和验证水泵主要技术参数还是最可靠的手段。其他的各种换算方法，由于装置结构不完全相同等因素，都只是一种近似的方法。

综合分析，洪泽泵站采用 HL211-80 水力模型的立式混流泵方案，原型水泵的主要参数如下：叶轮直径 $D=3.15$ m，转速 $n=125$ r/min，设计净扬程 6.0 m 时的流量为 39.34 m^3/s。原型水泵特性曲线如图 9-4-4 所示。

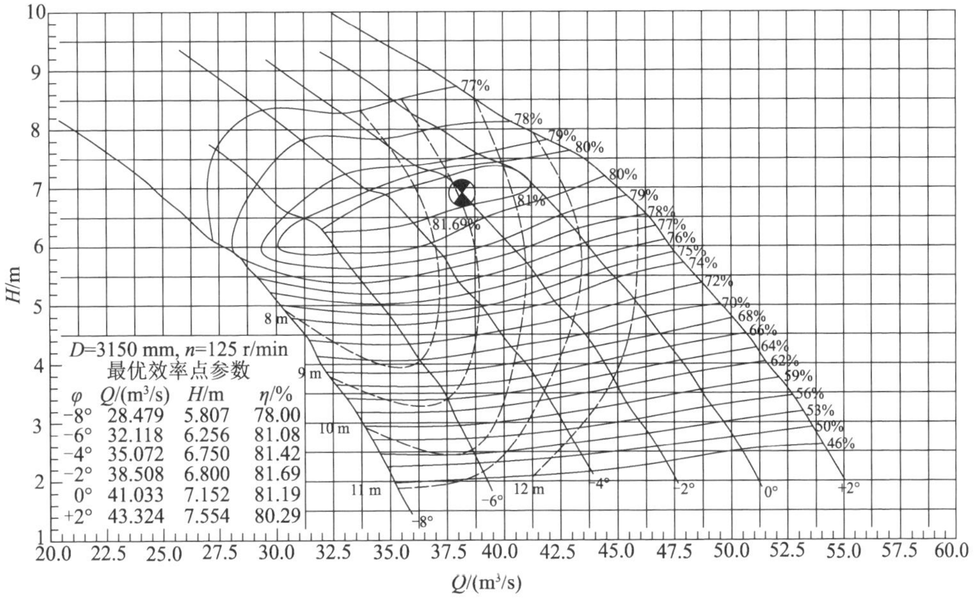

图 9-4-4　洪泽站原型水泵特性曲线

9.4.6　进、出水流道数值计算

扬州大学对洪泽泵站采用肘形进水流道、虹吸式出水流道与肘形进水流道、平直管式出水流道 2 个方案进行了进、出水流道的数值计算。计算依据的主要参数如下：① 水泵参数。水泵叶轮直径 $D_0=3.15$ m；水泵叶轮中心安装高程 4.00 m。② 进水流道参数。叶轮中心至进水流道底板的距离 5.75 m(1.83 D_0)；进水流道进口断面底部高程−0.90 m；进水流道进口的宽度 8.0 m(2.54 D_0)；进水流道进口的高度 5.50 m(1.75 D_0)；进水流道进口至水泵轴中心线的距离 12 m(3.81 D_0)；进水流道进口平均流速 0.852 m/s。③ 出水流道参数。方案一虹吸式出水流道：驼峰断面底部高程 14.80 m；出水流道出口断面顶部高程 11.10 m；出水流道出口的宽度 8.0 m(2.54 D_0)；出水流道出口的高度 4.6 m(1.46 D_0)；出水流道进口平均流速 1.019 m/s；水泵轴中心线至出水流道出口的距离 22.8 m

(7.24 D_0)。方案二平直管式出水流道：出水流道出口断面顶部高程 11.10 m；出水流道出口的宽度 8.0 m(2.54 D_0)；出水流道出口的高度 4.6 m(1.46 D_0)；出水流道进口平均流速 1.019 m/s；水泵轴中心线至出水流道出口的距离 22.8 m(7.24 D_0)。

洪泽泵站平直管式出水流道方案和虹吸式出水流道方案的设计工况(Q=37.5 m^3/s，H=6.00 m)和平均工况(Q=37.5 m^3/s，H=5.54 m)的能量性能主要指标列于表 9-4-5 中(泵段最高效率区效率按 86%计算)。

表 9-4-5　洪泽泵站 2 个泵装置方案的能量性能主要指标

出水流道型式	进水流道损失/m	出水流道损失/m	流道总损失/m	流道效率/%		泵装置效率/%	
				平均扬程	设计扬程	平均扬程	设计扬程
平直管式	0.147	0.348	0.495	91.8	92.4	78.9	79.4
虹吸式	0.147	0.264	0.411	93.1	93.6	80.1	80.5

经计算，虹吸式出水流道方案设计工况的流道效率和泵装置效率较平直管式出水流道方案分别高 1.2 和 1.1 个百分点。

9.4.7　水泵模型试验

洪泽站水泵模型试验是 2011 年在中水北方勘测设计研究有限责任公司的试验台上进行的。模型试验装置如图 9-4-5 所示。

图 9-4-5　洪泽站水泵模型试验装置

洪泽站装置模型最优工况能量性能试验数据见表 9-4-6，装置模型综合特性曲线见图 9-4-6。

表 9-4-6　装置模型最优工况能量性能试验数据

叶片安放角度/(°)	−8	−6	4	−2	0	+2
流量/(L/s)	236.17	266.35	290.84	319.34	340.28	359.28
扬程/m	4.855	5.229	5.643	5.684	5.979	6.315
效率/%	78.00	81.08	81.42	81.69	81.19	80.29

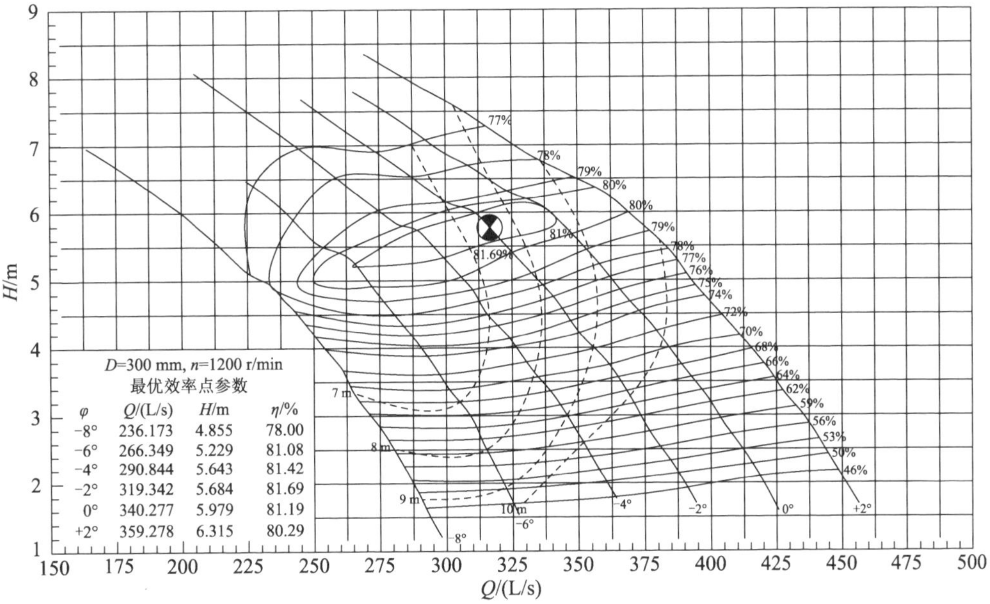

图 9-4-6　洪泽站水泵装置模型综合特性曲线

飞逸试验进行了 5 个叶片安放角度下的飞逸转速试验，单位飞逸转速见表 9-4-7。

表 9-4-7　单位飞逸转速试验数据

叶片安放角度/(°)	−8	−6	−4	−2	0	+2
单位飞逸转速/(r/min)	248.28	241.31	234.89	225.49	219.26	212.36

洪泽站混流泵装置模型水轮机工况综合特性曲线($D=300$ mm，$H=2$ m)见图 9-4-7。

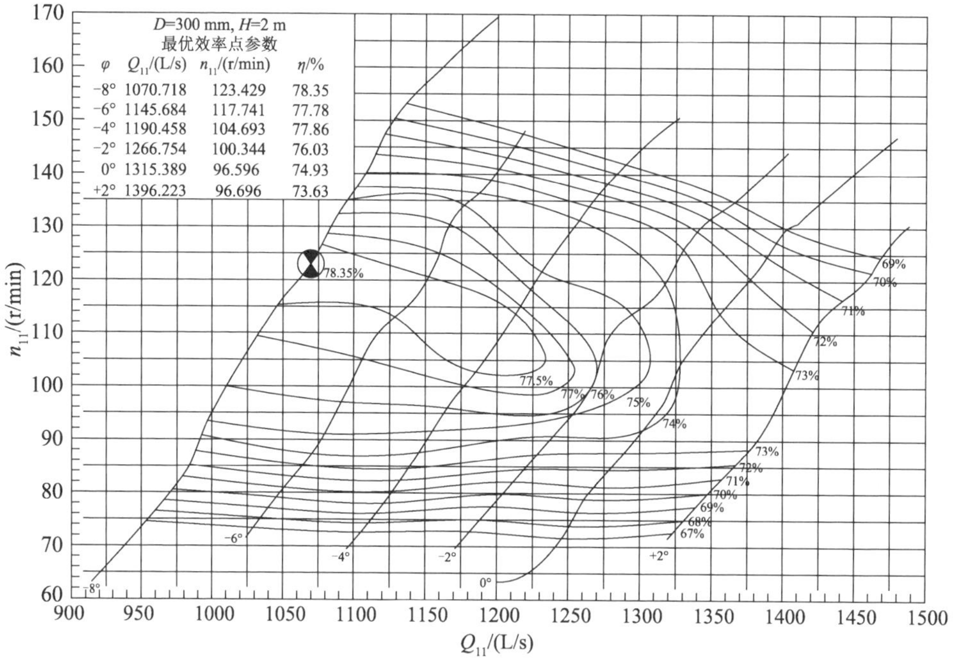

图 9-4-7 洪泽站混流泵装置模型水轮机工况综合特性曲线($D=300$ mm,$H=2$ m)

参考文献

[1] 江苏省水利勘测设计研究院有限公司. 洪泽站工程初步设计报告[R]. 2010.

[2] 中水北方勘测设计研究有限责任公司. 南水北调工程洪泽泵站混流泵装置模型验收试验报告[R]. 2011.

9.5 泗阳一站

9.5.1 工程概况

泗阳一站枢纽为南水北调东线第一期工程第四梯级,位于江苏省泗阳县县城东南约 3 km 处的中运河输水线上。原有泗阳泵站两座,泗阳一站总装机流量 100 m^3/s,泗阳二站总装机流量 66 m^3/s。泗阳一站自 1983 年开始投运,经多年运行,存在水泵气蚀与磨损严重、效率下降和电机绝缘严重老化等问题。2002 年 1 月,江苏省水利厅组织有关专家对泗阳一站工程和机电设备进行了安全鉴定。鉴定认为:该站土建工程结构基本完整,但存在较多隐患,按泵站建筑物安全类别评定标准,列为二类工程;泵站主机组、金属结构、主要电气设备等已严重老化,性能达不到原设计要求,已难以继续承担繁重的调水、发电任务,应定为三类设备。综合评定泗阳一站为三类泵站。为确保南水北调的安全运行,拆除原泗阳一站,新建调水规模 164 m^3/s 的泗阳一站。新建泗阳泵站工程包括设计流量

164 m^3/s(装机流量 198 m^3/s)的泵站，拆除原泗阳一站，拆除原公路桥一座，在原位新建公路桥一座，新建泗阳闸下交通桥一座(兼作施工期交通桥)，在原泗阳闸站管理区内新建泗阳泵站管理所管理区，在泗阳二站管理所西侧赔建节制闸管理所。

泗阳一站采用一列式布置，设计调水流量 164 m^3/s，设计扬程 6.3 m，泵站安装叶轮直径 3.10 m 的立式全调节轴流泵 6 台套(含备机 1 台套)，单机设计流量 33 m^3/s，总装机流量 198 m^3/s，配套电机功率 3000 kW，总装机容量 18000 kW。泵站为堤身式块基型结构，肘形进水、虹吸式出水流道，真空破坏阀断流。2012 年 12 月，泗阳一站通过设计单元工程通水验收；2018 年 11 月，泗阳一站通过设计单元工程完工验收。图 9-5-1 是泗阳一站厂房外景图，图 9-5-2 是泗阳一站电机层内景图。

图 9-5-1 泗阳一站厂房外景图

图 9-5-2 泗阳一站电机层内景图

9.5.2 工程任务与规模

南水北调东线一期工程主要供水范围为苏北、皖东北和鲁西南、山东半岛及鲁北地区，为满足供水区的供水要求，第一期工程规划抽江 500 m^3/s，入洪泽湖 450 m^3/s，入骆马湖 275 m^3/s。

一期工程洪泽湖至骆马湖区间输水 350～275 m^3/s，需在现状基础上增加 150～125 m^3/s 调水规模，有中运河、徐洪河双线输水和中运河单线输水 2 个方案可供选择。双线输水方案中运河输水 230～175 m^3/s，徐洪河输水 120～100 m^3/s，现状河道不需扩挖，但需对中运河和徐洪河两岸灌排等影响进行处理。中运河单线输水为满足出洪泽湖 350 m^3/s 的要求，需按 120 m^3/s 的输水规模另辟洪泽湖至中运河泗阳站上的成子新河。经综合比较，双线输水方案，不需扩挖河道，工程投资少，有利于工程分期实施，为采用方案。洪泽湖至骆马湖区间运河线扩建泗阳站、刘老涧站和皂河站，规模分别为 230 m^3/s、230 m^3/s 和 275 m^3/s。原泗阳一站装机 20 台套，单机流量 5 m^3/s，总流量 100 m^3/s；泗阳二站装机 2 台套，单机流量 33 m^3/s，总流量 66 m^3/s。为满足北调规模，故须新建泵站，扩大泗阳泵站枢纽的调水能力，满足一期工程的调水规模。

泗阳站工程的主要任务是：在江淮区间泵站扩建、配套的基础上，扩大出洪泽湖能力，利用中运河串连洪泽湖和骆马湖，形成洪骆区间的输水通道，最终实现一期工程输水 175 m^3/s 入骆马湖的规划目标，同时为泗阳闸至刘老涧闸间乡镇生活、工农业生产和航运补充水源。

东线第一期工程抽江规模 500 m^3/s，入洪泽湖 450 m^3/s，出洪泽湖 350 m^3/s，入骆马湖 275 m^3/s，其中运河线扩建泗阳站、刘老涧站和皂河站，梯级规模分别为 230 m^3/s、230 m^3/s 和 275 m^3/s。南水北调东线第一期工程规划中所列洪泽湖至骆马湖段梯级泵站的规模见表 9-5-1。

表 9-5-1　南水北调东线第一期工程洪泽湖至骆马湖段梯级泵站规模

梯级	梯级规模/(m^3/s)	泵站名称	设计规模/(m^3/s)		
			现状	新增	合计
四	350	泗阳站	166	64	230
		泗洪站		120	120
五	340	刘老涧站	150	80	230
		睢宁站		110	110
六	275	皂河站	200	75	275
		邳州站		100	100

泗阳梯级设计调水流量 230 m^3/s。原泗阳一站装机流量 100 m^3/s，泗阳二站装机流量 66 m^3/s。拆除原泗阳一站，利用原泗阳一站的上下游引河，新建设计流量为 164 m^3/s 的泗阳泵站。考虑泗阳泵站备用机组 1 台后，泗阳梯级泵站备用流量 33 m^3/s，总提水能力为 264 m^3/s。

9.5.3　特征水位

根据《南水北调东线工程规划》，东线第一期工程规划抽江规模为 500 m^3/s，入洪泽湖 450 m^3/s，出洪泽湖 350 m^3/s，入骆马湖 275 m^3/s，出骆马湖 250 m^3/s，入下级湖 200 m^3/s。从洪泽湖到骆马湖有中运河、徐洪河双线输水。

9.5.3.1　最低通航水位

1983 年京杭运河整治规划确定，骆马湖以南中运河为Ⅱ级航道标准，最小通航水深 4.0 m，航道底宽 60 m，为保证航运畅通，泗阳节制闸上、下游最低通航水位分别为 16.00 m、10.50 m。

9.5.3.2　调水期水位

(1) 设计水位

站下：分析 1956 年至 1998 年调水情况，利用江水的比例占 66.7%，比例较大，泗阳站下引河口设计水位取最低通航水位 10.50 m。

站上：泗阳闸至刘老涧闸之间河道输水 500 m^3/s 时，河道设计水位为 17.12～16.00 m，第三期工程最大输水流量为 405 m^3/s，泗阳站站上水位为 16.81 m。刘老涧站下引河口节点设计水位为 16.0 m，则泗阳站最大输水流量为 230 m^3/s，站上引河口水位为

16.32 m，站上设计水位取为 16.5 m。

（2）最低水位

站下：按最低通航设计水位 10.50 m 确定。

站上：最低运行水位以刘老涧站下引河口水位 16.0 m，按河道通过单泵流量确定，站上水位为 16.01 m，取为 16.0 m。

（3）最高水位

站下：根据实测资料分析，1990—2004 年泗阳站运行期间站下出现的最高水位值为 14.3 m；在洪泽湖规划蓄水位 13.5 m 时，按设计流量输水，泗阳站站下最高运行水位为 13.28 m。站下最高运行水位取为 13.5 m。

站上：最高运行水位考虑以下几个因素：① 泗阳一站实际调水运行时出现的最高水位为 16.76 m；② 三期工程最高运行水位，以刘老涧闸下 16.0 m 推算，泗阳站站上最高水位 16.81 m；③ 泗阳二站站上设计水位 17.0 m，校核水位 17.5 m。

综合考虑，泗阳站站上最高运行水位取为 17.0 m。

9.5.3.3　挡洪水位

根据泗阳梯级原有建筑物的设计挡洪水位、历史出现的最高水位以及中运河行洪 1000 m^3/s 时的推算水位，考虑泗阳梯级枢纽建筑物设防标准的协调性，防洪圈安全闭合，保证泵站防洪安全，经综合考虑确定：泗阳站 100 年一遇挡洪水位取为站下 17.0 m，站上 17.5 m；300 年一遇挡洪水位取为站下 17.4 m，站上 18.0 m。

9.5.3.4　设计参数

泗阳泵站上游引河长约 1400 m，按泗阳泵站装机流量 198 m^3/s，推算河道水头损失为 4.7 cm，实取 5 cm；下游引河（含与二站共同引河）长约 1300 m，推算河道水头损失为 4.9 cm，计入拦污栅水头损失 20 cm，实取 25 cm。根据上、下游引河河口特征水位，泗阳泵站进、出水池处的设计参数见表 9-5-2。

表 9-5-2　泗阳泵站设计参数

<table>
<tr><th colspan="3" rowspan="2">项目</th><th rowspan="2">单位</th><th colspan="2">参数</th><th rowspan="2">备注</th></tr>
<tr><th>站上</th><th>站下</th></tr>
<tr><td rowspan="8">水位</td><td rowspan="4">调水</td><td>设计</td><td>m</td><td>16.55</td><td>10.25</td><td></td></tr>
<tr><td>最低</td><td>m</td><td>16.05</td><td>10.25</td><td></td></tr>
<tr><td>最高</td><td>m</td><td>17.05</td><td>13.25</td><td></td></tr>
<tr><td>平均</td><td>m</td><td>16.30</td><td>10.75</td><td></td></tr>
<tr><td rowspan="4">防洪</td><td rowspan="2">设计
100 年一遇</td><td>m</td><td>16.83</td><td>15.99</td><td>可研审查值</td></tr>
<tr><td>m</td><td>17.50</td><td>17.00</td><td>初设采用值</td></tr>
<tr><td rowspan="2">校核
300 年一遇</td><td>m</td><td>17.08</td><td>16.42</td><td>可研审查值</td></tr>
<tr><td>m</td><td>18.00</td><td>17.40</td><td>初设采用值</td></tr>
</table>

续表

项目		单位	参数		备注
			站上	站下	
扬程(净)	设计	m	6.30		
	平均	m	5.55		
	最小	m	2.80		
	最大	m	6.80		
流量	调水	m^3/s	164(枢组总设计流量 230)		

9.5.4 发电功能

原泗阳一站可利用余水发电，新建泗阳泵站亦保留原有的发电功能。

9.5.4.1 发电工况的水源

泗阳泵站位于沂沭泗水系下游的中运河上，是淮水北调的第一梯级，中运河串连骆马湖、洪泽湖，可以实现淮沭互调互济。

虽然泗阳泵站的主要作用是将淮水或上一级抽水站翻来的长江水转送给下一级刘老涧抽水站，并补给泗阳闸上中运河航运和两岸工农业用水，但是沭河与泗河均发源于山东沂蒙山区，当沂沭泗水系区域出现洪水，骆马湖上游来水需泄洪或黄墩湖及上游地区有较大降水需排泄内涝时，可通过大运河，经宿迁闸、刘老涧控制工程向洪泽湖下泄，泗阳泵站具有不影响南水北调工程性质，利用上游的来水使机组发电的可能。

9.5.4.2 原有泵站发电情况

原泗阳一站从 1997 年至 2008 年，累计排泄洪水水量 119.94 亿 m^3(不包括泗阳节制闸泄水量)，发电 2983.47 万 kW·h，多年平均发电量 248.62 万 kW·h，发电时正常运行水头 3.5～4.0 m。其中，2003 年泄洪水量 12.18 亿 m^3，发电 302 万 kW·h；2004 年泄洪水量 15.62 亿 m^3，发电 339 万 kW·h；2005 年泄洪水量 18.53 亿 m^3，发电 347 万 kW·h；2006 年泄洪水量 16.24 亿 m^3，发电 404 万 kW·h；2007 年泄洪水量 17.76 亿 m^3，发电 418 万 kW·h；2008 年泄洪水量 18.56 亿 m^3，发电 467 万 kW·h。

9.5.4.3 发电容量

原泗阳一站装机 20 台，采用立式轴流泵，配立式变极可逆式同步电动机，每台机组可发电 120 kW，总发电容量 2400 kW。新建泗阳一站基本按原规模、原效益恢复改造，结合机组具体情况和多年来的实际发电经验，泗阳一站增加一套发电容量为 2600 kW 的变频机组(包括励磁设备)，费用约 300 万元。

9.5.5 工程总体布置

新建泗阳一站位于原泗阳一站下游引河上，距原泗阳一站 377 m，采用一列式布置。主泵房位于河道上，主泵房北侧布置北副厂房，南岸布置安装间和南副厂房。主泵房宽为14.90 m，长为57.22 m，安装间与主泵房同宽为14.90 m，长为15.00 m。南副厂房宽为16.70 m，长为17.60 m。北副厂房在平面上与南副厂房和安装间以主泵房中心线为对称轴成对称布置，其靠近主泵房部分与主泵房同宽为14.90 m，长为19.65 m，其远离主泵房部分宽为20.35 m，长为15.40 m，北副厂房总长为35.05 m。从南副厂房到北副厂房总长125.09 m。

泵站装机流量198 m^3/s（设计流量165 m^3/s，备用机流量33 m^3/s），新建泗阳一站纵轴线与原泗阳一站纵轴线呈5°夹角，采用堤身式布置，块基型结构，安装立式轴流泵配同步电机6台套（含备机1台）。

主泵房采用三机一联布置，共二联，单块底板顺水流向长33.94 m，垂直水流向长28.60 m。安装间布置在主泵房南端，与主泵房同宽，长（垂直水流向）15 m；南副厂房紧邻安装间布置，宽16.70 m，长（垂直水流向）17.60 m，安装间和南副厂房之间变形缝宽度为10 cm。北副厂房布置在主泵房北端，长（垂直水流向）35.05 m，北副厂房和主泵房之间变形缝宽度为10 cm。

泵站上游出水池底板设25 m长钢筋混凝土护坦，护坦顶高程为10.3 m，护坦上游为浆砌块石护底海漫，长60 m，海漫后为防冲槽，长15 m，防冲槽底高程为8.30 m，总长100 m；下游进水池长15 m，池底高程为3.85～5.00 m，进水池下游为清污机桥，底板长12 m，清污机桥下游为长10 m的混凝土前池，坡度1∶10，后接浆砌块石海漫，底高程为6.0 m，长60 m，总长97 m。

上游出水池翼墙平面布置型式为圆角八字形，对称于站身纵向中心线，墙顶高程17.50 m，顺水流向总长均为27.26 m。下游进水池两岸翼墙直线布置，墙顶高程14.00 m，顺水流向长为15 m，清污机桥下游前池翼墙直线加圆弧形布置，直线长为10 m，圆弧半径为15 m，顶高程14.00 m。

下游清污机桥桥墩上游边缘距泵站进口前缘15 m，桥面高程为17.50 m。两侧采用预制预应力空心混凝土板简支桥与河堤顶相接，考虑检修汽车吊上桥。清污机桥安装回旋式清污机12台套，配皮带输送机。

新建泗阳一站上、下游引河全部利用原泗阳一站引河扩挖、疏浚和回填而成。

原泗阳枢纽变电所位于原泗阳一站引河北岸，因河道开挖需要，变电所拆除重建，新所布置在新建泗阳一站北侧副厂房内，采用“站变合一”的布置方式。

9.5.6 水力机械

9.5.6.1 泵站特征参数

泗阳一站有调水和排涝两大功能，其运行水位和泵站净扬程均考虑了两种运行工况，详见表9-5-3和表9-5-4。

表 9-5-3　泵站运行水位

项目			单位	参数	
				站下(进水侧)	站上(出水侧)
水位	调水	最高水位	m	13.25	17.05
		平均水位	m	10.75	16.30
		设计水位	m	10.25	16.55
		最低水位	m	10.25	16.05
	防洪	设计水位	m	17.00	17.50
		校核水位	m	17.40	18.00

表 9-5-4　泵站净扬程

最高扬程/m	6.80
设计扬程/m	6.30
平均扬程/m	5.55
最低扬程/m	2.80

9.5.6.2　泵型选择

泗阳泵站扬程高于 3 m,不属于特低扬程,选用贯流泵不合适。泵站最高净扬程 6.80 m,最低净扬程 2.80 m,其运行扬程和扬程变化范围在轴流泵范围内。立式轴流泵是国内外广泛使用的泵型,有成熟的设计、制造和运行经验。所以选择立式轴流泵,不需要进行泵型分析。

9.5.6.3　流道型式

在初步设计阶段,设计单位在同一水泵安装高程的基础上,对肘形进水流道、直管出水流道和钟形进水流道、蜗壳出水流道两种方案进行了比较,两种方案的数据比较见表 9-5-5,形状见图 9-5-3、图 9-5-4。

由于泗阳泵站泵房所在地的天然地基承载力不够,需要进行地基处理,为此抬高泵房底部高程,这对水工建筑物有利,主要体现在:① 开挖底高程抬高 1.20 m,可降低开挖边坡和减少开挖方量;② 出水流道具有再缩短的条件,使结构自重重心进一步往上游偏移对基础应力有利;③ 虽然钟形进水流道的宽度大于肘形进水流道,增加了泵房垂直水流方向的长度,但抬高泵房底部高程的优势胜过增加泵房长度的劣势,工程费用也有所减少。

经设计单位的分析和比较,泗阳一站选用钟形进水流道、蜗壳出水流道方案。

表 9-5-5　两种方案流道的比较

流道型式	肘形进水流道和直管出水流道	钟形进水流道和蜗壳出水流道
水泵安装高程/m	6.75	6.75
进水流道底高程/m	1.35	2.55
泵站底高程/m	0.05	1.30
进水流道进口底高程/m	2.65	3.85
进水流道长度/m	11.70	12.70
进水流道进口净尺寸 (宽×高)/(m×m)	7.60×5.60 (其中隔墩厚 0.6 m)	8.20×5.00 (其中隔墩厚 0.6 m)
进水流道进口流速/(m/s)	0.84	0.87
出水流道出口底高程/m	10.30	10.30
出水流道出口净尺寸 (宽×高)/(m×m)	7.80×3.50 (其中中墩厚 0.8 m)	8.40×3.90 (其中中墩厚 0.8 m)
出水流道出口流速/(m/s)	1.35	1.13
出水流道长/m	19.20	14.75
流道总长/m	30.90	27.45
主泵房长度/m	53.62	57.22
断流措施	两种方案的断流措施相同。出水流道均设有快速闸门和带小拍门的工作闸门。	
对土建的影响	土建施工较易,工程量也较小。	蜗壳出水式施工难度比直管出水式大,但工程量较小。流道出口高度利用了河道深度,对土建基本无影响。
比较	采用钟形进水流道,泵房开挖深度比肘形进水流道浅 1.2 m,减小开挖深度对土建工程明显有利。根据模型水泵装置优化结果,钟形进水流道、蜗壳出水流道结合水泵叶轮和导叶的优化,其水力损失和水泵装置效率等同或略优于肘形进水流道、直管出水流道。	
	根据工程量计算,肘形进水流道、直管出水流道方案比钟形进水流道、蜗壳出水流道方案增加的土建工程量为:混凝土 1194 m^3,钢筋 88 t,开挖 8900 m^3,回填 5600 m^3,相应的费用为 120.16 万元。	

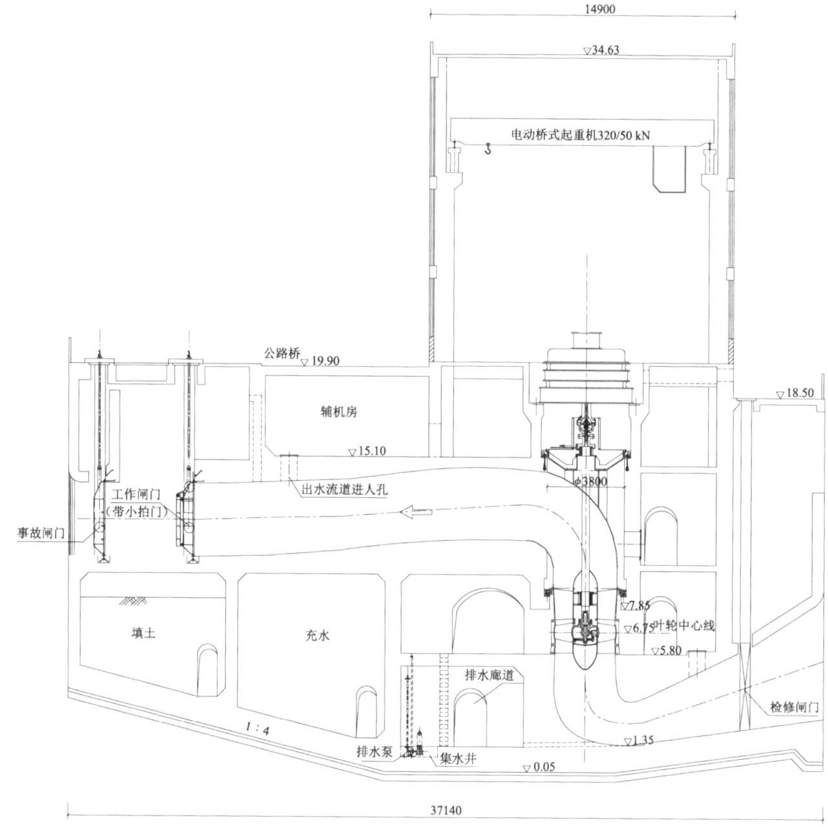

图 9-5-3　肘形进水流道与直管出水流道厂房图

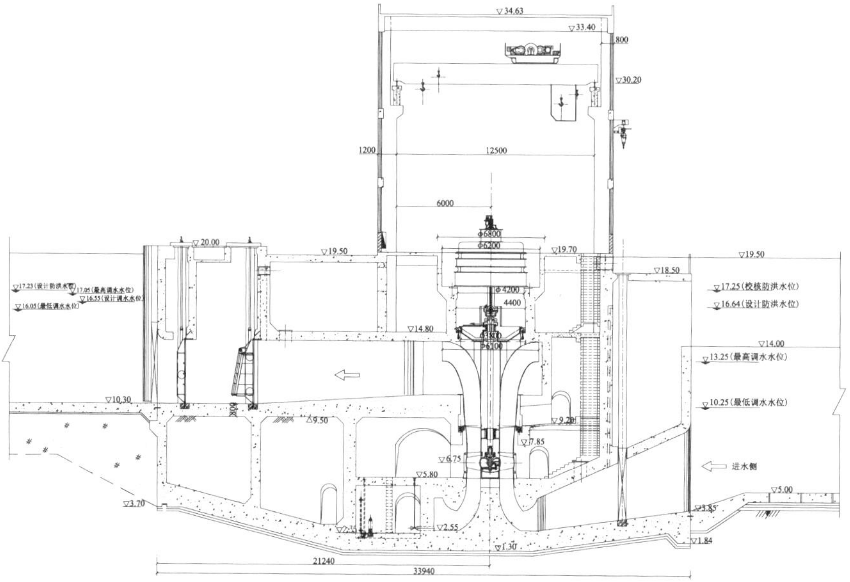

图 9-5-4　钟形进水流道与蜗壳出水流道厂房图

9.5.6.4　水力模型

泗阳一站的水泵设计净扬程为 6.3 m，属低扬程泵站。根据平均扬程时运行在高效率区，最高、最低扬程时运行稳定，水泵空蚀性能好的要求，南水北调工程在中水北方勘测设计研究有限责任公司模型试验台上试验的水力模型中进行比选，可供选择的模型水泵主要有 TJ04-ZL-02、TJ04-ZL-05、TJ04-ZL-12、TJ04-ZL-19、TJ04-ZL-20。这 5 个模型水泵参数比较见表 9-5-6。

表 9-5-6　模型水泵参数比较

编号	模型直径/mm	模型转速/(r/min)	最优点效率/%，比转速	最优点						
				叶片安放角度/(°)	流量/(L/s)	扬程/m	效率/%	气蚀余量/m	比转速	气蚀比转速
TJ04-ZL-02	300	1450	85.60，725	−2	358.30	6.737	85.20	7.6	758	1045
				0	367.50	7.262	85.60	8.5	725	1010
				+2	386.48	7.527	85.20	9.0	724	983
				+4	412.86	7.680	84.70	10.0	737	931
TJ04-ZL-05	300	1450	84.40，864	−2	342.00	5.300	83.00	6.0	886	1238
				0	361.00	5.400	83.20	6.8	897	1158
				+2	382.00	5.700	83.50	8.1	886	1055
				+4	402.00	6.100	84.40	9.1	864	991
TJ04-ZL-12	300	1450	83.87，856	0	343.00	5.600	83.50	5.0	856	1430
				+2	363.00	5.750	83.50	5.8	861	1312
				+4	383.00	6.000	83.87	7.0	856	1170
				+6	403.00	6.200	83.50	8.0	857	1086
TJ04-ZL-19	300	1450	86.22，812	−2	357.17	5.783	85.13	6.7	848	1169
				0	374.05	6.219	85.44	8.3	822	1019
				+2	392.76	6.483	85.49	9.5	816	944
				+4	404.12	6.650	86.22	10.2	812	908
TJ04-ZL-20	300	1450	86.05，760	−2	345.32	6.408	85.20	7.4	772	1067
				0	365.81	6.430	85.29	8.6	793	981
				+2	390.47	6.678	85.58	10.2	796	892
				+4	392.64	7.130	86.05	10.8	760	857

这 5 个水力模型中，TJ04-ZL-02 模型扬程偏高、比转速偏小，但其效率较高。TJ04-ZL-19 模型扬程比较适中，过流能力强些，空蚀性能稍优于 TJ04-ZL-20，但稍差于 TJ04-

ZL-05 和 TJ04-ZL-12。TJ04-ZL-19、TJ04-ZL-20、TJ04-ZL-02 模型各有特点。

TJ04-ZL-19、TJ04-ZL-20、TJ04-ZL-02 三个模型水泵的区别是：TJ04-ZL-19 与 TJ04-ZL-20 是叶轮相同、导叶不同，TJ04-ZL-20 与 TJ04-ZL-02 是导叶相同、叶轮不同。

TJ04-ZL-19 和 TJ04-ZL-20 模型水泵曾在中水北方勘测设计研究有限责任公司的万年闸站进行过同装置条件下的模型装置试验，结果表明 TJ04-ZL-20 模型优于 TJ04-ZL-19 模型。以设计扬程时能满足设计流量要求的叶片安放角－2°为例，最大装置效率分别为 76.75％和 72.93％，差值 3.82％(中水北方勘测设计研究院《南水北调工程山东万年闸泵站水泵装置模型试验报告》，2005 年 10 月)。

泗阳泵站模型装置的中间试验过程中，在同一进水流道和出水流道下进行过对比试验，试验结果显示，TJ04-ZL-20 的过流能力和效率明显好于 TJ04-ZL-19，为此下一步模型水泵对比主要在 TJ04-ZL-02 和 TJ04-ZL-20 模型水泵之间进行。

在最终确定流道型线后，又进行了 TJ04-ZL-02 和 TJ04-ZL-20 的模型水泵装置对比试验，综合模型水泵装置的能量试验和空蚀试验，对两个模型水泵的分析比较如表 9-5-7 所示。

表 9-5-7　水泵性能比较

	TJ04-ZL-02	TJ04-ZL-20
模型水泵装置能量性能	最高效率 78.83％，扬程 5.8 m，在－2°叶片安放角；设计扬程流量 0.277 m^3/s	最高效率 79.3％，扬程 5.2 m，在－2°叶片安放角；设计扬程流量 0.20 m^3/s
模型水泵装置空蚀性能	最大空蚀余量 10.56 m(－2°，H＝2.13 m)	最大空蚀余量 8.02 m(－2°，H＝2.44 m)
原型水泵主要参数	D＝3.08 m，n＝125 r/min，空蚀余量 11.14 m，水泵转速低	D＝3.08 m，n＝136.4 r/min，空蚀余量 10 m，水泵转速较高
综合分析	最高效率稍偏低、高效率区较宽，过流量大，空蚀性能较差	最高效率高而且近平均扬程、高效率区较宽，过流量偏小，空蚀余量较 TJ04-ZL-02 小
推荐模型水泵	两个模型水泵各有特点，相对而言，TJ04-ZL-20 模型水泵的性能适中，在初步设计阶段推荐 TJ04-ZL-20 模型水泵	

9.5.6.5　水泵台数

泗阳泵站的设计流量为 164 m^3/s，根据《泵站设计规范》，水泵台数可选择 3～9 台，单泵流量在 54.7～18.2 m^3/s 之间。3 台泵方案流量偏大，9 台泵方案流量偏小，可供比较的方案是水泵台数 5 或 6 台，单泵流量分别为 32.8 m^3/s 和 27.3 m^3/s。

由于南水北调泵站采取梯级提水方式，各泵站的水泵流量一致，有利于梯级管理和调度。在南水北调工程中，单泵流量基本为 30 m^3/s，所以选择 32.8 m^3/s 或 27.3 m^3/s 都可以。由于 5 台泵方案的电机功率为 3150 kW，与宝应等站的电机功率相近，没有特殊性，选定 5 台泵方案是合理的。泵组台数多，土建尺寸大，机电设备数量也多，总的工程费用也高。

由于泵站的年运行小时数大，可靠性要求高，根据《泵站设计规范》，设 1 台备用水泵，泵站总装泵台数为 6 台，单泵流量 33 m^3/s，总流量为 198 m^3/s。

9.5.6.6　空蚀性能和安装高程

空蚀余量 Δh_r 的选取考虑两个因素：第一，根据模型水泵装置试验数据，TJ04-ZL-20 模型水泵装置在运行范围内 Δh_r 值可以不超过 8.07 m(原型 10.07 m)，以此作为控制条件计算。第二，利用泵站水泵叶片安放角度可以调节的有利条件，在最小扬程时的流量大于设计流量时，可以减小叶片安放角度，亦减小水泵装置的空蚀余量。

空蚀余量系数 k 的选取与空蚀情况和经验有关，虽然叶片采用不锈钢材料可大大提高抗空蚀能力，但是鉴于南水北调工程年运行小时数大，工程很重要，空蚀余量系数 k 取 1.3。

水泵安装高程由吸出高度和进水池最低运行水位计算确定。吸出高度计算公式：

$$h_s=\frac{p_a}{\rho g}-\frac{p_v}{\rho g}-k\times\Delta h_r-h_f$$

式中：$\frac{p_a}{\rho g}$为水面上的大气压头，为 10.33 m；$\frac{p_v}{\rho g}$为汽化压头，为 0.33 m；k 为空蚀余量系数；Δh_r 为空蚀余量，取 10.07 m；h_f 为进水流道水力损失，包括门槽、拦污栅(双向)的水力损失，取 0.4 m。

根据上述数据，计算出水泵的吸出高度约为－3.49 m，结合其他工程的运行经验，吸出高度定为－3.50 m，泵站进水池最低运行水位 10.25 m，水泵安装高程 6.75 m。

9.5.6.7　原型水泵装置参数

设计单位在初步设计阶段提出水泵装置参数如下：

水泵型式：立式轴流泵；

流道型式：钟形进水流道，蜗壳出水流道；

叶轮直径：ϕ3.08 m；

水泵转速：136.4 r/min；

吸出高度：－3.50 m；

设计工况：总扬程 6.45 m，流量 33.4 m^3/s，水泵装置效率 78%；

加权平均扬程工况：总扬程 5.75 m，流量 37 m^3/s，水泵装置效率 80%；

叶片安放角：－2°或 0°。

泗阳站工程初步设计阶段，设计单位确定的流道型式为钟形进水和蜗壳出水组合的进、出水流道。在招标设计阶段，考虑到钟形进水和蜗壳出水流道型式在国内大型泵站使用较少，缺乏水泵结构设计和安装、检修的成熟经验，且蜗壳式出水流道的水泵部件尺寸较大，安装和拆卸难度较大，从安全、稳妥角度出发，建设单位将进、出水流道分别改为肘形进水和虹吸出水流道型式。

9.5.6.8　模型试验

2010 年 8 月，在河海大学水力机械多功能试验台上进行了泗阳一站水泵模型试验。试验分两个阶段进行：第一阶段对 TJ04-ZL-20、TJ04-ZL-02 两个水力模型开展－2°、0°两个叶片安放角度下的能量性能测试，优选水泵水力模型。第二阶段根据第一阶段的试验成果对优选出来的水力模型在−4°、−2°、0°、+2°、+4°五个叶片安放角度下的水泵能量、空蚀、飞逸特性进行详细的综合测试。水泵模型试验装置如图9-5-5所示。

图9-5-5　泗阳一站水泵模型试验装置

通过试验数据整理得出两个型号水泵叶轮的主要性能参数如表9-5-8所示。

表9-5-8　两个型号水泵叶轮的主要性能参数

叶片安放角度/(°)	水泵模型	平均扬程(5.55 m)		设计扬程(6.3 m)	
		流量/(L/s)	效率/%	流量/(L/s)	效率/%
−2	TJ04-ZL-20	322.5	77.59	295.7	76.06
	TJ04-ZL-02	316.9	75.96	289.3	73.76
0	TJ04-ZL-20	342.6	77.01	319.0	76.33
	TJ04-ZL-02	334.3	76.40	309.0	75.72

由表9-5-8可见，TJ04-ZL-20型号水泵叶轮模型和TJ04-ZL-02型号水泵叶轮模型都能够满足流量设计要求，但TJ04-ZL-20型号水泵叶轮模型在流量和效率方面略优于TJ04-ZL-02型号水泵叶轮模型。TJ04-ZL-20型号水泵叶轮模型详细的综合测试结果如表9-5-9和图9-5-6、图9-5-7所示。

表9-5-9　TJ04-ZL-20型号水泵叶轮模型装置特征性能试验数据

叶片安放角度/(°)	参数	最大扬程(6.8 m)	设计扬程(6.3 m)	最小扬程(2.8 m)	平均扬程(5.55 m)	最高效率点参数
+4	流量/(L/s)	360.5	381.1	470.1	408.1	393.5
	效率/%	78.46	79.21	57.23	78.61	79.29
+2	流量/(L/s)	335.6	356.4	453.2	385.3	389.2
	效率/%	76.51	77.83	56.48	78.71	78.76

续表

叶片安放角度/(°)	参数	最大扬程 (6.8 m)	设计扬程 (6.3 m)	最小扬程 (2.8 m)	平均扬程 (5.55 m)	最高效率点参数
0	流量/(L/s)	308.9	331.7	428.8	361.2	364.0
	效率/%	75.46	77.32	60.24	78.71	78.78
−2	流量/(L/s)	288.5	305.7	404.0	337.6	341.3
	效率/%	75.20	76.67	62.05	78.83	79.08
−4	流量/(L/s)	266.9	285.6	378.4	311.9	326.0
	效率/%	74.72	76.83	64.24	78.81	79.11

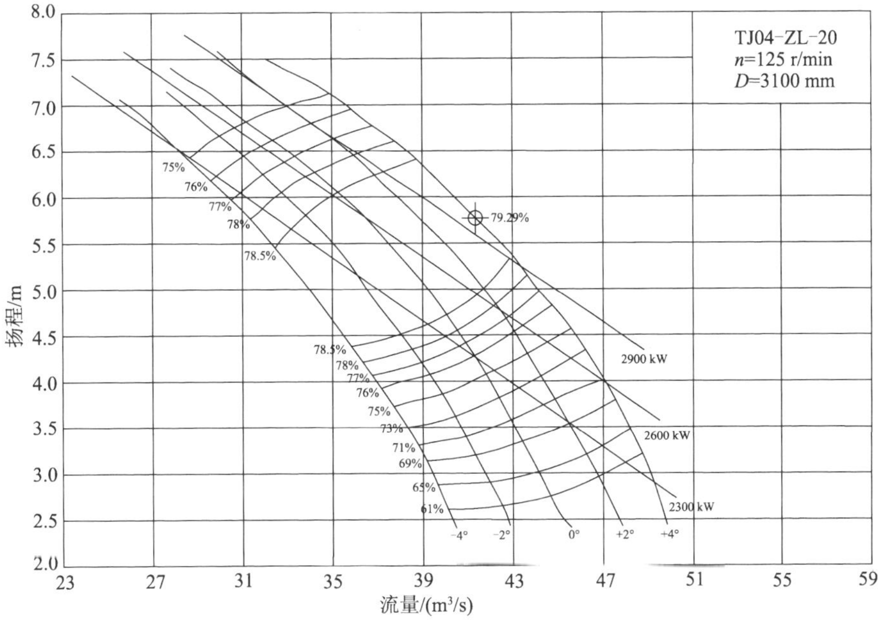

图 9-5-6　TJ04-ZL-20 型号水泵原型装置(D=3100 mm)综合特性曲线

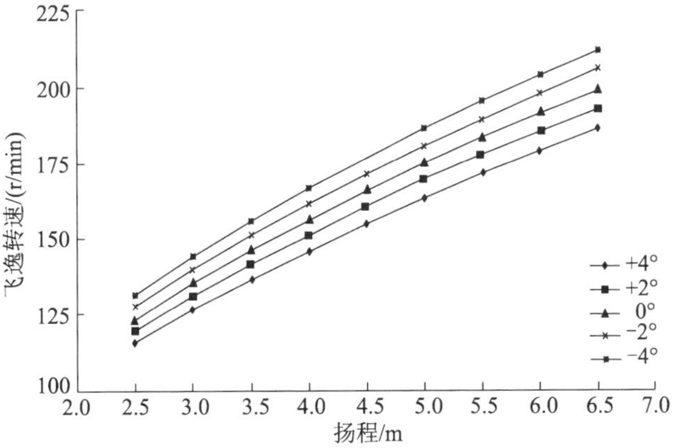

图 9-5-7　TJ04-ZL-20 水泵模型飞逸特性曲线

9.5.6.9 水泵性能分析

泗阳泵站于2012年5月5日至6日进行了单机试运行和全站联合试运行，单机连续试运行24 h以上，全站6台机组联合试运行24 h以上。试运行结果表明，机组运行稳定、各部位温升正常。

试运行期间，江苏省骆运水利工程管理处水文站承担了泗阳站水文测验工作。2013年5月10日，又对泗阳站流量进行了复测，在泗阳站下游约140 m处河道断面进行流量测量，同时测量了上下游水位和泵站运行电机功率。表9-5-10为实测结果，表9-5-11为与模型装置试验性能换算结果的对比。

表 9-5-10 泗阳一站流量实测结果

测次	日期	上游水位/m	下游水位/m	水位差/m	开机台数（机组编号/叶片安放角度）	功率/kW	实测流量/(m^3/s)
1	2013-05-10	15.74	11.18	4.56	4(3＃、4＃、5＃、6＃/−6°)	6020	95.4
2	2013-05-10	15.83	11.06	4.77	4(3＃、4＃、5＃、6＃/+2°)	8470	127.0
3	2013-05-10	15.75	11.25	4.50	1(4＃/+2°)	2040	31.3
4	2013-05-10	15.77	11.25	4.52	2(1＃、4＃/+2°)	4020	62.6

表 9-5-11 现场实测结果与模型装置试验数据对比

叶片安放角度/(°)	扬程/m	流量/(m^3/s)			对应实测流量的效率/%		
		实测	模型试验	差值	实测	模型试验	差值
−6	4.86	23.85			79.5		
+2	5.07	31.75	41.2	−9.45	78.4	78.1	0.3
+2	4.80	31.30	42.0	−10.70	76.0	76.6	−0.6
+2	4.82	31.30	42.0	−10.70	77.2	76.7	0.5

注：拦污栅、门槽及泵站至测流点的水头损失按0.2～0.3 m估算，电机效率取95%。

从表9-5-11可见，真机试运行效率基本满足要求，但流量偏差较大。

水泵制造厂认为造成流量偏差如此大的主要原因为模型泵装置试验的叶片安放角度与原型泵的叶片安放角度出现了偏差。

水泵制造厂依据第一次现场测量性能与相似换算原型泵装置性能曲线推测，现场将叶片向正角度方向调整5°后，测量的数据与换算原型泵装置性能曲线的角度性能相差2°～3°。水泵制造厂通过第二次测量，最后得出结论："依据第一次测量数据及调整角度后第二次测量数据，叶片仍需要在已调整5°的基础上再向正角度方向调整约2°，便可与相似换算原型泵装置性能曲线一致。"完成叶片角度调整后，实泵运行性能与相似换算的原型装置性能一致，原型泵角度调节范围为−8°～−2°。

参考文献

[1] 河海大学. 泗阳泵站水泵装置模型试验研究报告[R]. 2010.

[2] 上海勘测设计研究院有限公司. 泗阳站工程液压调节立式轴流泵运行性能分析报告[R]. 2018.

[3] 上海勘测设计研究院有限公司. 泗阳站工程初步设计报告[R]. 2008.

9.6 邳州泵站

9.6.1 工程概况

邳州泵站工程位于江苏省邳州市八路镇刘集村徐洪河与房亭河交汇处东南角，是南水北调东线工程第六梯级泵站，其主要任务是通过徐洪河抽引睢宁站来水，沿房亭河送入骆马湖或北送，同时通过刘集地涵调度利用邳州站抽排房北地区涝水。工程等别为Ⅰ等，泵站规模为大(1)型。泵站安装 3300ZGQ33.4-3.1 型液压全调节竖井(前置)贯流泵机组 4 台套(含备机 1 台套)，配套电机功率 1950 kW，电机整件重约 16.7 t，总装机容量 7800 kW，水泵叶轮直径 3.3 m，叶轮中心安装高程 14.6 m，单泵设计流量 33.4 m^3/s，总设计流量 100 m^3/s。水泵最重和最大件为分半导叶体和分半叶轮外壳的组合件，重 23 t，尺寸为 4080 mm×2825 mm×3850 mm，水泵大轴长 6.5 m。附属设备包括叶片调节机构、冷却水循环装置各 4 台套。工程于 2011 年 3 月开工，2013 年 2 月通过泵站机组试运行验收，2013 年 4 月通过设计单元工程通水验收，2014 年 10 月通过合同项目完成验收。图 9-6-1 是邳州泵站外景图。图 9-6-2 是邳州泵站电机层内景图。

图 9-6-1　邳州泵站外景图

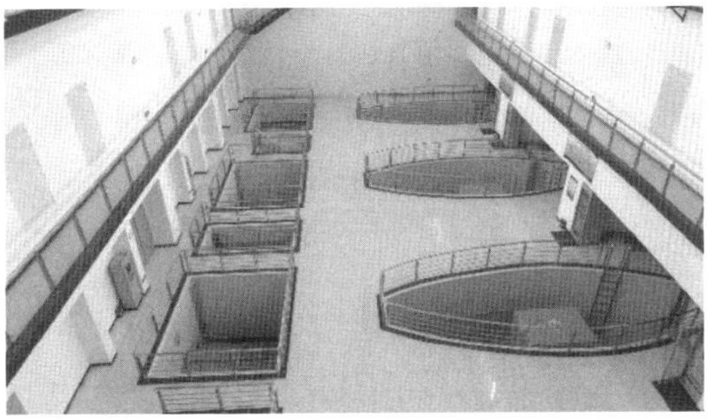

图 9-6-2　邳州泵站电机层内景图

图 9-6-3 是邳州泵站工程位置示意图。调水时，打开刘集南闸，睢宁站送来的水沿徐洪河进邳州泵站，由邳州泵站抽水入房亭河。排涝时，当房亭河北部地区的涝水无法通过刘集地涵、房亭河地涵自排时，关闭刘集南闸，打开刘集地涵，通过丰产大沟和房北新河将该地区涝水经刘集地涵引入邳州泵站，抽排入房亭河下段。当骆马湖遭遇大洪水，而洪泽

湖水位不高，有可能承泄时，打开刘集地涵天窗口门，向徐洪河泄洪 200～400 m^3/s。图 9-6-4 是刘集地涵示意图。

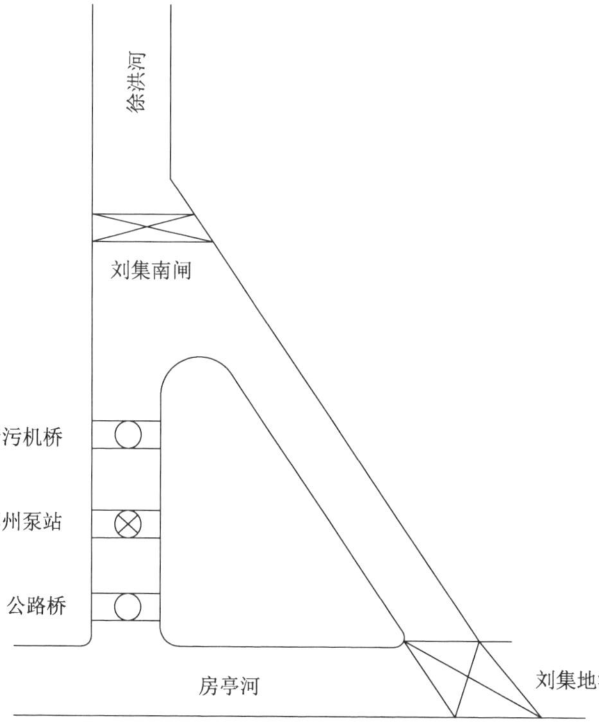

图 9-6-3　邳州泵站工程位置示意图

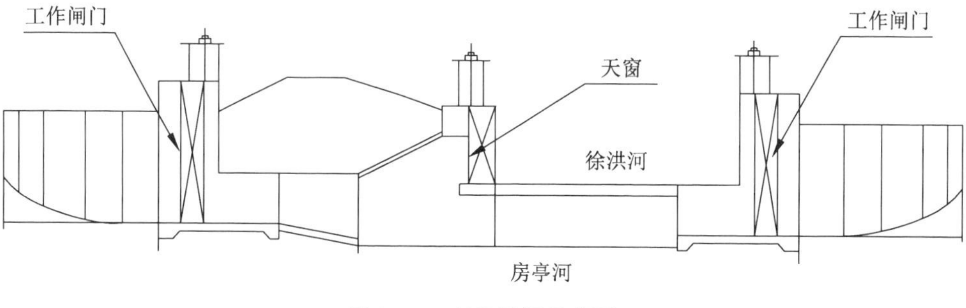

图 9-6-4　刘集地涵示意图

9.6.2　特征水位

9.6.2.1　最低通航水位

站上：房亭河与徐洪河均为Ⅴ级航道，房亭河刘集闸至京杭运河最高通航水位为 23.5 m，最低通航水位为 20.5 m。

站下：徐洪河沙集至刘集段最高水位为 22.5 m，最低通航水位为 19.5 m。

9.6.2.2　调水水位

邳州泵站是南水北调东线的第六级泵站，也是徐洪河线的第三级泵站(提水入骆马湖)，需要综合考虑站下水位与前一级睢宁泵站的站上水位的协调和骆马湖水位对站上水位的影响。

(1) 设计水位

站下：睢宁泵站、邳州泵站分别为南水北调东线的第五、六级梯级泵站，两站通过徐洪河相连。邳州站下两岸地面高程为23.0～21.0 m，睢宁至邳州段设计输送100～110 m^3/s时，水位为20.5～21.6 m，河道允许流速上限为0.8 m/s，站下河道设计水位取20.5 m。

站上：邳州泵站调水有向骆马湖补水和直接北送2种工况，实际运用时补水多于直送。邳州泵站站上水位按中运河房亭河河口设计水位23.0 m，通过一期设计流量100 m^3/s推算至邳州泵站站上，取23.1 m。

(2) 最低水位

站下：综合考虑引水和通航要求，站下最低水位仍为最低通航设计水位19.5 m。

站上：最低运行水位以房亭河中运河河口20.5 m水位为控制，站上最低水位取20.5 m。

(3) 最高水位

站下：根据睢宁站站上最高水位(22.5 m)，同时考虑两岸地形，在不影响地区排涝的前提下，邳州泵站站下最高运行水位取22.5 m。

站上：房亭河中运河河口按骆马湖最高运行水位23.0 m，以一期设计流量100 m^3/s输水时，根据水面线推算，站上最高水位23.1 m。

(4) 平均水位

站下：在抽水工况下，平均水位20.5 m。

站上：东线调水入洪泽湖、出洪泽湖均为双线输水，流量分配以京杭运河输水为主。邳州站平均输水流量80 m^3/s，对应的骆马湖平均水位为22.6 m，邳州站站上平均水位为22.7 m。

9.6.2.3　防洪水位

站上：100年和300年一遇房亭河按河道排洪能力叠加后的设计流量均为1490 m^3/s，根据计算，邳州站站上防洪水位：100年一遇防洪水位为27.8 m，300年一遇防洪水位为28.0 m。

站下：邳州站位于黄墩湖滞洪区内，黄墩湖滞洪区100年一遇防洪水位为23.5 m，300年一遇防洪水位为26.0 m。

9.6.2.4　排涝水位

邳州站除调水功能外，还具有排涝功能。当房亭河北部地区涝水无法通过刘集地涵、房亭河地涵自排时，关闭刘集南闸，打开刘集地涵，通过丰产大沟和房北新河将该地区涝水经刘集地涵引入邳州站，抽排入房亭河下段，进入中运河。因此，邳州站站上水位与房亭河河口水位有关，站下水位则受刘集地涵排涝水位控制。

站上：房亭河排涝标准为5年一遇，设计排涝流量766 m^3/s，房亭河中运河河口相应水位为23.5 m，通过水面线推算得到邳州站站上水位为25.6 m。

当房亭河发生20年一遇洪水时，仍需邳州站抽排房北地区涝水。以房亭河20年一遇设计排涝流量1024 m^3/s，骆马湖水位为23.5 m，房亭河中运河河口相应水位为23.8 m，通过水面线推算得到邳州站站上水位为26.2 m，此水位是邳州站校核排涝水位。

站下：刘集地涵北侧5年一遇设计排涝水位为22.4 m，邳州站抽水时水头损失（刘集地涵及河道）为0.3 m，则站下水位为22.1 m。20年一遇设计排涝水位为22.8 m，邳州站抽水时水头损失（刘集地涵及河道）为0.4 m，则站下水位为22.4 m。

邳州站上、下游引河断面特征水位见表9-6-1。

表9-6-1　邳州站上、下游引河断面特征水位

项目			单位	参数	
				站上	站下
水位	调水	设计	m	23.1	20.5
		最低	m	20.5	19.5
		最高	m	23.1	22.5
		平均	m	22.7	20.5
	防洪	100年一遇	m	27.8	23.5
		300年一遇	m	28.0	26.0
	排涝	5年一遇	m	25.6	22.1
		20年一遇	m	26.2	22.4

按泵站装机流量100 m^3/s，邳州站上游引河长约245 m，下游引河长约813.5 m，推算河道水头损失，上游取10 cm，下游计入拦污栅水头损失后取40 cm。根据上、下游引河口的特征水位，邳州站进、出水池处的设计参数见表9-6-2。

表9-6-2　邳州站设计参数

项目			单位	参数	
				站上	站下
水位	调水	设计	m	23.2	20.1
		最低	m	20.6	19.1
		最高	m	23.2	22.1
		平均	m	22.8	20.1
	排涝	5年一遇	m	25.7	21.7
		20年一遇	m	26.3	22.0
	防洪	100年一遇	m	27.8	23.5
		300年一遇	m	28.0	26.0

续表

项目			单位	参数	
				站上	站下
扬程(净)	调水	设计	m	3.1	
		平均	m	2.7	
		最小	m	0	
		最大	m	4.1	
	排涝	设计	m	4.0	
		最大	m	4.3	
流量	调水		m^3/s	100	

9.6.3 水力机械

9.6.3.1 水泵台数

邳州泵站设计流量为 100 m^3/s，根据《泵站设计规范》，水泵台数可选择 3～9 台，单泵流量在 33.4～11.1 m^3/s 之间。由于南水北调泵站采取梯级提水方式，单泵流量基本在 30 m^3/s 左右，各泵站的水泵流量一致，有利于梯级管理和调度，因此设 3 台机组，另设 1 台备用机组，总装机台数 4 台，单泵流量 33.4 m^3/s。

9.6.3.2 模型水泵选择

邳州泵站扬程较低，宜选用贯流泵。南水北调东线一期灯泡贯流泵站主要参数见表 9-6-3。

表 9-6-3　南水北调东线一期灯泡贯流泵站主要参数

泵站	蔺家坝泵站	淮阴三站	二级坝泵站	泗洪泵站
流量/(m^3/s)	25	33.4	31.5	30
设计净扬程/m	2.4	4.28	3.21	3.23
转速/(r/min)	120	125	115	107.1
叶轮直径/mm	2850	3140	3000	3050
nD 值	342	393	345	
叶轮中心淹没深度/m	3.7	3	4.36	4.97
配套功率/kW	1250	2200	1650	2000
水泵型式	后置式	后置式	后置式	后置式
泵台数	4	4	5	5
使用模型	日立	耐荷	荏原	荏原
制造厂家	锡泵(日立)	长沙水泵厂(耐荷)	博泵(荏原)	博泵(荏原)

低扬程泵站的泵段参数和装置参数有很大差异，不宜直接用泵段参数进行模型水泵的比选。表 9-6-4 比较了已经在南水北调东线运用的蔺家坝泵站、二级坝泵站水力模型和在中水北方试验台做过试验的 GL-08-01、GL-08-02 水力模型用于邳州站的水力性能。

表 9-6-4　参与比选的水泵装置主要参数

编号	直径/mm	转速/(r/min)	最优效率点				
			叶片安放角度/(°)	流量/(L/s)	扬程/m	效率/%	空化比转速
蔺家坝泵站灯泡贯流泵装置(模型)	315	1230	−4	283	3.20	78.4	空化余量 8～9(m)
			−2	325	3.30	78.5	
			0	342	3.50	78.5	
			+2	362	3.58	78.5	
			+4	378	3.68	78.5	
GL-08-01 灯泡贯流泵装置(模型)	300	1450	−4	301.7	2.80	79.40	1338
			−2	329.2	2.92	79.15	1267
			0	352.4	3.36	78.48	1206
			+2	387.6	3.31	77.57	1123
			+4	410.8	3.51	76.64	943
GL-08-02 灯泡贯流泵装置(模型)	300	1450	−4	355.4	4.02	80.05	1185
			−2	386.5	3.91	80.35	1172
			0	410.9	4.11	80.51	1113
			+2	431.7	4.37	80.87	1025
			+4	453.5	4.74	81.93	954
二级坝泵站灯泡贯流泵装置(原型)	3000	115		流量/(m^3/s)	扬程/m	效率/%	空化余量/m
				25.0	3.25	73.5	6.3
				28.0	2.75	78.3	6.8
				30.5	2.25	80.1	7.8
				33.0	1.65	77.1	9.7

经过比较，GL-08-02 模型的最高效率略高于 GL-08-01 模型，但是该模型的马鞍型区域起伏较大，最高扬程接近马鞍区，水泵启动时容易不稳定。总体而言，GL-08-01 模型比较适合邳州泵站，综合性能较好。

低扬程泵站的流道水力损失对装置效率有明显影响，降低流道进、出口流速对改善水泵装置的流态、减少水力损失非常有利。邳州泵站进、出口流速控制在 0.65～0.80 m/s，流道进、出口宽度基本接近。邳州泵站叶轮直径3.3 m，根据设备尺寸的需要，灯泡体直径3.3 m，长度6.0 m，渐变到叶轮中心段长度4.2 m，以该控制尺寸为基础，对前置和后置2种贯流泵型式进行比较(见表9-6-5)。

表9-6-5 2种贯流泵型式比较

<table>
<tr><th>型式</th><th colspan="2">前置灯泡贯流泵</th><th colspan="2">后置灯泡贯流泵</th></tr>
<tr><td>叶轮直径/mm</td><td colspan="4">3300</td></tr>
<tr><td>叶轮中心高程/m</td><td colspan="4">14.6</td></tr>
<tr><td>灯泡体直径/mm</td><td colspan="4">3300</td></tr>
<tr><td>灯泡体长度(顺水流距叶轮中心)/m</td><td colspan="4">10.5</td></tr>
<tr><td rowspan="2">流道(除灯泡段)扩散(收缩)角/(°)</td><td colspan="2">0/12.77(进水流道)</td><td colspan="2">13.78/31.7(进水流道)</td></tr>
<tr><td colspan="2">11.08/22.73(出水流道)</td><td colspan="2">0/6.63(出水流道)</td></tr>
<tr><td rowspan="2">流道长度(顺水流)/m</td><td rowspan="2">总长38.9</td><td>19.8(进水流道)</td><td rowspan="2">总长38.4</td><td>12.9(进水流道)</td></tr>
<tr><td>19.1(出水流道)</td><td>25.5(出水流道)</td></tr>
<tr><td rowspan="2">流道宽度(垂直流)/m</td><td colspan="2">8.0(进水流道)</td><td colspan="2">8.0(进水流道)</td></tr>
<tr><td colspan="2">7.5(出水流道)</td><td colspan="2">7.5(出水流道)</td></tr>
<tr><td rowspan="2">流道底板高程/m</td><td colspan="2">11.35(进水流道)</td><td colspan="2">12.80(进水流道)</td></tr>
<tr><td colspan="2">12.80(出水流道)</td><td colspan="2">11.35(出水流道)</td></tr>
<tr><td>泵房宽度(顺水流)/m</td><td colspan="2">15.0</td><td colspan="2">14.5</td></tr>
<tr><td>机电设备工程量</td><td colspan="4">两方案相同</td></tr>
<tr><td>金属结构工程量</td><td colspan="4">前置式方案出水闸门高度低1 m，启闭设备行程小1 m</td></tr>
<tr><td>土建工程量</td><td colspan="4">前置式方案泵房混凝土量多245 m^3，钢筋多12 t</td></tr>
<tr><td>综合分析</td><td colspan="4">① 因为叶轮直径、电机功率相同，所以机组设备价格基本相同。前置式的导叶在叶轮前端，导致泵轴加长。
② 因为机组台数相同，所以电气设备价格基本相同。
③ 后置式的流道出口尺寸大，金属结构的闸门价格约比前置式多49.6万元。
④ 受流道型线影响，前置式泵房底板长度、泵房宽度大0.5 m，土建工程比后置式多21.5万元。
⑤ 后置式比前置式总体费用多27.9万元，差别不大。</td></tr>
</table>

经分析比较，2种贯流泵型式工程差别不大，后置式灯泡贯流泵应用较多，可靠性高，初步作为推荐方案。将GL-08-01模型水泵装置换算成邳州泵站原型水泵参数(效率不修正)，见表9-6-6。

表 9-6-6　邳州泵站原型水泵参数

模型编号	叶轮直径/mm	转速/(r/min)	工况	总扬程/m		叶片安放角度/(°)	流量/(m^3/s)	效率/%
GL-08-01模型装置	3300	120	调水	最高	4.25	−1	29.2	73.1
				设计	3.25	−1	33.4	78.5
				平均	2.85	−1	34.6	79.1
			排涝	设计	4.15	−1	29.8	73.7

水泵的空化试验均在立式水泵试验台上进行，叶片处于同一水平面上。对卧式水泵，其叶片上的压力有明显的高差，应当以叶片的上缘点来考虑空化性能。GL-08-01模型水泵在+4°最优工况点空化余量较大，约 9.8 m，空化余量系数取 1.3，进水流道损失按 0.3 m 计，根据泵站进水池最低水位，叶片的上缘点高程为 16.06 m，叶轮中心高程为 14.14 m。

9.6.4　重大设计变更

邳州站在初步设计阶段采用 4 台(其中含 1 台备用)后置灯泡贯流式水泵电动机组(配套同步电动机)方案，配套电机单机配套功率 2000 kW，总装机容量 8000 kW，水泵与电动机采用行星齿轮传动方式。初步设计批复后，设计单位结合邳州站大流量、低扬程等特点又对泵型做了进一步调研和比选，认为与灯泡贯流泵相比，竖井贯流泵具有“结构相对简单、安装检修方便、通风散热良好、国内招标、造价节省”等优点，但目前已建大型竖井贯流泵装置效率相对较低，与南水北调要求指标有一定差距。为此，江苏水源公司组织设计和科研单位开展了一系列旨在提升大型竖井贯流泵装置的水力性能和装置效率的关键技术研究。例如，对大型竖井贯流泵进、出水流道进行理论和试验研究，使竖井贯流泵装置在邳州泵站得到了优异的水力性能；选择合适的经过南水北调同台测试的水泵模型，与经过优化的进、出水流道组成泵装置模型试验方案，进行泵装置模型试验，试验检测表明邳州泵站装置水力性能优异，在设计扬程下水泵装置效率达到 81.85%，平均扬程下水泵装置效率为 81.7%。

9.6.5　水泵模型试验

2011 年 6 月，在中水北方勘测设计研究有限责任公司的水力模型通用试验台上，进行了邳州站竖井贯流模型 GL-2011-01(6＃)7 个叶片安放角度下的水力性能试验，试验的项目包括效率、空化、飞逸及叶轮进口、导叶出口压力脉动等试验。试验于 2011 年 5 月 25 日开始，至 2011 年 6 月 12 日结束。

9.6.5.1　水力模型设计特征参数

水力模型设计特征参数见表 9-6-7。

表 9-6-7　水力模型设计特征参数

模型编号	GL-2011-01(6＃)
叶轮直径/mm	300
叶片数	3
导叶数	6
叶片外缘间隙/mm	0.15

9.6.5.2　模型试验条件

模型试验转速：1450 r/min；

试验水质：普通城市自来水；

试验最小雷诺数为 5.23×10^6，大于 3×10^6；

叶轮直径 $D=0.3$ m。

试验条件满足《水泵模型及装置模型验收试验规程》(SL 140—2006)要求。

9.6.5.3　模型能量性能试验结果

GL-2011-01(6＃)模型最优工况能量性能试验数据见表 9-6-8，综合特性曲线见图 9-6-5、图 9-6-6。

表 9-6-8　模型最优工况能量性能试验数据($n=1450$ r/min)

叶片安放角度/(°)	+2	0	−2	−4	−6	−8	−10
流量/(L/s)	414.33	393.38	368.16	343.30	318.03	292.98	266.83
扬程/m	4.764	4.771	4.527	4.441	4.368	4.219	4.199
效率/%	81.18	81.27	81.75	82.14	82.57	82.43	82.03

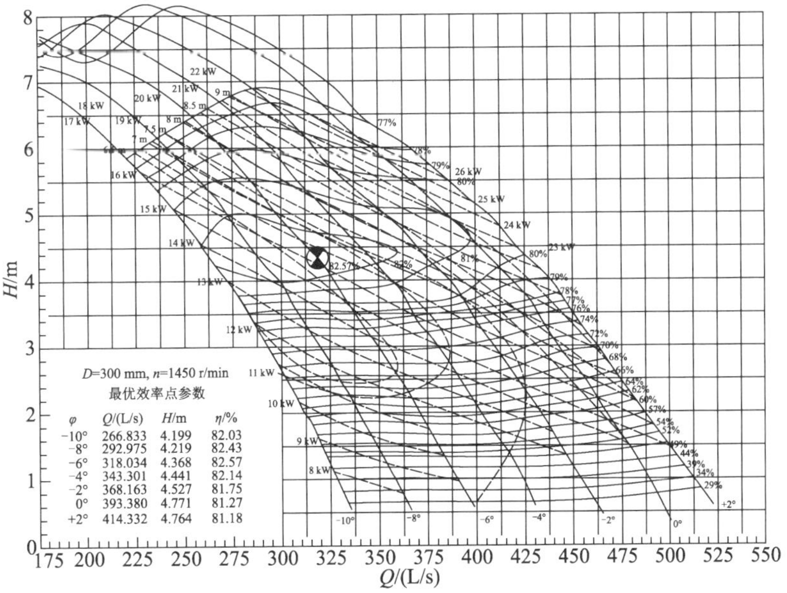

图 9-6-5　邳州泵站水泵装置模型综合特性曲线

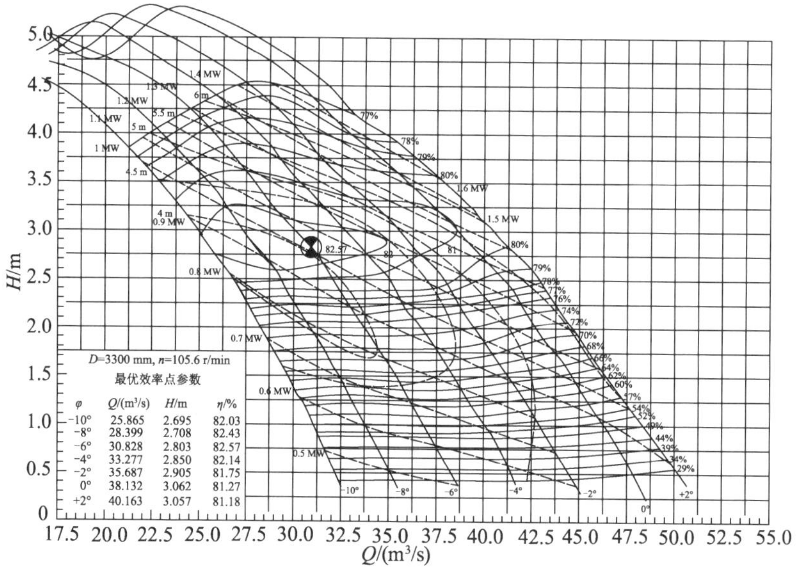

图 9-6-6 邳州泵站水泵装置原型综合特性曲线

9.6.5.4 模型飞逸试验结果

飞逸试验进行了 7 个叶片安放角度下的飞逸转速试验,单位飞逸转速见表 9-6-9。

表 9-6-9 单位飞逸转速试验数据

叶片安放角度/(°)	+2	0	−2	−4	−6	−8	−10
单位飞逸转速/(r/min)	326.99	335.51	337.74	341.85	345.81	348.39	345.36

9.6.5.5 变转速效率试验和空化试验

在−6°叶片安放角下进行了试验转速为 1450 r/min、1300 r/min 和 1200 r/min 的效率试验和最优工况点的空化试验。效率试验结果如图 9-6-7 所示,空化试验结果如图 9-6-8 所示。变转速效率试验结果表明:换算至同一转速下,在满足试验雷诺数进入阻力平方区后,试验转速对效率试验结果无影响。变转速空化试验结果表明:换算至同一转速下,在满足试验雷诺数进入阻力平方区后,试验转速对空化试验结果无影响。

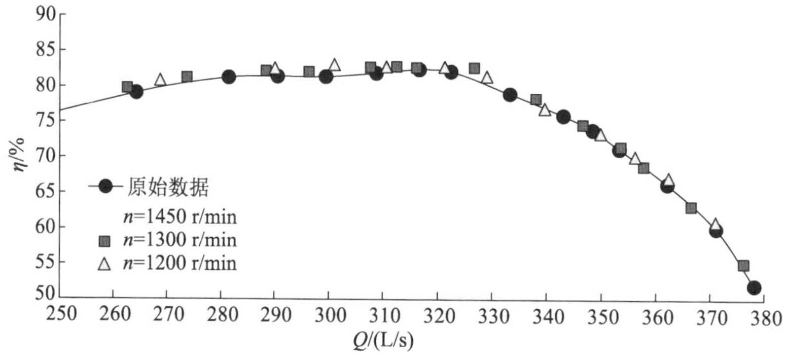

图 9-6-7 GL-2011-01(6#)变转速效率试验曲线

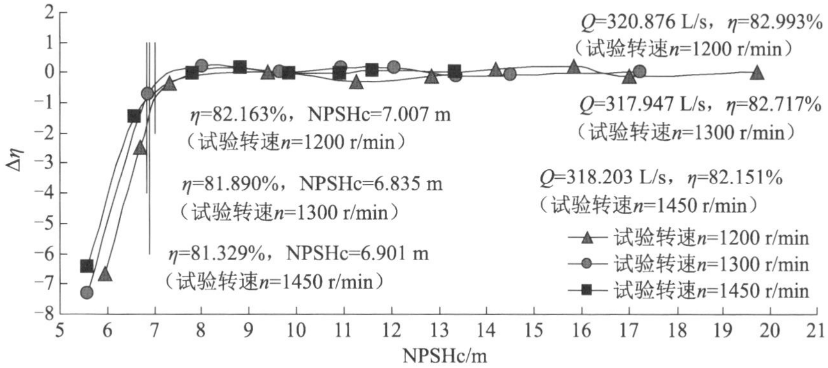

图 9-6-8　GL-2011-01(6＃)变转速空化试验曲线

9.6.5.6　叶片安放角－3°下进水流道加支撑筋板效率试验对比

由于原型结构强度需要，需在叶轮进口加装十字支撑，为此在设计角度(－3°)下进行了有无十字支撑结构效率对比试验，支撑筋板布置位置如图 9-6-9 所示，效率对比试验结果如图 9-6-10 所示，扬程对比试验结果如图 9-6-11 所示。由图可见，不加支撑高效点效率为 81.81％，加支撑高效点效率为 80.30％，效率下降了 1.51 个百分点。

图 9-6-9　GL-2011-01(6＃)进水流道十字支撑筋板布置位置图

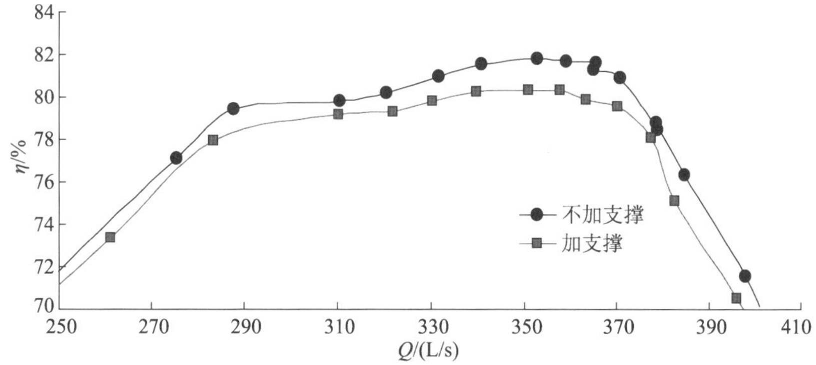

图 9-6-10　GL-2011-01(6＃)有无支撑结构效率对比试验曲线

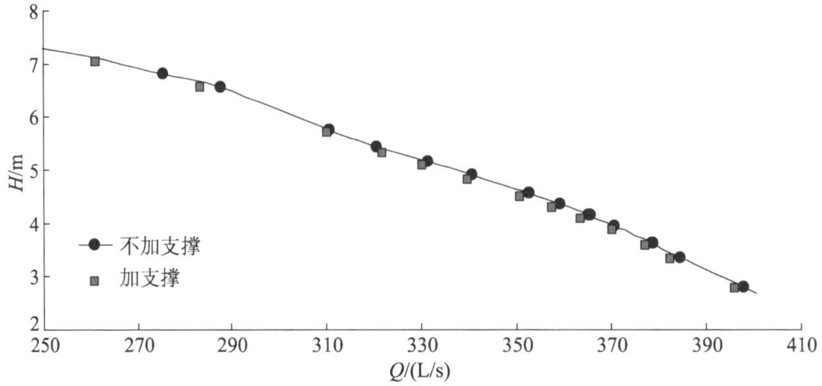

图 9-6-11　GL-2011-01(6＃)有无支撑结构扬程对比试验曲线

9.6.5.7　全流道阻力损失试验

拆除模型叶轮、导叶和轴系，在进、出水箱上分别布置压差测点，测量全流道阻力损失，进水箱直径 3 m，出水箱直径 1.5 m。试验结果见图 9-6-12。

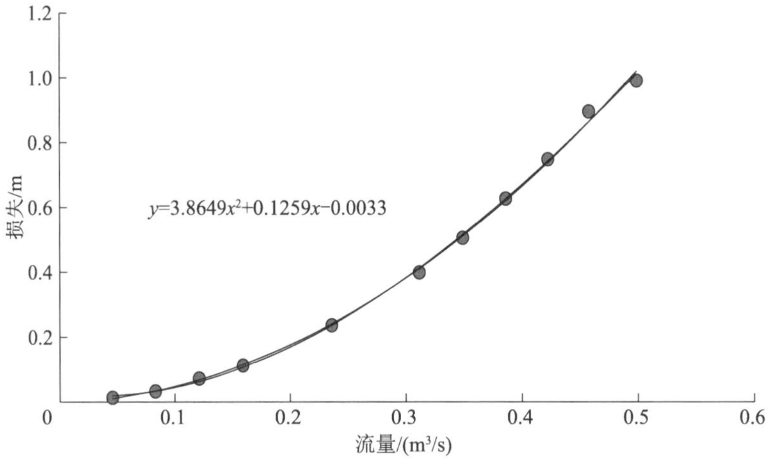

图 9-6-12　GL-2011-01(6＃)全流道阻力损失试验曲线

参考文献

[1] 上海勘测设计研究院. 南水北调东线一期工程邳州站工程初步设计报告[R]. 2010.

[2] 中水北方勘测设计研究有限责任公司. 邳州站竖井贯流水泵装置模型试验报告[R]. 2011.

[3] 南水北调邳州站工程建设处. 南水北调东线一期工程邳州站设计单元完工验收建设管理报告[R]. 2017.

9.7　淮阴抽水站

9.7.1　工程概况

淮阴抽水站位于淮安市清江浦区和平镇，北靠二河、南临苏北灌溉总渠，是江苏省江水北调工程的第三级泵站，并与淮阴二站、淮阴三站以及洪泽站共同组成南水北调东线工程第三梯级泵站。工程等别为Ⅱ等，工程规模为大(2)型，泵站站身、上下游翼墙、清污机桥等主要建筑物级别为 2 级，其他次要建筑物级别为 3 级，站身主体工程为二等建筑物，按抗震基本烈度 7 度设防。该工程于 1983 年 10 月兴建，1987 年 9 月竣工，主要作用是接转淮安站抽入灌溉总渠的江水入二河，循京杭大运河北送，兼可补给中运河航运及徐淮地区工农业用水，同时在特殊干旱年份，也具有向洪泽湖补库功能。该工程具有向北调水、提高灌溉保证率、改善水环境、提高航运保证率等功能，是一项综合利用工程。淮阴抽水站原装有 4 台套 ZL30-7-5 型立式全调节轴流泵，配 TL2000-48/3250 型同步电机，泵站设计总流量 120 m^3/s，装机总容量 8000 kW，水泵单机设计流量 30 m^3/s，设计扬程 5 m，叶轮直径 3.1 m，转速 125 r/min，配套电机功率 2000 kW，水泵与电机为直联传动方式。2020 年 10 月 23 日，淮阴站加固改造工程开工。2021 年 9 月，淮阴抽水站通过机组试运行验收，投入使用。2022 年 12 月，淮阴抽水站通过机组启动验收。图 9-7-1 是淮阴站改造前厂房外景图，图 9-7-2 是淮阴站改造前电机层内景图。

图 9-7-1　淮阴站改造前厂房外景图

图 9-7-2　淮阴站改造前电机层内景图

9.7.2　工程设计

9.7.2.1　兴建缘由

20 世纪 80 年代，徐州电厂扩建、京杭大运河徐州至扬州段续建，这 2 项工程增加了徐淮地区的用水量，徐淮地区 900 万亩水稻也需要稳定的水源，水的供需矛盾问题突出。为满足电厂、航运用水，提高农田灌溉保证率，必须进一步扩大江水北调能力。

江水北调工程经过 20 余年的建设，至 20 世纪 80 年代已初具规模。自江都抽水站至解台闸沿京杭运河的 8 个梯级，均建有不同规模的抽水站和临时抽水站，但是，现状规模还比较小,不能满足电厂和航运补水要求。为使抽水规模达到 400 m^3/s,至淮北 300 m^3/s,进骆马湖 70 m^3/s,送徐州 35 m^3/s,需要新建淮阴抽水站。

9.7.2.2 工程布局

在初步设计阶段,淮阴抽水站站址有 3 个方案,即头闸方案、和平方案、张玉河方案,均位于计划兴建的淮河入海水道北堤以北。由于和平方案能够结合渠北排水,引水河出土又能加固二河东堤,效益比较明显。经过进一步分析,和平方案的引水河长达 9 km,对原有排灌水系干扰较大,又要穿越计划兴建的淮河入海水道,因此,将计划的和平位置南移至淮河入海水道南、灌溉总渠北,抽水站直接从灌溉总渠引水至站下,抽水站抽出的水经原有的高良涧越闸进入二河。这种布局为今后结合渠北排涝留有余地,可以利用计划兴建的淮河入海水道南泓汇集运西、渠北的涝水,经排涝涵洞进入抽水站前池。图 9-7-3 是淮阴抽水站工程布置规划图。

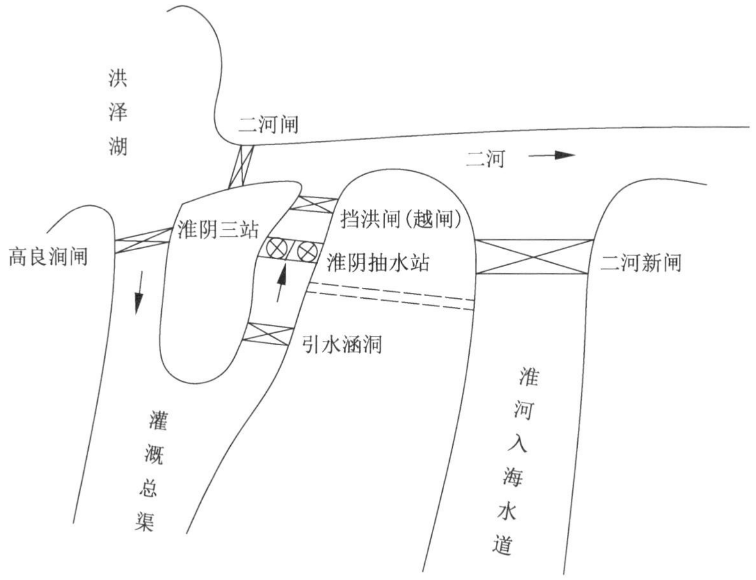

图 9-7-3 淮阴抽水站工程布置规划图

高良涧越闸(简称越闸)位于二河闸下游东侧大堤上,建成于 1967 年,设计流量 600 m^3/s,其主要作用是在高良涧进水闸加固时施工导流,当沂水丰沛时,从二河引沂水经越闸向灌溉总渠补水。2003 年,淮河入海水道一期工程建成,越闸的 2 个功能已由二河新闸取代。1986 年兴建淮阴站,越闸经简单维修加固后改做淮阴站的防洪闸。2006 年,南水北调一期工程淮阴三站开工,拆除越闸,在原址上建设挡洪闸,设计流量 260 m^3/s,主要功能是为淮阴站和淮阴三站挡洪。

引水涵洞建成于 1987 年,设计流量 120 m^3/s,其作用是在淮阴站开机调水时,从灌溉总渠引水至淮阴站下游,当需要淮阴站抽排地方涝水时,关闭引水涵洞,使涝水从拟开挖的排涝河(如图 9-7-3 中虚线所示)进入淮阴站。但是,该排涝河没有开挖。随着水利规划的调整，不需要淮阴站承担地方排涝任务，2006 年，拆除越闸的同时，引水涵洞一并被拆除。图 9-7-4 是拆除前的越闸外景图，图 9-7-5 是拆除前的引水涵洞外景图。

图 9-7-4 拆除前的越闸外景图

图 9-7-5 拆除前的引水涵洞外景图

9.7.2.3 水位组合

淮阴站站身设计水位组合见表 9-7-1。

表 9-7-1 淮阴站站身设计水位组合

计算工况		进水池水位/m	出水池水位/m
校核	抽排运用	5.5	13.6
设计	向二河补水	8.0	13.6
	检修	−1.0	12.0
特殊	地震期	8.5	13.6
设计	总渠分洪	11.7	12.0

9.7.2.4 站身设计

图 9-7-6 是淮阴站站身剖面图，站身采用堤后式混凝土结构。主厂房、中段出水管、虹吸墙分开布置。站身两侧为空箱岸墙，顶上分设检修间和门厅，主厂房底板顺水流方向为 22.1 m，垂直水流方向为 33.4 m，4 台机组布置在一块底板上，底板最低部位高程为−3.7 m，底板面高程为−2.6 m，叶轮中心高程为 3.0 m，水泵层高程为 2.0 m，电机层高程为 14.73 m，进水流道顶高程为 3.932 m、底高程为−1.29 m，出水流道顶高程为 9.27 m、底高程为 4.5 m，驼峰顶高程为 14.0 m，行车轨面高程为 25.15 m，工作桥面高程为 14.4 m。下游河底高程为−1.0 m。

机组中心距 8.0 m，中墩宽度 1.0 m，进水流道总宽 7.0 m，出水流道总宽 7.2 m，转子直径 2932 mm，定子直径 3250 mm，行车轮距 10.5 m，主厂房长度 33.4 m、宽度 12.4 m。

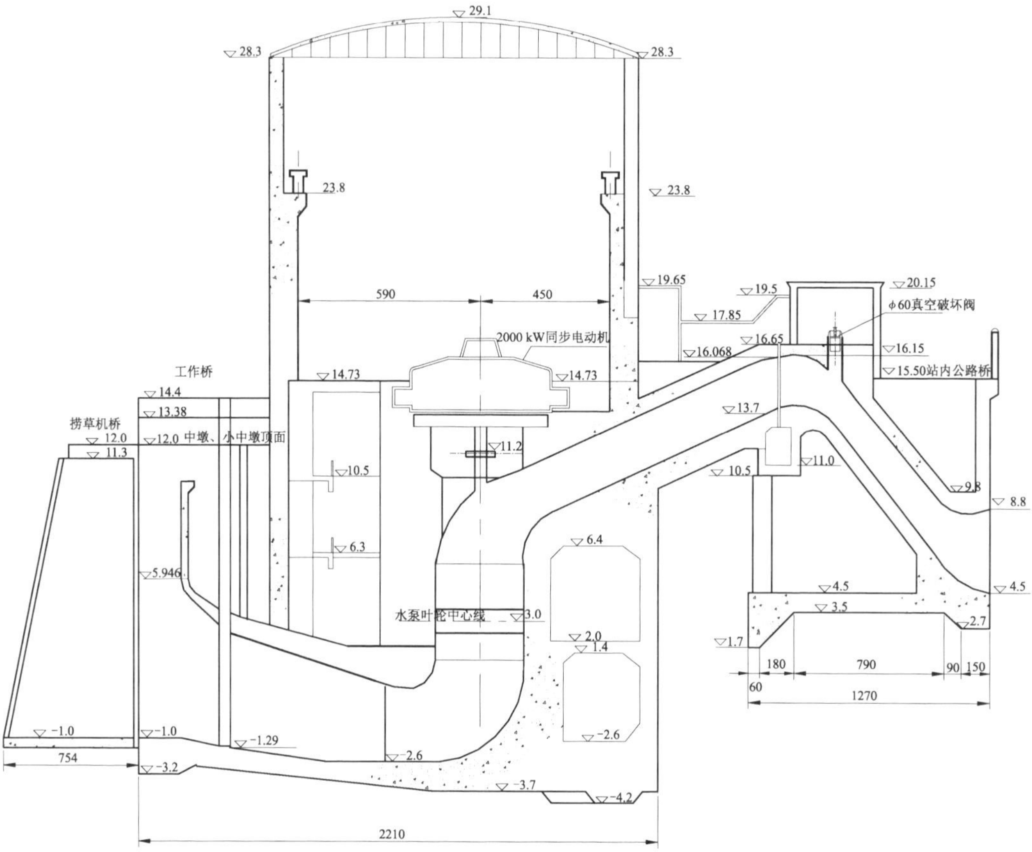

图 9-7-6 淮阴站站身剖面图

9.7.2.5 主水泵

淮阴站主水泵型号 ZL30-7-S，补水扬程 5 m，排涝期 7 m，由 ZL30-7 型水泵降速而来。4 号水泵是从连云港临洪东站调入的一台备用泵，该泵原是与 3000 kW 电机配套的水泵。由于临洪地处海边，该泵已有一定程度的锈蚀，油轴承密封由上海水泵厂改造成橡胶轴承。4 台水泵大轴长度不等，1 号水泵大轴长 7552.5 mm，2 号水泵大轴长 7550.0 mm，3 号水泵大轴长 7550.0 mm，4 号水泵大轴长 7555.0 mm。4 号机叶轮外壳严重变形，安装时不得不弃用石棉橡胶板作为密封垫片，而采用铅皮垫密封。

9.7.3 重大事故

1992 年 6 月 2 日，淮阴抽水站投入抗旱运行，至 6 月 30 日，已连续运行 28 天。6 月 30 日 1 时 25 分，淮阴站厂房内传出巨大的爆炸声和冲天的电弧光，4 台主机泵全部保护动作停机，3 号开关柜、6 kV 母线铝排、PT 柜和电容器柜起火，手动分淮阴站变电所主变 6 kV 出线 601 开关，601 开关拒动，后改分主变 110 kV 进线 701 开关才切断电源。经检查，事故共烧坏 3 号开关柜、4 号开关柜、6 kV 母线铝排、PT 柜和电容器柜。经全力抢修，至7月7日淮阴站恢复运行，事故造成淮阴站在抗旱紧张时刻中断抽水119 h，抽水量减少5100万 m^3，影响很大。经分析，此次事故的主要原因是3号开关柜上桩头在运行中出现损伤，发生事故当天，淮阴站厂房环境湿度达90%，电网电压偏高达6.9 kV。主变6 kV出线601开关拒动造成了事故扩大，601开关拒动的原因是6 kV线路保护未投入，在其他保护动作的过程中，分闸线圈烧损。

9.7.4　工程加固与改造

9.7.4.1　工程存在的问题

2009年1月18日、2017年6月8日，江苏省水利厅先后2次对淮阴站进行安全鉴定，形成的安全鉴定意见基本相同：

① 淮阴抽水站原设计为2级水工建筑物，目前主、副厂房底板存在不均匀沉降现象，南侧岸墙后倾；混凝土结构强度偏低，多处裂缝，碳化深度达30～60 mm；主厂房屋面开裂渗水，水泵层廊道止水损坏，漏水严重，影响工程的安全运行。安全类别评定为三类。

② 淮阴抽水站运行频繁，单台机组年平均运行时间已超过3000 h。水泵运行扬程远低于设计扬程，运行效率低，空化严重，振动加剧，虽经多次大修，但叶轮、叶轮室、导叶体、大轴等主要部件均未更换，仅对叶片空化损坏部分进行补焊。经20多年运行，水泵各部件损坏严重，主要过流部件空化、磨损严重，叶片变形，蚀坑面积达40%，轮毂、导水锥、导叶体、导轴承、大轴、底座及连接件等部件锈蚀严重，且连接件有松动现象，影响了主水泵安全运行，难以满足功能要求。安全类别评定为四类。

③ 主电机绕组绝缘下降，主变老化严重，已超过了设计使用年限，属淘汰产品；电气设备老化严重，内部线路、元器件均有不同程度的损坏，故障频繁，安全性能差。安全类别评定为四类。

④ 油、气、水管路系统出现锈蚀穿孔、渗漏现象；行车主要部件老化严重，已不能保证机组大修工作的安全进行；拦污栅锈蚀、破损严重，清污机自建站以来一直不能正常使用。安全类别评定为四类。

综上所述，淮阴抽水站存在严重隐患，不能满足安全和高效运行的要求。根据《泵站安全鉴定规程》(SL 316—2004)，评定淮阴抽水站主体水工建筑物为二类建筑物，机电设备为四类设备，综合评定淮阴抽水站为三类泵站。

淮阴抽水站是南水北调东线重要调水泵站，一旦发生故障，将严重影响工程整体效益。为消除工程隐患，确保工程安全运行，应尽快对淮阴抽水站进行更新改造。

9.7.4.2　加固改造项目

根据安全鉴定意见、设备检测报告和淮阴抽水站现状情况，淮阴站加固改造主要内容有：① 更换4台主水泵；② 更换4台主电机；③ 更换1台主变和1台站变；④ 改造高、低压开关柜及励磁装置；⑤ 更换低压电缆、控制电缆；⑥ 增设自动化控制系统、视频监视系统；⑦ 更新油、气、水辅机系统；⑧ 行车进行大修；⑨ 更换检修门；⑩ 更新清污机，增设清污机起吊设施；⑪ 清污机桥改造；⑫ 站下增加防洪高度；⑬ 泵站混凝土结构修补、裂缝与防碳化处理；⑭ 水泵层廊道止水修复；⑮ 站上、下游护坡加长；⑯ 厂房控制室加接改造；⑰ 新建上、下游巡堤道路，厂房内外栏杆更新，拆建上、下游水文自计台等。

9.7.4.3 工程等别

淮阴站加固改造按原设计规模进行，改造后泵站设计流量仍为 120 m^3/s，装机容量为 8000 kW，装机 4 台套。工程等别为Ⅱ等，工程规模为大(2)型。泵站站身、上下游翼墙、清污机桥等主要建筑物级别为 2 级，其他次要建筑物级别为 3 级，临时建筑物级别为 4 级。

9.7.4.4 防洪标准

根据《泵站设计规范》(GB 50265—2010)2.2.1 条的规定，淮阴抽水站防洪标准为 50 年一遇设计、200 年一遇校核。因与南侧淮阴三站站上、站下水情相同，防洪标准同淮阴三站，取 100 年一遇设计、300 年一遇校核。

淮阴抽水站站下洪水位与苏北灌溉总渠行洪有关，而苏北灌溉总渠为控制性行洪河道，站下设计洪水位以苏北灌溉总渠行洪 800 m^3/s，运东闸上水位 10.8 m 推算，为 11.46 m；站下校核洪水位以苏北灌溉总渠行洪 1000 m^3/s，运东闸上水位 11.2 m 推算，为 12.0 m。

淮阴抽水站站上洪水位与入海水道、分淮入沂行洪有关，站上洪水位与二河闸下洪水位一致。由于淮阴抽水站站上设有挡洪闸，该闸为 1 级水工建筑物，其防洪标准为 100 年一遇设计、300 年一遇校核，相应洪水位分别为 15.4 m、16.43 m，在非调水期挡洪闸关闸挡水，故站上设计和校核洪水位按泵站调水时的站上最高水位确定，为 13.6 m。

9.7.4.5 特征水位

由于淮河入海水道一期工程和南水北调东线第一期工程的建成，淮阴抽水站的运行水位发生了变化，因此需要对特征水位及扬程重新进行拟定，原向总渠排水功能已不存在。

(1) 设计水位

考虑两淮区间用水对水位的要求以及与淮阴二站、淮阴三站站下设计水位的协调，泵站站下设计水位为 9.0 m。

淮阴梯级枢纽由 3 座泵站组成，二站、三站现状以补湖作为设计工况，站上设计水位为 13.0 m，为保证淮阴站在补湖和北调时作为一个整体统筹安排，淮阴抽水站站上设计水位以规划洪泽湖补湖最高水位 13.0 m 确定。

(2) 最低水位

最低水位取最低通航设计水位，淮阴抽水站站下苏北灌溉总渠为 8.5 m，站上二河段最低通航水位为 10.5 m。

(3) 最高水位

淮阴二站、三站闸下水位 9.5 m，考虑与淮阴二站、三站水位协调，淮阴抽水站站下灌溉总渠最高水位取用 9.6 m；以洪泽湖规划蓄水位 13.5 m 作为站上最高运行水位。

(4) 平均水位

站下平均水位同河道设计水位 9.0 m。

东线调水入洪泽湖、出洪泽湖均为双线输水，流量分配以京杭运河输水为主，洪泽湖补库时，以洪泽站为主，淮阴梯级中以淮阴二站抽足后再进行流量分配。经分析：一期工程泗阳站多年旬平均流量为 222.6 m^3/s，淮阴站多年旬平均抽水流量为 274 m^3/s，淮阴一、三站的多年旬平均抽水流量为 194.8 m^3/s。二河闸多年旬平均流量 275 m^3/s。以泗阳站多年运行站下平均水位 10.98 m 推算，淮阴二站站上水位为 11.69 m。淮阴抽水站站上水位为 11.82 m，与淮阴三站相同。

（5）最高挡洪水位

淮阴抽水站站上、站下水情同淮阴三站，淮阴三站洪水标准为设计水位取 100 年一遇、校核水位取 300 年一遇，淮阴抽水站洪水标准同淮阴三站。

1）站下挡洪水位

100 年一遇设计水位，以苏北灌溉总渠行洪 800 m^3/s，运东闸上水位 10.8 m 推算，淮阴抽水站站下水位为 11.46 m；300 年一遇设计水位，以苏北灌溉总渠行洪 1000 m^3/s，运东闸上水位 11.2 m 推算，淮阴抽水站站下水位为 12.0 m。

2）站上挡洪水位

根据淮河入海水道工程，遭遇洪泽湖 100 年一遇设计洪水，入海水道、分淮入沂泄足设计标准，二河闸闸下水位为 15.4 m；遭遇洪泽湖 300 年一遇设计洪水，入海水道、分淮入沂泄足设计标准，二河闸闸下水位为 16.43 m。淮阴抽水站站上防洪水位与二河闸下防洪水位一致。

考虑设计工况下游引河沿程损失为 0.03 m，清污机桥损失为 0.15 m，上游引河沿程损失为 0.05 m，挡洪闸的局部损失为 0.05 m，淮阴抽水站上、下游设计水位组合详见表 9-7-2。

表 9-7-2　淮阴抽水站上、下游水位组合

		引水渠口水位/m	站下水位/m	出水渠口水位/m	站上水位/m
调水	设计	9.00	8.82	13.00	13.10
	最低	8.50	8.32	10.50	10.60
	最高	9.50	9.32	13.50	13.60
防洪	设计	11.46	11.46	15.40	13.60
	校核	12.00	12.00	16.43	13.60

注：由于本泵站站上设有挡洪闸，防洪时挡洪闸将关门挡水，并控制泵站站上水位不超过 13.6 m，故站上设计和校核防洪水位取 13.6 m。

根据泵站上、下游水位组合，淮阴抽水站规划运行特征水位和扬程组合见表 9-7-3。

表 9-7-3 淮阴抽水站规划运行特征水位和扬程组合

		站下水位/m	站上水位/m	净扬程/m
调水	设计	8.82	13.10	4.28
	最低	9.32	10.60	1.28
	最高	8.32	13.10	4.78
		8.82	13.60	4.78
	平均	8.82	11.88	3.06

根据淮阴站 1987 年至 2016 年的上、下游水位统计，淮阴抽水站 30 年抽水运行时平均净扬程为 2.05 m。

淮阴抽水站规划运行水位与实测运行水位对比见表 9-7-4。

表 9-7-4 淮阴抽水站规划运行水位与实测运行水位对比

		站下水位/m	站上水位/m	净扬程/m	备注
规划	设计	8.82	13.10	4.28	
	最低	9.32	10.60	1.28	
	最高	8.32	13.10	4.78	
		8.82	13.60	4.78	
	平均	8.82	11.88	3.06	
实测	最低	9.51	10.89	1.38	2015 年 4 月实测
	最高	9.51	12.21	2.70	2014 年 4 月实测
	平均			2.05	

9.7.4.6 水力模型设计

淮阴抽水站设计扬程 4.28 m，规划平均扬程 3.06 m，现状多年运行平均扬程 2.05 m。设计扬程与现状多年运行平均扬程相差较大，适合这一扬程段的现有叶轮难以满足从 2.05 m 到 4.28 m 范围内都保持较高效率的要求。为此，需要根据淮阴站的具体参数定制式开发新的水力模型。

(1) 进、出水流道数值计算

在开发淮阴站新的水力模型之前，先进行淮阴站进、出水流道数值计算，以确定是否需要对淮阴站进、出水流道进行优化。利用 2018 年淮阴站 3 号主机大修的机会，对进、出水流道进行了测绘，修改了淮阴站进、出水流道竣工图中与实际不符的地方。

1) 三维造型与网格划分

肘形进水流道与虹吸式出水流道均在 Creo 3.0 中进行三维建模，由于进、出水流道含有中隔板，结构较为复杂，在 ICEM-CFD 中采用适应性、正交性较好的六面体核心非结构网格进行网格划分，经过网格无关性分析，最终确定计算域网格总数分别为 4058375(进水流道)和 4911056(出水流道)。进、出水流道三维图如图 9-7-7 所示。

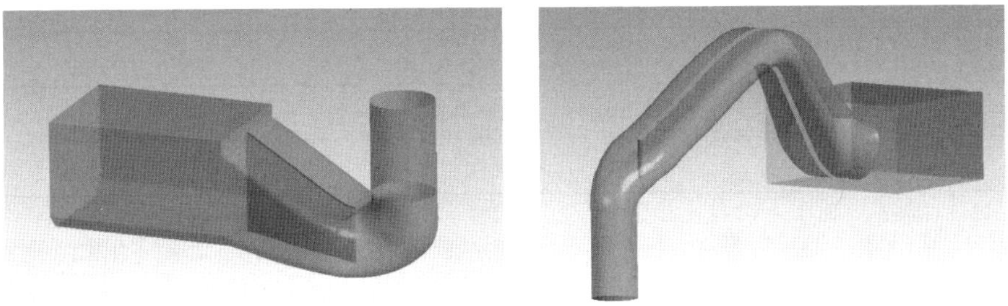

(a) 进水流道　　(b) 出水流道

图 9-7-7　进、出水流道三维图

2）进水流道边界条件

进水流道的进口边界条件设置为质量流量进口,分别计算 25 m^3/s、30 m^3/s、35 m^3/s 三个不同的流量;出口边界条件设置为自由出流(Opening Outlet),参考压力设置为 0 Pa。

3）出水流道边界条件

出水流道的进口边界条件设置为质量流量进口,分别计算 25 m^3/s、30 m^3/s、35 m^3/s 三个不同的流量;出口边界条件设置为自由出流(Opening Outlet),参考压力设置为 0 Pa。

4）数值计算结果分析

① 进、出水流道水力损失

根据公式分别计算不同流量下的进、出水流道水力损失:

$$\Delta h=\frac{p_{in}-p_{out}}{\rho g}$$

式中:p_{in} 为进口断面总压;p_{out} 为出口断面总压。表 9-7-5 为进、出水流道水力损失。

表 9-7-5　进、出水流道水力损失

进水流道		出水流道	
流量/(m^3/s)	水力损失/m	流量/(m^3/s)	水力损失/m
25	0.0896	25	0.3170
30	0.1271	30	0.4397
35	0.1712	35	0.6166

由表 9-7-5 可见:进、出水流道的水力损失与流量之间成正比关系,符合水力学的一般规律,即水力损失与流速平方成正比;流道水力损失的值略高于南水北调东线同类泵站流道水力损失的值,但影响不大。

② 轴向速度分布均匀度与速度加权平均角

为了描述进水流道出口断面的流态,引入轴向速度分布均匀度与速度加权平均角。表 9-7-6 为不同流量下进水流道出口断面轴向速度分布均匀度与速度加权平均角的值。

表 9-7-6　进水流道出口断面轴向速度分布均匀度与速度加权平均角

流量/(m^3/s)	轴向速度分布均匀度/%	速度加权平均角/(°)
25	93.5535	83.8749
30	95.5628	85.6947
35	96.4894	86.3828

数值计算结果表明：淮阴抽水站原有的进水流道在设计流量下，流道出口断面的轴向速度分布均匀度与速度加权平均角的值虽然略低于南水北调同类新建泵站的值，但总体上可以满足水泵高效稳定运行的需求。

③ 进、出水流道内部流动

图 9-7-8 为不同流量下进、出水流道流线图。

由图 9-7-8 可见：进水流道在不同工况下，肘形转弯处内侧均未出现脱流等不良流态；出水流道中，只在出口处发生轻微的流动分离现象，在弯管与驼峰处均未出现脱流等不良流态。综合分析可知，淮阴站原有的流道可以获得较为理想的水力性能。

④ 结论

淮阴站原有的流道的水力性能略低于南水北调东线新建的同类泵站流道的水力性能，但差异不大，淮阴站原有的流道可以获得较为理想的水力性能。

计算并未考虑水力模型的影响，全流道数值计算时出水流道的水力损失会略有增加。

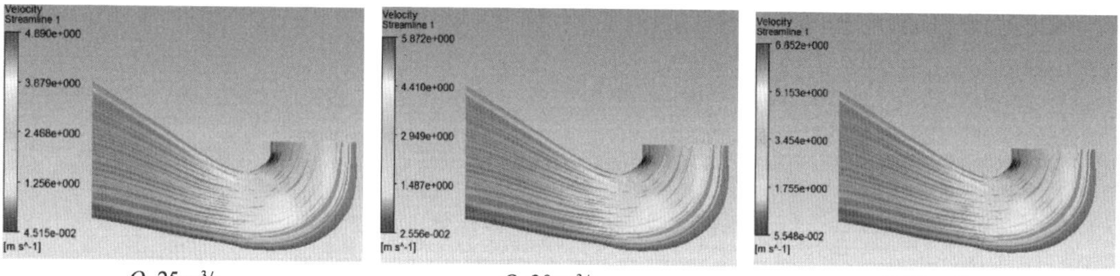

Q=25 m³/s　　Q=30 m³/s　　Q=35 m³/s

(a) 进水流道

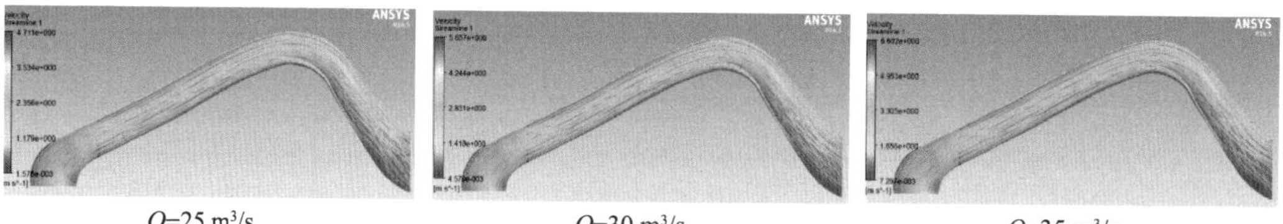

Q=25 m³/s　　Q=30 m³/s　　Q=35 m³/s

(b) 出水流道

图 9-7-8　进、出水流道流线图

(2) 水泵装置的数值计算

根据淮阴站的特征参数，在 BladeGen 中完成水泵叶轮与导叶叶片的设计，将设计完成的水力模型直接导入 TurboGrid 中进行结构网格划分，再将泵段划分好的网格导入 CFX 中与之前导入的进、出水流道网格共同构成淮阴站泵装置的计算域。整个计算域的网格总数约为 1000 万(翼型修改时会略有不同)。根据不同的叶轮叶片数、导叶叶片数、轮毂比、叶栅稠密度、冲角的组合,总共设计了 21 种方案进行 CFD 计算,从中选择了一组最适合淮阴站的水力模型,命名为 SA6 BlockⅡ。将 SA6 BlockⅡ水力模型制作成叶轮直径 300 mm 的模型水泵装置,在江苏航天水力设备有限公司的试验台上进行了装置模型试验,装置模型综合特性曲线见图 9-7-9。

试验结果表明:

a. 在扬程 2.05 m 时,叶片安放角度选择−4°,装置效率不低于 71%;在扬程 2.55 m 时,叶片安放角度选择−6°,装置效率不低于 73%;在扬程 3.06 m 时,叶片安放角度选择−6°、−4°或−2°,装置效率不低于 72%;在扬程 4.28 m 时,叶片安放角度选择−6°、−4°、−2°、0°、+2°或+4°,装置效率不低于 70%。

b. 4 种特征扬程工况下,满足原型流量达到 30 m^3/s 的叶片安放角度为+4°和+6°。

c. 在扬程大于 5.5 m 时,水泵运行过程中会进入小流量工况,可能导致流态不稳和机组强烈振动,建议避免在非设计工况下运行。

d. 水泵模型装置最大空化余量发生在叶片安放角度为+6°时,临界空化余量为 9.46 m,对应扬程 H=2.55 m;在设计扬程 4.28 m 时,不同叶片安放角度下临界空化余量的范围在 6.40～8.56 m,满足淮阴站水泵现有安装高程要求。

e. 叶片安放角度为−6°、扬程为 4.78 m 时,原型泵最大飞逸转速为 170.05 r/min(1.36 倍额定转速);叶片安放角度为+6°、扬程为 4.78 m 时,原型泵最大飞逸转速为 140.17 r/min(1.12 倍额定转速)。7 个叶片安放角度下,最高扬程内的最大飞逸转速均未超过额定转速的 1.4 倍。

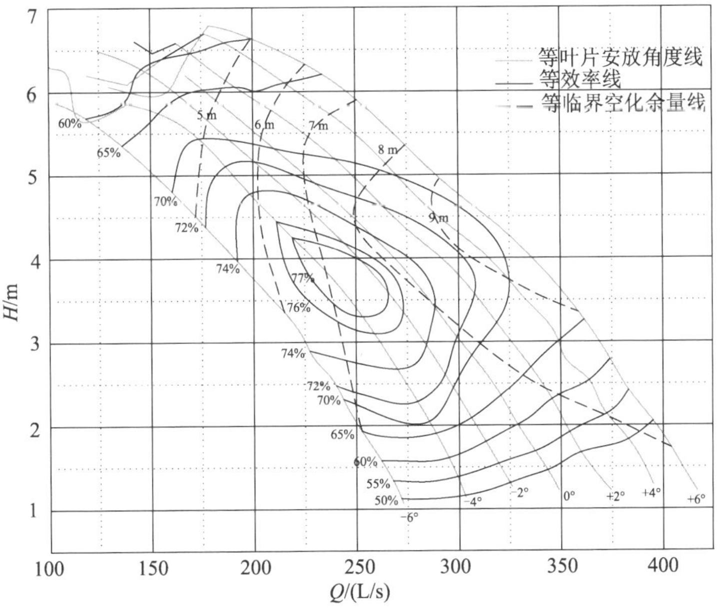

图 9-7-9　淮阴站水泵装置模型综合特性曲线(D=300 mm,n=1291.7 r/min)

图 9-7-10 为淮阴站改造后厂房外景图，图 9-7-11 为淮阴站改造后电机层内景图。

图 9-7-10 淮阴站改造后厂房外景图

图 9-7-11 淮阴站改造后电机层内景图

参考文献

[1] 河海大学，江苏航天水力设备有限公司. 淮阴抽水站水泵装置开发与研究总报告[R]. 2019.

[2] 江苏省水利勘测设计研究院有限公司. 淮阴抽水站加固改造工程初步设计报告[R]. 2019.

9.8 淮阴三站

9.8.1 工程概况

淮阴三站为南水北调东线第一期工程第三梯级站，位于江苏省淮安市清江浦区和平镇，在淮阴一站南侧，与淮阴一站并列布置。淮阴三站北距淮安市区约 30 km，南距洪泽区高良涧镇约 10 km，西临淮沭新河二河段。工程包括泵站、下游清污机桥、上游挡洪闸、110 kV 室内变电所及管理设施。淮阴三站设计流量 100 m^3/s，与已建成的淮阴一站、淮阴二站共同担负引江北上至泗阳站的任务，同时保障输送水河道两岸的城市用水、农业和工业用水需求，为洪泽湖和运河的航运、生态提供水资源。工程建成后，淮阴梯级可形成向北送水 300 m^3/s 的规模，年送水量 46 亿 m^3。泵站工程采用块基型结构布置，平直管进、出水流道，快速闸门断流，液压启闭机启闭，安装 4 台灯泡贯流泵机组（其中 1 台为备机），单泵设计流量 34 m^3/s，配套电机功率 2240 kW。工程于 2007 年 4 月下旬开工建设，2009 年 12 月 13 日通过了泵站机组试运行验收，2012 年 10 月 13 日通过了工程完工验收。图 9-8-1 是淮阴三站厂房外景图，图 9-8-2 是淮阴三站厂房内景图。

图 9-8-1　淮阴三站厂房外景图

图 9-8-2　淮阴三站厂房内景图

9.8.2　工程布置

淮阴三站工程等别为Ⅰ等，工程规模为大(1)型。主站身、翼墙、上游挡洪闸、上游二河大堤和清污机桥按 1 级建筑物设计，引河堤防及次要建筑物按 3 级建筑物设计，临时工程按 4 级建筑物设计，按 7 级地震设防。工程的防洪标准按 100 年一遇设计，300 年一遇校核。

淮阴三站与淮阴一站并列布置，中心线呈小角度相交，上游引河与淮阴一站引河交汇后经挡洪闸入二河，挡洪闸与现引河接近成正交，下游引河利用现淮阴一站下游引河至苏北灌溉总渠，淮阴一站引河加长，沿原来的排涝河前出至苏北灌溉总渠。

泵站底板高程 1.65～2.15 m，叶轮中心安装高程 4.40 m。站身中间段自下而上依次为进出水流道层、辅机层、主厂房地面层。在泵站主厂房南侧布置检修间，北侧布置控制楼。图 9-8-3 是淮阴三站站身剖面图。

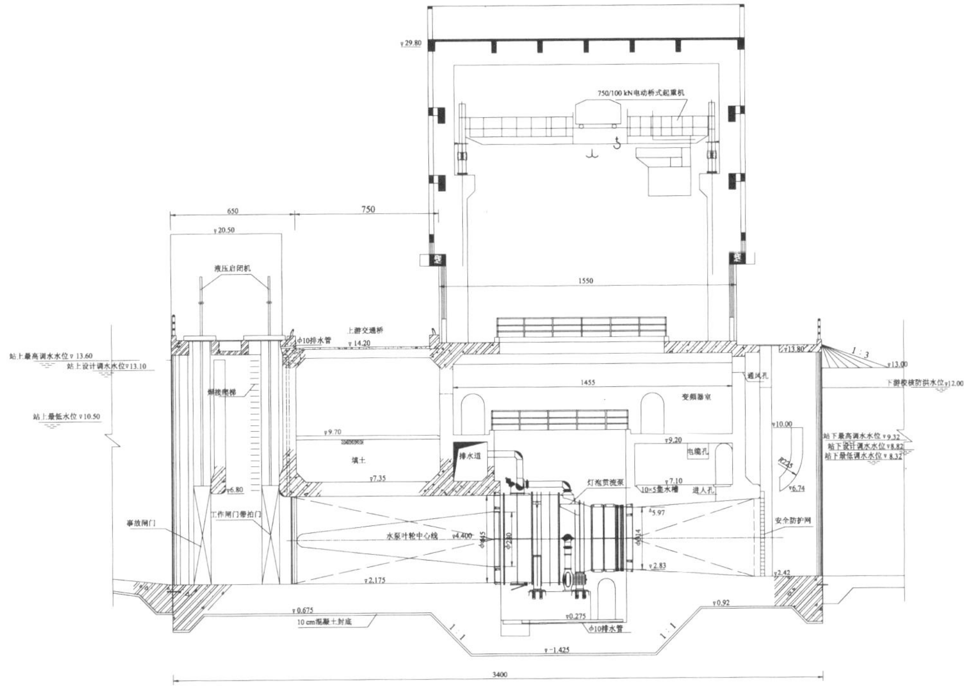

图 9-8-3　淮阴三站站身剖面图

9.8.3 特征水位和扬程

9.8.3.1 供水期特征水位

(1) 设计水位

考虑两淮地区用水对水位的要求以及与淮阴二站站下设计水位的协调，淮阴三站站下设计水位为 9.0 m。

淮阴站是洪泽湖的入湖站，其向北调水时存在 3 种工况：一是二河闸不泄流，淮阴站与泗阳站联合运用，江水直接北调；二是二河闸泄流，淮阴站同时抽水，江、淮水同时北调；三是淮阴站补水直接入洪泽湖。

南水北调东线一期工程中，淮阴站补水直接入洪泽湖的概率只占抽水入洪泽湖总旬数的 3.4%。根据江水北调多年的调度运行经验，淮阴一站自建成至 2004 年，利用淮阴一站直接补库的年份仅 2 年，因此淮阴站补水直接入洪泽湖不能作为其经常运行的工况。淮阴梯级枢纽由 3 座泵站组成，一、二站现状以补湖作为设计工况，站上设计水位 13.1 m，为保证淮阴站在补湖和北调时作为一个整体统筹安排，淮阴三站站上设计水位以规划洪泽湖补湖最高水位 13.0 m 确定。

(2) 最低水位

最低水位取最低通航设计水位，淮阴三站站下苏北灌溉总渠为 8.5 m，站上二河段最低通航水位为 10.5 m。

(3) 最高水位

站下最高运行水位以淮阴二站站下 9.5 m 控制，考虑现状淮阴一站运行时最高水位，取 9.6 m。以洪泽湖规划蓄水位 13.5 m 作为站上最高运行水位。

(4) 平均水位

站下平均水位同河道平均水位 9.0 m。

东线调水入洪泽湖、出洪泽湖均为双线输水，流量分配以京杭运河输水为主，洪泽湖补库时，以洪泽站为主，淮阴梯级中以淮阴二站抽足后再进行流量分配。以泗阳站站下平均水位 10.98 m 推算，淮阴二站站上水位为 11.69 m，淮阴三站站上水位为 11.82 m。

9.8.3.2 最高挡洪水位

(1) 站下挡洪水位

100 年一遇设计水位，以苏北灌溉总渠行洪 800 m^3/s，运东闸上水位 10.8 m 推算，淮阴三站站下水位为 11.46 m；300 年一遇设计水位，以苏北灌溉总渠行洪 1000 m^3/s，运东闸上水位 11.2 m 推算，淮阴三站站下水位为 12.0 m。

(2) 站上挡洪水位

根据淮河入海水道工程，遭遇洪泽湖 100 年一遇设计洪水，入海水道、分淮入沂泄足设计标准，二河闸闸下水位为 15.0 m；遭遇洪泽湖 300 年一遇设计洪水，入海水道、分淮入沂泄足设计标准，二河闸闸下水位为 16.43 m。淮阴三站由挡洪闸负责挡洪，闸上防洪水位与二河闸下防洪水位一致。

综上所述，淮阴三站特征水位如下：站下总渠设计 100 年一遇洪水位 11.46 m，校核水位 12.00 m。设计水位 9.00 m，最低运行水位 8.50 m，最高运行水位 9.60 m，平均水位 9.00 m。

站上二河水位设计 100 年一遇洪水位 15.40 m，300 年一遇洪水位 16.43 m。设计水位 13.00 m，最高运行水位 13.50 m，最低运行水位 10.50 m，平均水位 11.82 m。

站下设计水位 8.82 m，最低运行水位 8.32 m，最高运行水位 9.42 m，平均水位 8.82 m。

站上设计水位 13.10 m，最低运行水位 10.60 m，最高运行水位 13.60 m，平均水位 11.88 m。

设计特征扬程：设计净扬程 4.28 m，最高净扬程 4.78 m，最低净扬程 1.18 m，平均净扬程 3.06 m。

淮阴三站特征水位及扬程见表 9-8-1。

表 9-8-1　淮阴三站特征水位及扬程

		下游			上游			扬程/m
		总渠	引河落差	站下	二河	引河落差	站上	
运行水位/m	设计	9.00			13.00			
	最低	8.50			10.50			
	最高	9.60			13.50			
	平均	9.00			11.82			
防洪水位/m	100 年一遇	11.46			15.40			
	300 年一遇	12.00			16.43			
扬程/m	设计	9.00	0.18	8.82	13.00	0.10	13.10	4.28
	最低	9.60	0.18	9.42	10.50	0.10	10.60	1.18
	最高	8.50	0.18	8.32	13.00	0.10	13.10	4.78
		9.00	0.18	8.82	13.50	0.10	13.60	4.78
	平均	9.00	0.18	8.82	11.82	0.06	11.88	3.06

注：当洪泽湖水位达到 13.5 m 时需向其补水，而总渠水位低于 9 m 时应抬高总渠水位，以减小淮阴三站抽水扬程。

9.8.4　水泵选型

淮阴三站设计扬程 4.28 m，规划平均扬程 3.06 m。在这一扬程段（3.06～4.28 m）既可以选用立式轴流泵，也可以选用灯泡贯流泵。立式轴流泵是一种成熟的泵型，在这一扬程段有很多成功的案例。从流体力学的角度，水流是顺直地通过灯泡贯流泵的，而在通过立式轴流泵时，需要经过 2 个 90°的转弯，其水力损失比较大，因此，灯泡贯流泵的效率比立式轴流泵高。

在水电行业，自20世纪20年代灯泡贯流式机组发明以来，其因技术性能优异和节省电站投资而备受各国重视，得到了快速的发展，并在低水头范围内逐步取代了传统的轴流式机组。我国从20世纪60年代天津发电设备厂在国内率先开展灯泡贯流式机组研制工作以来，经过30多年的发展，至20世纪末，在灯泡式水轮发电机组的研制上已逐步赶上世界先进水平，在低水头段用灯泡贯流式机组完全取代了传统的轴流式机组。综合国内外模型试验结果，现列出两机型中具有代表性的模型叶轮的主要技术参数，如表9-8-2所示。

表9-8-2　灯泡贯流式与轴流式水力发电机组对比

机型	水头/m	叶片数	最优工况			限制工况		
			η_{max}/%	n'_{10}/(r/min)	Q'_{10}/(m^3/s)	η^*/%	n_1^*/(r/min)	Q_1^*/(m^3/s)
灯泡贯流式	<13	4	93.7	158	1.73	91.0	158	3.20
轴流式	约20	4	92.0	140	1.03	89.0	140	1.88

早在1978年，水利部南水北调规划办公室就开始组织研制效率高、土建投资省和便于可逆（双向）运行的新型贯流泵。1983年，在研究工作取得初步成果的基础上确定淮阴二站为灯泡贯流泵试点站。1988年2月、5月，中国水利水电科学研究院水力机电研究所完成的淮阴二站可逆式灯泡机组水力性能试验研究成果和水电部富春江水工机械厂完成的机组结构设计相继通过鉴定和审查。

1993年，中国水利水电科学研究院水力机电研究所受水利部南水北调规划办公室委托，于5月完成了“南水北调不同型式低扬程水泵的同台对比试验”工作。该试验研究采用同一水泵叶轮（I_{09}），进行了立式轴流泵装置模型、后置式和开敞式（前置）灯泡贯流泵装置模型、轴伸泵装置模型以及泵段的对比试验。立式轴流泵方案的试验利用江都三站立式轴流泵装置模型。后置式灯泡贯流泵方案的试验在当时中国水利水电科学研究院水力机电研究所为淮阴二站开发的可逆式灯泡贯流泵装置模型上进行，泵段模型试验在标准的泵段模型上进行。3种型式低扬程水泵装置及泵段特征工况性能参数见表9-8-3。

表9-8-3　3种型式低扬程水泵装置及泵段特征工况性能参数（$nD=405$）

型式	叶轮、导叶型号	最优工况						扬程3.5 m、流量300 L/s
		轮叶转角/(°)	流量 Q/(L/s)	扬程 H/m	效率 η/%	比转速 n_s	气蚀比转速 C	效率 η/%
立式	$I_{09}G_{11}$	−7	216	3.8	76.4	840	1240	70.4
后置式	$I_{09}G_{21}$	−4	270	3.8	81.5	940	1220	80.6
开敞式	$I_{09}G_{11}$	−2	275	4.0	81.3	900	1180	79.6
泵段	$I_{09}G_{22}$	−5	250	3.9	85.4	870	1170	83.6

表 9-8-3 中列出了上述 3 种型式水泵装置在最优工况的主要特征参数和相同扬程（3.5 m）、相同流量（300 L/s）下的效率。从表 9-8-3 中可见，立式泵装置与灯泡贯流泵装置最优工况点模型效率相差 5%，最优工况点模型流量相差 20%，在 3.5 m 扬程、300 L/s 流量下效率相差 10%，向低扬程、大流量区有进一步增大趋势。由于江都三站立式泵装置为 20 世纪 60 年代设计的，流道型线不够合理（东线一期工程已对其进行改造），因此该立式轴流泵模型的试验成果尚不能完全代表目前立式轴流泵的水平，但仍可从以上对比试验结果看出灯泡贯流式水泵能量性能指标优于立式轴流泵。

日本荏原公司对新川河口泵站几种泵型的比较结果如下：贯流泵装置效率为 0.694，立轴开敞式泵装置效率为 0.60，立轴伞型泵装置效率为 0.55，立轴肘形进水、虹吸出水泵装置效率为 0.655，斜式泵装置效率为 0.667。上述结果同样说明贯流泵的装置效率最高。

1996 年，淮安三站利用世行贷款先于淮阴二站开工建设，淮安三站采用了淮阴二站的研究成果。淮安三站安装 2 台套叶轮直径 3.19 m 的灯泡贯流式水泵/水轮机组，是当时国内最大的灯泡贯流泵站。该站自建成之日起就存在启动困难、超功率、振动大等现象，不仅导致该站不能正常运行，而且影响了贯流泵在南水北调工程中的应用。

南水北调东线一期工程，共需新建泵站 21 座，其中江苏境内 14 座。这些泵站的特点是扬程低、流量大、年运行时间长。在项目建议书阶段，江苏境内包括淮安四站、淮阴三站有 7 座泵站选用灯泡贯流泵，5 座泵站选用立式轴流泵，2 座泵站选用立式混流泵（详见表 9-8-4）。在东线第一期工程长江至骆马湖段（2003）年度工程可行性研究报告阶段，淮安四站、淮阴三站的泵型经比选仍推荐采用灯泡贯流泵。随着东线第一期工程总体可研和各单项工程的全面展开，泵型比选工作的不断深入，经论证在淮安四站、淮阴三站初步设计报告中推荐采用立式轴流泵方案。2004 年 8 月 17 日至 18 日，水利部水利水电规划设计总院对南水北调东线第一期工程长江至骆马湖段工程淮安四站、淮阴三站工程初步设计进行了审查。审查意见提出："原则同意采用立式轴流泵，本阶段应对立式轴流泵和灯泡贯流泵两种机型进行综合技术经济方案专题论证。"

表 9-8-4　南水北调一期工程规划新建泵站工程装机情况

序号	梯级	泵站名称	设计规模/(m^3/s)	水泵型式	设计扬程/m	单机流量/(m^3/s)	配套功率/kW	装机台数
1	1	宝应站	100	立式混流泵	7.60	33.4	3400	4
2	2	淮安四站	100	灯泡贯流泵	4.15	33.4	2240	4
3		金湖站	150	灯泡贯流泵	2.45	37.5	2200	5
4	3	淮阴三站	100	灯泡贯流泵	4.28	34.0	2240	4
5		洪泽站	150	立式混流泵	6.00	37.5	3550	5
6	4	泗阳站	164	立式轴流泵	6.30	33.0	3000	6
7		泗洪站	120	灯泡贯流泵	3.23	30.0	2000	5

续表

序号	梯级	泵站名称	设计规模/(m^3/s)	水泵型式	设计扬程/m	单机流量/(m^3/s)	配套功率/kW	装机台数
8	5	刘老涧二站	80	灯泡贯流泵	3.70	29.4	2000	4
9		睢宁二站	60	立式混流泵	9.20	30.0	4200	3
10	6	皂河二站	75	立式轴流泵	4.70	25.0	2000	3
11		邳州站	100	竖井贯流泵	3.10	33.4	1950	4
12	7	刘山泵站	125	立式轴流泵	5.73	31.5	2800	5
13		台儿庄站	125	立式轴流泵	4.53	25.0	2000	6
14	8	解台站	125	立式轴流泵	5.83	31.5	2800	5
15		万年闸站	125	立式轴流泵	5.49	31.5	2650	5
16	9	蔺家坝站	75	灯泡贯流泵	2.40	25.0	1250	4
17		韩庄站	125	灯泡贯流泵	4.15	31.5	2000	5
18	10	二级坝站	125	灯泡贯流泵	3.21	31.5	1850	5
19	11	长沟站	100	立式轴流泵	4.06	33.5	2240	4
20	12	邓楼站	100	立式轴流泵	3.97	33.5	2240	4
21	13	八里湾站	100	立式轴流泵	5.40	25.0	2400	5

针对淮安三站存在的问题，江苏省水利厅和江苏省灌溉总渠管理处做了大量的工作，分析淮安三站存在问题的原因，研究解决问题的办法，在此基础上于 2018 年完成淮安三站的加固改造，彻底解决了淮安三站存在的问题。现在，淮安三站已经能正常运行，发挥工程效益。

改造前淮安三站之所以存在启动困难、超功率、振动大等问题，是因为淮安三站是江苏省内第一个大型灯泡贯流泵站，设计、建设人员缺乏灯泡贯流泵站的设计、建设经验，过高地估计了灯泡贯流泵站的效率，对灯泡贯流泵灯泡体的支撑对效率的影响估计不足，配套的电机功率偏小。淮安三站原配套的电机额定功率 1700 kW，而在正常情况下，运行中电机的功率都在 2000 kW 以上。改造前淮安三站的效率略高于同一梯级的淮安一站和淮安二站，见表 9-8-5。客观公正地说，天津发电设备厂生产的淮安三站 2 台灯泡贯流泵质量是很好的。从 1997 年淮安三站投入运行到 2015 年加固改造的 18 年间，淮安三站 2 台机分别运行 50000 h 和 31900 h，有 90%的时间在超功率运行，但是机组没有发生结构性的损伤，既没有发生推力轴承、导轴承烧瓦事故，也没有发生主电机定子线圈击穿事故。经分析，其主要原因是天津发电设备厂在设计和制造时，设备的主要参数留有很大的余量。

表 9-8-5　1997 年淮安三站试运行参数记录

序号	月	日	启时	停时	扬程/m	功率/kW	开机台数	流量/(m^3/s)	原型效率/%	模型效率/%
1	3	25	11:00	16:42	2.40	1300	1	37.0	67	74.0
2	3	26			3.30	1500	1	33.5	72	80.5
3	3	26			3.70	1650	1	33.0	73	81.5
4	3	26	16:00	16:42	3.70	1650	1	33.0	73	81.5
5	6	11	10:40	11:20	3.98	1800	1	33.1	72	80.0
6	6	11	15:38	16:10	4.06	3600	2	67.1	74	80.5
7	6	13	9:20	9:54	4.07	1760	1	30.5	69	81.5
8	7	3	17:07	17:48	3.79	1750	1	34.2	73	79.0
9	7	4	8:50	9:31	4.13	3700	2	62.0	68	81.0

2005 年 10 月淮安四站开工建设，鉴于当时淮安三站的问题还没有解决，贯流泵运用于大型泵站的经验还不丰富，慎重起见，淮安四站仍然采用立式轴流泵。为了淮阴三站水泵的选型工作，国务院南水北调工程建设委员会办公室、江苏省水利厅和江苏水源公司开展了大量的调查研究，多次召开专家咨询会，决定在国内制造厂家灯泡贯流泵的业绩还不够丰富的情况下，采用国际、国内技术合作的方式进行招标采购，共有无锡市锡泵制造有限公司、高邮市水泵厂有限责任公司、荏原博泵泵业有限公司、天津市天发重型水电设备制造有限公司和长沙水泵厂有限公司（荷兰耐荷泵业公司、长沙水泵厂有限公司、湘潭电机股份有限公司联合体）5 家公司参加竞标，最终由长沙水泵厂有限公司（荷兰耐荷泵业公司、长沙水泵厂有限公司、湘潭电机股份有限公司联合体）以非常低的价格中标。荷兰耐荷泵业公司负责水泵的水力设计、水泵叶轮体（包含叶片）的制作、轴承和密封件的供应，长沙水泵厂有限公司和湘潭电机股份有限公司负责其余部件的设计和制造。

9.8.5　水泵结构

淮阴三站水泵结构型式为卧式轴流式贯流泵，电机与水泵刚性联接，工况调节由电子变频装置改变电动机转速实现。水泵的叶轮和电动机共用一根轴，由球面滚动轴承支撑。机组产生的推力由非驱动端轴上的球面滚动轴承承受。电动机的转子通过热压安装到主轴上，电动机的定子与水泵的泵体为一体式结构，并通过外侧流动的水进行部分冷却，定子和转子之间是通过风机强迫冷却的。主轴密封由 IHC 超密封进行密封。机组总重 67 t，进、出口法兰与基座连接，进口侧配有伸缩节，机组受力由轴承座传递到与基础接触的 4 个支撑上，如图 9-8-4 所示。

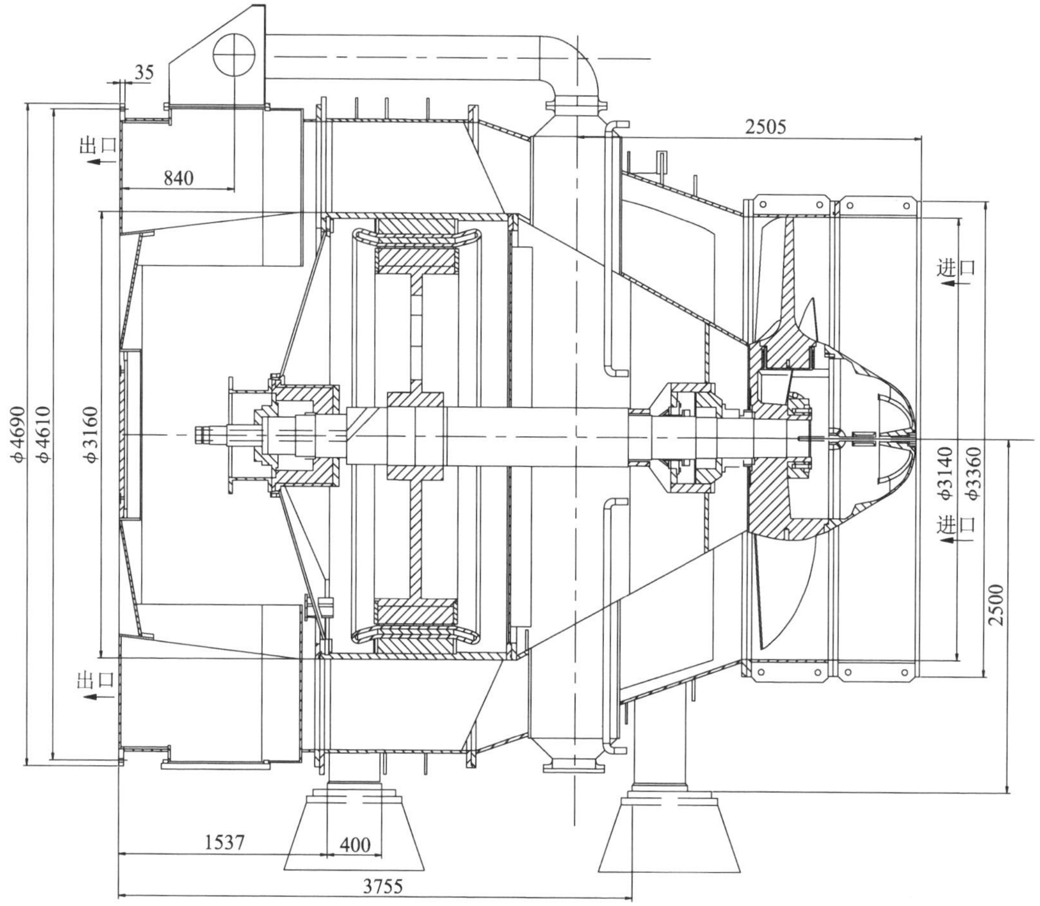

图 9-8-4　淮阴三站水泵结构示意图

机组采用两点支撑的悬臂结构，轴承采用油润滑的滚动轴承。径向荷载由两个轴承共同承受，一个在驱动端，另一个在非驱动端。正常的轴向力由非驱动端轴上的轴承承受，偶尔发生的反向推力也由非驱动端轴上的轴承承受。驱动端的径向轴承采用锥形套的形式固定，易于安装。非驱动端的轴承要求有精确的轴向位置，因此采用桶状安装方法以减小轴向公差。轴承是安装在可移动的轴承座上，然后固定在轴承支撑的前端和后端的。轴承的保护由前后两道 IHC 超密封来保证。在驱动端的轴承支撑和导叶体形成整体，该位置也是前后弹性套筒型密封安装的位置。根据轴承制造商的分析计算，在轴承油箱按规定注满润滑油的条件下，最大负载运行时温升仅 4～5 ℃，因此不需要对润滑油进行冷却。两组径向轴承的使用寿命在 30 万 h 以上，推力轴承的使用寿命在 1.5 万 h 以上。

由于叶片不需要调节，因此水泵结构比较简单。叶片通过锁紧环固定在轮毂上，先将全部叶片均匀固定在轮毂的适当位置，再根据设计公差进行调整，然后拧紧锁紧环上的锁紧螺钉，除液压扳手外不需要其他特别的专用工具。采用同样的方式用锁紧环固定轮毂和主轴。导叶体为焊接件，焊接到锥形管的内部和外部。导叶体含有 4 个圆管，垂直布置在外侧，以减小水力损失。垂直向上的圆管用于电缆的布置和导管的铺设，底座圆管包含了排水孔和液位传感器，水平方向的圆管是用来引导冷却空气进入电动机转子的。

淮阴三站灯泡贯流泵具有重量轻、效率高、价格低的特点。由于水泵和电机共用一根主轴，也没有复杂的叶片角度调节装置，水流进出泵站的收缩和扩散是在水泵前后的混凝土流道完成的，因而水泵本体结构紧凑、重量轻。淮阴三站灯泡贯流泵采用国际、国内技术合作的方式进行招标采购，荷兰耐荷泵业公司的方案以4048.3万元中标，而淮阴三站贯流泵成套设备概算批复额是7830万元，当时还担心低价中标会影响产品质量，但事实上，荷兰耐荷泵业公司为淮阴三站做的方案在荷兰IJMUIDEN泵站已经有成功的案例。淮阴三站水泵经过泵站试运行测试和多年调水运行的考验，性能良好。淮阴三站单台水泵的重量只有67 t，而其他泵站同样叶轮直径的灯泡贯流泵单台水泵的重量在130～150 t之间。淮阴三站厂房行车最大起重力是75 t，单台水泵可以整体起吊，安装非常方便，如图9-8-5所示。

图9-8-5　水泵起吊和安装

9.8.6　水力性能

9.8.6.1　模型装置试验

模型装置试验在荷兰代尔夫特水力研究所(WL Delft Hydraulics)的闭式试验台上进行，模型泵叶轮直径为314 mm，采用青铜材料加工，导叶体为三维喷塑成形，叶轮外壳采用透明材料制作，在进水和出水流道上分别设置了观察窗。模型泵及模型装置如图9-8-6所示。

图9-8-6　淮阴三站模型泵及模型装置

根据SL 194—2006的规定，进、出水流道与压力水箱连接，并模拟进水口的门槽。试验过程中流量由流量调节阀和加压泵进行调整，试验台水体总容积约50 m^3，保证了试验过程的稳定，试验台的综合误差为±0.23%，空载损耗按1.11 N·m考虑。不同转速下的测试结果参见图9-8-7。

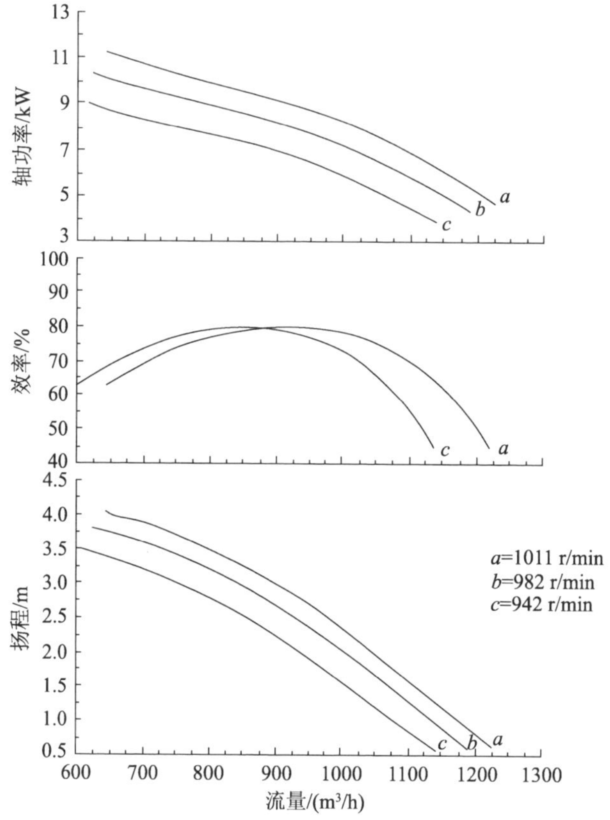

图9-8-7　不同转速下流量与扬程、效率、轴功率的关系曲线

9.8.6.2　试运行

淮阴三站4台机组自2009年12月11日至13日，分别进行了单机运行和联合试运行，4台机组均进行了3次主动开、停机操作。2#机组于2009年12月11日17时15分最先进行试运行，之后4#、1#、3#机组先后投入试运行。运行中，上游最高水位12.56 m，最低水位11.98 m，下游最高水位9.9 m，最低水位9.6 m，最高扬程2.95 m，最低扬程2.11 m。单机最高功率1575 kW，最高效率76%，出现在扬程2.32 m、流量29.8 m^3/s、转速100 r/min时，电流、电压、温升、振动等各参数都在允许范围内，机组运行平稳，无明显气蚀声音。试运行记录见表9-8-6，表中效率是机组效率，未扣除电机和变频器效率。

表 9-8-6　淮阴三站试运行参数

测次	扬程/m	流量/(m^3/s)	开机台数	单机功率/kW				功率/kW	效率/%	转速/(r/min)
				1#	2#	3#	4#			
1	2.15	42.5	1		1385			1385	65	124
2	2.11	41.5	1				1350	1350	64	124
3	2.27	166.0	4	1380	1380	1385	1385	5530	67	125
4	2.25	124.0	3	1370	1380	1370		4120	66	125
5	2.30	123.0	3		1420	1415	1385	4220	66	125
6	2.32	119.0	4	880	890	900	885	3555	76	100
7	2.29	61.3	4	480	485	495	480	1940	71	75
8	2.92	155.0	4	1565	1575	1590	1570	6300	70	125

参考文献

[1] 淮安市水利勘测设计研究院. 淮阴三站工程初步设计报告[R]. 2005.

[2] 张仁田,邓东升,朱红耕,等. 不同型式灯泡贯流泵的技术特点[J]. 南水北调与水利科技,2008,6(6):6-9,15.

9.9　江都排灌站

9.9.1　工程概况

江都排灌站是江都水利枢纽工程中 4 座大型电力抽水站的总称,共装机 33 台套,装机总容量 49800 kW,设计流量 400 m^3/s,连同备用机组总抽水能力 473 m^3/s。后通过技术改造,装机总容量 53000 kW,抽水能力共 508.2 m^3/s。江都排灌站始建于 1961 年,1963 年首先建成江都一站,发挥排涝作用,1964 年、1969 年和 1979 年相继建成江都二站、江都三站和江都四站,在此期间,各项配套的闸、河道等陆续完工。工程位于扬州市以东 14 km 的江都区境内,在京杭大运河、新通扬运河和淮河入江尾闾芒稻河的交汇处。江都排灌站和芒稻闸等 16 座水工建筑物组成江都水利枢纽工程,是治淮工程中一项综合利用的重要工程,也是江苏省江水北调东引的起点,又是国家南水北调东线工程的起点。其主要任务和作用是:① 江水北调。抽引江水北上,送至京杭大运河沿线和苏北灌溉总渠自流灌区,向淮北地区补给水源;提供大运河航运、沿线工业和城镇生活等所需水源。② 江水东引。以新通扬运河为输水干线,自流引江水东送,通过里下河地区内部的三阳河、卤汀河、泰东河、通榆河等河道输水至里下河腹部灌溉,并为沿海垦区洗盐、洗碱、冲淤保港、开发沿海滩涂提供水源。新通扬运河输水能力 400 m^3/s 左右,一般全年可自流引江水 25 亿～

35 亿 m^3。1978 年大旱，实测自流引江水 35 亿 m^3，使里下河地区农业在大旱之年仍获得丰收。③ 增加里下河地区排涝出路。为里下河地区增加一条抽排涝水入江的出路，使里下河南部地区排涝能力增加一倍以上，其排涝影响范围达 4000 km^2。④ 在淮河有余水下泄时，可利用江都三站反向发电。江都水利枢纽工程示意图如图 9-9-1 所示。

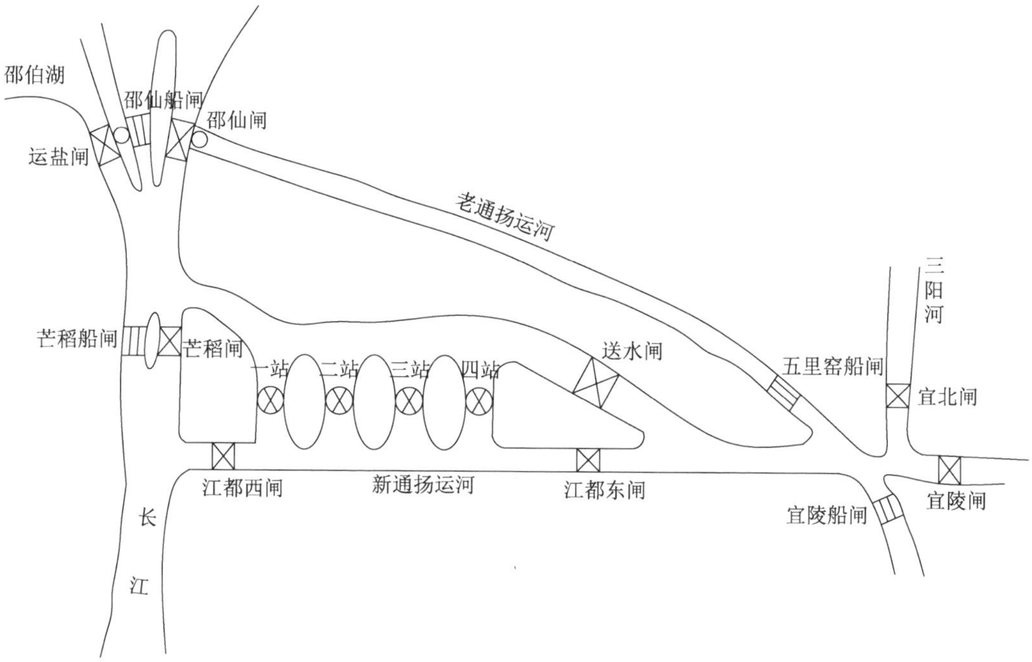

图 9-9-1　江都水利枢纽工程示意图

江都排灌站主要参数见表 9-9-1。

表 9-9-1　江都排灌站主要参数

站名	机组台数	装机容量/kW		抽水能力/(m^3/s)		叶轮直径/m		扬程/m		开、竣工年份	改造年份
		改造前	改造后	改造前	改造后	改造前	改造后	改造前	改造后		
一站	8	6400	8000	64	81.6	1.54	1.65	7	6	1961—1963	1994—1995
二站	8	6400	8000	64	81.6	1.54	1.65	7	6	1963—1964	1997—1995
三站	10	16000	16000	135	135	2.0	2.0	8.00	7.80	1967—1969	2006—2008
四站	7	21000	21000	210	210	3.1	2.9	6.83	7.80	1973—1977	2008—2010
合计	33	49800	53000	473	508.2						

9.9.2 兴建缘由

1960 年下半年，面对国民经济日益困难的局面，中共中央连续召开了一系列会议，发布了“农业十二条”等文件，开始对国民经济进行调整；次年 1 月份召开的八届九中全会，确定了“调整、巩固、充实、提高”的八字方针，开始对国民经济进行全面调整。而中共中央对水利建设的调整，早于对国民经济的全面调整。早在 1960 年 6 月，中共中央就下达了关于控制农田水利建设规模的指示，要求“只搞续建工程和配套工程，不搞新建工程”。江苏贯彻中央精神，下马许多新建工程，集中力量解决“大跃进”时期的遗留工程。但是，出于解决苏北地区水源问题的要求和根治里下河地区水患灾害的需要，批准新建了江都水利枢纽工程。

里下河地区是长江、淮河下游的冲积平原，东临黄海，西为大运河，南为通扬运河，北为苏北灌溉总渠，共有耕地 1900 万亩，地形四面高，中间低，呈锅形洼地。灌溉总渠、大运河及其以西的淮河入江水道，水位经常比里下河地区的地面平均高出 2～3 m，黄海汛期高潮位也超出里下河地区的地面。新中国成立前，淮河洪水经常泛滥，黄海海潮倒灌顶托，内涝排泄不畅，洪、涝、潮、旱交替为害，几百年来给里下河地区带来巨大的灾害。

公元 1194 年，黄河在阳武决口，改道南流，侵夺了山东以下的泗河河槽与淮阴以下的淮河河槽，东流入海，造成泥沙淤积，以致淮河自寻出路，南流入江，使里下河地区受到淮河洪水极为严重的危害。清朝政府为了保全洪泽湖大堤和里运河大堤不溃决，以保证大运河漕运的通畅，分别在洪泽湖大堤高家堰和里运河东大堤修建“上五坝”和“下五坝”，把里下河地区作为淮河、运河以东的滞洪区。一旦遇到淮河大水，就开启归海坝（下五坝），分泄淮河洪水，给里下河地区带来极为深重的灾难。据统计，嘉庆、道光时期，从 1796 年至 1850 年的 54 年中，共开坝 95 次。1850 年黄河改道北徙之后，至 1938 年的 88 年中，开坝 39 次。每当归海坝开启，滚滚洪水从高处倾泻而下，瞬时漫没广大洼地，轻则农田淹没，平地行舟；重则房屋飘零，人畜死伤无数。根治里下河地区多年的水患灾害是摆在江苏省政府面前极为迫切的任务。

苏北地区虽然滨江临海，地处长江、淮、沂、沭、泗诸河流下游，但主要依靠淮河来水。淮河年平均径流量 324 亿 m^3，最大达 790 亿 m^3，最小仅 28 亿 m^3，丰枯悬殊，洪水年和枯水年相差 28.6 倍。淮河在 1959 年以后的 20 年间，有 15 年发生不同程度的断流，1966 年淮河干流连续断流 146 天，1967 年 1—3 月份断流 74 天，1978 年 4—8 月份断流 95 天，洪泽湖多次濒临干涸。而工农业生产和人民生活又不断对用水提出更高的要求。特别是淮北地区推行旱改水，水稻面积扩大，农业灌溉需水量越来越大，来水与用水的矛盾日益突出，仅靠拦截淮沂余水已不能满足生产和生活需要，必须另辟水源。长江源远流长，大通水文站多年实测的平均径流量为 9370 亿 m^3，最大达 13590 亿 m^3，最小为 6320 亿 m^3，最大和最小年径流量变化幅度只有 2.15 倍，是径流量比较稳定的河流。面向长江引水，江、淮、沂、沭、泗跨流域调度互济，蓄引兼施，可以解决苏北地区的水源问题。1958 年，江苏省提出扎根长江，江、淮、沂、沭、泗水源统一调度，跨流域调水的规划设想，经过逐步完善，制定了“江水东引北调，淮水北调，引江济淮，综合治理，综合利用”规划，其主要内容是：将原属淮水灌溉的里下河地区改为抽引或自引江水解决，腾出淮水，北调至淮北，为淮北地区的除涝改制，发展“旱改水”提供条件，淮水不足时，引江济淮补给。

长江正常水位在 2～3 m，低潮到零下，里下河腹部圩区一般地面低于江潮水位，离长江近，有条件开河建闸，自流引进江水。沿大运河、苏北灌溉总渠灌区及淮北一带大部分地势较高，离长江远，一般地面高程 3～4 m，也有 5～10 m 的，高的 20～30 m 或更高，必须使用动力多级提水，并配套一系列的调水蓄水工程，才能充分利用水资源。20 世纪 60 年代初，洪泽湖、骆马湖控制工程已基本建成，形成了平原水库，分淮入沂、淮水北调的淮沭新河工程已开始实施，400 km 的京杭运河苏北段梯级渠化河道也已初具规模。这时只要在长江边兴建泵站，就可以实施江水东引北调，淮水北调。把站址选在里下河地区的西南端，还可密切结合里下河洼地抽排涝水入长江，从而提出兴建江都排灌站。

9.9.3 工程布局

1958 年编制的《江苏省水利规划提纲》提出要兴建邵伯抽水站和大汕子抽水站。邵伯抽水站建在邵伯镇南塘附近，主要是考虑利用盐邵河结合抽排里下河水。1959 年下半年，江苏省水利厅编制《苏北引江灌溉规划意见》：“就里下河地区而言，开辟引江灌溉工程不仅提高灌溉保证程度，也是根除涝灾，降低大面积地下水位，改善盐渍土壤的战略措施。”这个规划意见的指导思想，就是抽引江水灌溉工程，一定要结合里下河地区（包括沿海垦区）排涝，从而提出要在归江河道上和高宝湖大汕子处设置两级抽水站，抽提江水和里下河地区涝水。

抽水站既要抽引江水，又要辅助里下河地区排涝，选址问题是关键。《苏北引江灌溉规划意见》只是提到要建在归江河道上，但是没有确定具体位置。当时，新通扬运河已经开挖，京杭运河苏北段正在施工，邵伯控制站已决定由集中控制改为分散控制，万福闸也在建设。从这个实际情况考虑，邵伯抽水站应移到归江水道和通扬运河、邵仙闸范围内。初步计划将抽水站建于万福闸下游廖家沟西侧，称滨江站，作为江水北调的 1 级站，抽提江水，直接入邵伯湖、高邮湖。在大汕子建 2 级站，抽水入高宝湖；蒋坝建 3 级站，抽水入洪泽湖。

1961 年冬，滨江站动工开挖站塘后，扬州专署水利局向江苏省水利厅发出电报，提出了一个新建议。电报称：里下河地势低，排涝不畅，地下水位高，对农业生产影响极大，即使做了工程，还需大量动力排涝。如结合解决动力设备，能否考虑将滨江抽水站移建于江都闸附近，既可抽引江水入高邮湖，又可使里下河一部分雨涝经卤汀河、三阳河等河沟流向新通扬运河，利用抽水站抽排入长江。此后，扬州专署分管水利的副专员殷炳山带领一批技术干部，对沿江各港口逐一进行实地查勘后，到江苏省水利厅汇报，正式建议将滨江站建在江都县西南郊芒稻河东侧、新通扬运河北岸。

1961 年 3 月，五省一市平原地区规划会议决定江水暂不送到山东。1961 年 4 月，水利电力部副部长钱正英来江苏，在实地考察扬州、盐城、淮阴地区后，指出引江灌溉工程规划应与里下河地区、沿海垦区及高宝湖三个地区的规划进行全面考虑，统一安排，以综合解决灌溉、洗盐、改良水质和港口冲淤等问题，射阳河以北可用淮水，以南用江水，实现江淮互济。

此后，江苏省水利厅对抽水站站址又进一步进行了调查研究，最终采纳了扬州水利局的建议。1961 年 8 月，江苏省水利厅编制了《苏北引江灌溉第一期工程江都电力抽水站初步设计书(装机 6400 瓦)(即滨江抽水站修正初步设计)》(以下简称《江都站初步设计》)，对原规划方案做了相应的调整：修改了送水线路，将滨江抽水站移至江都，正式更名为江都抽水站。近期既不考虑向北送水至山东，则抽引江水不必经邵伯湖、高宝湖，并由入江水道翻入洪泽湖，再从灌溉总渠及淮沭河等输送至各灌区，工程大，路线远，水量损失多。如将站址由万福闸移至江都县仙女庙以南的芒稻河口，则可利用里运河直接向北送水，整理已挖未成的通扬河、通榆河向东送水，解决垦区的灌溉、洗盐、冲淤用水，并可结合里下河地区排涝，送水路线顺，工程较经济，抽水设备利用率高。原高宝湖抽水站由大汕子附近移到淮安，更名淮安抽水站。

9.9.4 江都一站

江都一站位于江都市江都镇引江桥南，处于新通扬运河与芒稻河的交汇处。站身南北中心线距新通扬运河口约 750 m，站身东西中心线与新通扬运河中心线平行，相距 220 m。1961 年 12 月开工兴建，1963 年 3 月竣工。建站初该站装有 PVP-160(64ZLB-50)型立式半调节轴流泵 8 台，配套 8 台 TDL800-24/1250 立式同步电动机直接传动。1994 年 11 月开始更新改造，1996 年 12 月竣工，安装 8 台 1.75ZLQ-6 型立式机械全调节轴流泵，叶轮直径 1.64 m，配套 TL1000-24/2150 型 1000 kW 立式同步电机，总装机容量 8000 kW，单机流量 10.2 m^3/s，总抽水流量 81.6 m^3/s，设计扬程 6 m。图 9-9-2 是江都一站厂房外貌图。

图 9-9-2 江都一站厂房外貌图

泵房采用堤身式结构，站身由主厂房、副厂房、公路桥三部分组成，主厂房底板分为两块，两底板之间设有伸缩缝。采用肘形进水流道，虹吸式出水流道，真空破坏阀断流方式。

底板高程为－5.50 m，叶轮中心高程为－2.05 m，水泵层高程为－1.80 m，电机层高程为6.44 m，驼峰底高程为9.00 m。表9-9-2所示为江都一站建站初期水位组合。

表9-9-2 江都一站建站初期水位组合

工况		长江三江营江潮水位/m	站下水位/m	站上水位/m	净扬程/m
设计	灌溉期抽引江水	1.77	1.67	8.50	6.83
	冬春季节抽引江水	0.30	0	8.50	8.50
	抽排里下河涝水		－1.00	6.30	7.30
校核			－1.70	9.00	10.70

泵站以灌溉期抽引江水为主要工况，设计净扬程7 m，设计流量60 m^3/s。当时国内没有生产过大型水泵，也无水泵型谱可供选择，所以江苏省苏北引江灌溉工程江都抽水机站工程处一方面和上海水泵厂洽谈研究，一方面走访有关使用大泵的单位。最终在南京热电厂发现苏联生产的OⅡ-2型立式半调节轴流泵，该泵基本符合要求，单泵流量8 m^3/s，选用8台套，可抽水64 m^3/s，虽然比批准的规模大，但与站址规模适当，最终江都一站选用1960年初上海水泵厂仿苏联OⅡ-2型设计制造的PVP-160(64ZLB-50)型水泵为主水泵。1994年11月更新改造后的主水泵采用高邮水泵厂生产的1.75ZLQ-6型全调节轴流泵。改造前后主水泵的参数见表9-9-3。

表9-9-3 江都一站主水泵参数

项目	改造前	改造后
型号	PVP-160(64ZLB-50)	1.75ZLQ-6
流量/(m^3/s)	8.0	10.2
扬程/m	8	6
比转速	500	700
转速/(r/min)	250	250
设计效率/%	67.0	73.4
叶轮直径/m	1.54	1.64
重量/t	13.00	20.55

江都一站站房型式为堤身式，站身直接挡水，虹吸式出水流道蜷曲在站房之中，站房本身兼作出水池后墙。工程按Ⅱ级建筑物标准设计，站房结构安全系数采用一级标准。进水流道进口宽5 m、高3.7 m，当流量为10.2 m^3/s时，进口流速为0.55 m/s。1994年更新改造时，将出水流道驼峰底部高程由8.65 m抬高到9.2 m，使之与三站、四站高程相同，驼峰顶部断面高1.25 m、宽3.0 m，出口断面高5.3 m、宽5.0 m。

1994年，江都一站更新改造，根据江都水利工程管理处水文站统计的建站30年的水文资料，重新确定了江都一站的特征水位，见表 9-9-4。表 9-9-5 所示为江都一站主要技术参数。

表 9-9-4　江都一站更新改造后的水位组合

<table>
<tr><td colspan="2">工况</td><td>站下水位/m</td><td>站上水位/m</td><td>净扬程/m</td></tr>
<tr><td rowspan="3">设计</td><td>灌溉期抽引江水</td><td>2.5</td><td>8.5</td><td>6.0</td></tr>
<tr><td>冬春季节抽引江水</td><td>0</td><td>8.5</td><td>8.5</td></tr>
<tr><td>抽排里下河涝水</td><td>−0.5</td><td>6.3</td><td>6.8</td></tr>
<tr><td colspan="2">校核</td><td>−1.0</td><td>9.0</td><td></td></tr>
</table>

表 9-9-5　江都一站主要技术参数

<table>
<tr><td>所在地</td><td colspan="2">江都区仙女镇</td><td>所在河流</td><td>里运河</td><td>运用性质</td><td colspan="4">灌溉、排涝、调水</td></tr>
<tr><td rowspan="2">泵站规模</td><td rowspan="2">大(2)</td><td rowspan="2">泵站等别</td><td rowspan="2">Ⅱ</td><td rowspan="2">主要建筑物级别</td><td rowspan="2">2</td><td rowspan="2">建筑物防洪标准</td><td>设计</td><td colspan="2">100</td></tr>
<tr><td>校核</td><td colspan="2">300</td></tr>
<tr><td>站身总长/m</td><td>54.425</td><td>工程造价/万元</td><td>874.1</td><td colspan="2">初建开工日期</td><td>1961 年 12 月</td><td>初建竣工日期</td><td colspan="2">1963 年 3 月</td></tr>
<tr><td>主泵房总宽/m</td><td>26.50</td><td>改造经费/万元</td><td>1523.2</td><td colspan="2">改造开工日期</td><td>1994 年 11 月</td><td>改造竣工日期</td><td colspan="2">1997 年 3 月</td></tr>
<tr><td>装机总容量/kW</td><td>8000</td><td>机组台数</td><td>8</td><td>装机流量/(m^3/s)</td><td>81.6</td><td colspan="2">设计扬程/m</td><td colspan="2">6.0</td></tr>
<tr><td rowspan="4">主水泵</td><td>型式</td><td colspan="3">立式全调节轴流泵</td><td rowspan="4">主电机</td><td>型式</td><td colspan="3">立式同步电动机</td></tr>
<tr><td>型号</td><td colspan="3">1.75ZLQ-6</td><td>型号</td><td colspan="3">TL1000-24/2150</td></tr>
<tr><td>台数</td><td>8</td><td>每台流量/(m^3/s)</td><td>10.2</td><td>台数</td><td>8</td><td>每台功率/kW</td><td>1000</td></tr>
<tr><td>转速/(r/min)</td><td>250</td><td>传动方式</td><td>直联</td><td>电压/kV</td><td>6</td><td>转速/(r/min)</td><td>250</td></tr>
<tr><td rowspan="2">主变压器</td><td>型号</td><td colspan="4">S10-40000/110</td><td colspan="2">输电线路电压/kV</td><td colspan="2">110</td></tr>
<tr><td>总容量/kVA</td><td>40000</td><td>台数</td><td colspan="2">1(一、二站合用)</td><td colspan="2">所属变电所</td><td colspan="2">江都站</td></tr>
<tr><td>主站房起重设备</td><td colspan="2">桥式起重机</td><td colspan="2">起重能力/kN</td><td>300/50</td><td colspan="2">断流方式</td><td colspan="2">真空破坏阀</td></tr>
<tr><td rowspan="2">闸门结构型式</td><td>上游</td><td colspan="2">无</td><td colspan="2" rowspan="2">启闭机型式</td><td colspan="2">上游</td><td colspan="2">无</td></tr>
<tr><td>下游</td><td colspan="2">平面钢闸门</td><td colspan="2">下游</td><td colspan="2">汽车吊</td></tr>
<tr><td>进水流道型式</td><td colspan="3">肘形流道</td><td colspan="2">出水流道型式</td><td colspan="4">虹吸式流道</td></tr>
</table>

续表

主要部位高程/m	站房底板	−5.5	水泵层	−1.8	电机层	6.44	副站房	10.6
	叶轮中心	−2.05	上游护坦	−1.8	下游护坦	−5.5	驼峰底	9.0
交通桥	净宽/m	6.0	桥面高程/m	10.0	设计荷载	汽-13	高程基准面	废黄河
站身水位组合	设计水位/m		下游	灌溉 2.5，排涝−0.5		上游	灌溉 8.5，排涝 6.3	
	校核水位/m		下游	−1.0		上游	9.0	
地质基本情况	地基土质分 3 层，5.5 m 至 2.5 m 为砂壤土，2.5 m 至−7.0 m 为极细砂，−7.0 m 至−15.0 m 为壤土，为站身持力层；−17.0 m 至−35.0 m 为壤土与细砂夹层，−35.0 m 至−45.0 m 为细砂，再往下为夹砂礓							

9.9.5 江都二站

江都二站位于江都一站东侧 260 m 处，1963 年 7 月开工建设，1964 年 8 月竣工。1997 年 12 月开始更新改造，2001 年 7 月竣工。该站改造前后的规模、主辅设备与江都一站均相同。主水泵为 1.75ZLQ-6 型立式全调节轴流泵，叶轮直径 1.64 m，单机流量 10.8 m^3/s，设计扬程 6.0 m，转速 250 r/min，轴功率 764 kW，重量 16700 kg。电机为 TL1000-24/2150 型 1000 kW 立式同步电动机，重量 15500 kg。

泵站采用堤身式结构，肘形进水流道，虹吸式弯管出水流道，真空破坏阀断流。站身由主厂房、副厂房、公路桥三部分组成。上下游两岸翼墙为重力式挡土墙。主厂房底板分为两块，两底板之间设有伸缩缝，站身底板进口底高程−5.5 m(废黄河零点，下同)。主厂房自上而下可分为副厂房楼板(高程 10.60 m)、电机层(高程 6.56 m)、联轴器层(高程 2.68 m)、水泵层(高程−1.80 m)、进水流道(高程−5.50 m)。主厂房下游侧为公路桥兼工作便桥，高程 10.00 m，布置有拦污栅、检修门。副厂房自西向东依次为高压开关室、站变室、励磁变压器室、低压开关室、直流室、空压机房，控制室设在主厂房东南面。出水流道驼峰底高程 9.00 m，真空廊道设在副厂房北侧，高程 8.45 m，布置真空破坏阀及压缩空气母管。

江都二站出水流道仍采用江都一站的虹吸式。但江都二站虹吸管断面在驼峰前不扩散，缩小驼峰处断面，提高流速，增强挟气能力，然后逐步扩散，驼峰顶部断面高 1.6 m、宽 3 m。改造时，出水流道驼峰底部抬高，驼峰顶部断面高 1.25 m，驼峰曲率半径 2.64 m，驼峰后出水管中心线下倾角 10°55″，出口断面高 8 m、宽 5 m，当流量为 10.2 m^3/s 时，驼峰顶流速 2.79 m/s，出口断面流速 0.255 m/s。图 9-9-3 是江都二站厂房外貌图。

图 9-9-3　江都二站厂房外貌图

表 9-9-6、表 9-9-7 所示分别为江都二站改造前、后运行水位组合，表 9-9-8 所示为江都二站主要技术参数。

表 9-9-6　江都二站改造前运行水位组合

工况		长江三江营江潮水位/m	抽水站下游水位/m	抽水站上游水位/m	净扬程/m
设计	灌溉期抽引江水	2.60	2.50	8.50	6.00
	冬春季节抽引江水	0.30	0	8.50	8.50
	抽排里下河涝水		−0.50	6.30	6.80
校核			−1.00	9.00	10.00

表 9-9-7　江都二站改造后运行水位组合

项目			单位	参数	
				站下	站上
水位	调水	设计	m	0.7	8.5
		最低	m	−0.3	6.0
		最高	m	5.0	8.5
	排涝设计		m	1.0	6.3
	防洪		m	5.0	9.0
净扬程	调水	设计	m	6.0	
		平均	m	6.4	
		最小	m	3.5	
		最大	m	8.8	
	排涝设计		m	5.3	

续表

项目		单位	参数	
			站下	站上
流量	供水	m^3/s	70(全站合计80)	
	排涝	m^3/s	70(全站合计80)	

表 9-9-8　江都二站主要技术参数

所在地	江都区仙女镇		所在河流	里运河	运用性质	灌溉、排涝、调水			
泵站规模	大(2)	泵站等别	Ⅱ	主要建筑物级别	2	建筑物防洪标准	设计	100	
							校核	300	
站身总长/m	52.15	工程造价/万元	829.11	初建开工日期		1963年7月	初建竣工日期	1964年8月	
主泵房总宽/m	26.50	改造经费/万元	1998.5	改造开工日期		1997年12月	改造竣工日期	1999年4月	
装机总容量/kW	8000	机组台数	8	装机流量/(m^3/s)	81.6	设计扬程/m		6.0	
主水泵	型式	立式全调节轴流泵			主电机	型式	立式同步电动机		
	型号	1.75ZLQ-6				型号	TL1000-24/2150		
	台数	8	每台流量/(m^3/s)	10.2		台数	8	每台功率/kW	1000
	转速/(r/min)	250	传动方式	直联		电压/kV	6	转速/(r/min)	250
主变压器	型号	S10-40000/110				输电线路电压/kV	110		
	总容量/kVA	40000	台数	1(一、二站合用)		所属变电所	江都站		
主站房起重设备	桥式起重机		起重能力/kN		150/30	断流方式	真空破坏阀		
闸门结构型式	上游	无		启闭机型式		上游	无		
	下游	平面钢闸门				下游	汽车吊		
进水流道型式	肘形流道			出水流道型式		虹吸式流道			
主要部位高程/m	站房底板	−5.5	水泵层	−1.8	电机层	6.56	副站房	10.6	
	叶轮中心	−2.05	上游护坦	−4.5	下游护坦	−5.5	驼峰底	9.0	
交通桥	净宽/m	6.0	桥面高程/m	10.0	设计荷载	汽-13	高程基准面	废黄河	

续表

站身水位组合	设计水位/m	下游	−1.7	上游	8.5
	校核水位/m	下游	−1.7	上游	9.0
地质基本情况	地基土质分 3 层，5.5 m 至 2.5 m 为砂壤土，2.5 m 至 −7.0 m 为极细砂，−7.0 m 至 −15.0 m 为壤土，为站身持力层；−17.0 m 至 −35.0 m 为壤土与细砂夹层，−35.0 m 至 −45.0 m 为细砂，再往下为夹砂礓				

9.9.6　江都三站

江都三站位于江都二站东侧 250 m 处，1966 年 12 月开工，1969 年 10 月建成。建站初安装 10 台套上海水泵厂生产的 2000ZLQ13.5-8 型可逆式立式全调节轴流泵。2006 年开始进行更新改造，改造后江都三站装有 10 台套配套 1600/450 kW 立式同步电动/发电机组，发电采用半速发电设备：4000 kW 发电机、4300 kW 半速电动机。为满足发电需要，安装与发电机、半速电动机配套的开关柜、50 Hz/25 Hz 两用 PT 柜、联络刀闸柜。泵站采用堤后式厂房，进水流道为近似平面蜗壳流道，出水流道为虹吸式出水流道，真空破坏阀断流。站身由主厂房、副厂房、公路桥三部分组成。主厂房自下而上分别为底板层、水泵层、检修层、电机层和站房。副厂房主体为虹吸式出水管驼峰，驼峰顶部装有真空破坏阀，副厂房内装有真空泵、空压机等辅助设备。进水流道外侧布置有拦污栅、检修闸门槽、工作桥。副厂房北侧设有公路桥。虹吸管出口布置拦污栅一道，供发电运行时作进水拦污用。主厂房机组中心距 6.0 m，站墩厚 0.6 m，10 台机组分设两块底板（5 台一联），站身总长 61.62 m，底板顺水流向长 20.0 m，顶面高程 −6.5 m，水泵层、检修层、电机层高程分别为 −3.8 m、2.4 m、5.0 m，检修间地坪高程 5.7 m，叶轮中心高程 −3.5 m。出水流道底板顺水流向长 11.5 m，顶面高程 −0.8 m，公路桥宽 4.9 m，桥面高程 10.0 m。副厂房宽 3.0 m，厂房地坪高程 11.0 m。出水流道中间出水管长 13.76 m，驼峰顶高程 10.5 m，驼峰底高程 9.0 m。上、下游翼墙均为重力式浆砌块石结构。图 9-9-4 是江都三站厂房外貌图。

图 9-9-4　江都三站厂房外貌图

江都三站进水流道是国内大型泵站首次采用平面蜗壳式进水流道，进水流道的高度与叶轮直径之比为1.5，可以尽可能地抬高底板，减小开挖深度，不把站身基础放在土质较软的土壤上。平面蜗壳式进水流道施工比较方便，可以节省工程投资。但由于缺乏经验，江都三站进水流道设计不合理。在建成后试运行中，发现水泵有间歇性的剧烈振动和撞击，甚至无法正常工作，尤其是在低扬程大流量时，这一现象更为明显。通过在模型上加大流量进行试验，发现进水流道中叶轮进口处有间歇的涡带产生，每5～6 s产生一次，涡带直径为5 mm，从底板向上一直升入泵中。涡带进入水泵一次，水泵就发生一次振动，由于进水流道不是逐步收缩的，在转弯部分反而扩大，因此产生滞水区。模型试验还发现水泵进口部分的主流偏在一边，这说明水泵旋转造成的偏流一直影响到进口，使得这种进水流道整流效果很差。1970年将钟形进水流道后部用块石混凝土填补，改为半肘形流道，消除了原来抽水时水泵间歇性强烈振动的现象，但水泵气蚀声响和振动仍较大。后来分别于1980年1月、1990年2月对5号机和2号机进水流道进行了改造，用块石混凝土填补流道后部两侧涡流区，并在流道后部中间设置钢筋混凝土中隔板。改造后水泵的振动有所减弱，但水泵气蚀仍较严重，泵站效率偏低。泵站侧向进水造成进水前池内水流回旋，引起进水前池内泥沙的淤积，进一步恶化流态。排涝时，东侧1号、2号机进水流道前侧向进水明显，电机功率亦明显高于其他机组；灌溉时，则西侧9号、10号机侧向进水明显，功率明显偏大。经CFD计算分析，江都三站原进水流道出口断面的流场很差，均匀度和水流入泵角度分别为88.48%和84.48°，造成在整个运行流量范围内，进水流道内均存在频繁发生的附侧壁涡带。2006年，江都三站改造时，对进水流道进行了进一步优化，如图9-9-5所示。进水流道出口断面的流场均匀度和水流入泵角度分别为97.36%和86.27°，基本达到正常进水流道的水平。进水流道内的流态平顺均匀，无不良流态，水力损失在设计流量下仅为0.08 m，较改造前减少0.03 m。

江都三站出水流道为虹吸式出水流道，由站身段、中间段和驼峰段三部分组成。由于中段出水管直接搁置在主、副厂房中间的回填土上，回填土沉降，引起出水管中段下沉严重。至1999年10月18日，出水管垂直位移累计最大值为39 mm，造成上、下接口错位，伸缩缝遭到破坏，U型橡胶撕裂，使上接口漏气，下接口漏水并带走管外土粒，造成新的沉降，严重影响泵站安全运行。1990年12月江苏省工程勘测研究院对江都三站出水管间三角区的勘探试验表明：注水试验时的注水过程说明出水管封底混凝土与回填土之间已有相当大的间隙。1991年，对9号机出水流道伸缩缝进行了处理，1994年、1995年、1996年、1998年分4次对2至6号、8号、10号机出水流道的伸缩缝进行了处理，清除原伸缩缝止水橡皮及填充物，填入新型止水材料膨胀胶泥，并对伸缩缝两侧进行修补，加装止水橡皮。经过处理，出水流道伸缩缝漏水漏气现象有所好转，但未能彻底解决问题。2006年，江都三站改造时，将出水流道伸缩缝两端各凿除35～50 cm，将原U型橡胶止水更换为紫铜片止水和JSP水膨胀橡胶止水带，在紫铜片止水及JSP水膨胀橡胶止水带二侧用聚乙烯泡沫板填实，并重新浇筑C25混凝土，出水管接头部位内外侧二端平顺连接，原结构尺寸、钢筋保持不变。表9-9-9所示为江都三站主要技术参数。

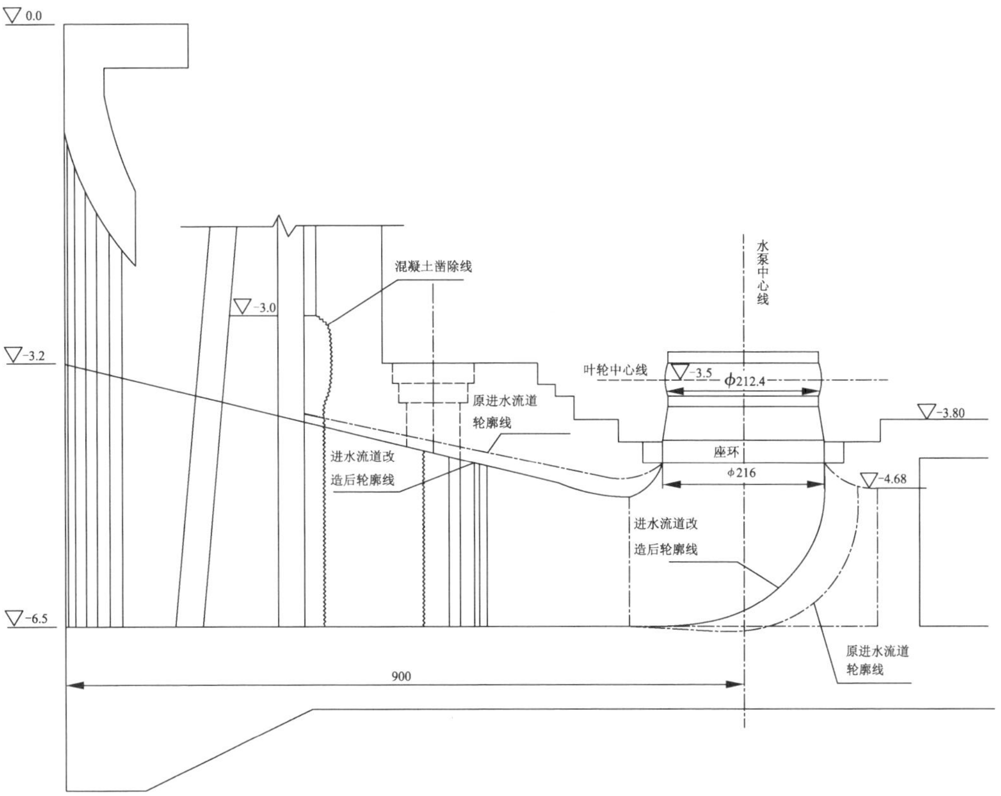

图 9-9-5　江都三站出水流道改造示意图

表 9-9-9　江都三站主要技术参数

<table>
<tr><td colspan="2">所在地</td><td colspan="2">江都区仙女镇</td><td>所在河流</td><td colspan="2">里运河</td><td colspan="2">运用性质</td><td colspan="2">灌溉、排涝、补水、发电</td></tr>
<tr><td colspan="2" rowspan="2">泵站规模</td><td rowspan="2">大(2)型</td><td rowspan="2">泵站等别</td><td rowspan="2">Ⅱ</td><td rowspan="2">主要建筑物级别</td><td rowspan="2">2</td><td colspan="2" rowspan="2">建筑物防洪标准</td><td>设计</td><td>50</td></tr>
<tr><td>校核</td><td>200</td></tr>
<tr><td colspan="2">站身总长/m</td><td>61.60</td><td>工程造价/万元</td><td>1086.0</td><td>初建开工日期</td><td>1966 年 12 月</td><td colspan="2">初建竣工日期</td><td colspan="2">1969 年 10 月</td></tr>
<tr><td colspan="2">站身总宽/m</td><td>16.00</td><td>改造经费/万元</td><td>5993.0</td><td>改造开工日期</td><td>2006 年 11 月</td><td colspan="2">改造竣工日期</td><td colspan="2">2010 年 10 月</td></tr>
<tr><td colspan="2">装机容量/kW</td><td>16000</td><td>机组台数</td><td>10</td><td>装机流量/(m^3/s)</td><td>135.0</td><td colspan="2">设计扬程/m</td><td colspan="2">7.8</td></tr>
<tr><td rowspan="4">主水泵</td><td rowspan="2">型式</td><td colspan="4" rowspan="2">可逆式立式全调节轴流泵
2000ZLQ13.5-8</td><td rowspan="4">主电机</td><td rowspan="2">型式</td><td colspan="3">立式同步电机</td></tr>
<tr><td colspan="3">TL1600-28/2600</td></tr>
<tr><td>台数</td><td>10</td><td>每台流量/(m^3/s)</td><td colspan="2">13.5</td><td>台数</td><td>10</td><td>每台功率/kW</td><td>1600</td></tr>
<tr><td>转速/(r/min)</td><td>214.3/107.2</td><td>传动方式</td><td colspan="2">直联</td><td>电压/V</td><td>6000</td><td>转速/(r/min)</td><td>214.3/107.2</td></tr>
</table>

续表

<table>
<tr><td rowspan="2">主变压器</td><td>型号</td><td colspan="4">SZ10-25000/110</td><td>输电线路电压/kV</td><td colspan="2">110</td></tr>
<tr><td>总容量/kVA</td><td>25000</td><td>台数</td><td colspan="2">1</td><td>所属变电所</td><td colspan="2">江都站</td></tr>
<tr><td colspan="2">主站房起重设备</td><td>桥式行车</td><td colspan="2">起重能力/t</td><td>30/5</td><td>断流方式</td><td colspan="2">真空破坏阀</td></tr>
<tr><td rowspan="2">闸门结构型式</td><td>上游</td><td colspan="2"></td><td rowspan="2">启闭机型式</td><td>上游</td><td colspan="3"></td></tr>
<tr><td>下游</td><td colspan="2">平面钢闸门</td><td>下游</td><td colspan="3">电动葫芦</td></tr>
<tr><td colspan="2">进水流道型式</td><td colspan="2">肘形流道</td><td colspan="2">出水流道型式</td><td colspan="3">虹吸式流道</td></tr>
<tr><td rowspan="2">主要部位高程/m</td><td>站房底板</td><td>−6.5</td><td>水泵层</td><td>−3.8</td><td>电机层</td><td>5.0</td><td>副站房</td><td>11.0</td></tr>
<tr><td>叶轮中心</td><td>−3.5</td><td>上游护坦</td><td>−0.8</td><td>下游护坦</td><td>−6.5</td><td>驼峰底</td><td>9.0</td></tr>
<tr><td>交通桥</td><td>净宽/m</td><td>5.5</td><td>桥面高程/m</td><td>10.0</td><td>设计荷载</td><td>汽-10</td><td>高程基准面</td><td>废黄河</td></tr>
<tr><td rowspan="3">站身水位组合</td><td colspan="2">设计水位/m</td><td>下游</td><td colspan="2">灌溉 0.7,排涝 1.0</td><td>上游</td><td colspan="2">灌溉 8.5,排涝 6.3</td></tr>
<tr><td colspan="2">校核水位 1/m</td><td>下游</td><td colspan="2">−1.0</td><td>上游</td><td colspan="2">8.5</td></tr>
<tr><td colspan="2">校核水位 2/m</td><td>下游</td><td colspan="2">1.9</td><td>上游</td><td colspan="2">9.0</td></tr>
<tr><td>地质基本情况</td><td colspan="8">地基可分 6 层:第一层由地面高程 5.5 m 向下至 4.5 m 左右为中粉质壤土层;第二层由 4.5 m 至 2.2 m 为重粉质砂壤土层;第三层由 2.2 m 至−1.4 m 左右为极细的灰色粉砂土层;第四层由−1.4 m 至−2.7 m 为重粉质壤土层;第五层由−2.7 m 至−6.3 m 左右为重砂壤土和中粉质壤土层;第六层由−6.3 m 至−9.8 m 左右为重粉质壤土层</td></tr>
</table>

9.9.7 江都四站

江都四站位于江都三站东侧 260 m 处,1973 年 11 月开始兴建,1977 年 12 月竣工。根据 1973 年的初步设计文件,江都四站设计规模为 150 m^3/s,单机设计流量 30 m^3/s,安装 5 台机组,另安装同规模的备用机组 2 台,共安装 7 台 ZLQ-30.2-7 立轴式全调节轴流泵,配 3000 kW 立式同步电动机。江都四站原设计水位组合见表 9-9-10。

表 9-9-10 江都四站原设计水位组合

工况	长江三江营江潮水位/m	相应站下水位/m	相应站上水位/m	净扬程/m
灌溉季节抽引江水	1.77	1.67	8.50	6.83
冬春季节向北送水	0.38	0	3.50	3.50
抽排里下河涝水		−1.00	6.30	7.30

注:摘自 1973 年 6 月《苏北引江灌溉续建工程江都第四抽水站初步设计》。

初步设计中要求江都四站水泵具有如下性能:① 净扬程为 5.5～7.0 m 时,为水泵的最优工况区;② 水泵的最大净扬程为 9.5 m,但不保证流量。根据上述要求进行方案比选，鉴于当时适合该扬程段的模型较少，水力模型选用已在江都一站、江都二站和江都三站使用的 PVA-35，按照江都一站的直径和江都三站的直径以及 3100 mm 直径进行方案比选，最终选择 ZLQ30.2-7 方案，模型参数为：模型叶轮直径 $D_M=300$ mm，模型转速 $n_M=1450$ r/min，扬程 $H_M=6.2$ m，流量 $Q_M=0.266$ m^3/s。采用相似定律换算的江都四站水泵设计参数：叶轮直径 $D=3100$ mm，转速 $n=150$ r/min，扬程 $H=7.0$ m，流量 $Q=30.2$ m^3/s。

江都四站水泵采用液压全调节的结构型式，水泵导轴承采用稀油润滑的巴氏合金轴承，并且首次在大型水泵中设置前导叶。装置模型试验中多次测定显示，当前导叶紧靠叶轮体时会影响机组装置性能，导致效率降低，这对轴流泵工作工况是不利的。但由于水泵水力试验得到初步成果时水泵部件已浇铸，水泵结构修改有困难。经过复试，确认将前导叶降低 40 cm 后在本装置情况下对效率影响不大，所以在站身施工结束、机组安装前，对进水流道进行了改建，将底座（前导叶）底部高程从 −5.234 m 降低为 −5.634 m。

由于江都四站的上、下游水位落差较大，最大达 10.2 m，站址地基为软土层，站身承受的侧向压力大，因此，采用抗侧压力强的堤后式站身型式，建筑按Ⅱ级设计。肘形进水流道的进水管高度与叶轮直径之比为 1.8（一站、二站为 2.6），流道长约为叶轮直径的 3.2 倍，进水流道进口宽 7.0 m、高 5.22 m，进口流速 0.9 m/s，叶轮室下部安装有前导叶，前导叶最大流速 2.96 m/s。出水流道采用虹吸式，驼峰底部高程 9.0 m，直管过流直径 232.5 cm，虹吸管驼峰后出水管的底壁下倾角 60°，出水管中心线下倾角约 52°，驼峰顶的转弯中心线转角约 80°，较一站、二站、三站小。出水流道的直管段净宽 5.8 m，流道中间有 50 cm 厚的隔墙，流道两侧壁厚 50 cm，总宽 7.3 m。出水流道的直管段流速 2.2 m/s，在虹吸管驼峰顶，出水管的高度稍微降低，过流断面减小，出水流速提高至 2.5 m/s，增强了水流的挟气能力，便于虹吸尽快形成。过驼峰后，出水流道逐渐扩散至出口处，流速降至 1 m/s。图 9-9-6 是江都四站厂房外貌图。

图 9-9-6　江都四站厂房外貌图

2008 年 9 月至 2010 年 6 月江都四站进行了更新改造，安装 7 台 ZLQ30-7.8 型液压全调节立式轴流泵，配 TL3400-40 型 3400 kW 立式同步电动机。叶轮直径 2.9 m，单机流量 30 m^3/s，设计扬程 7.8 m。改造工程投资 6286.69 万元。

由于江都四站建站时选用的水泵技术性能指标落后，而且设备已经严重老化，仅仅更换若干部件达不到技术改造的要求，必须进行水泵更新，选用技术性能先进的新泵型。根据江都四站扬程和流量的特点，宜选用比转速 650 左右的水力模型叶轮，既可以选用混流泵，也可以选用轴流泵。如采用混流泵方案，在满足江都四站原设计流量的前提下，机组叶轮直径必须达到 3 m 以上，此时水泵的后导叶外径在 4 m 以上，泵座环外径达到 4.3 m 以上，而江都四站目前的电机孔尺寸为 3.8 m，泵孔尺寸为 3.6 m，不能符合要求。混流泵外形尺寸偏大，不适合改造泵站。为了尽可能不改变已有土建结构，江都四站主水泵更新改造仍采用轴流泵方案。经综合分析比较，江都四站主水泵采用 TJ04-ZL-02 模型。

经模型试验，江都四站主水泵模型装置当叶片安放角度为 $-2°$，在设计净扬程 7.8 m 时效率为 76.12%，流量为 0.3382 m^3/s；相应原型的流量为 31.60 m^3/s。当叶片安放角度为 $-2°$，在设计净扬程 7.8 m 时最大临界空化余量 $\Delta h_{临}=8.446$ m。最大临界空化余量发生在叶片安放角度为 0°时，这时 $\Delta h_{临}=8.896$ m。模型装置性能试验数据见表 9-9-11，原型装置性能试验数据见表 9-9-12。

表 9-9-11　水泵模型装置性能试验数据

		设计净扬程(7.8 m)	最大净扬程(8.8 m)	最小净扬程(3.5 m)	平均净扬程(6.4 m)	效率最高点
−4°	流量/(L/s)	310.0	272.8	409.5	354.6	346.8
	效率/%	74.93	70.86	62.88	78.22	78.49
−2°	流量/(L/s)	337.8	299.2	436.1	381.2	365.8
	效率/%	76.22	68.13	61.98	77.78	78.51
0°	流量/(L/s)	369.6	318.4	465.4	406.8	389.1
	效率/%	78.36	69.21	59.36	77.24	78.94
+2°	流量/(L/s)	392.2	345.5	485.4	431.4	401.6
	效率/%	78.83	72.38	58.24	76.41	79.34
+4°	流量/(L/s)	423.1	385.8	511.9	457.7	431.3
	效率/%	78.95	73.82	56.23	74.87	78.98

表 9-9-12　水泵原型装置性能数据

		设计净扬程(7.8 m)	最大净扬程(8.8 m)	最小净扬程(3.5 m)	平均净扬程(6.4 m)	效率最高点
−4°	流量/(m^3/s)	28.97	26.44	38.27	33.14	32.41
	效率/%	74.93	70.86	62.88	78.22	78.49
−2°	流量/(m^3/s)	31.57	28.05	40.75	35.62	34.18
	效率/%	76.22	68.13	61.98	77.78	78.51

续表

		设计净扬程（7.8 m）	最大净扬程（8.8 m）	最小净扬程（3.5 m）	平均净扬程（6.4 m）	效率最高点
0°	流量/(m^3/s)	34.54	29.75	43.49	38.01	36.42
	效率/%	78.36	69.21	59.36	77.24	78.94
+2°	流量/(m^3/s)	36.65	31.16	45.36	40.31	37.53
	效率/%	78.83	72.38	58.26	76.41	79.34
+4°	流量/(m^3/s)	39.54	36.05	47.94	42.77	40.30
	效率/%	78.95	73.82	56.23	74.87	78.98

由表9-9-11、表9-9-12可以看出：模型最高效率为79.34%，对应叶片安放角度为+2°，对应扬程$H=7.5$ m，流量约为0.4016 m^3/s，相应原型流量为37.53 m^3/s。当叶片安放角度为−2°，在设计净扬程7.8 m时水泵模型装置效率为76.22%，流量为0.3378 m^3/s；相应原型的流量为31.57 m^3/s，达到了设计要求。

不同叶片安放角度下模型水泵单位飞逸转速见表9-9-13，原型水泵飞逸转速见表9-9-14。

表9-9-13 不同叶片安放角度下模型水泵单位飞逸转速计算结果

叶片安放角度/(°)	−4	−2	0	+2	+4
n_{f11}/(r/min)	273.18	265.26	258.16	247.98	238.96
Q_{f11}/(m^3/s)	2.237	2.328	2.368	2.399	2.449

表9-9-14 不同叶片安放角度下原型水泵飞逸转速计算结果

（原型水泵转速$n=150$ r/min，叶轮直径$D=2900$ mm）

扬程/m		3.5	5.0	6.4	7.0	7.8	8.8
飞逸转速/(r/min)	4°	176.23	210.64	238.31	249.23	263.09	279.44
	−2°	171.12	204.53	231.40	242.00	255.46	271.34
	0°	166.54	199.06	225.21	235.53	248.62	264.08
	+2°	159.97	191.21	216.32	226.24	238.82	253.66
	+4°	154.16	184.25	208.46	218.01	230.13	244.44

江都四站主要技术参数见表9-9-15。改造后的水泵特性曲线如图9-9-7、图9-9-8、图9-9-9所示。

表 9-9-15　江都四站主要技术参数

<table>
<tr><td>所在地</td><td>江都区仙女镇</td><td>所在河流</td><td>里运河</td><td>运用性质</td><td colspan="3">灌溉、排涝、调水</td></tr>
<tr><td rowspan="2">泵站规模</td><td rowspan="2">大(1)</td><td rowspan="2">泵站等别</td><td rowspan="2">Ⅰ</td><td rowspan="2">主要建筑物级别</td><td rowspan="2">2</td><td rowspan="2">建筑物防洪标准</td><td>设计</td><td>100 年一遇</td></tr>
<tr><td>校核</td><td>300 年一遇</td></tr>
<tr><td>主泵房总长/m</td><td>59.4</td><td>工程造价/万元</td><td>1595.7</td><td>初建开工日期</td><td>1973 年 11 月</td><td>初建竣工日期</td><td colspan="2">1977 年 12 月</td></tr>
<tr><td>主泵房总宽/m</td><td>22.1</td><td>改造经费概算/万元</td><td>6286.69</td><td>改造开工日期</td><td>2008 年 9 月</td><td>改造竣工日期</td><td colspan="2">2010 年 11 月</td></tr>
<tr><td>装机功率/kW</td><td>23800</td><td>机组台数</td><td>7</td><td>装机流量/(m^3/s)</td><td>210</td><td>设计扬程/m</td><td colspan="2">7.8</td></tr>
</table>

<table>
<tr><td rowspan="4">主水泵</td><td rowspan="2">型式</td><td colspan="3">立式全调节轴流泵</td><td rowspan="4">主电机</td><td rowspan="2">型式</td><td colspan="3">立式同步电动机</td></tr>
<tr><td colspan="3">ZLQ30-7.8</td><td colspan="3">TL3400-40</td></tr>
<tr><td>台数</td><td>7</td><td>每台流量/(m^3/s)</td><td>30</td><td>台数</td><td>7</td><td>每台功率/kW</td><td>3400</td></tr>
<tr><td>转速/(r/min)</td><td>150</td><td>传动方式</td><td>直联</td><td>电压/kV</td><td>6</td><td>转速/(r/min)</td><td>150</td></tr>
</table>

<table>
<tr><td>110 kV GIS</td><td>型号</td><td colspan="2">ZF10-126T</td><td>额定电压/kV</td><td>126</td><td>额定电流/A</td><td>2000</td></tr>
<tr><td rowspan="2">主变压器</td><td>型号</td><td colspan="3">S10-31500/110</td><td colspan="2">输电线路电压/kV</td><td>110</td></tr>
<tr><td>总容量/kVA</td><td>31500</td><td>台数</td><td>1</td><td colspan="2">所属变电所</td><td>江都站</td></tr>
<tr><td>主站房起重设备</td><td>桥式行车</td><td>起重能力/t</td><td>30/5</td><td colspan="2">断流方式</td><td colspan="2">真空破坏阀</td></tr>
<tr><td rowspan="2">闸门结构型式</td><td>上游</td><td colspan="2">无</td><td rowspan="2">启闭机型式</td><td>上游</td><td colspan="2">无</td></tr>
<tr><td>下游</td><td colspan="2">平面钢闸门</td><td>下游</td><td colspan="2">龙门吊</td></tr>
<tr><td>进水流道型式</td><td colspan="3">肘形流道</td><td colspan="2">出水流道型式</td><td colspan="2">虹吸式流道</td></tr>
</table>

<table>
<tr><td rowspan="2">主要部位高程/m</td><td>站房底板</td><td>−9.1</td><td>水泵层</td><td>−4.5</td><td>电机层</td><td>8.2</td><td>副站房</td><td>11.7</td></tr>
<tr><td>叶轮中心</td><td>−3.5</td><td>上游护坦</td><td>−2.0</td><td>下游护坦</td><td>−7.5</td><td>驼峰底</td><td>9.0</td></tr>
<tr><td>交通桥</td><td>净宽/m</td><td>4.5</td><td>桥面高程/m</td><td>10.0</td><td>设计荷载</td><td>拖-30</td><td>高程基准面</td><td>废黄河</td></tr>
<tr><td rowspan="3">站身水位组合</td><td colspan="2">设计水位/m</td><td>下游</td><td colspan="2">灌溉 0.7,排涝 1.0</td><td>上游</td><td colspan="2">灌溉 8.5,排涝 6.3</td></tr>
<tr><td colspan="2">校核水位 1/m</td><td>下游</td><td colspan="2">−1.0</td><td>上游</td><td colspan="2">8.5</td></tr>
<tr><td colspan="2">校核水位 2/m</td><td>下游</td><td colspan="2">−1.9</td><td>上游</td><td colspan="2">9.0</td></tr>
<tr><td>地质基本情况</td><td colspan="8">▽5.5～▽4.5 m 为中粉质壤土;▽4.5～▽2.0 m 为粉质砂壤土;▽2.0～▽−0.5 m 为粉砂土;▽−0.5～▽−2.5 m 为粉质黏土;▽−2.5～▽−10.0 m 为重粉质壤土,贯入击数 15 击;▽−10.0～▽−12.8 m 为重中粉质壤土,较松散;▽−12.8 m 以下为黏质壤土</td></tr>
</table>

注:改造工程竣工日期以单位工程验收时间为准。

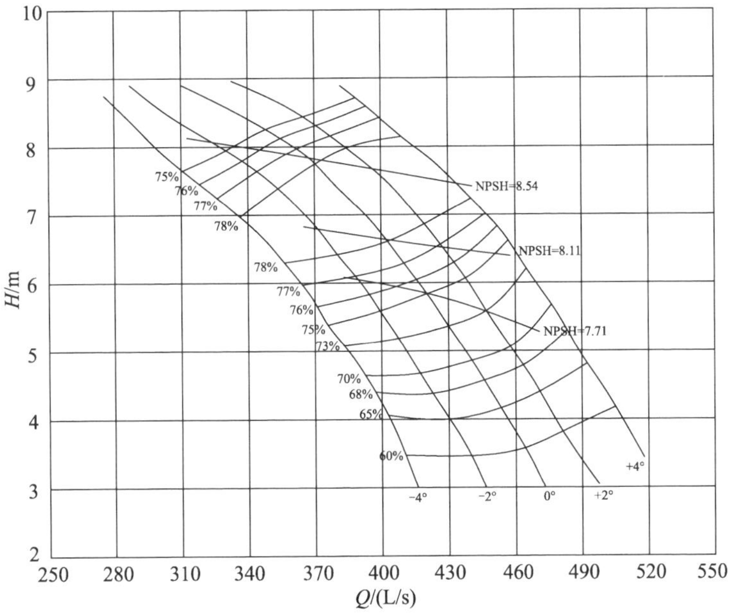

图 9-9-7　江都四站模型综合特性曲线

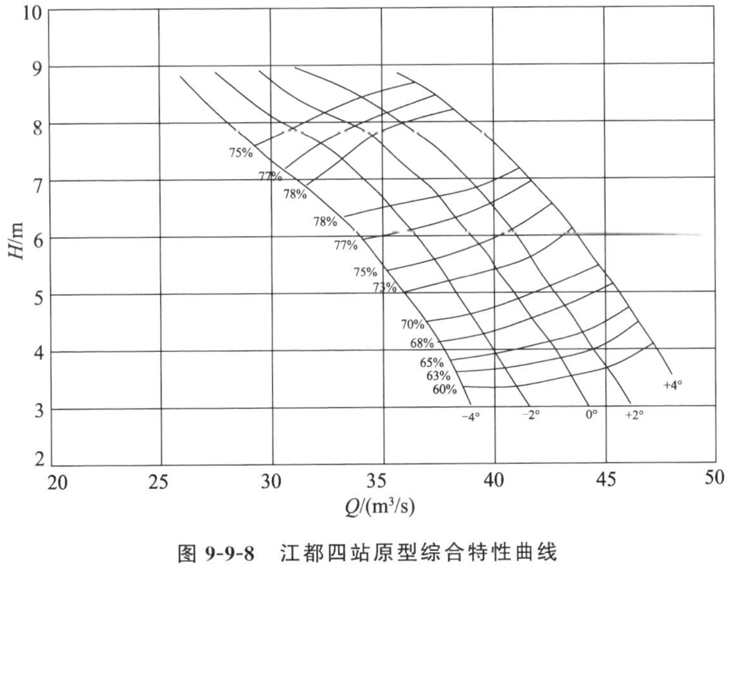

图 9-9-8　江都四站原型综合特性曲线

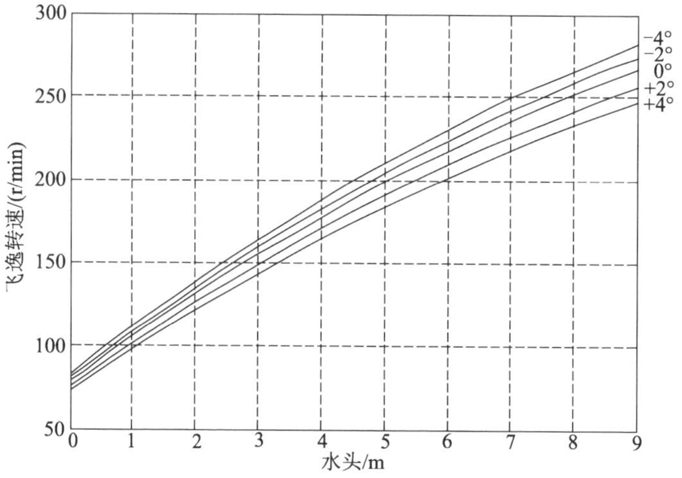

图 9-9-9 江都四站飞逸特性曲线

参考文献

[1] 沈日迈. 江都排灌站[M]. 3 版. 北京:水利电力出版社,1974.

[2]《江都水利枢纽志》编纂委员会. 江都水利枢纽志[M]. 南京:河海大学出版社,2004.

[3] 赵筱侠. 苏北地区重大水利建设研究(1949—1966)[M]. 合肥:合肥工业大学出版社,2016.

[4] 江苏省水利勘测设计研究院有限公司. 江都站改造工程初步设计[R]. 2004.

[5] 顾美娟. 南水北调东线第一期工程江都站改造工程[R]. 2018.

9.10 刘老涧泵站

9.10.1 工程概况

刘老涧泵站位于宿迁市宿豫区仰化镇境内,其直接抽引泗阳站送来的江水、淮水,沿中运河北调,是江苏省江水北调第五梯级泵站、淮水北调第二梯级站,也是南水北调东线第五梯级泵站之一,具有调水、挡洪等功能。工程于 1995 年 1 月 20 日正式开工,于 1996 年 6 月竣工。该站安装 4 台套井筒分段式全调节轴流泵及立式同步电动机,水泵型号为 3100ZLQ38-4.2,设计扬程 4.2 m,设计流量 37.5 m^3/s,流量调节范围为 25.5～46.5 m^3/s,扬程运行范围为 2.7～6.3 m,叶片调节角度为±8°;电动机型号为 TL2200-40/3250,额定功率为 2200 kW,转速为 150 r/min。该站还具有发电功能,利用变频技术,可在丰水季节实现反向运行发电,配有一台 50 Hz、3000 kW 的发电机和一台 30 Hz、3200 kW 的电动机。站身采用钢筋混凝土堤身式块基型结构,簸箕形进水流道,虹吸式出水流道,真空破坏阀断流方式,出水流道与站身为分段式结构。主厂房呈"一"字形南北设置,长

37.5 m,宽 12.4 m,分电机层和联轴层两层。图 9-10-1 是刘老涧泵站站身剖面图。

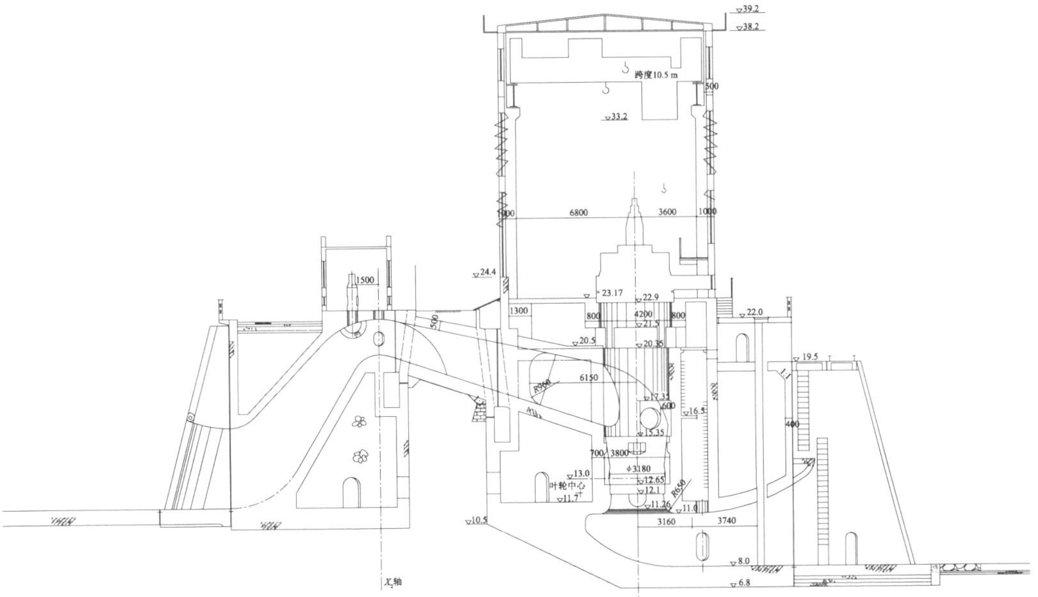

图 9-10-1　刘老涧泵站站身剖面图

刘老涧泵站工程经过 20 多年的运行,存在工程设备老化、运行事故率逐年升高、水泵叶轮中心淹没深度低、空化严重、运行振动明显、装置效率下降等问题。2015 年 7 月,江苏省水利厅组织有关专家对刘老涧泵站工程和机电设备进行了安全鉴定。鉴定结果:刘老涧泵站建筑物安全类别评定为一类,主水泵安全类别评定为四类,主电机安全类别评定为三类,综合评定机电设备安全类别为三类。2018 年 12 月 19 日,江苏省发展和改革委员会批准了刘老涧泵站加固改造工程初步设计, 2019 年 8 月 19 日刘老涧泵站加固改造工程开工,2020 年 9 月刘老涧泵站加固改造通过启动验收,2023 年 12 月通过竣工验收。图 9-10-2 是刘老涧泵站厂房外景图,图 9-10-3 是刘老涧泵站电机层内景图。

图 9-10-2　刘老涧泵站厂房外景图

图 9-10-3　刘老涧泵站电机层内景图

9.10.2　工程任务与规模

刘老涧泵站是南水北调东线第五梯级泵站之一,其主要任务是:在江淮区间泵站扩建、配套的基础上，和已建刘老涧二站一起保证出洪泽湖能力至 230 m^3/s，利用中运河串连洪泽湖和骆马湖，形成洪骆区间的输水通道，最终实现南水北调东线一期工程输水 175 m^3/s 入骆马湖的规划目标，同时为刘老涧闸至皂河闸之间乡镇生活、工农业生产和航运补充水源。

刘老涧泵站工程按原设计规模进行更新改造，改造后泵站设计流量仍为 150 m^3/s，装机 4 台套，单机设计流量 37.5 m^3/s。

9.10.3 特征水位

9.10.3.1 实际运行水位

刘老涧泵站原建于 1996 年 6 月，2002—2016 年间抽水运行实测上游最高水位为 19.2 m，最低水位为 16.94 m，多年平均水位为 18.43 m；下游最高水位为 16.7 m，最低水位为 14.73 m，多年平均水位为 15.72 m。

9.10.3.2 最低通航水位

1983 年京杭运河整治规划确定，骆马湖以南中运河为Ⅱ级航道标准，最小通航水深 4.0 m，航道底宽 60 m，为保证航运畅通，刘老涧闸上、下游最低通航水位分别为 18.0 m、16.0 m。

9.10.3.3 规划特征水位

(1) 设计水位

站下：根据《泵站设计规范》，从河流、湖泊或水库取水时，站下设计水位取水源保证率为 95%～97%的日平均或旬平均水位。对刘老涧泵站 2002—2017 年抽水期间正常运行工况下站下日平均水位进行累积保证率分析（水位高于 16 m），95%～97%水源保证率对应的水位为 16.08 m。刘老涧至泗阳闸为Ⅱ级航道，最低通航水位为 16 m。根据《内河航道标准》，Ⅰ、Ⅱ级航道最低通航水位保证率取 98%～99%。故站下设计水位直接取最低通航水位 16 m。

站上：根据《泵站设计规范》，站上设计水位取与泵站设计流量相应的水位。以皂河闸下设计水位 18.5 m，中运河输水 230～175 m^3/s 分析，刘老涧站出水渠口水位为 18.98 m。以皂河站下设计水位 18.5 m，中运河输水 230～175 m^3/s 分析，刘老涧站出水渠口水位为 19.12 m。刘老涧站原设计水位为 19.5 m，新建刘老涧二站设计水位也为 19.5 m，因此刘老涧站设计水位维持 19.5 m 不变。

(2) 最低水位

站下：根据《泵站设计规范》，从河流、湖泊或水库取水时，站下最低水位取水源保证率为 97%～99%的最低日平均水位。对刘老涧泵站 2002—2017 年抽水期间站下日平均水位进行累积保证率分析，95%～97%水源保证率对应的水位为 15.1 m，直接取最低通航设计水位 16.0 m。

站上：根据《泵站设计规范》，站上水位取与泵站单泵流量相应的水位。刘老涧至宿迁闸、宿迁闸至皂河闸最低通航水位分别为 18.0 m、18.5 m，送水过程中宿迁闸开启，为满足通航要求，刘老涧至宿迁闸间运行水位应不低于18.5 m。以皂河站下水位18.5 m，输水75 m^3/s分析，刘老涧站上最低运行水位为18.62 m，取18.6 m。

（3）最高水位

根据《泵站设计规范》，供水泵站进水池最高运行水位按下述选取：从河流、湖泊取水时，取重现期10～20年一遇洪水的日平均水位；从水库取水时，根据水库调蓄性能论证确定；从渠道取水时，取渠道通过加大流量时的水位。

由于南水北调梯级送水的特殊性，刘老涧站作为处于皂河站与泗阳站之间的梯级站，在南水北调送水时，其站上、站下水位是受皂河闸、泗阳站水位影响的，并且现状已有刘老涧二站，刘老涧一站改造的站上、站下最高运行水位还要与现状泵站水位衔接。所以刘老涧一站最高运行水位是由现状实测水位和上、下级泵站水位综合确定的。

站下：据统计资料分析，2002—2016年刘老涧一站运行期间站下出现的最高水位平均值为16.34 m，泗阳闸上最高运行水位为17.0 m，刘老涧二站站下最高水位取泗阳闸上最高运行水位17.0 m。

站上：2002—2016年泵站实际运行时出现的最高水位为19.2 m（2015年），刘老涧一站上游河道节点设计水位为19.5 m，刘老涧二站站上最高运行水位为19.5 m。

（4）平均水位

站下：根据《泵站设计规范》，站下平均水位取多年日平均水位。根据2002—2017年刘老涧闸下水位资料分析，多年日平均水位为15.73 m。因本段最低通航水位为16 m，为了与航道部门协调，平均水位取最低通航水位16 m。

站上：根据《泵站设计规范》，站上平均水位取输水渠道通过平均流量时的水位。一期泗阳站至刘老涧站输水210～190 m^3/s，刘老涧站至宿迁闸输水190～170 m^3/s，宿迁闸至皂河站输水170～160 m^3/s。按皂河闸至刘老涧站输水160～190 m^3/s，以皂河闸下水位18.5 m推算，宿迁闸水位为18.7/18.8 m，刘老涧闸出水渠口水位为19.0 m。二期泗阳站至刘老涧站输水220～200 m^3/s，刘老涧站至宿迁闸输水200～180 m^3/s，宿迁闸至皂河站输水180～170 m^3/s。按皂河闸至刘老涧站输水200～170 m^3/s，以皂河闸下水位18.5 m推算，宿迁闸水位为18.72/18.82 m，刘老涧闸出水渠口水位为19.03 m。以皂河站下水位18.5 m推算，一期邳洪河闸上水位18.69 m，宿迁闸水位18.83/18.94 m，刘老涧闸上水位为19.11 m。二期宿迁闸水位为18.87/18.97 m，刘老涧闸上水位为19.16 m。考虑适当留有余地，与二期水位的衔接，站上平均水位取19.2 m。

（5）最高挡洪水位

刘老涧站最高挡洪水位，由刘老涧梯级其他建筑物的设计挡洪水位、刘老涧上下游实测水位以及中运河行洪1000 m^3/s时的水位综合确定。

1）梯级建筑物设计挡洪水位

刘老涧梯级现由刘老涧一站、刘老涧闸、刘老涧新闸、刘老涧复线船闸组成。

刘老涧泵站建于1996年，抽水期站上设计、校核水位均为19.5 m；站身稳定设计工况上游水位19.5 m、下游水位15.0 m，校核工况上游水位20.0 m、下游水位15.0 m；最高水位站上 20.0 m、站下 19.0 m。

刘老涧节制闸包括刘老涧闸和刘老涧新闸，新闸建于 1976 年，闸顶高程 21.0 m；设计水位上游最高 20.0 m、下游最高 18.0 m；稳定设计水位组合为上游 19.5 m、下游 15.0 m，校核水位组合为上游 20.0 m、下游 14.5 m。

刘老涧船闸设计最高通航水位为上游 19.5 m、下游 18.65 m（为 1974 年排洪 1040 m^3/s 时的水位），最高校核水位为上游 20.0 m、下游 19.0 m。

刘老涧梯级防洪封闭圈，上游防洪设计水位 19.5 m、校核水位 20.0 m，下游防洪设计水位 18.65 m、校核水位 19.0 m。

2）实测历史最高水位

统计刘老涧闸 1962—2007 年水位资料，闸上最高水位为 19.07 m，闸下最高水位为 18.51 m。

3）按中运河行洪 1000 m^3/s 推算泵站 100 年、300 年一遇洪水位

工况：淮沂洪水遭遇，沂沭泗大水，洪泽湖在大水退水期，新沂河沭东走足设计标准 8000 m^3/s，中运河泄流 1000 m^3/s，分淮入沂不能启用，利用入海水道分泄中运河来水。淮河入海水道一期工程设计泄洪流量 2270 m^3/s 时，二河新泄洪闸上水位 14.11 m；强迫泄洪 2890 m^3/s 时，二河新泄洪闸上水位 15.01 m。

100 年一遇：以设计流量 1000 m^3/s，二河新泄洪闸上水位 14.11 m 推算，刘老涧闸下洪水位 18.89 m，刘老涧闸上洪水位 19.22 m。

300 年一遇：以设计流量 1000 m^3/s，二河新泄洪闸上水位 15.01 m 推算，刘老涧闸下洪水位 18.97 m，刘老涧闸上洪水位 19.28 m。

根据刘老涧梯级原有建筑物的设计挡洪水位、历史出现的最高水位以及中运河行洪 1000 m^3/s 时的推算水位，考虑刘老涧梯级枢纽建筑物设防标准的协调性，防洪圈安全闭合，保证泵站防洪安全，经综合分析确定：刘老涧泵站挡洪水位 100 年一遇水位为站下 18.89 m，站上 19.5 m；300 年一遇水位为站下 19.0 m，站上 20.0 m。

刘老涧泵站渠口特征水位见表 9-10-1。

表 9-10-1　刘老涧泵站渠口特征水位

设计流量/(m^3/s)		150	
特征水位/m		出水渠口	引水渠口
调水	设计	19.50	16.00
	最低	18.60	16.00
	最高	19.50	17.00
	平均	19.20	16.00
防洪	100 年一遇	19.50	18.89
	300 年一遇	20.00	19.00

根据上、下游引河河口特征水位，考虑局部水头损失，刘老涧泵站进、出水池处的设计参数见表 9-10-2。

表 9-10-2　刘老涧泵站进、出水池处的设计参数

项目			单位	参数	
				站上	站下
水位	供水	设计	m	19.55	15.85
		最低	m	18.65	15.85
		最高	m	19.55	16.85
		平均	m	19.25	15.85
	稳定复核	完建期	m	10.00	10.00
		设计工况	m	19.50	15.80
		校核工况	m	20.00	15.00
		检修期	m	19.55	15.85
		地震期	m	19.55	15.85
扬程(净)	设计		m	3.70	
	平均(规划)		m	3.40	
	平均(现状)		m	2.91	
	最小		m	1.80	
	最大		m	3.70	
流量			m^3/s	150	

9.10.4　水力机械设计

9.10.4.1　水力模型选用

刘老涧泵站原水泵设计采用 ZBM791-100 水力模型，该水泵模型比转速为 1000，叶轮直径为 3.1 m，转速为 150 r/min，水泵 nD 值为 465，水泵叶轮外缘线速度大，水泵空化严重。如果选用新的流量系数大的水力模型，在保持叶轮直径不变的情况下，可以适当降低水泵转速。

若原型泵的转速为 150 r/min，则可计算出刘老涧泵站原型泵的比转速在 935～1122 之间。若原型泵的转速为 125 r/min，则可计算出刘老涧泵站原型泵的比转速在 919～1103 之间。

根据计算得到的原型泵比转速范围，在水利部南水北调工程天津同台测试成果的基础上，选择性能优越的水泵模型，其中 TJ04-ZL-06 水力模型和 TJ05-ZL-02 水力模型符合要求，可以作为刘老涧泵站拟选水泵模型。

表 9-10-3 给出了水泵模型 TJ04－ZL－06 与 ZBM791－100 的性能比较结果。从表 9-10-3 中可以看到，两种模型的叶轮直径都为 300 mm，转速都为 1450 r/min 时，在不同的叶片安放角度下，TJ04-ZL-06 模型的流量和扬程都比 ZBM791-100 模型大，这为刘老涧泵站提供了水泵降速的可能性，TJ04-ZL-06 模型的平均效率为 85.62%，而 ZBM791-100 模型的平均效率只有 84.58%，即 TJ04-ZL-06 模型的性能全面优于 ZBM791-100 模型的性能。

表 9-10-3　水泵模型 TJ04-ZL-06 与 ZBM791-100 的性能比较

$\varphi/(^\circ)$	$Q/(L/s)$		H/m		n_s		$\eta/\%$	
	ZBM791-100	TJ04-ZL-06	ZBM791-100	TJ04-ZL-06	ZBM791-100	TJ04-ZL-06	ZBM791-100	TJ04-ZL-06
+4	375	444.2	4.45	5.22	1007	1022	84.2	86.35
+2	350	416.2	4.43	5.19	1020	993	84.5	85.84
0	330	401.6	4.21	4.80	1033	1034	84.0	85.72
−2	305	377.2	4.20	4.80	996	1002	83.7	85.46
−4	280	357.3	4.10	4.60	972	1007	83.1	85.27
−6	250	332.2	4.03	4.60	930	971	82.0	85.10

表 9-10-4 给出了水泵模型 TJ05－ZL－02 与 ZBM791－100 的性能比较结果。从表 9-10-4 中可以看到，两种模型的叶轮直径都为 300 mm，转速都为 1450 r/min 时，在不同的叶片安放角度下，TJ05－ZL－02 模型的流量和扬程都略大于 ZBM791－100 模型；TJ05-ZL-02 模型在 4 种叶片安放角度下的平均效率为 85.70%，而 ZBM791-100 模型的平均效率只有 84.10%，且 TJ05-ZL-02 模型的效率在比较的 4 个叶片安放角度下都优于 ZBM791-100 模型。

表 9-10-4　水泵模型 TJ05-ZL-02 与 ZBM791-100 的性能比较

$\varphi/(^\circ)$	$Q/(L/s)$		H/m		n_s		$\eta/\%$	
	ZBM791-100	TJ05-ZL-02	ZBM791-100	TJ05-ZL-02	ZBM791-100	TJ05-ZL-02	ZBM791-100	TJ05-ZL-02
+4	375	386	4.45	6.20	1007	888	84.2	85.81
+2	350	363	4.43	5.62	1020	874	84.5	86.35
0	330	339	4.21	5.44	1033	865	84.0	85.38
−2	305	335	4.20	4.57	996	981	83.7	85.27

表 9-10-5 给出了水泵模型 TJ04－ZL－06 与 TJ05－ZL－02 的性能比较结果。从表 9-10-5 中可以看到，两种模型的叶轮直径都为 300 mm，转速都为 1450 r/min 时，在不同的叶片安放角度下，TJ04-ZL-06 模型的流量比 TJ05-ZL-02 模型大，扬程较 TJ05-ZL-02

模型低；在比较的 4 个叶片安放角度下，TJ04-ZL-06 模型的平均效率为 85.84%，TJ05-ZL-02 模型的平均效率为 85.70%，两者效率差别有限，都具有高效率特征。

表 9-10-5 水泵模型 TJ05-ZL-02 与 TJ04-ZL-06 的性能比较

φ/(°)	Q/(L/s)		H/m		n_s		η%	
	TJ04-ZL-06	TJ05-ZL-02	TJ04-ZL-06	TJ05-ZL-02	TJ04-ZL-06	TJ05-ZL-02	TJ04-ZL-06	TJ05-ZL-02
+4	444	386	5.22	6.20	1022	888	86.35	85.81
+2	416	363	5.19	5.62	993	874	85.84	86.35
0	401	339	4.80	5.44	1034	865	85.72	85.38
−2	377	335	4.80	4.57	1002	981	85.46	85.27

综合 3 种模型泵在不同叶片安放角度下流量、扬程和效率等参数的全面比较结果，在刘老涧泵站技术改造水泵选型中，TJ04-ZL-06 模型具有流量大、效率高的特点，故在刘老涧泵站中采用该模型，其具有降低水泵转速的可能性，有利于提高水泵装置效率，改善水泵空化性能。

9.10.5 水泵模型试验

模型泵采用 TJ04-ZL-06 和 TJ05-ZL-02 水泵水力模型，水泵装置模型比为 1∶10.33。两个模型泵叶轮直径 $D=300$ mm，叶片数都为 3，用钢质材料加工成型。模型导叶叶片数都为 5，用钢质材料焊接成型。进、出水流道采用钢板焊接制作，模型泵装置如图 9-10-4 所示。模型泵安装检查，叶顶间隙控制在 0.20 mm 以内。分别在 −4°、−2°、0°、+2°和 +4°叶片安放角度下进行试验。

图 9-10-4 刘老涧泵站水泵装置模型

模型试验的主要成果见图 9-10-5、图 9-10-6 和表 9-10-6 至表 9-10-14。

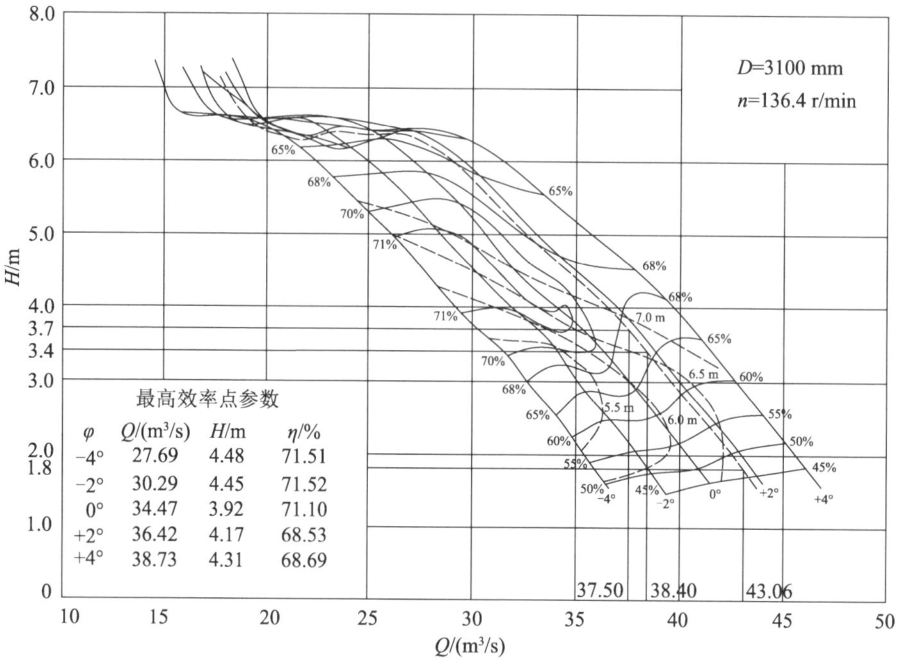

图 9-10-5 刘老涧泵站原型水泵装置综合特性曲线(TJ05-ZL-02)

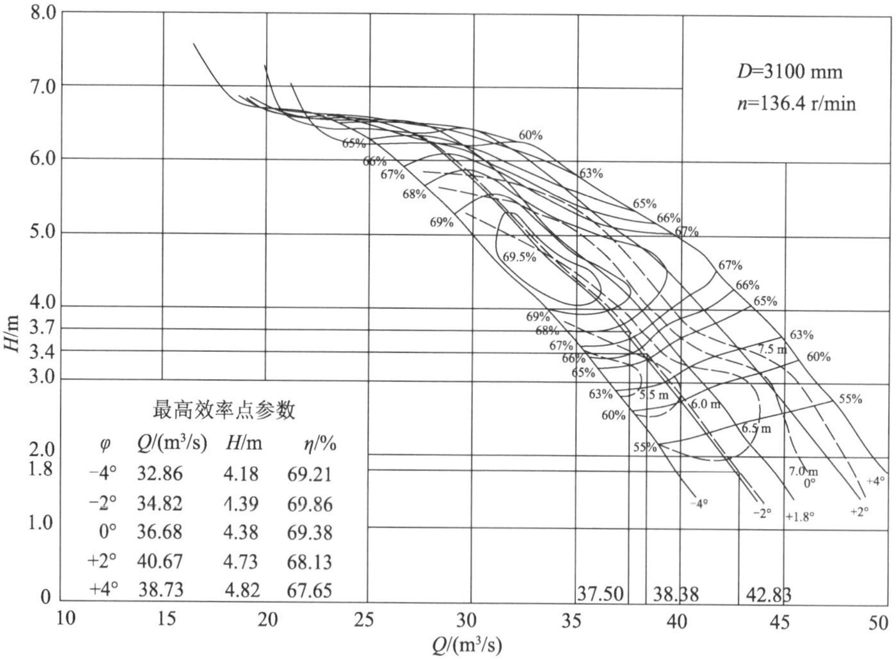

图 9-10-6 刘老涧泵站原型水泵装置综合特性曲线(TJ04-ZL-06)

表 9-10-6　模型水泵装置性能试验最优效率数据(TJ05-ZL-02)

叶片安放角度/(°)	最优效率点参数			
	流量/(L/s)	扬程/m	轴功率/kW	效率/%
−4	264.39	4.311	15.590	71.52
−2	283.60	4.444	17.217	71.62
0	315.95	4.098	17.911	70.91
+2	343.63	4.098	20.114	68.50
+4	364.84	4.245	22.186	68.29

表 9-10-7　模型水泵装置性能试验最优效率数据(TJ04-ZL-06)

叶片安放角度/(°)	最优效率点参数			
	流量/(L/s)	扬程/m	轴功率/kW	效率/%
−4	309.67	4.133	18.144	69.19
−2	320.25	4.542	20.450	69.78
0	349.50	4.226	20.937	69.21
+2	361.33	4.729	24.599	68.13
+4	382.09	4.797	26.582	67.64

表 9-10-8　各叶片安放角度下的单位飞逸转速数据(TJ05-ZL-02)

叶片安放角度/(°)	单位飞逸转速/(r/min)
−4	336.1
0	313.9
+4	290.8

表 9-10-9　各叶片安放角度下原型泵飞逸转速数据(最高运行净扬程 3.7 m、TJ05-ZL-02)

叶片安放角度/(°)	飞逸转速/(r/min)	与电机额定转速的比值
−4	208.5	1.53
0	194.8	1.43
+4	180.4	1.32

表 9-10-10　各叶片安放角度下的单位飞逸转速数据(TJ04-ZL-06)

叶片安放角度/(°)	单位飞逸转速/(r/min)
−4	310.3
0	291.2
+4	264.5

表 9-10-11 各叶片安放角度下原型泵飞逸转速数据(最高运行净扬程 3.7 m、TJ04-ZL-06)

叶片安放角度/(°)	飞逸转速/(r/min)	与电机额定转速的比值
−4	192.5	1.41
0	180.7	1.32
+4	164.1	1.20

表 9-10-12 两种型号水泵不同叶片安放角度下发电工况最高效率对应参数

叶片安放角度/(°)	型号	效率/%	对应水头/m	输出功率/kW	对应原型输出功率/kW	对应单位转速/(r/min)	对应单位流量/(L/s)
−4	TJ05-ZL-02	40.40	1.72	1.55	165.48	213.03	1897.30
	TJ04-ZL-06	39.77	1.74	1.65	176.64	211.26	2050.99
	TJ05-ZL-02	44.07	2.49	2.70	288.46	176.95	1737.71
	TJ04-ZL-06	43.04	2.48	2.78	296.94	177.30	1872.13
	TJ05-ZL-02	42.91	3.04	3.40	362.88	159.96	1658.63
	TJ04-ZL-06	43.80	3.10	3.76	401.19	158.73	1783.21
	TJ05-ZL-02	40.48	3.68	4.08	435.90	145.42	1586.62
	TJ04-ZL-06	41.97	3.71	4.56	486.61	144.97	1721.50
0	TJ05-ZL-02	41.43	1.86	1.49	159.07	221.23	2216.49
	TJ04-ZL-06	40.05	1.80	1.94	206.89	208.00	2262.44
	TJ05-ZL-02	43.04	2.38	2.79	297.76	180.92	1963.15
	TJ04-ZL-06	42.50	2.51	3.10	331.35	175.94	2082.41
	TJ05-ZL-02	41.88	3.08	3.74	399.79	159.03	1839.48
	TJ04-ZL-06	41.71	3.02	3.85	410.84	160.87	1995.04
	TJ05-ZL-02	39.45	3.69	4.39	469.27	145.30	1748.39
	TJ04-ZL-06	38.85	3.75	4.74	505.61	144.03	1902.87
+4	TJ05-ZL-02	38.33	1.73	1.92	205.36	212.40	2459.85
	TJ04-ZL-06	36.50	1.77	1.93	205.88	210.03	2542.54
	TJ05-ZL-02	41.18	2.35	2.98	318.47	182.19	2240.99
	TJ04-ZL-06	39.84	2.49	3.20	341.24	177.09	2317.17
	TJ05-ZL-02	41.60	2.98	4.05	432.39	161.67	2104.62
	TJ04-ZL-06	39.42	3.10	4.20	448.19	158.57	2204.92
	TJ05-ZL-02	38.77	3.70	4.91	524.76	145.08	1980.58
	TJ04-ZL-06	36.09	3.71	4.84	516.62	144.53	2121.35

表 9-10-13　两种型号水泵叶轮的各个叶片安放角度对应参数

水泵模型	叶片安放角度/(°)	能量性能参数比较							
		设计扬程(3.7 m)		平均扬程(3.4 m)		最小扬程(1.8 m)		最高效率点参数	
		流量/(m^3/s)	效率/%	流量/(m^3/s)	效率/%	流量/(m^3/s)	效率/%	流量/(m^3/s)	效率/%
TJ05-ZL-02	−4	30.31	71.47	31.48	70.41	35.90	53.52	27.69	71.51
TJ04-ZL-06		34.50	68.16	35.47	66.42	39.80	46.51	32.86	69.21
TJ05-ZL-02	−2	32.97	70.58	33.88	70.39	38.50	51.08	30.29	71.52
TJ04-ZL-06		37.26	67.60	38.15	65.62	42.59	48.06	34.82	69.86
TJ05-ZL-02	0	35.40	70.79	36.37	69.22	40.99	49.48	34.47	71.10
TJ04-ZL-06		38.96	66.27	39.86	64.04	44.49	46.44	36.68	69.38
TJ05-ZL-02	+2	38.02	66.70	38.88	64.61	43.51	46.19	36.42	68.53
TJ04-ZL-06		42.07	64.17	42.99	62.04	47.62	44.27	38.58	68.13
TJ05-ZL-02	+4	40.69	65.54	41.56	63.81	46.26	44.56	38.73	68.69
TJ04-ZL-06		44.64	62.96	45.46	60.75	49.91	42.68	40.67	67.65

水泵模型	叶片安放角度/(°)	空化余量性能比较		
		最小扬程(1.8 m)临界空化余量/m	平均扬程(3.4 m)临界空化余量/m	设计扬程(3.7 m)临界空化余量/m
TJ05-ZL-02	−4	5.73	5.21	5.58
TJ04-ZL-06		5.86	5.84	6.02
TJ05-ZL-02	−2	6.41	5.44	6.07
TJ04-ZL-06		6.17	6.26	6.42
TJ05-ZL-02	0	6.21	6.53	7.33
TJ04-ZL-06		6.63	6.77	6.68
TJ05-ZL-02	+2	6.01	6.39	6.78
TJ04-ZL-06		7.39	7.45	8.38
TJ05-ZL-02	+4	6.89	7.31	7.81
TJ04-ZL-06		7.93	7.94	7.88

表 9-10-14　两种型号水泵叶轮的最佳叶片安放角度对应参数
（TJ05-ZL-02 水泵叶轮＋1.8°，TJ04-ZL-06 水泵叶轮－1.8°）

水泵模型	能量性能参数比较							
	设计扬程（3.7 m）		平均扬程（3.4 m）		最小扬程（1.8 m）		最高效率点参数	
	流量/（m^3/s）	效率/%	流量/（m^3/s）	效率/%	流量/（m^3/s）	效率/%	流量/（m^3/s）	效率/%
TJ05-ZL-02	37.50	66.90	38.40	65.10	43.06	46.50	34.90	69.00
TJ04-ZL-06	37.50	67.50	38.38	65.50	42.83	47.60	35.10	69.60

水泵模型	空化余量性能比较		
	设计扬程（3.7 m）临界空化余量/m	平均扬程（3.4 m）临界空化余量/m	最小扬程（1.8 m）临界空化余量/m
TJ05-ZL-02	6.23	6.52	6.90
TJ04-ZL-06	6.25	6.31	6.45

水泵模型	发电性能参数比较					
	效率/%	对应水头/m	输出功率/kW	对应原型输出功率/kW	对应单位转速/（r/min）	对应单位流量/（L/s）
TJ05-ZL-02	39.60	1.80	1.91	203.94	207.95	2260.80
TJ04-ZL-06	40.50	1.80	1.87	199.67	207.95	2167.60
TJ05-ZL-02	40.30	3.40	4.21	449.53	151.30	1890.20
TJ04-ZL-06	41.20	3.40	4.23	451.67	151.30	1855.60
TJ05-ZL-02	39.10	3.70	4.54	484.77	145.05	1850.20
TJ04-ZL-06	40.00	3.70	4.60	491.17	145.05	1828.00

参考文献

[1] 江苏省水利勘测设计研究院有限公司. 刘老涧泵站加固改造工程初步设计报告[R]. 2018.

[2] 扬州大学. 刘老涧二站水泵装置模型试验研究报告[R]. 2018.

[3] 江苏省水利厅. 江苏省水利工程管理资料汇编泵站分册[Z]. 2006.

9.11 淮阴二站

9.11.1 工程概况

淮阴二站位于淮安市清江浦区境内西南头河与二河堤交汇处的二河东堤堤脚外，距二河堤中心线290 m。淮阴二站建成于2002年，设计调水流量100 m^3/s，共安装3台3.1ZLQ-5型轴流泵，配用TLW2800-40/3250型同步电动机3台套，单机额定功率2800 kW，总装机容量为8400 kW，设计扬程4.4 m，叶轮中心高程5.7 m。该站主供电源采用110 kV华能电厂至淮阴二站变电所专线直接供电，备用电源与发电出线采用淮阴二站至淮安市城南变电所同一条10 kV专用线。

淮阴二站土工建筑物主要包括抽水站、主厂房、控制楼、检修间、上下游翼墙及护坡、工作桥及清污机桥等。

淮阴二站为块基式整体钢筋混凝土结构，肘形进水流道，虹吸式出水流道，真空破坏阀断流。站身厂房内部自下而上分别为流道与排水廊道层、水泵层、联轴层和电机层。淮阴二站站身底板顺水流方向长34.5 m，垂直水流向宽度为25.4 m。淮阴二站底板底高程0.40～－1.10 m，采用天然基础；站身设有3孔，每孔净宽7.0 m，边墩宽1.2 m，中墩宽1.0 m，小隔墩宽0.6 m。主厂房呈“一”字形设置，主厂房面高程为17.50 m，顺水流向长12.7 m，宽25.4 m，厂房内安装32/5 t桥式起重机。站身上游设拦污栅，站身下游设清污机、检修门。

下游工作桥为现浇钢筋混凝土板梁结构，桥面高程17.2 m，桥面宽5.9 m。上游交通桥桥面宽7.9 m，桥面高程17.2 m，桥面上游侧增做挡浪板至高程18.2 m。主厂房东侧为检修间，西侧为户内变电所及中控室，站身下游200 m处建有清污机桥1座。下游清污机桥共10孔，每孔净宽6 m，桥总长105.8 m，中间6孔位于河槽中为矩形孔口，边孔顺坡布置。清污机桥共分4块底板，河槽中2块，河坡上2块，顺坡布置。底板尺寸分别为16.4 m×20.8 m、16.4 m×13.4 m，底板厚0.8 m，桥墩中墩厚0.8 m，边墩厚0.6 m。清污机桥面高程12.2 m，桥面宽5.8 m，中间8孔安装8台回转式清污机械，边孔仅设置拦污栅。

淮阴二站站身剖面图见图9-11-1。

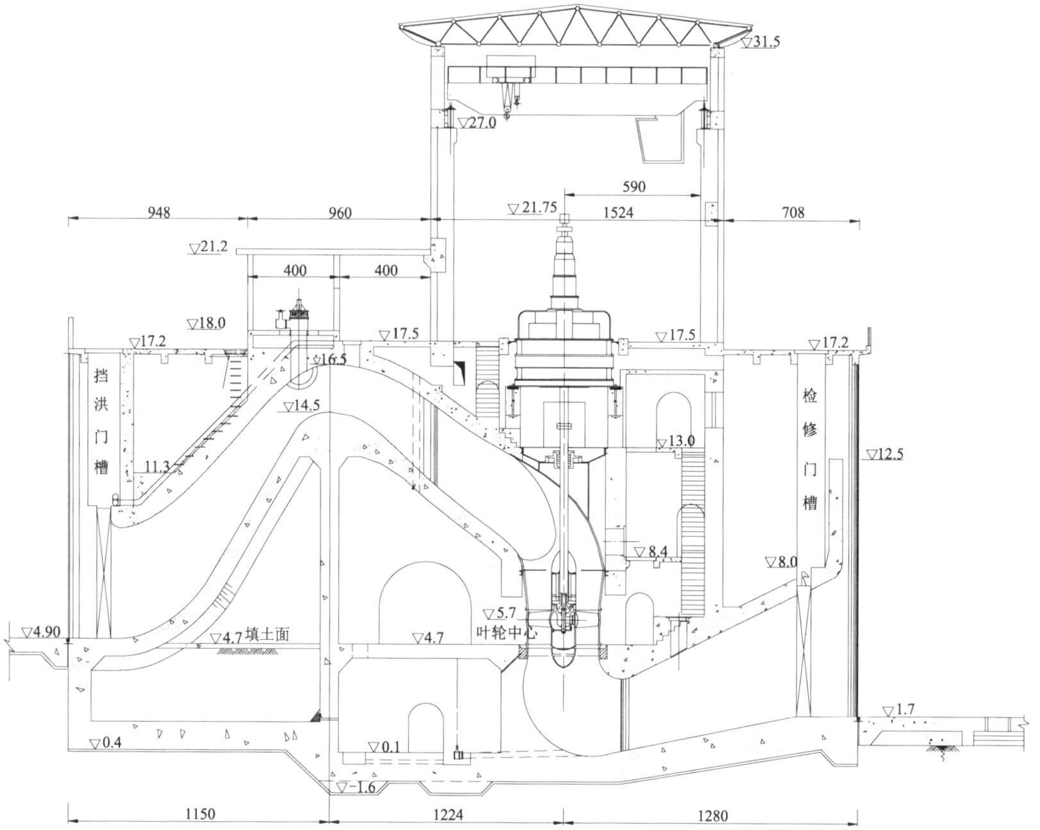

图 9-11-1　淮阴二站站身剖面图

9.11.2　工程存在的问题

淮阴二站自 2002 年 12 月正式投运以来，至 2022 年底已累计翻水约 35.39 亿 m^3，反向调水约 6.29 亿 m^3，为向洪泽湖和淮北地区补水做出了较大贡献。根据现场查勘及历年运行管理等资料，淮阴二站目前主要存在下列问题：

（1）实际扬程偏离设计扬程

2013—2022 年淮阴二站共计抽水 572 天，其中抽水北送 469 天，抽水补湖 103 天。实际发生的最大扬程是 3.88 m，最小扬程是 0.77 m，平均扬程约 2.18 m。抽水北送工况最大扬程是 3.76 m，最小扬程是 0.77 m，平均扬程约 1.97 m。补湖工况最大扬程是 3.88 m，最小扬程是 2.06 m，平均扬程约 3.13 m。

2013—2022 年淮阴二站上下游水位与水位保证率见表 9-11-1。

表 9-11-1　2013—2022 年淮阴二站上下游水位与水位保证率

水位保证率	抽水北送			抽水补湖		
	上游水位/m	下游水位/m	水头差/m	上游水位/m	下游水位/m	水头差/m
最高	13.10	9.94	3.76	13.13	9.76	3.88
5%	12.42	9.75	3.11	13.10	9.70	3.71
10%	11.81	9.67	2.57	13.08	9.59	3.65
15%	11.67	9.62	2.44	13.05	9.56	3.60
20%	11.56	9.58	2.33	12.99	9.52	3.56
25%	11.47	9.55	2.26	12.97	9.51	3.51
30%	11.40	9.50	2.19	12.96	9.50	3.48
35%	11.35	9.46	2.09	12.76	9.47	3.44
40%	11.32	9.40	2.04	12.63	9.45	3.37
45%	11.29	9.36	1.97	12.56	9.45	3.31
50%	11.24	9.33	1.91	12.48	9.42	3.27
55%	11.20	9.28	1.86	12.44	9.40	3.22
60%	11.15	9.22	1.81	12.42	9.36	3.06
65%	11.10	9.18	1.76	12.37	9.28	2.98
70%	11.03	9.14	1.70	12.31	9.24	2.95
75%	10.94	9.10	1.65	12.26	9.13	2.84
80%	10.88	9.07	1.59	12.19	9.10	2.69
85%	10.83	9.01	1.51	12.03	9.09	2.61
90%	10.77	8.94	1.28	11.78	9.07	2.52
95%	10.67	8.87	1.11	11.66	9.05	2.37
最低	10.24	8.69	0.77	11.49	9.01	2.06

根据 2000 年编制的《淮阴二站初步设计报告》，原设计考虑向泗阳站送水时设计扬程为 3.3 m，向洪泽湖补水时设计扬程为 4.4 m，泵站选型时兼顾两种工况。2013 年至 2022 年 10 年间实际运行的最大扬程为 3.88 m，最小扬程为 0.77 m，平均扬程约 2.2 m，实际扬程偏离设计扬程较大。2013 年至 2022 年实际调度运行的补湖工况占少数，主要是向北送水，所以造成实际运行扬程偏离设计扬程较大。

（2）主站身问题

混凝土站身存在裂缝、局部混凝土开裂碳化；站身及上下游翼墙局部不均匀沉陷超过规范允许值；肘形进水流道顶部检修孔侧面墩墙处有一竖直向裂缝，缝最宽处约 0.4 mm，缝长约 1.8 m，造成墙面常年窨潮渗水；由于控制楼基础回填土层压实不紧密，后期沉降造成控制楼基础顶面形成空洞，下雨积水顺着电缆竖井方向汇聚，沿着1＃机组电机层左侧墙面下渗。控制楼地面结构层下方回填土沉降严重，存在较大间隙，导致电缆通道出现渗水现象。厂房部分梁柱构件不满足抗震承载力要求，主厂房检修层、辅机层、主变室、GIS室、厂房大厅部分墙体、厂房下游侧伸缩缝旁部分墙体有裂缝。房屋建筑建成于20年前，整体建筑消防及节能不满足现行相关规范。主厂房轻型钢桁架屋顶排水沟年久失修，雨天漏水严重，钢桁架结构局部锈蚀。控制楼房顶卷材防水屋面多处损坏，渗漏现象较为严重。外立面较多铝塑板装饰构件存在骨架锈蚀、面层损坏挂污现象。

(3) 主机泵问题

1) 主水泵

选用原高邮水泵厂(航天泵业)3.1ZLQ-5全调节轴流泵，3＃机组叶片与叶轮室间隙不均匀，最大值6.20 mm，最小值1.60 mm，水泵轴颈磨损严重，最大磨损值29.48 mm。大轴轴颈严重磨损、叶片调节机构轴承破损分别见图9-11-2、图9-11-3。机组运行振动及噪声大，2019年11月29日至2020年1月17日，共出现54测次的异常情况(振动超过60 μm，噪声超过90 dB)。其中，1＃机组振动异常1测次，噪声异常38测次；2＃机组振动异常4测次，噪声异常45测次；3＃机组振动异常1测次，噪声异常42测次。根据《在非旋转部件上测量和评价机器的机械振动　第5部分：水力发电厂和泵站机组》(GB/T 6075.5—2002)的要求，当机组振动超过50 μm时，机组不宜长时间运行，应该在适当机会采取措施保证机组安全；当机组振动超过80 μm时，振动已经非常严重，易导致机组损坏。根据《水利水电工程劳动安全与工业卫生设计规范》(GB 50706—2011)的要求，作业场所和生产设备房间噪声限制值为85 dB。2022年大修时，发现叶片调节机构轴承断裂。2023年1月6日至3月17日开机运行60天，翻水3.22亿m^3。在这期间：1＃机组运行35天，故障2次、振动超预警停机1次；2＃机组运行43天，振动超预警停机8次；3＃机组运行36天，故障1次、振动超预警停机4次。主水泵振动检测结果见表9-11-2。

图9-11-2　大轴轴颈严重磨损

图9-11-3　叶片调节机构轴承破损

表 9-11-2　主水泵振动检测结果

检测部位	主水泵	
测量方向	现场实测振动速度均方根值/(mm/s)	
	水平	评级
1＃机组	4.20	D
2＃机组	2.87	D
3＃机组	3.51	D

2）主电机

主电机选用上海电机厂 TLW2800-40/3250 立式同步电动机，于 2002 年投入运行，已超过 20 年，转子绝缘可靠性差，每次开机需烘烤绕组，定子三相绕组电流不平衡，定子、转子不同程度老化，绝缘降低。2019 年利用 3＃机组大修的机会将转子返厂重新做绝缘处理和监测。2＃机组定子测温传感器损坏，2＃机组下油缸有轻微渗油现象，2＃机组在运行时－6°情况下会出现叶片角度指针上下浮动现象，调整至－5°则消失。3 台主机组尾端电流互感器表面均有不同程度的龟裂。3 台机组的励磁机整流盘部分功能模块老化，长期开机运行，由于机组振动偏大，会导致整流盘紧固螺丝松动，引起发热。2022 年夏季抗旱运行时，2＃机组定子温度多次超过 100 ℃，噪声、振动较大。因主机组尾端电流互感器表面均有不同程度的龟裂，2023 年 4 月更换 1＃主电机尾端电流互感器一组。

（4）电气设备问题

1）GIS

110 kV 设备采用沈阳高压开关厂生产的型号为 ZF6-110 的六氟化硫封闭式组合电器（简称 GIS），自泵站建成投运以来服役已超过 20 年。2022 年进行维修，更新了二次设备、操作机构、驱动电机等，解决了二次电压继电器接触不良影响操作、闸刀操作箱内机构连杆故障、用微型断路器替换熔断器等问题，目前运行正常。存在的问题是建成投运 20 多年未经过解体大修，GIS 内部元器件为进口产品，因技术升级配件难找。GIS 室的 SF_6 气体泄漏报警系统主机采集不到数据，现场分析模块的温湿度及 SF_6、O_2 气体浓度等数据不正确，不能自动报警、排风换气。

2）10 kV 高压开关柜

10 kV 高压开关柜是江苏长江电器有限公司生产的，其中真空断路器采用 ABB 公司生产的 VD4-1206-25 型中置手车式开关，柜内开关、电流互感器、电压互感器等主设备投运已超过 20 年，设备老化。高压柜内母排出现不同程度的氧化。2022 年柜内过电压保护器爆裂 1 组，击穿 1 组，已应急维修。存在开关手车卡滞、接地刀操作不灵活、开关状态易丢失等问题。

3）励磁系统

3 台机组的励磁机整流盘部分功能模块老化，2020 年 5 月 14 日凌晨 3:00 起，运行班组发现 2＃机组旋转励磁机温度偏高，加强观察发现温度有上升趋势，4:17 时检测到的温度高达 80 ℃，果断停机后开展检查，分析原因为电气接头接触不良，长时间大电流通过接触不良桩头，导致接线桩头处发热，温度不断上升，容易产生电火花，引发火灾，经过抢修，隐患排除。2023 年 3 月 8 日 7:05，1＃机组跳闸停机，原因为旋转励磁模块异常，管理所组织检查维修，发现整流模块电缆熔断，更换模块及电缆后恢复功能。

4）变压器

淮阴二站现有 110 kV 主变、10 kV 站变、10 kV 所变，于 2002 年投入运行，运行时间已接近 20 年，设备老化。主变选用连云港变压器有限公司生产的型号为 SZ9-16000/110 的两圈式油浸自冷式变压器，多点存在渗油现象。站、所变为江苏宝胜电气有限公司生产的型号为 SCB9-315 的干式变压器。站、所变容量偏小，高压接线桩头长度不长，站变其中一相只能上一只螺母，存在安全隐患。

5）10 kV 系统真空开关

真空断路器是 1999 年生产的，服役时间已超过 20 年。2018 年邀请厦门 ABB 公司对所有真空断路器开展了一次性能检测，更换了氧化严重的触指。

9.11.3 加固改造特征水位分析

（1）原设计水位

淮阴一站 1987 年建成，2019 年进行加固改造。淮阴二站 2002 年建成。淮阴三站 2012 年建成运行。根据《淮阴抽水站加固改造初步设计报告》（2019 年 11 月）及其批复、《淮阴第二抽水站工程初步设计》（2000 年 5 月）及其批复、《南水北调东线第一期工程长江～骆马湖段 2003 年度工程淮阴三站工程初步设计》及其批复，淮阴一站 2019 年加固改造时确定的特征水位与淮阴三站基本一致，淮阴二站站上水位与淮阴一站、三站水位也基本一致。淮阴二站特征水位见表 9-11-3。

表 9-11-3 淮阴二站特征水位

工况		2000 年初步设计报告和批复			
		出水渠口	站上	进水渠口	站下
供水	设计水位/m	北调 12.0	北调 12.0	9.00	8.70
	最高水位/m	13.60	13.60	9.50	9.20
	最低水位/m	10.50	10.50	8.50	8.20
	平均水位/m	未确定平均水位			
防洪	设计水位/m		14.31		10.50
	校核水位/m		15.40		11.20
扬程/m	设计	向泗阳站送水扬程 3.3 m，向洪泽湖补湖扬程 4.4 m			
	最高	4.9			
	最低	1.3			
	现状平均	未确定平均扬程			

（2）防洪水位

站上防洪水位：根据国汛[2016]14号文《关于淮河洪水调度方案的批复》，当洪泽湖水位达到13.5 m时，充分利用入江水道、苏北灌溉总渠及废黄河泄洪；淮、沂洪水不遭遇时，利用淮沭河分洪。洪泽湖水位达到13.5～14.0 m时，启用入海水道泄洪。当预报洪泽湖水位将达到14.5 m时，三河闸全开敞泄，入海水道充分泄洪，在淮、沂洪水不遭遇时利用淮沭河充分分洪。根据入海水道可研报告，拟定入海水道启用水位维持13.5 m不变。

分淮入沂行洪3000 m^3/s，二河闸闸下水位15.06 m，淮阴闸闸上水位14.31 m。淮河入海水道二期行洪7000 m^3/s时，二河闸下设计洪水位15.18 m，入海水道进洪闸上水位15.01 m。

分淮入沂强迫行洪4000 m^3/s，二河闸闸下水位15.92 m，淮阴闸闸上水位15.4 m。

综合洪泽湖洪水调度方案、分淮入沂行洪和入海水道行洪水位，淮阴二站站上设计洪水位取入海水道二期行洪工况水位15.01 m，校核水位取分淮入沂强迫行洪4000 m^3/s工况洪水位15.4 m。

站下防洪水位：总渠行洪800 m^3/s，运东闸上设计洪水位10.8 m，校核洪水位11.20 m。淮阴二站站下设计洪水位取10.8 m，校核洪水位取11.2 m。

（3）站上设计运行水位

淮阴二站原设计水位分北调和补湖两种工况，北调时站上设计水位12.0 m，补湖时站上设计水位为13.1 m，站下设计水位均为8.7 m，北调时设计扬程3.3 m，补湖时设计扬程4.4 m。

根据淮阴二站2013—2022年10年间实际运行资料分析，淮阴二站直接向北送水时，站上最高水位为12.52 m（2022年5月29日，淮阴二站抽水流量90 m^3/s，一站流量118 m^3/s，洪泽湖水位12.79 m，二河闸流量179 m^3/s），站上多年日平均水位为11.28 m，站上最低水位为10.24 m（2015年10月16日，对应站下水位为9.31 m，淮阴二站流量64 m^3/s，一站流量94.6 m^3/s，二河闸泄流119 m^3/s，蒋坝水位12.34 m）。

淮阴二站抽水入洪泽湖时，站上最高水位为13.13 m（2014年1月22日，淮阴二站抽水流量62 m^3/s，一站流量82 m^3/s，洪泽湖水位12.94 m，二河闸流量-41 m^3/s），站上多年日平均水位为12.5 m，站上最低水位为11.19 m（2019年8月7日，淮阴二站抽水流量64 m^3/s，一站流量122 m^3/s，洪泽湖水位11.42 m，二河闸流量-132 m^3/s）。

考虑南水北调东线工程对淮阴梯级的安排，并结合近10年实际运行资料，淮阴二站站上设计水位维持原设计水位，北调时站上设计水位为12.0 m，补湖时站上设计水位为13.1 m。

（4）站下设计运行水位

根据《泵站设计规范》，供水泵站进水池设计水位：从河流、湖泊或水库取水时，取满足设计供水保证率的日平均或旬平均水位；根据运东闸闸上1980—2022年逐日平均水位资料系列进行累积频率分析，取95%保证率水位为9.0 m，淮阴二站站下头河口设计水位取9.0 m。

（5）最高运行水位

站上最高水位：原设计站上最高水位 13.6 m，是按南水北调规划洪泽湖蓄水位 13.5 m 考虑的。根据南水北调东线一期工程调度规则，当洪泽湖水位达到 13.0 m 时不再抽长江水补湖，所以拟调整站上最高水位为 13.1 m。

站下最高水位：原设计站下最高水位以两淮之间河道水位 9.5 m 控制，推至站下为 9.2 m。根据《泵站设计规范》，灌溉泵站进水池最高运行水位：从河流、湖泊取水时，取泵站重现期 5～10 年一遇洪水的日平均水位。对运东闸闸上水位进行分析，5 年一遇洪水日平均水位为 9.91 m，10 年一遇洪水日平均水位为 9.94 m。根据实际运行水位分析，2013—2022 年站下每年最高水位均在 9.5 m 以上，最高达到 9.94 m。本次根据《泵站设计规范》的规定和实际情况，综合确定站下最高水位为 9.9 m。

（6）最低运行水位

站上最低水位：直接补湖时，洪泽湖最低水位为 11.3 m，淮阴二站单机流量 33.3 m^3/s，通过推算，站上最低运行水位为 11.4 m。向北送水时，考虑到泗阳梯级最低运行水位 10.5 m 以及淮阴至泗阳段最低通航水位 10.5 m，站上最低运行水位取 10.5 m。根据淮阴二站 2013—2022 年实际运行资料，站上水位低于 10.5 m 的只有 2 天，所以确定站上最低运行水位取 10.5 m。

站下最低水位：根据《泵站设计规范》，供水泵站出水池最低运行水位，从河流、湖泊或水库取水时，取水源保证率为 97%～99%的最低日平均水位。原设计站下最低水位以两淮之间最低通航水位 8.5 m 控制，推至站下为 8.2 m。根据实际运行水位分析，2013—2022 年站下每年最低水位均在 8.5 m 以上，最低为 8.69 m，发生在 2020 年 6 月 9 日。根据运东闸闸上 1980—2022 年逐日平均水位资料系列进行累积频率分析，苏北灌溉总渠非行洪期，运东闸闸上 97%保证率水位为 8.82 m。京杭运河淮阴闸至淮安船闸段最低通航水位 8.5 m。综合确定站下最低运行水位取 8.5 m。

（7）平均水位

站上平均水位：根据《泵站设计规范》，灌溉泵站出水池平均水位取灌溉期多年日平均水位。淮阴二站 2013—2022 年运行期站上日平均水位在 10.74～12.16 m，平均日均水位为 11.5 m。站上平均水位取 11.5 m。

站下平均水位：根据《泵站设计规范》，供水泵站进水池平均水位，从河流、湖泊或水库取水时，取多年日平均水位。苏北灌溉总渠非行洪期，运东闸闸上 1980—2022 年日平均水位 9.38 m。淮阴二站 2013—2022 年运行期站下日平均水位在 9.07～9.56 m，平均日均水位为 9.32 m。综合考虑，站下平均水位取 9.3 m。

淮阴二站加固改造水位组合见表 9-11-4。

表 9-11-4　淮阴二站加固改造水位组合

项目			单位	参数		备注
				站上	站下	
特征水位	调水	设计(北调)	m	12.0	8.7	站下水位由引河口 9.0 m 水位再考虑引河和清污机损失 0.3 m 确定
		设计(补湖)	m	13.1	8.7	站下水位由引河口 9.0 m 水位再考虑引河和清污机损失 0.3 m 确定
		最低	m	10.5	8.2	站下水位由引河口 8.5 m 水位再考虑引河和清污机损失 0.3 m 确定
		最高	m	13.1	9.6	站下水位由引河口 9.9 m 水位再考虑引河和清污机损失 0.3 m 确定
		平均	m	11.5	9.3	2013 年以来运行统计
	发电	设计	m	12.01	9.0	
	防洪	设计	m	15.01	10.8	站上为入海水道二期行洪 7000 m^3/s 时水位，站下为总渠行洪运东闸上设计洪水位
		校核	m	15.40	11.2	站上为二河行洪 4000 m^3/s 时水位，站下为总渠行洪运东闸上校核洪水位
水位组合		设计抽水	m	13.1	8.7	
		检修	m	13.1	8.7	站内部分抽空，一孔检修
		地震	m	13.1	8.7	抽水 $Q=100\sim120\ m^3/s$
		设计防洪	m	15.01	10.8	站上为入海水道二期行洪 7000 m^3/s 时水位，站下为总渠行洪运东闸上设计洪水位
		校核防洪	m	15.40	11.2	站上为二河行洪 4000 m^3/s 时水位，站下为总渠行洪运东闸上校核洪水位
净扬程		设计	m	4.4		抽水 $Q=100\sim120\ m^3/s$
		最小	m	0.9		抽水运行
		最大	m	4.9		抽水运行
		实测平均	m	2.2		2013 年以来运行统计
		发电水头	m	3.01		

9.11.5　加固改造措施

淮阴二站水机部分加固改造主要内容有：更换 3 台套主水泵；更换 3 台套主电机；更新泵站技术供水系统、排水系统、油系统、通风设备及水力量测系统等。泵站更新改造维持原设计规模，单泵设计流量仍为 33.3 m^3/s。改造运行水位采用淮阴二站建成后的运行水位组合，设计净扬程 4.40 m，最大净扬程 4.90 m，近 10 年来实际运行平均扬程 2.2 m。

（1）实际运行平均扬程变化，更换水力模型

淮阴二站设计扬程 4.4 m，现状多年运行平均扬程 2.2 m，远低于水泵设计扬程。设计扬程与现状多年运行平均扬程相差较大，导致主水泵长期处于非设计工况运行，效率低下。另外，当水泵在偏离设计工况下运行时，会使叶片入口冲角加大或减小，在叶片进口边产生脱流与旋涡。由于淮阴二站实际运行扬程远小于原水泵的设计扬程，实际运行时流量增大较多，必然导致泵装置内水流流速增大，过大的流速很可能会在泵内产生流动分离所致的空化并引起整个泵装置的水力振动。

淮阴二站原机组的设计流量为 33.3 m^3/s，额定转速为 150 r/min，叶轮直径为 3.1 m，比转速为 1000，流量系数$\left(\frac{60Q}{nD^3}\right)$为 0.447，流量系数偏小，为了兼顾泵站在多年运行平均扬程下获得更高效率，需要选用比转速、流量系数更大的水力模型。

（2）降低水泵的 nD 值，改善水泵的空化性能

原泵站设计时，模型水泵叶轮直径为 0.3 m，转速为 1450 r/min，水泵 nD 值为 435；原型水泵叶轮直径为 3.1 m，转速为 150 r/min，水泵 nD 值为 465。设计时，水泵必需空化余量增大 14%，水泵叶轮外缘线速度增大 7%，导致叶顶间隙的空化性能有所下降。本次改造保持水泵设计流量不变，选用新的水力模型，适当降低水泵转速，降低水泵 nD 值，改善水泵的空化性能。

（3）水力模型选择

淮阴二站原水泵设计采用的水力模型 ZBM791-100 是 20 世纪 90 年代优秀的水力模型，设计时考虑到调节机构的需要，叶片背面按比例减薄，提高过流量，其泵段综合性能曲线见图 9-11-4，原型泵装置综合性能曲线（效率不做修正）见图 9-11-5。

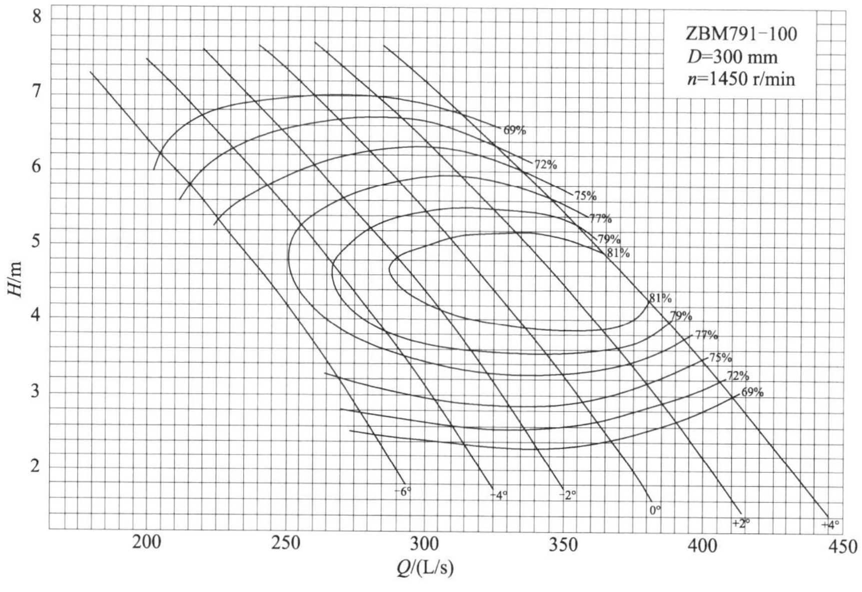

图 9-11-4　原水泵模型泵段综合性能曲线

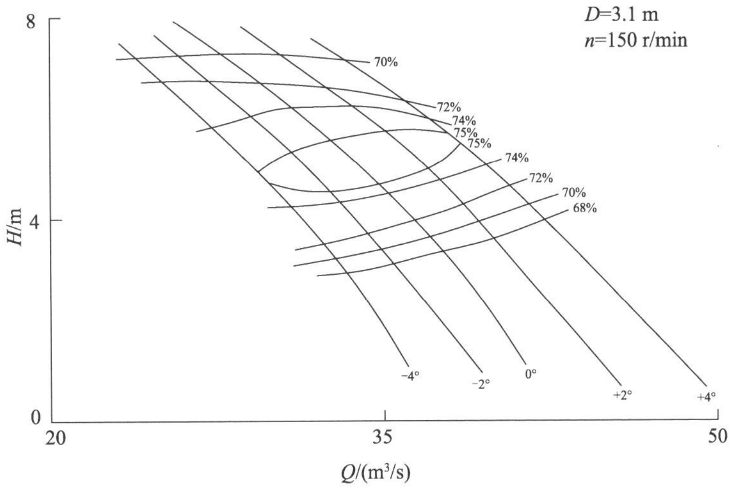

图 9-11-5　现状原型泵装置综合性能曲线(效率不修正)

由图 9-11-4、图 9.11-5 可见,原水泵采用的 ZBM791-100 水力模型装置高效区扬程偏高,约为 5 m,比泵站最高扬程还高,而在 0°叶片安放角,实际运行平均扬程工况下,水泵效率低下,且该水力模型流量系数偏小,不太适合现淮阴二站改造工程运行特征水位和扬程要求。

主水泵选型的基本要求是保证泵站在设计扬程时满足设计流量的要求,在平均扬程时水泵尽量达到最高效率,在泵站最高或最低扬程时机组能安全、稳定运行。淮阴二站加固改造水力模型选择最大的难题在于其设计扬程与多年运行平均扬程相差较大,目前适合这一扬程段的现有水力模型适合淮阴二站的很少。经过认真比选,选择低扬程工况性能优异的 ZM25 水力模型和在淮阴一站加固改造中专门开发的 SA06 水力模型进行对比分析。

ZM25 水力模型针对"十一五"国家科技支撑计划大型泵关键技术研究开发,进行过泵段模型试验,泵段高效区在扬程 3～4 m。而应用 SA06 水力模型的淮阴一站与淮阴二站运行水位比较接近,两座泵站加固改造特征扬程和单机流量比较见表 9-11-5。

表 9-11-5　淮阴一站与淮阴二站改造特征参数比较

项目		淮阴一站	淮阴二站
扬程/m	设计扬程	4.28	4.4
	最低扬程	1.28	0.9
	最高扬程	4.78	4.9
	规划平均扬程	3.06	
	多年运行平均扬程	2.05	2.2
单机设计流量/(m^3/s)		30.0	33.3

淮阴二站各特征扬程比淮阴一站对应扬程略高(最低扬程除外),单机流量比淮阴一站略大。两座泵站叶轮直径相同,装置型式也相同,都采用肘形进水流道、虹吸式出水流道,两座泵站流道对比情况见图 9-11-6。

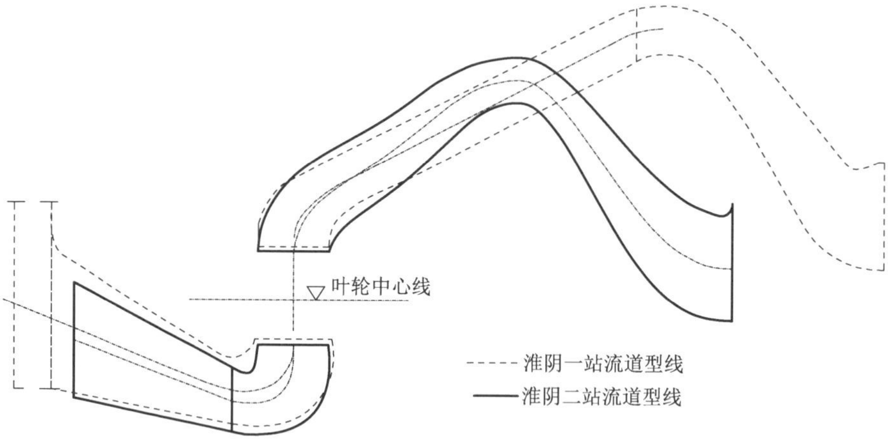

图 9-11-6 淮阴一站与淮阴二站流道型线比较

SA06 水力模型是专为淮阴一站改造开发的,该水力模型与常规水力模型不同,其叶轮叶片数为 5,导叶叶片数为 7,叶轮叶片短而厚,具有高效率区宽广的特点,如图 9-11-7 所示。在江苏航天水力设备有限公司试验台上进行了装置模型试验。因为该叶轮是为淮阴一站专门开发的,未进行泵段模型试验,而且淮阴一站与淮阴二站出水流道相差较大,所以本阶段不采用泵段或类似项目泵装置试验特性曲线换算预测淮阴二站泵装置性能,而采用 CFD 数值模拟对两个水力模型泵装置进行性能预测和对比。

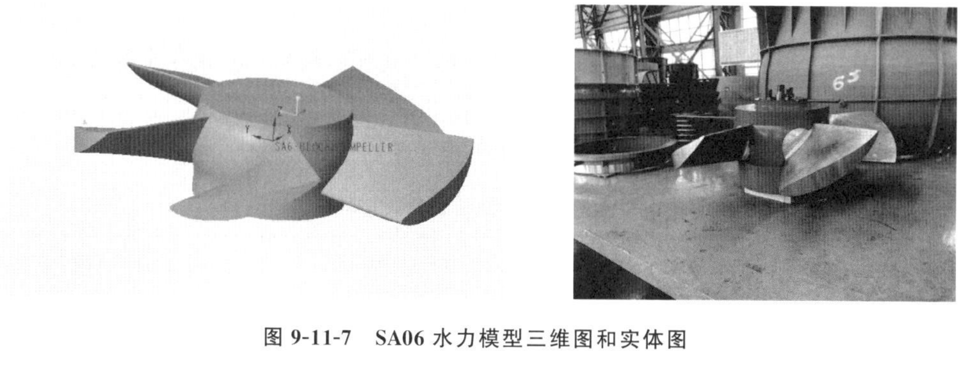

图 9-11-7 SA06 水力模型三维图和实体图

(4) 原型泵装置外特性数值计算对比

通过试算,采用 ZM25 水力模型的淮阴二站泵装置,如果水泵转速 $n=136.4$ r/min,叶轮直径 $D=3.15$ m,那么水泵的 nD 值为 430;采用 SA06 水力模型的淮阴二站泵装置,如果水泵转速 $n=136.4$ r/min,叶轮直径 $D=3.1$ m,那么水泵的 nD 值为 423。泵装置外特性曲线见图 9-11-8。各特征扬程工况下,原型泵装置流量、效率等参数见表 9-11-6。

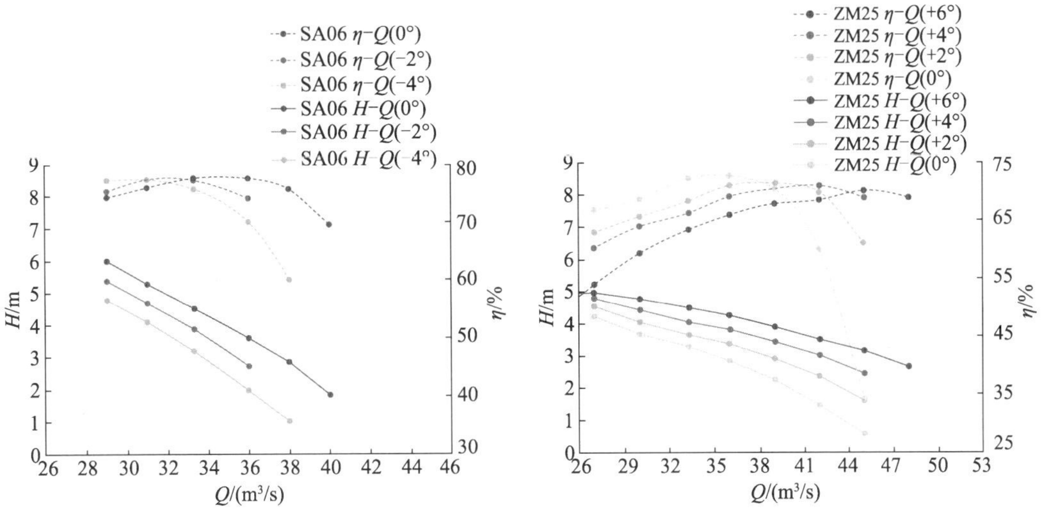

(a) SA06　　(b) ZM25

图 9-11-8　淮阴二站不同水力模型泵装置外特性曲线

表 9-11-6　原型泵装置特征扬程工况参数

净扬程	参数	ZBM791-100 模型试验换算（n=150 r/min）		SA06 数值计算预测（n=136.4 r/min）		ZM25 数值计算预测（n=136.4 r/min）	
		数值	叶片安放角	数值	叶片安放角	数值	叶片安放角
设计 4.4 m	流量 Q	35.0 m^3/s	0°	33.8 m^3/s	0°	33.3 m^3/s	+6°
	效率 η	74.0%		77.5%		63.4%	
最高 4.9 m	流量 Q	34.2 m^3/s		32.3 m^3/s		27.0 m^3/s	
	效率 η	75.0%		76.8%		54.0%	
实测平均 2.2 m	流量 Q	34.6 m^3/s	−4°	35.5 m^3/s	−4°	39.0 m^3/s	0°
	效率 η	61.0%		71.0%		67.9%	
最低 0.9 m	流量 Q	36.7 m^3/s		38.1 m^3/s		44.0 m^3/s	
	效率 η	46.5%		61.6%		38.6%	

由图 9-11-8 和表 9-11-6 可见，采用 SA06 和 ZM25 水力模型的淮阴二站泵装置在设计扬程工况都能够满足设计流量要求，但采用 ZM25 的在最高扬程工况接近马鞍区；在低扬程工况下流量大，但效率降低较快，不利于机组稳定运行。SA06 水力模型由于叶轮采用了特殊的新型翼型，在淮阴二站泵装置中仍然保持了“宽高效区”的优点，且在各特征扬程工况，特别是实际运行平均扬程工况下，效率比 ZBM791-100 模型试验换算值和 ZM25 数值计算预测值高出较多；在整个计算范围内，泵装置的扬程-流量曲线未见马鞍区特征的变化趋势，故推荐采用 SA06 水力模型。

（5）泵装置内部流态 CFD 模拟预测

图 9-11-9 为采用 SA06 水力模型的淮阴二站泵装置叶轮与导叶的叶道内流线图，从图中可以发现：在叶轮与导叶叶道内均未出现明显的脱流、旋涡等不良流态，叶轮叶片进口处流线平顺，未出现明显的"撞击"现象，且叶轮叶片工作面与背面均未出现脱流现象。SA06 水力模型叶道内流动现象较现有 ZBM791-100 模型有了根本性的改善。

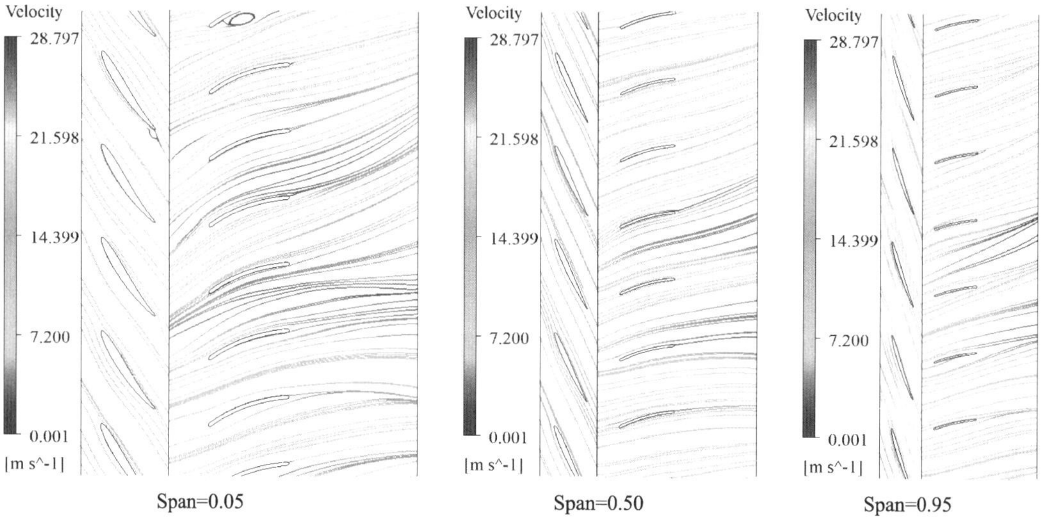

图 9-11-9　SA06 水力模型叶道内流线图

图 9-11-10 所示为泵装置在不同流量下的流线图，从图中可以发现：各工况下，泵装置内流态平稳，未出现明显的脱流和旋涡等不良流态。出水流道导流墩两侧未出现明显的偏流现象，设计工况时，流量比约为 1.06；实测平均扬程工况时，流量比约为 1.03。

图 9-11-11 所示为不同流量下的泵段内流线图，从图中可以发现：各工况下，叶轮与导叶内流态平稳，未见明显的脱流、偏流和旋涡等不良流态；随着泵装置流量的增加，泵内流速在增大，但在叶轮与导叶叶道内未出现因流速过大而导致的流动分离现象；采用 SA06 水力模型的淮阴二站泵装置在各工况下，泵段内均未出现影响流动稳定性的不良流态。

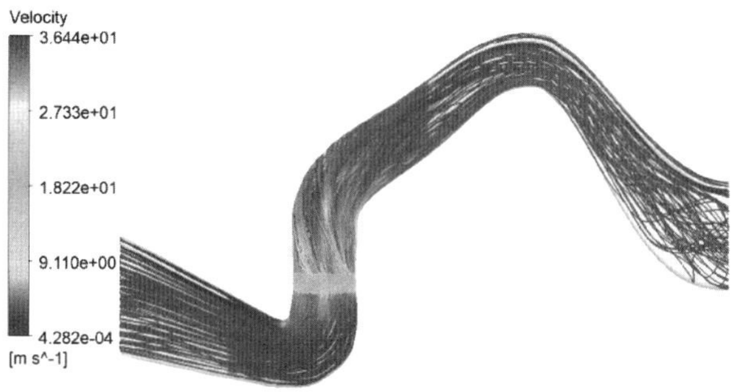

(a) Q=31.0 m³/s

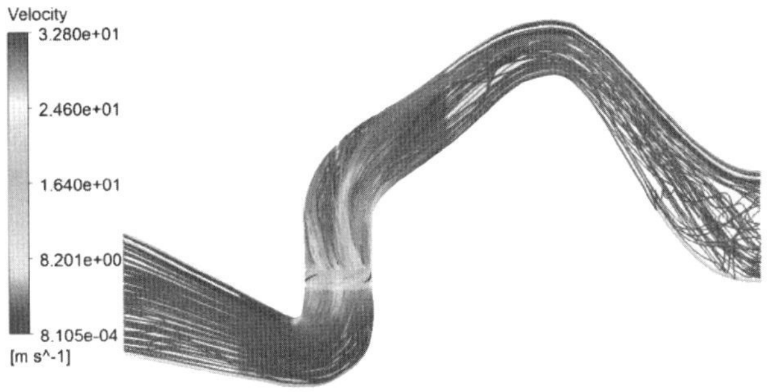

(b) Q=33.3 m³/s

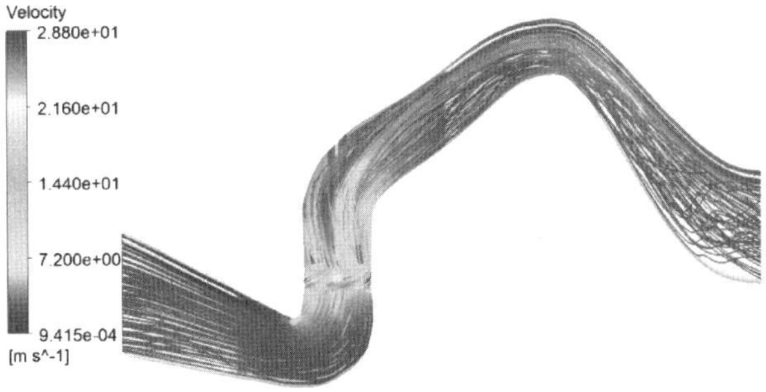

(c) Q=38.0 m³/s

图 9-11-10　不同工况下泵装置流线图

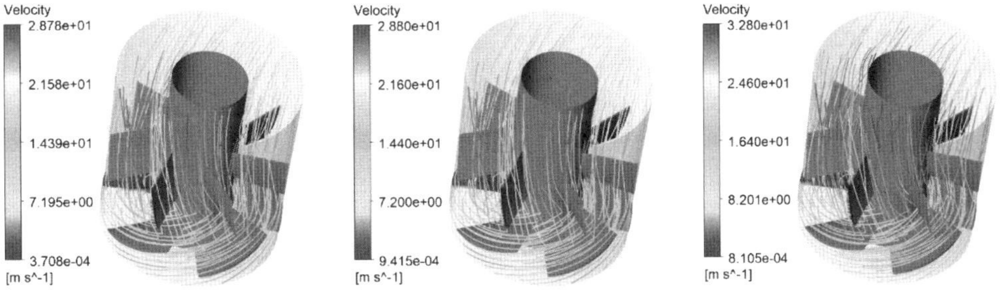

(a) Q=31.0 m³/s　　(b) Q=33.3 m³/s　　(c) Q=38.0 m³/s

图 9-11-11　不同工况下泵段流线图

（6）改造泵段与流道尺寸的配合

主机组更新的思路是考虑将水泵及电机全部更换，原设备基础进行部分更改，但保持原土建主体结构不动，仍采用原有的进、出水流道。电机转速由原来的 150 r/min 降低为 136.4 r/min，电机机座号与原机组相同，在现有的水工结构的空间下，布置可行。图 9-11-12 为 SA06 模型放大至淮阴二站原型泵装置尺寸后的轴向图，该模型整体高度小于天津系列的水力模型高度；进水流道出口和出水流道进口直径分别为 3200 mm 和 3250 mm，叶轮进口和导叶出口直径分别为 3063 mm 和 3250 mm，整个水力模型的高度符合现场的安装要求，不足高度可用等径直管或锥管段补齐。

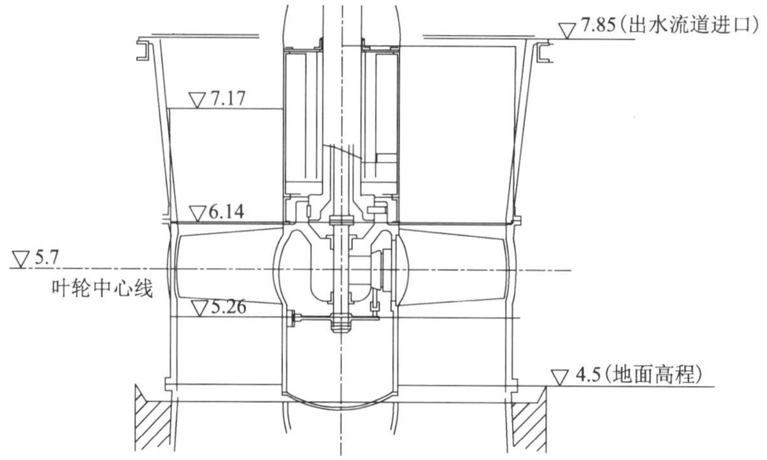

图 9-11-12　SA06 模型放大至淮阴二站原型泵装置尺寸后的轴向图

参考文献

[1] 扬州大学. 淮阴二站更新改造泵装置 CFD 分析报告[R]. 2024.
[2] 河海大学. 淮阴二站 CFD 数值计算 SA6 水力模型方案[R]. 2024.